普 通 高 等 教 育 教 材

# 有机化学

## Organic Chemistry

### 第二版

周 莹　卢丹青　主编

申有名　肖红波　皮少锋　潘 彤　副主编

化学工业出版社

·北京·

**内容简介**

《有机化学》(第二版)在保持第一版的特点和有机化学体系完整性的基础上,首先介绍了有机化合物的分类和命名,并按照有机化学的体系和规律,以官能团为主线讲授有机化合物的结构、性质和用途,强化有机化合物结构与性质间的关系。本书内容包括有机化合物的分类和命名、饱和烃、不饱和烃、芳香烃、卤代烃、旋光异构、醇酚醚、醛酮醌、羧酸及其衍生物和取代酸、含氮有机化合物、含硫磷有机化合物、杂环化合物和生物碱、氨基酸、蛋白质、核酸、萜类和甾类化合物、糖类、油脂和类脂、有机化合物的波谱知识等。

本书可用作生物科学类、环境科学与工程类、材料类、食品科学与工程类、药学类、轻工类、纺织类、农学类、林学类、林业工程类等非化学专业本科生的教材或教学参考书,也可用作高职院校化学类专业的学生教材,还可供相关行业的科研人员参考。

**图书在版编目(CIP)数据**

有机化学 / 周莹,卢丹青主编. — 2 版. — 北京:
化学工业出版社,2025.2(2025.3重印). —(普通高等教育教材).
ISBN 978-7-122-47080-5

Ⅰ.O62

中国国家版本馆 CIP 数据核字第 2024AH5435 号

---

责任编辑:林 媛 旷英姿    文字编辑:李姿娇
责任校对:宋 玮    装帧设计:韩 飞

---

出版发行:化学工业出版社
　　　　　(北京市东城区青年湖南街 13 号　邮政编码 100011)
印　　装:河北延风印务有限公司
787mm×1092mm　1/16　印张 19½　字数 472 千字
2025 年 3 月北京第 2 版第 2 次印刷

---

购书咨询:010-64518888    售后服务:010-64518899
网　　址:http://www.cip.com.cn
凡购买本书,如有缺损质量问题,本社销售中心负责调换。

---

定　　价:49.80 元    版权所有　违者必究

# 本书编写人员

**主　编**　周　莹（中南林业科技大学）

　　　　　卢丹青（中南林业科技大学）

**副主编**　申有名（湖南文理学院）

　　　　　肖红波（中南林业科技大学）

　　　　　皮少锋（湖南工程学院）

　　　　　潘　彤（长沙理工大学）

**参　编**　刘长辉（湖南理工学院）

　　　　　杨建奎（湖南农业大学）

　　　　　王文革（湖南工学院）

　　　　　陶李明（湘南学院）

　　　　　李福枝（湖南工业大学）

　　　　　杨　婷（中南林业科技大学）

　　　　　毛　勋（中南林业科技大学）

　　　　　王立志（中南林业科技大学）

# 前言

本书第一版曾获中国石油和化学工业优秀出版物奖（教材奖），是作者融合近四十年有机化学教学科研经验和体会编写而成。本书自出版以来，受到了广大读者的欢迎与好评。随着科技日新月异的发展和教学形式的多样化，应读者要求，我们对本书进行了修订。本次修订基本保持了第一版的编排体系和基本特色，修订的主要内容有：

（1）新增阅读材料，特别是我国老一辈化学家在推动有机化学学科的发展和国家的建设方面作出巨大贡献的典型例子。这些阅读材料的选择，旨在促进学生建立社会主义核心价值观，提升道德情操和公民素养。学生通过阅读这些材料，一方面有助于培养德才兼备的品德，提高综合素质，今后好为国家和社会的繁荣发展作出贡献，另一方面也有助于提升教学的深度和广度，提高教学质量和效果。传统的课程往往只注重知识和技能的传授，忽略了情感和价值观的培养，将这些实例融入教学过程，可使二者相互促进，相得益彰。

（2）结构分析部分新增视频动画，学生使用手机扫一扫二维码即可免费观看，可使抽象、难懂的结构形象化，有利于学生理解和掌握，提高学生的自主学习能力，适应学生的个性化学习需求。

（3）部分章节新增了习题、阅读材料和视频解析，并对个别习题的疏漏之处进行了补充和校正。问题思考部分的内容有助于培养学生综合分析问题的能力；重点难点的讲解可帮助学生形成正确解决问题的思路和方法。

本次修订在保持有机化学体系完整性的基础上，首先介绍了有机化合物的分类和命名，并按照有机化学的体系和规律，以官能团为主线讲授有机化合物的结构、性质和用途，强化有机化合物结构与性质间的关系。本书内容包括有机化合物的分类和命名、饱和烃、不饱和烃、芳香烃、卤代烃、旋光异构、醇酚醚、醛酮醌、羧酸及其衍生物和取代酸、含氮有机化合物、含硫磷有机化合物、杂环化合物和生物碱、氨基酸、蛋白质、核酸、萜类和甾类化合物、糖类、油脂和类脂、有机化合物的波谱知识。

本书可用作生物科学类、环境科学与工程类、材料类、食品科学与工程类、药学类、轻工类、纺织类、农学类、林学类、林业工程类等非化学专业本科生的教材或教学参考书，也可用作高职院校化学类专业的学生教材，还可供相关行业的科研人员参考。

由于编者水平有限，书中疏漏和不足之处在所难免，恳望专家和读者批评指正。

编　者
2024 年 9 月

# 第一版前言

本教材是按照教育部组织实施的"高等教育面向 21 世纪教学内容和课程体系改革计划"的原则，根据普通高等学校为了面向 21 世纪社会对复合型、创新型人才培养的需要，以及《新世纪高等教育教改工程》（教高〔2000〕1 号文件）的要求，结合国内外有机化学的发展情况和教学改革实践，经过多年认真思考、精心组织编写出来的。本教材可作为农林、生物、环境、食品、材料、轻纺、医学等非化学专业的本科生教材，也可供有关院校师生和科研工作者参考。本书可按 50～70 学时安排理论教学。

本教材在编写中力求具有以下特点：

1. 结构合理

本书在保持有机化学体系完整性的基础上，首先集中介绍了有机化合物的分类和命名，然后以有机官能团为主线，系统介绍了有机化合物的结构、性质和有机反应机理等基本内容，力求"少而精，博而通"。在具体的内容编排上，将有机化合物的分类和命名单独列为一章，将烷烃和环烷烃归为饱和烃一章，将单烯烃、炔烃、二烯烃等归为不饱和烃一章，将旋光异构放在卤代烃之后介绍。这样安排有三个目的：一是有利于在教学过程中归纳总结，使教学重点和难点由浅入深；二是有利于"构效分析"；三是有利于提高读者的分析能力和归纳综合能力。

2. 形式多样

考虑到教与学的需要，本书集纸质教材、电子课件与教案、解题指南于一体，是一本形式多样的多功能教材。

在纸质教材中，为提高学生的学习兴趣，同时适应双语教学的需要，标题、化合物的名称、重要的名词术语等均采用中英文对照。

电子课件与教案以纸质教材为母体，按超级链接编辑了相关内容，并灵活应用文字、动画、视频和相应化学软件，生动形象地表示出有机化合物的结构、性质及其关系，有利于解决有机化学学习中的重点和难点等问题；同时，把理论与实践、有机化学知识与后续课程紧密地联系起来，有利于提高学生学习有机化学的兴趣。

正确地解题是学好有机化学的重要环节之一，而目前高校教学时数减少、教学进度加快与拓宽知识面的教学需要之间的矛盾日益突出，因此，学生在有机化学学习过程中往往抓不住重点，解题困难。为方便学生学习、自测和总结，我们特别准备了与本教材配套的解题指南。

3. 内容新颖

本书在相应章节中设置了"阅读材料"，将相关领域的新知识、新成果和新技术有机地融合到教材中，以使学生"走出"纯化学，"进入"交叉学科和大科学，有利于学生加深对知识点的理解，提高创造性思维能力，激发学习热情。

书中的小字体和标有"＊"的内容，可供教师选讲和学生自学参考。

本书由周莹、赖桂春任主编，申有名、刘长辉、杨建奎、肖红波、吴爱斌、彭霞辉任副主编，参编人员有王文革、皮少锋、刘继德、刘满珍、李霞、李爱国、李福枝、吴天泉、陶李明、蒋红梅、熊洪录、潘彤。

本书是在化学工业出版社和参编单位领导的关怀和大力支持下完成的。在编写过程中，还得到相关院校有关同仁的支持和帮助，北京大学的徐东升教授，湖南师范大学的苏胜陪教授，长沙理工大学的杨道武教授、李和平教授，湖南工业大学的刘志国教授、周晓媛教授，长江大学的蔡哲斌教授对全书进行了认真的审定并提出了宝贵的意见和建议，中南大学的黄南芳教授对本书的英文部分进行了审定，在此一并表示衷心的感谢。

由于编者水平有限，书中不足之处在所难免，敬请同行与读者批评指正。

编　者

2011 年 5 月

# 目 录

## 6 卤代烃 91

## 7 旋光异构 107

## 8　醇、酚、醚　　　　　　　　　　　　　　124

## 16　油脂和类脂　　255

## 17　有机化合物的波谱知识　　264

# 1 绪 论

## 学习指导

本章系统地介绍了有机化学、有机化合物的基本理论和知识等。要求掌握有机化学的概念、碳原子的杂化类型、共价键的断裂方式和有机化学研究的内容、有机化学中的酸碱概念、有机化合物的分类；了解有机化学的发展简史、研究有机化合物的一般方法，以及有机化学与相关科学的关系。

## 1.1 有机化学的产生和发展

### 1.1.1 有机化学的产生

有机化学（organic chemistry）是化学的一个分支，是研究有机化合物的组成、结构、性质及其应用的一门科学。

有机化学作为一门独立的学科进入科学领域，虽然可以追溯到人类极早的活动历史，但是化学家们一般把 1828 年作为划时代的里程碑而载入有机化学史册。因此与无机化学的历史相比要短得多，迄今不到 200 年的发展历史。由于那时的有机物都是从动植物——有生命的物体中取得的，而它们与由矿物界得到的矿石、金属、盐类物质在组成和性质上又有较大的区别，更主要的是当时人们对生命现象的本质没有认识，认为有机物是不能用人工方法合成的，而是"生命力"所创造的。"有机"这个名称便由此而来，意思是指"有生机之物"。1806 年，当时的化学权威瑞典化学家 J. Berzelius 首先使用了"有机化学"这个词，并给有机化学增添了一种神秘色彩。但远在几千年前，劳动人民就在生产斗争中积累了大量利用自然界存在的有机物的实践知识。我国早在夏、商时期就知道了酿酒、制醋，并使用中草药医治各种疾病。

1828 年，德国化学家 F. Wöhler 在研究氰酸与氨水的作用时，竟得到了一种有机物——尿素。

$$HOCN + NH_3 \cdot H_2O \longrightarrow NH_4OCN + H_2O \xrightarrow{\triangle} CO(NH_2)_2$$

Wöhler 的这一伟大发现，一举突破了"生命力"的束缚，打破了无机物和有机物绝对分明的界限，开创了有机化学的新纪元，是有机化学发展史上的一个重要里程碑。

### 1.1.2 有机化学的发展

自从 Wöhler 开创了有机合成的道路之后，醋酸、油脂和糖等有机物也相继被合成。此间，由 J. Von Liebg 等创立的有机元素分析，特别是后来由 F. Pregl 创立的有机微量分析，为天然有机物的化学结构研究奠定了基础。由 Tswett 首先提出，其后由 Martin 和 Synge 创立和发展的色谱方法，是有机物分离、提纯技术的一次飞跃，使当时蛋白质化学有了新的突破。1858 年，德国化学家 F. A. Kekule 和英国化学家 A. S. Couper 确定了碳原子为四价，并提出碳碳可以成碳链，从而奠定了分子结构最基础的理论。1861 年，俄国化学家 A. M. БутлеРОВ 提出了"化学结构"的概念，发展了有机化学的结构理论。1865 年，F. A. Kekule 提出了苯的环状结构学说。1874 年，荷兰化学家 J. H. Van't Hoff 和法国化学家 J. A. Lebel 进一步提出了有机分子的三维结构概念，为有机立体化学打下了基础，从理论上说明了对映异构现象产生的原因。1943 年，D. Hassel 和 D. H. R. Barton 提出的构象分析，使人们对有机化学反应中分子的动态有了新的认识，可以理解许多过去不能理解的现象。第二次世界大战后，由于有机化学基本理论、波谱、色谱方法以及各种立体专一反应试剂等的发展和应用，有机合成有了飞跃的发展，许多结构复杂的天然有机化合物相继被合成。1965 年，我国上海生物化学研究所、上海有机化学研究所、北京大学等单位的化学家全合成结晶牛胰岛素，使人类在认识生命、揭开生命奥秘的伟大历程中迈进了一大步，标志着人工合成蛋白质的时代开始。在 20 世纪中叶，取得最辉煌成就的杰出的有机合成艺术大师可算 R. B. Woodward，他不仅合成了叶绿素，还合成了维生素 $B_{12}$ 等。由 R. B. Woodward 和 R. Hoffmann 共同创立的分子轨道对称守恒原理是有机化学的重要发现。分子轨道对称守恒原理是在研究周环反应过程中产生和发展起来的，非常成功地说明和预言了具有环状过渡状态的协同反应。继 R. B. Woodward 之后，E. J. Corey 又为有机合成化学作出了新的贡献。1967 年，他首次提出了合成子的概念。1985 年，E. J. Corey 领导的小组系统地提出了可用于各类复杂分子合成的分析策略。E. J. Corey 的贡献在于为复杂有机化合物的合成提供了一个普遍适用的合成策略。1989 年，哈佛大学的 Kishi 全合成了分子式为 $C_{145}H_{164}N_4O_{78}$ 的海葵毒素（palytoxin）。该化合物有 64 个手性中心，其可能的异构体数为 $2^{71}$。海葵毒素的合成成功，被认为是有机合成中的"珠穆朗玛峰"，标志着当今有机化学的理论和方法都发展到一个相当高的水平。

近十年诺贝尔化学奖的获奖情况反映出有机化学的发展方向及其强大的生命力，其奖项授予情况如下：2015 年，授予瑞典的 Tomas Robert Lindahl、美国的 Paul Modrich、美国和土耳其国籍的 Aziz Sancar，以表彰他们在基因修复机理研究方面所作的贡献；2016 年，授予法国的 Jean-Pierre Sauvage、英国的 James Fraser Stoddart 和荷兰的 Bernard L. Feringa，以表彰他们发明了行动可控、在给予能源后可执行任务的分子机器；2017 年，授予瑞士的 Jacques Dubochet、美国的 Joachim Frank 和英国的 Richard Henderson，以表彰他们在开发对生物分子进行高分辨率结构测定的低温电子显微镜方面的贡献；2018 年，授予美国的 Frances H. Arnold 和 George P. Smith、英国的 Gregory P. Winter，以表彰他们在肽类和抗体的噬菌体展示技术方面的贡献；2019 年，授予美国的 John B. Goodenough、英国的 M. Stanley Whittingham、日本的 Akira Yoshino，以表彰他们发明锂离子电池所作出的贡献；2020 年，授予法国的 Emmanuelle Charpentier 和美国的 Jennifer A. Doudna，以表彰她们在开发基因组编辑方法方面的贡献；2021 年，授予德国的 Benjamin List 和美国的 David W. C. MacMillan，以表彰他们对不对称有机催化发展的贡献；2022 年，授予美国的 Carolyn R. Bertozzi 和 K. Barry Sharpless、丹麦的 Morten Meldal，以表彰他们开发了点击化学和生物正交化学；2023 年，授予美国的 Moungi Bawendi、Louis E. Brus 和俄罗斯的 Alexei I. Ekimov，以表彰他们在发现和合成量子点方面的贡献；2024 年，授予美国的 David Baker 和 John M. Jumper、英国的 Demis Hassabis，以表彰他们在蛋白质设计和蛋白质结构预测领域的贡献。

由此可见，有机化学是一门极具创新性的学科。有机化学以它特有的分离技术、快速的结构测定、有效的合成策略，已成为人类认识自然、改造自然具有非凡能动性和创造力的现代武器，是当代科学技术和人类物质文明迅猛发展的基础和动力。因此，随着有机化学本身的发展及新的分析技术、物理方法以及生物学方法的不断涌现，人类在了解有机化合物的性能、反应以及合成方面将有更新的认识和研究手段，尤其是材料科学和生命科学的发展，以及人类对环境和能源的新要求，给有机化学提出了新的课题和挑战。有机化学将在物理有机化学、有机合成化学、天然产物化学、生物有机化学、金属有机化学、绿色化学、农药化学、药物化学、有机新材料化学、有机分析和计算化学等学科领域得到发展。有机化学研究正在进入一个富有发展活力的新阶段。

> **思考题 1-1** 何谓有机化学？F. Wöhler 有何贡献？
> **思考题 1-2** 下列物质中，哪些是有机物质？哪些是无机物质？
> $NH_4HCO_3$      $CO(NH_2)_2$      $C_5H_{10}O_5$      $C_6H_6Cl_6$      $CH_3CH_2OH$

## 1.2 有机化合物的特性

有机化合物（organic compounds）是指含碳氢键的化合物及其衍生物。有机化合物可以用无机物为原料合成，这说明两者之间没有绝对的界限。但是，有机化合物和无机化合物在组成、结构和性质上仍然存在着很大的差别。相对无机化合物而言，有机化合物大致有如下特性。

### 1.2.1 数量庞大和结构复杂

构成有机化合物的元素虽然种类不多，但有机化合物的数量却非常庞大。迄今已知的几千万种化合物中，绝大部分是有机化合物。

有机化合物的数量庞大与其结构的复杂性密切相关。有机化合物中普遍存在多种异构现象，如构造异构、顺反异构、旋光异构等。这是有机化合物的一个重要特性，也是造成有机化合物数目极多的重要原因。

### 1.2.2 热稳定性差和容易燃烧

碳和氢容易与氧结合而形成能量较低的 $CO_2$ 和 $H_2O$，所以绝大多数有机物受热容易分解，且容易燃烧。人们常利用这个性质来初步区别有机化合物和无机化合物。

### 1.2.3 熔点和沸点低

有机化合物分子中的化学键一般是共价键，而无机化合物中一般是离子键。有机化合物分子之间的相互作用力是范德华力，无机化合物分子之间是静电引力。所以，常温下有机物通常以气体、液体或低熔点（大多在 400℃ 以下）固体的形式存在。一般来说，纯净的有机化合物都有一定的熔点和沸点。因此，熔点和沸点是有机化合物非常重要的物理常数。

### 1.2.4 难溶于水

溶解是一个复杂的过程，一般服从"相似相溶原理"规律。有机化合物是以共价键相连的碳链或碳环，一般是弱极性或非极性化合物，对水的亲和力很小，故大多数有机化合物难溶或不溶于水，而易溶于有机溶剂。正因如此，有机反应常在有机溶剂中进行。

### 1.2.5 化学反应速率慢

有机化合物发生化学反应时要经过旧共价键的断裂和新共价键的形成，所以有机反应一般比较缓慢。因此，许多有机化学反应常常需要加热、加压或应用催化剂来加快反应速率。

### 1.2.6 反应产物复杂

有机化合物的分子大多是多个原子通过共价键构成的。在化学反应中，反应中心往往不局限于分子的某一固定部位，常常可以在几个部位同时发生反应，得到多种产物。所以，有机反应一般比较复杂，除了主反应外，常伴有副反应发生。因此，有机反应产物常为比较复杂的混合物，需要分离、提纯。

有机化合物与无机化合物的性质差别并不是绝对的。如 $CCl_4$ 是有机化合物，不但不能燃烧，而且可以作为灭火剂；有些有机材料可以耐高温；有些有机化合物可作为超导材料等。随着金属有机化学的发展以及各学科间的交叉渗透，无机化合物和有机化合物的界限将会逐渐缩小。

> **思考题 1-3** 与无机化合物相比较，有机化合物主要具有哪些特点？
> **思考题 1-4** 在迄今已知的几千万种化合物中，为什么绝大多数是含碳化合物？

## 航天科技与有机材料

以航天飞机、宇宙飞船为代表的航天技术越来越多地应用和依靠塑料、纤维、合成橡胶和黏合剂及涂料。

通信卫星采用轻质高性能聚合物材料及改进的电子器件，大大地增加了通道容量。如1965 年发射的世界上第一颗国际通信卫星只有 240 个通信通道，而第五颗通信卫星采用了80％的高分子材料，不仅可以工作 5 年，而且具有 12000 个通信通道。

用于宇宙飞船的结构材料，从外层空间重返大气层时，速度越来越快（可达到 7000m/s），由摩擦产生的热量可使其表面温度高达 5000℃。一般的耐热钢的熔点为 1500～2000℃，无法承受如此高温。但采用热固性高分子有机材料不仅不会熔化，而且也不导热，即使高温使外层起火燃烧，并慢慢地一层层燃烧下去发生分解、碳化及升华，但只要保护层足够厚，保护舱内的温度就不高，强度变化也很小，宇宙飞船仍可以安全地重返地面。

航天飞机是天地间可重复往返百余次飞行的运输工具，它兼有运载火箭、载人飞船和普通飞机所具有的功能。航天飞机在上升阶段，作用如同火箭；在轨道运行阶段，功能如同载人飞船；在返回大气层后，则具有普通飞机的作用。航天飞机是高科技产物，大量使用了高级复合材料。如美国哥伦比亚号航天飞机用碳纤维环氧复合材料做主货舱门，用芳纶环氧复合材料制造了发动机的喉衬和喷管，发动机组的传力架由硼纤维增强复合材料制成，而在防热瓦片下面覆盖了一层耐 5000℃高温的聚间苯二甲酰间苯二胺针状纤维毡的隔热层和室温能够固化的有机硅黏合剂。

## 1.3　有机化合物中的共价键

碳是组成有机物的主要元素，在周期表中位于第二周期第ⅣA族，介于典型金属与典型非金属之间。它所处的特殊位置，使得它具有不易失去电子形成正离子，也不易得到电子形成负离子的特性，故在形成化合物时更倾向于形成共价键（covalent bond）。大多数有机物分子里的碳原子跟其他原子是以共价键相结合的，因此讨论共价键的性质有重要意义。

### 1.3.1　碳原子的杂化与成键方式

碳的电子构型是$1s^2 2s^2 2p^2$，依照价键理论（valence bond theory），只能和两个其他原子形成两个共价键。但在有机化合物中，碳原子总是四价。为了解释分子的空间构型，Pauling于1931年在价键理论的基础上提出了杂化轨道理论（hybridized orbital theory）。根据杂化轨道理论，碳原子在与其他原子成键时，先经过电子的跃迁，形成4个价电子，然后进行轨道杂化。由于碳原子有4个可成键的轨道和4个价电子，它可以形成4个共价键；碳原子有sp杂化（即由2s轨道和1个2p轨道杂化而成）、$sp^2$杂化（即由2s轨道和两个2p轨道杂化而成）和$sp^3$杂化（即由2s轨道和3个2p轨道杂化而成）三种方式。

碳原子杂化轨道的类型和空间构型如表1-1所示。

**表 1-1　碳原子的三种杂化类型与空间构型**

| 杂化类型 | 电负性 | 每一杂化轨道含 s 和 p 的成分 | 键角 | 形成分子的几何构型 | 实　例 |
|---|---|---|---|---|---|
| sp | 大 | $\frac{1}{2}s, \frac{1}{2}p$ | 180° | 直线形 | $C_2H_2$ |
| $sp^2$ | 中 | $\frac{1}{3}s, \frac{2}{3}p$ | 120° | 平面三角形 | $C_2H_4$ |
| $sp^3$ | 小 | $\frac{1}{4}s, \frac{3}{4}p$ | 109°28′ | 正四面体 | $CH_4$ |

### 1.3.2　共价键的类型

共价键有单键（single bond）和重键（multiple bond）两种。按照成键轨道的方向不同，共价键可分为σ键和π键。

（1）σ键

两个碳原子之间可以形成C—C单键，它是σ键（σ bond），是成键的原子轨道沿着其对称轴的方向以"头碰头"的方式相互重叠而形成的键。构成σ键的电子，称为σ电子。

由于形成σ键的原子轨道是沿着对称轴的方向相互重叠的，故σ键的电子云分布似圆柱状。因此，用这种键连接的两个原子或基团，可以绕键轴自由旋转，σ键不致发生断裂。另外，由于成键的原子轨道是沿着对称轴的方向相互重叠的，所以重叠程度最大，即σ键比较牢固，在化学反应中比较稳定，不易断裂。σ键存在于一切共价键中。

（2）π键

在形成共价重键时，成键原子除了以σ键相互结合外，未杂化的p轨道也会相互平行重叠。且成键的两个p轨道的方向恰好与连接两个原子的轴垂直，这种以"肩并肩"方式重叠的键称为π键（π bond）。构成π键的电子称为π电子。

由于π键是两个p轨道平行重叠形成的，与σ键相比，轨道重叠程度小。所以在化学反应中，π键容易断裂，易发生加成反应，形成比较牢固的σ键。

此外，配位键也属于共价键范畴，但通常讲的共价键的类型仅包括 σ 键和 π 键。

## 1.3.3　共价键的性质

共价键的性质又称为共价键的参数，是进一步了解分子的结构和性质的非常重要的物理量。

（1）键长

成键原子之间的核间距称为键长（bond length），单位为 nm（$10^{-9}$ m）。键长与原子半径大小和化学键类型有关，相同化学键在不同化合物中的键长可能不同。

（2）键角

分子中相邻两个共价键在空间所夹的角度称为键角（bond angle）。键角反映了分子的空间结构。在有机化合物中，键角不仅与碳原子的杂化方式有关，还与原子上所连的原子或原子团的性质有关。

（3）键能

键能（bond energy）是指气态分子 A 与 B 结合成气态分子 AB 时所放出的能量，或分子 AB 解离成气态原子 A 和 B 所吸收的能量，单位为 kJ·mol$^{-1}$。键能（$E_B$）常用来衡量共价键的强度，在标准状态下：

$$AB(g) \longrightarrow A(g) + B(g) \qquad \Delta H^{\ominus} = E_B$$

对于双原子分子来说，键能等于解离能；对于多原子分子来说，其键能等于解离能的平均值。键能越大，共价键越牢固。

（4）偶极矩

偶极矩（bond dipole moment）包括键的偶极矩（简称键矩）和分子偶极矩。它是衡量化学键与分子极性的物理量。

① 键矩　是两个电负性不同的原子所形成的极性键的正电荷（负电荷）中心的电荷（$q$）与两电荷中心之间的距离（$d$）的乘积，即 $\mu = qd$。偶极矩的 SI 单位是 C·m（库[仑]·米），过去习惯使用德拜（D）为单位，1D $= 3.338 \times 10^{-30}$ C·m。

② 分子偶极矩　是分子中各个化学键偶极矩的向量和。分子偶极矩是一个向量，有大小和方向。几种常见分子的键角和立体图形，以及常见共价键的键长、键能和偶极矩列在表 1-2 和表 1-3 中。

**表 1-2　常见分子的键角和立体图形**

| 化 合 物 类 型 | 分 子 图 形 | 键　　　角 | 化 合 物 类 型 | 分 子 图 形 | 键　　　角 |
|---|---|---|---|---|---|
| 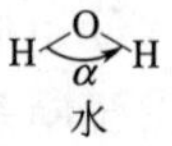 水 | V 形 | $\alpha = 105°$ | 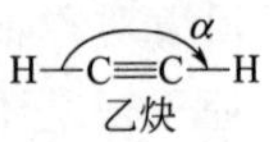 乙炔 | 直线形 | $\alpha = 180°$ |
| 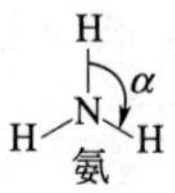 氨 | 三角锥形 | $\alpha = 107°$ | 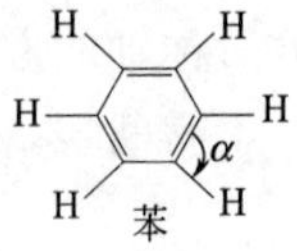 苯 | 平面形 | $\alpha = 120°$ |
| 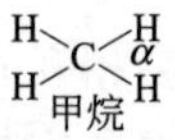 甲烷 | 正四面体 | $\alpha = 109°28'$ | 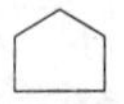 环戊烷 | 碳原子不在一个平面上 | 因分子结构而异 |
| 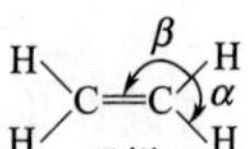 乙烯 | 平面形 | $\alpha = 107°$ $\beta = 118°$ | 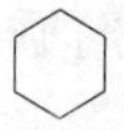 环己烷 | | |

表 1-3　常见共价键的键长、键能和偶极矩

| 共价键 | 键长/nm | 键能/(kJ·mol$^{-1}$) | 偶极矩/D | 共价键 | 键长/nm | 键能/(kJ·mol$^{-1}$) | 偶极矩/D |
|---|---|---|---|---|---|---|---|
| C—H | 0.109 | $4.13 \times 10^2$ | 0.4 | C—S | 0.181 | $2.72 \times 10^2$ | 0.9 |
| C—C | 0.154 | $3.54 \times 10^2$ | 0 | C=S | 0.163 | $5.75 \times 10^2$ | 2.6 |
| C=C | 0.134 | $6.19 \times 10^2$ | 0 | C—F | 0.142 | $4.85 \times 10^2$ | 1.41 |
| C≡C | 0.120 | $2.00 \times 10^2$ | 0 | C—Cl | 0.177 | $3.39 \times 10^2$ | 1.46 |
| C—N | 0.146 | $3.04 \times 10^2$ | 0.22 | C—Br | 0.193 | $2.84 \times 10^2$ | 1.38 |
| C=N | 0.127 | $6.14 \times 10^2$ | 0.9 | C—I | 0.212 | $2.17 \times 10^2$ | 1.19 |
| C≡N | 0.115 | $8.89 \times 10^2$ | 3.5 | N—H | 0.104 | $3.90 \times 10^2$ | 1.31 |
| C—O | 0.144 | $3.57 \times 10^2$ | 0.74 | O—H | 0.096 | $4.62 \times 10^2$ | 1.51 |
| C=O | 0.122 | $7.36 \times 10^2$（醛）<br>$7.48 \times 10^2$（酮） | 2.3 | S—H | 0.135 | $3.47 \times 10^2$ | 0.68 |

# 1.4　共价键的断裂方式

在有机化学反应中，总是伴随着一部分旧共价键的断裂（cleavage）和新共价键的形成过程。共价键有两种断裂方式，即均裂和异裂。

## 1.4.1　均裂

在共价键断裂时，如果共用电子对均等地分配给两个成键原子，这种断裂方式称为均裂（homolytic cleavage）。均裂生成两个带有未成对电子的原子或基团，称为自由基（free radical）或游离基。例如：

$$A:B \longrightarrow A\cdot + B\cdot$$

自由基性质很活泼，可以继续引起一系列反应，称为自由基反应（free radical reaction），也叫连锁反应（chain reaction）。

## 1.4.2　异裂

在共价键断裂时，如果共用电子对完全转移给成键原子的一方，这种断裂方式称为异裂（heterolytic cleavage）。异裂生成正离子和负离子。例如：

$$A:B \longrightarrow A^+ + B^-$$

带电荷的离子也很活泼，可进一步发生一系列反应，称为离子型反应。应该指出的是，有机化学中的"离子型"反应，一般发生在极性分子之间，通过极性共价键的异裂形成一个离子型的中间体而完成，不同于无机物的离子反应。

> **思考题 1-5**　请按能量递增的顺序排列 s 轨道，p 轨道和 sp、sp$^2$、sp$^3$ 杂化轨道。
>
> **思考题 1-6**　请按电负性递减的顺序排列 sp、sp$^2$、sp$^3$ 杂化轨道。

# 1.5　有机化学中的酸碱概念

物质的酸碱性是化学上最引人关注的问题之一。Arrhenius 把在水溶液中能够电离产生氢离子的物质称为酸（acid）；能够电离产生氢氧根离子的物质称为碱（base）。这种酸碱理论对有机化合物不甚适用，因为许多有机化合物不溶于水，多数有机反应也不在水溶液中进行。有机化学中常应用的是 Brönsted 酸碱质子理论和 Lewis 酸碱电子理论。

### 1.5.1　Brönsted 酸碱质子理论

1923 年，丹麦化学家 Brönsted 提出酸碱质子理论（Brönsted acid-base theory）。该理论认为，凡是能给出质子的分子或离子都是酸；凡能与质子结合的分子或离子均称为碱。酸失去质子，剩余的基团就是它的共轭碱；碱得到质子，生成的物质就是它的共轭酸。例如：

$$CH_3COOH + H_2O \rightleftharpoons H_3^+O + CH_3COO^-$$

$$CH_3COOH + NH_3 \rightleftharpoons NH_4^+ + CH_3COO^-$$

$$CH_3CH_2OH + OH^- \rightleftharpoons H_2O + CH_3CH_2O^-$$

酸　　　　　碱　　　　共轭酸　　　　共轭碱

根据 $K_aK_b = K_w$ 的关系式可知，酸越强，对应的共轭碱就越弱；酸越弱，对应的共轭碱就越强。因此，由于乙醇是比水更弱的酸，所以 $CH_3CH_2O^-$ 是比 $OH^-$ 更强的碱。

在有机化学中，所谓物质的酸性和碱性，常指 Brönsted 概念的酸和碱。

### 1.5.2　Lewis 酸碱电子理论

1938 年，美国化学家 Lewis 从电子对的转移提出了更为广泛的酸碱定义。Lewis 酸碱电子理论（Lewis acid-base theory）认为，凡是能接受电子对的物质称为酸；凡是能给出电子对的物质称为碱。例如：

$$Ag^+ + 2\ddot{N}H_3 \longrightarrow [Ag(NH_3)_2]^+$$

$$^+CH_3 + :OH^- \longrightarrow CH_3OH$$

$$CH_3\overset{+}{C}HCH_3 + :OH^- \longrightarrow CH_3\underset{\underset{OH}{|}}{C}HCH_3$$

酸　　　　　碱　　　　酸碱配合物

在讨论有机反应机理时常用这个理论，因为大多数有机反应是按离子型历程进行的。反应中常涉及的亲电试剂（electrophilic reagent）属于 Lewis 酸，而亲核试剂（nucleophilic reagent）属于 Lewis 碱。

---

**思考题 1-7**　预测下列物质的相对酸性。

(1) $CH_3OH$ 和 $CH_3NH_2$　　　(2) $H_3^+O$ 和 $NH_4^+$　　　(3) $CH_3OH$ 和 $CH_3SH$

**思考题 1-8**　下列反应中何者是 Brönsted 酸，何者是 Brönsted 碱？并指出哪些是亲电试剂，哪些是亲核试剂。

(1) $CH_3COOH + H_2O \rightleftharpoons CH_3COO^- + H_3^+O$

(2) ⬡—OH + NaOH $\rightleftharpoons$ ⬡—ONa + $H_2O$

---

## 1.6　研究有机化合物的一般程序和方法

研究某种未知有机化合物，包括研究天然产物中的未知化合物和有目的地设计合成的预测具有某种性能的新化合物，都要确定它的分子组成和分子结构，然后再研究其性能。因此，常需以下研究过程。

### 1.6.1　分离提纯

分离提纯（separation and purification）常用的方法有蒸馏、精馏、重结晶、萃取、升华等。但到目前为止，对有机物进行分离提纯的最有效的手段是色谱法。色谱法快速简便、灵敏可靠，且可用于微量物质的分离。

物质纯度检测的方法有测定物理常数法以及薄层色谱等各种色谱分析法。

### 1.6.2　元素的定性和定量

（1）元素的定性（qualitative determination of element）

传统的方法是将化合物与氧化铜混合后灼热，有 $CO_2$ 和 $H_2O$ 产生表示化合物中含有碳和氢。将化合物与金属钠共熔后溶于水，如果化合物中含有 N、S、P、X(卤素)，则生成氰化钠、硫化钠、磷酸钠和卤化钠，再用无机定性的方法分别鉴定。

（2）元素的定量（quantitative determination of element）

传统的方法是把准确称量的纯化合物与足量的氧化铜相混合，并放在特制的燃烧管中通入氧气使其充分燃烧，产生的 $CO_2$ 和 $H_2O$ 分别用已知质量的氢氧化钾和氯化钙管吸收，从它们增加的质量可以计算出碳和氢的质量分数。N、S、P、X 可各用适当的方法转变为无机化合物后定量。氧的质量分数则常用 100% 减去其他所有元素的质量分数来求得。

有机物样品的定性、定量分析是一项繁琐的工作，现在可用有机物元素自动分析仪快速测定。

### 1.6.3　分子量的测定

分子量（molecular weight）可以用蒸气密度法、凝固点下降法或者质谱仪等方法测定。

### 1.6.4　结构式的确定

由于有机物常具有同分异构现象，所以必须确定其分子结构式（structure formula）。有机化合物结构的测定很麻烦，尤其是复杂的有机化合物。例如，1803 年分离出吗啡纯品，1925 年才完成合成，共经历了一个多世纪。不过，近几十年来，采用化学方法与现代物理方法相结合，能够准确迅速地确定有机物的结构。目前，广泛应用于测定有机物结构的方法有紫外光谱法、红外光谱法、质谱法、核磁共振谱法和 X 射线衍射法等。

> **思考题 1-9**　分离有机化合物和测定有机化合物的结构有哪些方法？

## 1.7　有机化学与其他学科的关系

众所周知，在现代技术领域中，生物技术已与信息技术、新材料科学一起被列为当今三大前沿科学。而农业科学是以生物学为核心的综合性学科，涉及一系列基础学科，其中与有机化学的关系甚为密切。

从 20 世纪初开始，人类就致力于满足迅速增长的衣食住行的基本需求。在这方面，开始合成肥料、合成纤维和其他高分子材料。其后，又研制了各种农药、药物、高效饲料和肥料的添加剂、食品添加剂，生产了更多更可口的食物，来满足人们食味多样化的需求。农业科学如果没有有机化学的支撑，现代生活难以想象。譬如，要获得作物优质高产，提高作物与病虫害作斗争的有效性，除了改良品种和进行生物防治外，目前仍离不开农药防治，研制低毒、高效与环境友好的新农药离不开有机化学；为了使作物的农艺学性状、果实色泽、果实大小、品质风味、抗逆能力等符合人们的需求，就要对作物的生长发育进行人工调控，而植物生长调控剂的研制也离不开有机化学；为了提高农副产品的附加值，对农副产品进行深加工，以及改善食品的色、香、味等都与有机化学密切相关；为了提高防治疾病的有效性，药物的研制和开发需要有机化学；随着人口的日益增长，耕地面积的日益减少，再加上自然灾害频频发生，人类将面临着贫困和饥饿的挑战，而合成人工食品的任务也要由有机化学家来承担。因此可以说，有机化学与人们的衣食住行密切相关，学好有机化学不仅是学好专业课的基础，也是驾驭和创造物质世界的基础。

正如有机合成艺术大师 Woodward 所说："有机化学家在老的自然界旁边又建立起一个新的自然界。"有机合成家可以合成自然界有的，也可以合成自然界没有的但人们所需要的某些物质。当今，有机化学正在农业等其他学科领域中发挥着重要的作用，尤其在生命科学中已呈现出巨大的发展空间，包括后基因时代的化学、小分子的化学生物学、糖化学生物学以及天然产物化学等。可以预期，有机化学必将为人类的生存繁衍和繁荣昌盛作出更大的贡献。

## "有机合成之父" R. B. 伍德沃德

R. B.伍德沃德（Robert Burns Woodward，1917—1979），美国有机化学家，对现代有机合成作出了相当大的贡献，尤其是在化学合成和具有复杂结构的天然有机分子结构阐明方面。由于在合成复杂有机分子方面的贡献，伍德沃德荣获 1965 年诺贝尔化学奖。

在 20 世纪上半叶，有机化学全合成是世界上最难、最具挑战性的工作之一，20 步以上的复杂合成，即使每步反应的产率都高达 80%，总产率也只有 1.2%，当时只有几位大师才有办法挑战这样的全合成。1944 年，为应对战时奎宁药物短缺，伍德沃德与其学生 William von Doering 完成了用于治疗疟疾的奎宁生物碱的人工合成，该合成是伍德沃德一生完成的无数极端复杂而精妙的合成里的第一个合成。

20 世纪 40 年代，伍德沃德合成了许多复杂的天然产物分子，包括奎宁、胆固醇、可的松、马钱子碱、麦角酸、利血平、叶绿素、前列腺素、红霉素、头孢菌素和秋水仙碱等。此前，人工合成这些分子普遍认为是不可能的。经过这些分子的合成，伍德沃德开创了有机合成的一个新纪元，称为"伍德沃德时代"。他向大家展示了：利用反应和结构的知识及精细的策划，天然产物可以通过人工的方法合成出来。其合成工作被同行誉为杰作和艺术。至此，化学家们总是希望在合成中力求实用与美的结合。

维生素 $B_{12}$ 与人体健康息息相关，人体缺乏维生素 $B_{12}$ 不仅会导致贫血，还会引起心脏病、神经紊乱、生育与出生缺陷以及癌症等。因此，作为维持人体正常代谢和机能的一种不可缺少的微量营养素，维生素 $B_{12}$ 受到了人们越来越多的关注。

60 年代早期，伍德沃德便开始了维生素 $B_{12}$ 的合成研究。他与瑞士化学家 A. 艾申莫瑟（Albert Eschenmoser）合作，组织了 14 个国家的 110 名化学研究者，历时 11 载，最终于 1973 年完成了维生素 $B_{12}$ 的全合成——代表了当时世界上对复杂天然产物全合成的最高水平。在合成维生素 $B_{12}$ 的过程中，伍德沃德与其合作者不仅发现和应用了新的化学反应方法，如 Woodward-Eschenmoser 环化反应，还与其学生 R. 霍夫曼（Roald Hoffmann）偶然发现在 [4+2] 环合反应中的立体化学效应，总结出了非常著名和重要的"轨道对称守恒定律"。

维生素B$_{12}$

伍德沃德被誉为"20世纪最伟大的天然有机化学家",他以卓越的才能将有机合成化学提升到了合成艺术的境界,开创了有机合成的新纪元。他在研究中大量应用当时新兴的紫外光谱、红外光谱和核磁共振技术,并注重合成中的立体专一性问题。从奎宁到最后未完成的红霉素,其每一个全合成代表作品几乎都达到了前人无法想象的高度,成为有机化学发展史上的座座丰碑。20世纪有机合成化学因伍德沃德而光彩夺目,而天然产物全合成工作也是在他之后才真正蓬勃发展起来,"有机合成之父"的称号伍德沃德当之无愧。在仪器分析技术尚不完善的时候,伍德沃德率先将各种光谱技术用于结构分析,在天然产物结构鉴定领域也作出了开创性贡献。同时伍德沃德也善于总结,能够把实验中观察到的现象上升到理论高度,也是一位有机化学理论研究的大师。

# 习 题

1-1 在下列反应中,碳原子的杂化态是否改变?若有改变,请指出杂化类型。

(1) $CH_3CH_2CH_2OH \xrightarrow{H_2SO_4} CH_3CH=CH_2 + H_2O$

(2) $CH\equiv CH + 2HCl \longrightarrow CH_3CHCl_2$

(3) $CH_3CH=CH_2 + Br_2 \xrightarrow{CCl_4} CH_3\overset{Br}{\underset{|}{C}}H\overset{Br}{\underset{|}{C}}H_2$

1-2 大多数有机反应可以看成是 Lewis 酸碱反应,指出下列离子(基团)或分子中,哪些是 Lewis 酸,哪些是 Lewis 碱。

(1) $H^+$     $R^+$     $R-\overset{O}{\overset{\|}{C}}{}^+$     $Br^+$     $AlCl_3$     $BF_3$     $Li^+$

(2) $X^-$     $RO^-$     $SH^-$     $:NH_3$     $R\overset{..}{N}H_2$     $R\overset{..}{O}H$     $R\overset{..}{S}H$

1-3 胰岛素是由 21 个氨基酸组成 A 链和 30 个氨基酸组成 B 链,通过 3 个二硫键连接而成的蛋白质分子。若已知其分子量为 5734,含硫量为 3.4%,问一个胰岛素分子中含有多少个硫原子?

1-4 下列化合物都是 $NH_3$ 的衍生物,存在于某些鱼的分解产物中。试预测它们在水中溶解度的大小。
(1) $CH_3NH_2$          (2) $(CH_3)_2NH$          (3) $(CH_3)_3N$

1-5 甲基橙是一种酸的钠盐,其分子量为 327,经测定含 C 51.4%、H 4.3%、N 12.8%、S 9.8%、O 14.7%和 Na 7.0%,试求甲基橙的分子式。

1-6 在下列有机化合物的转化中,哪些是氧化,哪些是还原,哪些既不是氧化也不是还原?
(1) $CH_2=CH_2 \longrightarrow CH_3CH_2OH$          (2) $CH_3CH_2OH \longrightarrow CH_3CH=O$
(3) $CH_3CH=O \longrightarrow CH_3COOH$          (4) $HC\equiv CH \longrightarrow H_2C=CH_2$

1-7 $2.4mg\ C_4H_{10}O$ 按定量分析应产生多少 $CO_2$ 和 $H_2O$(单位为 mg)?

# 2 有机化合物的分类和命名

**学习指导**

    本章讨论了有机化合物的分类和命名方法，详细介绍了有机化合物的系统命名法。要求掌握各类有机化合物的系统命名法、结构表示方法和有机化合物的分类方法；了解有机化合物的普通命名法和俗名。

## 2.1 有机化合物的分类

    有机化合物虽然数目庞大、结构复杂，但它们相互之间总有一定的内在联系。为了研究方便，人们根据它们的这种内在关系，将数目巨大的有机化合物进行分类（classification）。常用的分类方法是按碳架（carbon skeleton）和官能团分类。

### 2.1.1 按碳架分类

    （1）开链化合物

    在这类化合物中，碳原子彼此结合成碳链。例如：

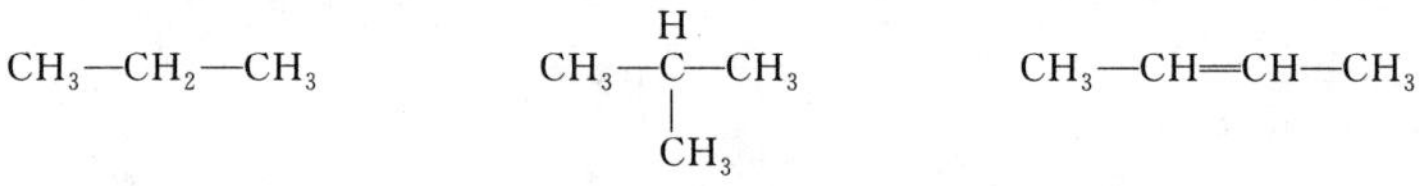

$$CH_3-CH_2-CH_3 \qquad CH_3-\underset{\underset{CH_3}{|}}{\overset{\overset{H}{|}}{C}}-CH_3 \qquad CH_3-CH=CH-CH_3$$

正丙烷         2-甲基丙烷         2-丁烯

*n*-propane      2-methylpropane      2-butylene

    由于脂肪分子中的碳原子有类似的结合方式，习惯上把开链化合物称为脂肪族化合物（acyclic compound）。

    （2）碳环化合物

    由碳原子彼此结合而成碳环结构的化合物，称为碳环化合物（carbocyclic compound）。根据碳环的特点和性质又可分为以下两类。

    ① 脂环族化合物　这类化合物从结构上看，可以认为是由开链化合物闭环而成的，它们的性质与脂肪族化合物相似，故称为脂环族化合物。例如：

环丙烷         环己烷         环戊二烯

cyclopropane      cyclohexane      cyclopenta-1,3-diene

    ② 芳香族化合物　这类化合物分子中含有苯环，其性质与脂环族化合物有很大的差别。例如：

苯        甲苯        萘        二苯甲烷

benzene      toluene      naphthalene      diphenylmethane

（3）杂环化合物

由碳原子和其他原子（主要是氧、硫、氮）彼此结合而成的环状化合物，称为杂环化合物（heterocyclic compound）。例如：

| 呋喃 | 噻吩 | 吡啶 |
| --- | --- | --- |
| furan | thiophene | pyridine |

## 2.1.2　按官能团分类

决定有机化合物化学性质的原子或原子团称为官能团（function groups）。官能团常是分子结构中对反应最敏感的部分，故有机化合物的主要反应多数发生在官能团上。

官能团的种类很多，一些常见和较重要的官能团列于表 2-1 中。

表 2-1　重要的官能团及其结构

| 有机化合物 | 官能团的结构和名称 | | 举　例 | |
| --- | --- | --- | --- | --- |
| 烯烃类 | $\diagup C=C \diagdown$ | 双键 | $H_2C=CH_2$ | 乙烯 |
| 炔烃类 | $-C\equiv C-$ | 叁键 | $HC\equiv CH$ | 乙炔 |
| 卤代烃类 | $-X$ | 卤素 | $H_3C-CH_2-Cl$ | 氯乙烷 |
| 醇类 | $-OH$ | 羟基 | $H_3C-CH_2-OH$ | 乙醇 |
| 酚类 | $-OH$、$Ar-$ | 羟基 芳基 | ⬡$-OH$ | 苯酚 |
| 醚类 | $C-O-C$ | 醚键 | $H_3C-CH_2-O-CH_2-CH_3$ | 乙醚 |
| 醛和酮类 | $\diagup C=O$ | 羰基 | $H_3C-\overset{O}{\underset{\parallel}{C}}-CH_3$ | 丙酮 |
| 羧酸类 | $-\overset{O}{\underset{\parallel}{C}}-OH$ | 羧基 | $H_3C-\overset{O}{\underset{\parallel}{C}}-OH$ | 乙酸 |
| 酯类 | $-\overset{O}{\underset{\parallel}{C}}-OR$ | 酯基 | $H_3C-\overset{O}{\underset{\parallel}{C}}-OCH_3$ | 乙酸甲酯 |
| 胺类 | $-NH_2$ | 氨基 | $H_3C-NH_2$ | 甲胺 |
| 硝基化合物 | $-NO_2$ | 硝基 | ⬡$-NO_2$ | 硝基苯 |
| 腈类 | $-C\equiv N$ | 氰基 | $H_3C-CN$ | 乙腈 |
| 偶氮化合物 | $-N=N-$ | 偶氮基 | ⬡$-N=N-$⬡ | 偶氮苯 |
| 硫醇和硫酚类 | $-SH$ | 巯基 | $H_3C-SH$ | 甲硫醇 |
| | | | ⬡$-SH$ | 苯硫酚 |
| 磺酸类 | $-SO_3H$ | 磺酸基 | ⬡$-SO_3H$ | 苯磺酸 |

在有机化学教材中，一般是把这两种分类方法结合起来。本书先按碳架结构讨论各类烃，然后按官能团的类型讨论烃的衍生物，最后介绍天然有机化合物。

---

**思考题 2-1**　指出下列化合物所含官能团的名称和所属类别。

(1) $H_3C-CH_2-NH_2$　　　(2) $H_3C-CH_2-SH$　　　(3) $H_3C-CH_2-COOH$

(4) $H_3C-CH_2-CH_2-Cl$　　(5) $CH_3COCH_3$　　　　(6) $C_6H_5NO_2$

## 2.2　有机化合物的表示方式

### 2.2.1　有机化合物构造式的表示方式

有机化合物分子中原子的排列次序和成键方式的结构表达式称为有机化合物的构造式。目前，书写有机化合物构造式的方法主要有以下两种。

（1）平面投影式（arachnoid formula）

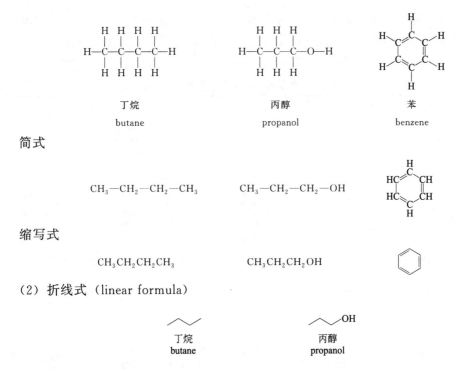

丁烷　　　　　　　　　　　　丙醇　　　　　　　　　　　　苯
butane　　　　　　　　　　　propanol　　　　　　　　　　benzene

简式

$CH_3—CH_2—CH_2—CH_3$　　　　　　$CH_3—CH_2—CH_2—OH$

缩写式

$CH_3CH_2CH_2CH_3$　　　　　　　　$CH_3CH_2CH_2OH$

（2）折线式（linear formula）

丁烷　　　　　　　　　丙醇
butane　　　　　　　　propanol

上述构造式的表示方法，仅表明了有机化合物分子中各个原子相互连接的顺序和结合方式，没有反映碳的共价键在空间的取向。由于碳的价键在空间有一定的取向，构造式并不表示所有的价键共处同一平面，实际上只是一种投影式。例如 $CH_2Cl_2$ 是四面体型分子，如果从不同的方向对分子模型进行投影，可得到两个不完全一样的投影式，但它们是代表同一构造的构造式。

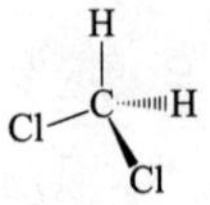

透视式 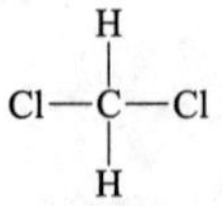　　　　　　　　投影式 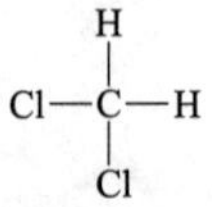　　　　　　　　投影式

投影式使分子结构式成了平面图形，但要明白它是从立体形象来的。学习有机化学时应该十分注意有机化合物的立体概念。

**思考题 2-2**　写出符合下列分子式的各种同分异构体的折线式。
(1) $(CH_3)_3CCH_2CH_2CH_2CH(CH_3)_2$　　(2) $CH_3CH(CH_3)CH_2CH_2OH$　　(3) $CH_3CH_2CH_2CHO$
**思考题 2-3**　写出乙炔、乙烯、甲烷的分子构型（立体结构）。

### 2.2.2　有机化合物的同分异构体

在有机化合物中，具有相同的分子式，但具有不同结构的化合物互称为同分异构体（isomer）。异构体主要分为两大类：构造异构和立体异构。

构造异构是由于分子中各原子相互连接的次序不同而引起的。构造异构可分为碳链异构、位置异构、官能团异构和互变异构。

立体异构是指具有相同的分子式、相同的原子连接顺序，但具有不同的空间排列方式而引起的异构。简单地说，立体异构是具有相同的构造、不同的构型的异构。立体异构可分为构象异构和构型异构。

同分异构的分类简示如下。

$$
\text{同分异构}\begin{cases} \text{构造异构：碳链异构、位置异构、官能团异构、互变异构} \\ \text{立体异构}\begin{cases} \text{构象异构：交叉式、重叠式、椅式、船式等} \\ \text{构型异构}\begin{cases} \text{顺反异构：}Z\text{ 式、}E\text{ 式（顺式、反式）} \\ \text{旋光异构}\begin{cases} \text{对映异构：左旋、右旋等} \\ \text{非对映体：差向异构、端基异构等} \end{cases} \end{cases} \end{cases} \end{cases}
$$

## 2.3　有机化合物的命名

有机化合物的命名（nomenclature）方法较多，有俗名（根据它的来源或某种性质命名）、普通命名法（或习惯命名法）、系统命名法等。常用的命名法主要有普通命名法和系统命名法两种。

### 2.3.1　烷烃的命名

（1）普通命名法

烷烃（alkane）的普通命名法（common nomenclature）基本原则如下。

① 根据分子中碳原子的总数目称为"某烷"。碳原子数目在十以内的分别用天干——甲、乙、丙、丁、戊、己、庚、辛、壬、癸表示；在十以上的则用中文数字十一、十二……表示。例如，$C_8H_{18}$ 称为辛烷；$C_{12}H_{26}$ 称为十二烷。

② 为了区别异构体，直链的烷烃称为"正（$n$-）"某烷，在链端第二个碳原子上连有一个甲基支链的称为"异（iso）"某烷，在链端第二个碳原子上连有两个甲基支链的称为"新（neo）"某烷。例如：

$$CH_3{\overset{a}{—}}CH_2{\overset{b}{—}}CH_2{\overset{b}{—}}CH_2{\overset{a}{—}}CH_3$$

正戊烷
$n$-pentane

$$CH_3{\overset{a}{—}}\underset{\underset{CH_3}{|}{\overset{a}{}}}{\overset{c}{C}H}{\overset{c}{—}}CH_2{\overset{b}{—}}CH_3$$

异戊烷
isopentane

$$CH_3{\overset{a}{—}}\overset{\overset{a}{CH_3}}{\underset{\underset{CH_3}{\overset{a}{|}}}{\overset{d}{C}}}{\overset{}{—}}CH_3$$

新戊烷
neopentane

烷烃分子中，各个碳原子按照它们直接所连的碳原子数目可分为四类：只与一个碳原子相连的碳（a）称为伯碳原子（或称为一级碳原子）；与两个（b）、三个（c）、四个（d）碳原子相连的碳分别称为仲、叔、季碳原子（或称为二级、三级、四级碳原子）；可分别用符号 1°、2°、3°、4°表示。

烷烃分子中的氢原子按照其所连接的碳原子类型分为三类：与伯、仲、叔碳原子相连的氢原子，分别称为伯氢或一级（1°）氢原子、仲氢或二级（2°）氢原子、叔氢或三级（3°）

氢原子。这些氢原子所处的地位不同，所以在反应性能上有差异。

烷烃分子中去掉一个氢原子后剩下的原子团称为烷基（alkyl group），其通式为 $C_nH_{2n+1}$，用 R—表示，烷基的名称由相应的烷烃而来。例如：

|  |  |  |  |
|---|---|---|---|
| CH₃— | CH₃—CH₂— | CH₃—CH₂—CH₂— | CH₃—CH— ｜ CH₃ |
| 甲基 | 乙基 | 正丙基 | 异丙基 |
| methyl | ethyl | *n*-propyl | isopropyl |

|  |  |  |  |
|---|---|---|---|
| CH₃—CH₂—CH₂—CH₂— | CH₃—CH₂—CH—CH₃ ｜ | CH₃—CH—CH₂— ｜ CH₃ | CH₃—C—CH₃ 带支 CH₃ |
| 正丁基 | 仲丁基 | 异丁基 | 叔丁基 |
| *n*-butyl | *sec*-butyl | isobutyl | *tert*-butyl |

普通命名法虽然简单，但只适用于含碳原子较少的烷烃。随着碳原子数目的增加，异构体的数目迅速增多，需要用系统命名法来命名。

（2）系统命名法

系统命名法（systematic nomenclature）是以 1892 年日内瓦国际化学会议上拟定的有机化合物的系统命名法（即日内瓦命名法）为基础，由国际纯粹与应用化学联合会（International Union of Pure and Applied Chemistry，简写为 IUPAC）几经修订而成，故又称为 IUPAC 命名法。现已普遍为各国所采用。我国的系统命名法就是根据这个命名原则和我国的文字特点制定的。

直链烷烃的系统命名法与普通命名法相似，只是在名称的前面不加"正"字。例如：

$$CH_3—CH_2—CH_2—CH_2—CH_3 \qquad CH_3—CH_2—CH_2—CH_2—CH_2—CH_3$$

戊烷　　　　　　　　　　　　　　　　庚烷

pentane　　　　　　　　　　　　　　heptane

带支链的烷烃则要按以下原则命名。

① 主链的选定　选择含碳原子数最多的碳链作为主链。根据主链所含碳原子总数称为"某烷"，并以它作为母体，主链以外的支链则作为取代基。分子中若有几条等长碳链，则应选择取代基最多的碳链作为主链。

② 主链碳原子的编号　从距离取代基最近的一端开始，用阿拉伯数字将主链碳原子依次编号。当主链上有几个取代基和编号有几种可能时，应采用"最低系列"编号法，即当主链以不同方向编号时，得到几种不同编号的系列，则从小到大依次比较几种编号系列中取代基的位次，最先遇到位次小的编号为合理编号。

③ 取代基的标明　取代基的位次由它所连接的主链碳原子的编号数来表示。位次数字和取代基名称之间用半字线"-"连接起来，取代基的名称写在母体名称的前面。主链上有不同的取代基时，把取代基按"次序规则（sequence rule）"排列，较优基团后列出；有相同的取代基时，则将取代基的位次逐个标出，位次数字之间用逗号隔开，并在其名称前面用中文数字二、三、四……标明个数。

"次序规则"是用来决定不同原子或原子团相互排列顺序的规则，其主要内容如下。

a. 将各种取代基与主链直接相连的原子按其原子序数大小排列，大者为"较优"基团。若为同位素，则质量高的定为"较优"基团。孤电子对排在最后。例如：

$$I > Br > Cl > S > F > O > N > C > D > H > 孤电子对$$

b. 若各取代基的第一个原子相同，则比较与它直接相连的其他几个原子，比较时，按原子序数排列。先比较最大的，若仍相同，再依次比较居中的、最小的；若仍相同，则沿取代链逐次比较，直到找出"较优"基团。例如，下列基团排列顺序为：

$$(CH_3)_3C—>(CH_3)_2CH—>CH_3CH_2CH_2—>CH_3—$$
$$(C,C,C)\qquad(C,C,H)\qquad(C,H,H)\qquad(H,H,H)$$

$$ClCH_2—>CH_3—$$
$$(Cl,H,H)\quad(H,H,H)$$

c. 含有双键和叁键的基团，可以认为连有两个或三个相同的原子。例如：

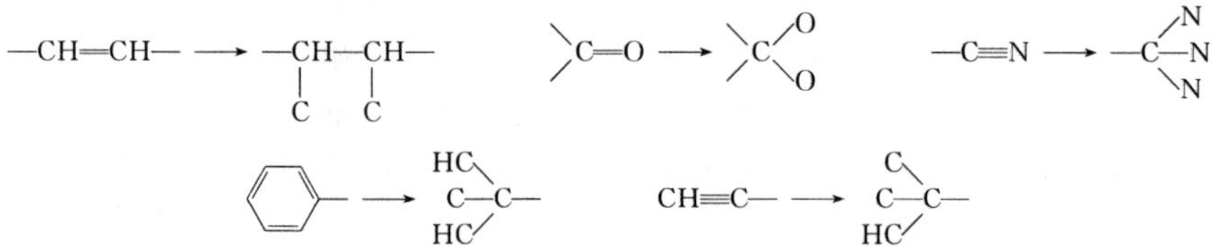

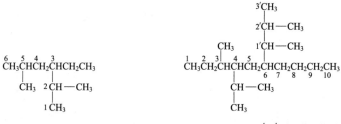

此外，如果烷烃结构比较复杂，支链也要编号时，则从与主链相连的碳原子开始给支链编号（可以用带撇数字标明），把支链上取代基的位置、个数及名称写在支链名称前，一并放在括号内。例如：

6 5 4 3
CH₃CHCH₂CH CH₂CH₃
      CH₃ 2CH—CH₃
          1 CH₃

2,5-二甲基-3-乙基己烷
3-ethyl-2,5-dimethylhexane

3-甲基-4-异丙基-6-(1′,2′-二甲基丙基)癸烷
3-methyl-4-isopropyl-6-(1′,2′-dimethylpropyl)decane

---

**思考题 2-4**　用系统命名法命名下列化合物，并指出 1°、2°、3°、4°碳原子。

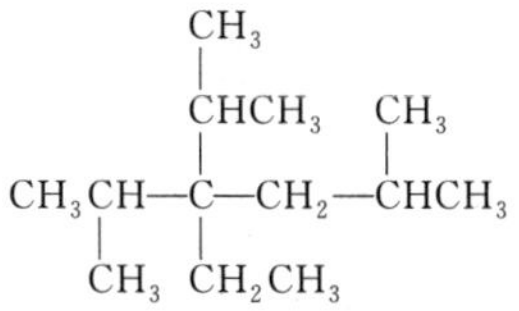

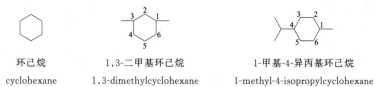

---

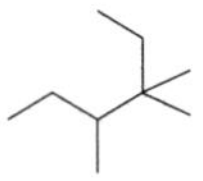

## 2.3.2　环烷烃的命名

（1）单环烷烃的命名

未取代的单环烷烃（cycloalkane）的命名与烷烃相似，只在烷烃名称前加上"环"字。对有多个取代基的环烷烃的命名，按照次序规则从连有最小基团的环碳原子开始，用阿拉伯数字给碳环编号，并使取代基的位次尽可能小。例如：

环己烷　　　　　　1,3-二甲基环己烷　　　　　1-甲基-4-异丙基环己烷
cyclohexane　　1,3-dimethylcyclohexane　　1-methyl-4-isopropylcyclohexane

如果分子内有大环与小环，命名时以大环作母体，小环作取代基。对于比较复杂的化合物，或环上带的支链不易命名时，则将环作为取代基来命名。例如：

环丙基环己烷　　　　　　　　　3-甲基-4-环丁基庚烷
cyclopropylcyclohexane　　　4-cyclobutyl-3-methylheptane

（2）螺环烷的命名

螺环烷（spiroalkane）分子中共用的碳原子称为"螺原子"。螺环烷的命名原则是：①按两个环的碳原子总数命名为"螺某烷"；②在"螺"字后用方括号注明两个环中除了螺原子以外的碳原子数目，小的数字写在前，数字间用下角圆点分开；③环碳原子编号从小环中与螺原子相邻的碳原子开始，通过螺原子到大环，并使取代基的位次尽可能小。例如：

5-甲基螺[2.4]庚烷　　　　　　1,5,7-三甲基螺[3.4]辛烷
5-methylspiro[2.4]heptane　　1,5,7-trimethylspiro[3.4]octane

（3）桥环烷的命名

桥环烷（endocycloalkane）是指碳环与碳环之间共用两个或多个碳原子的多环烷烃，共用碳原子中的端碳原子称为"桥头碳"，两个桥头碳之间可以是一根键或碳链，称之为"桥"，简单桥环烷的命名原则是：①按桥环母体的碳原子总数称为"二环某烷"；②在"二环"两字之后，用方括号注上各桥（两个环的有三条桥）所含的碳原子数（桥头碳原子不计入），大数在前，数字间用下角圆点隔开；③编号时自桥头碳原子开始，沿最长的桥编到另一桥头碳原子，再循次长桥编到开始桥头碳原子，最短的桥上碳原子最后编号。例如：

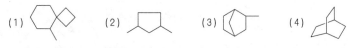

二环[4.4.0]癸烷　　　　　　　6,8-二甲基-2-乙基二环[3.2.1]辛烷
bicyclo[4.4.0]decane　　2-ethyl-6,8-dimethylbicyclo[3.2.1]octane

---

**思考题 2-5**　命名下列化合物。

（1）　　　　　（2）　　　　　（3）　　　　　（4）

---

## 2.3.3　不饱和烃的命名

这里介绍两类不饱和烃（unsaturated hydrocarbon）的命名规则。

（1）烯烃的命名

烯烃（alkene）的命名一般采用系统命名法。它的命名原则与烷烃相似。①选择的主链必须包括碳碳双键，按主链碳原子数称为"某烯"，如果主链碳原子数超过 10，则称为"某碳烯"。②从靠近双键的一端对主链碳原子编号，并以双键碳原子中编号较小的数字表示双键的位次，写在烯烃名称的前面。例如：

$$CH_3-CH_2-\underset{\underset{CH_3}{|}}{C}-\underset{\underset{CH_2CH_3}{|}}{C}=CH_2$$

$$CH_3-\underset{\underset{CH_2CH_3}{|}}{C}=CH-CH_2-\overset{\overset{CH_3}{|}}{\underset{\underset{CH_3}{|}}{C}}-CH_3$$

3-甲基-2-乙基-1-戊烯　　　　　3,6,6-三甲基-3-庚烯
2-ethyl-3-methyl-1-pentene　　3,6,6-trimethyl-3-heptene

烯烃分子中去掉一个氢原子后剩下的原子团称为烯基。例如：

| | | | $CH_3$ |
|---|---|---|---|
| $CH_2=CH-$ | $CH_3CH=CH-$ | $CH_2=CH-CH_2-$ | $CH_2=C-$ |
| 乙烯基 | 丙烯基 | 烯丙基 | 异烯丙基 |
| ethenyl | 1-propenyl | 2-propenyl | 1-methyl ethenyl |

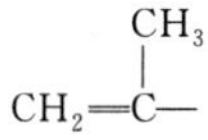

烯基的碳原子编号应从带有自由价的碳原子开始。例如：

$$\overset{4}{CH_3}-CH=CH-CH_2-$$

2-丁烯基

2-butenyl

烯烃顺反异构体的命名现在用 $Z$、$E$ 命名体系（$Z$ 是德文 Zusammen 的字头，是"共同"的意思；$E$ 是德文 Entgegen 的字头，是"相反"的意思），即用 $Z$ 和 $E$ 代表两种不同的构型。要确定是 $Z$ 型还是 $E$ 型，首先要按"次序规则"分别确定两个双键碳原子上各自的"较优"原子或基团。如果双键中两个碳原子所连的两个"较优"原子或基团在双键平面的同侧，为 $Z$ 构型，在异侧则为 $E$ 构型。$Z$、$E$ 写在括号里并放在化合物名称的前面。例如：

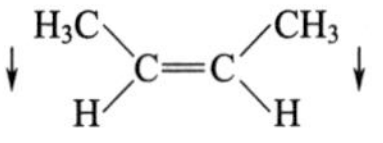

(Z)-2-丁烯
(Z)-2-butene

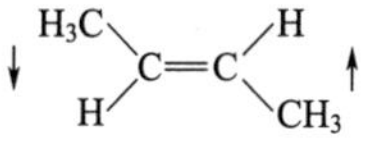

(E)-2-丁烯
(E)-butene

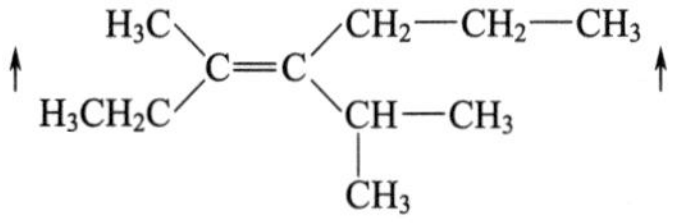

(Z)-3-甲基-4-异丙基-3-庚烯
(Z)-3-methyl-4-(1-methyl ethyl)-3-heptene

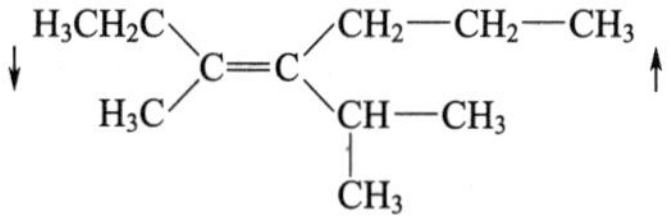

(E)-3-甲基-4-异丙基-3-庚烯
(E)-3-methyl-4-(1-methyl ethyl)-3-heptene

式中，箭头表示按次序规则排列由大到小。

如果烯烃中含有一个以上的双键，且都存在顺、反异构时，则每个双键都要确定 $Z$、$E$ 构型。例如：

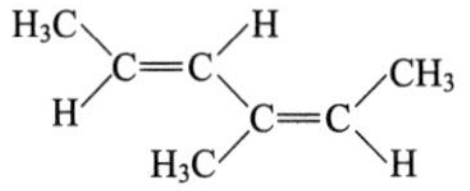

(2Z,4E)-3-甲基-2,4-己二烯

(2Z,4E)-3-methyl-2,4-hexadiene

---

**思考题 2-6**　用系统命名法命名下列化合物。

(1)

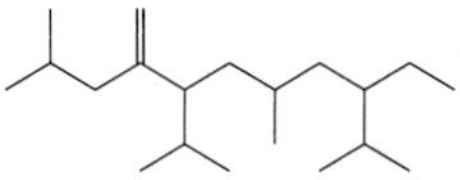

(2) $(CH_3)_3CCH_2CH(CH_3)CH(C_2H_5)CH_3$

---

由以上例子可以看出，二烯烃的命名与烯烃相似，两个双键的位置须以阿拉伯数字标出，并列于二烯烃名字之前。例如：

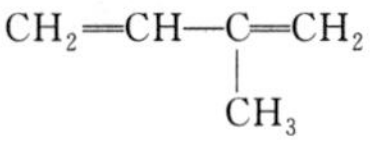

| | |
|---|---|
| $CH_2=CH-C=CH_2$<br>　　　　　$CH_3$ | $CH_2=C-CH_2-CH=CH_2$<br>　　$CH_3$ |
| 2-甲基-1,3-丁二烯（异戊二烯） | 2-甲基-1,4-戊二烯 |

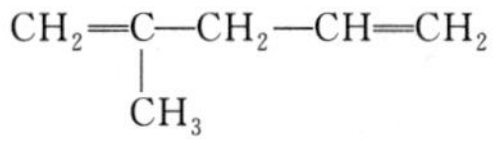

二烯烃的顺反异构体的命名比单烯烃复杂，命名时必须逐个标明构型。例如：

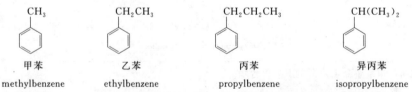

(2Z,4Z)-2,4-己二烯　　　(2E,4E)-2,4-己二烯　　　(2Z,4E)-2,4-己二烯

**思考题 2-7**　用系统命名法命名下面的化合物。

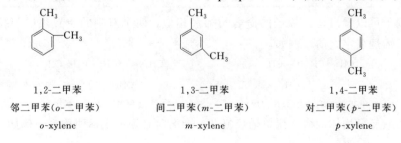

**（2）炔烃的命名**

炔烃（alkyne）的系统命名法与烯烃相似，即选择含有叁键的最长碳链为主链，编号由距叁键最近的一端开始，将叁键的位置写在"炔"字之前。例如：

$$CH_3—C{\equiv}C—CH—CH_2—CH_3$$
$$\underset{CH_3}{|}$$

4-甲基-2-己炔

炔烃分子中同时含有碳碳双键时称为烯炔。命名时选择含有双键和叁键的最长碳链为主链。编号要使两者位次数值之和最小；若有选择时，应使双键的位次较小。例如：

$$CH_3—CH{=}CH—C{\equiv}CH \qquad CH_2{=}CH—CH_2—C{\equiv}CH$$

3-戊烯-1-炔　　　　　　　　　1-戊烯-4-炔

较简单的炔烃也可以把它们看成乙炔的衍生物，采用衍生物命名法。例如：4-甲基-2-戊炔 $\left(CH_3—C{\equiv}C—CH{<}^{CH_3}_{CH_3}\right)$ 也可命名为甲基异丙基乙炔；1-丁烯-3-炔（$CH_2{=}CH—C{\equiv}CH$）也可命名为乙烯基乙炔。

## 2.3.4　芳香烃的命名

**（1）单环芳烃的命名**

单环芳烃（monocyclic aromatic hydrocarbon）的命名以苯（benzene）为母体，烷基作为取代基，称为"某烷基苯"，"基"字一般省略。按取代基的多少，可分为一元、二元、三元取代物等。

① 一元取代物。按上述原则命名。例如：

|  |  |  |  |
|---|---|---|---|
| CH₃ | CH₂CH₃ | CH₂CH₂CH₃ | CH(CH₃)₂ |
| 甲苯 | 乙苯 | 丙苯 | 异丙苯 |
| methylbenzene | ethylbenzene | propylbenzene | isopropylbenzene |

② 二元取代物。由于取代基的位置不同，取代基的相对位置可用数字表示，也可以用"邻"、"间"、"对"或 o-(ortho-)、m-(meta-)、p-(para-) 等希腊字头表示。例如：

|  |  |  |
|---|---|---|
| 1,2-二甲苯 | 1,3-二甲苯 | 1,4-二甲苯 |
| 邻二甲苯(o-二甲苯) | 间二甲苯(m-二甲苯) | 对二甲苯(p-二甲苯) |
| o-xylene | m-xylene | p-xylene |

③ 三元取代物。例如：

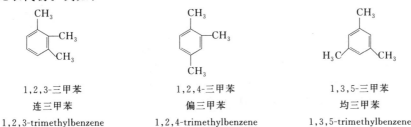

| 1,2,3-三甲苯 | 1,2,4-三甲苯 | 1,3,5-三甲苯 |
| --- | --- | --- |
| 连三甲苯 | 偏三甲苯 | 均三甲苯 |
| 1,2,3-trimethylbenzene | 1,2,4-trimethylbenzene | 1,3,5-trimethylbenzene |

④ 甲苯、二甲苯、异丙苯、苯乙烯等也可以作为母体来命名。例如：

间乙基甲苯　　　　　　　　　　对叔丁基甲苯

*m*-ethyltoluene　　　　　　　*p-tert*-butyltoluene

⑤ 当苯环上的取代基比较复杂时，通常把苯环当作取代基。例如：

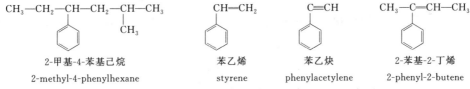

2-甲基-4-苯基己烷　　　　苯乙烯　　　　苯乙炔　　　　2-苯基-2-丁烯

2-methyl-4-phenylhexane　　styrene　　phenylacetylene　　2-phenyl-2-butene

芳环上去掉一个氢原子后剩下的原子团称为芳基，常用 Ar—表示。

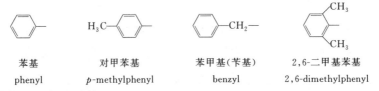

苯基　　　　　　对甲苯基　　　　　　苯甲基（苄基）　　　　2,6-二甲基苯基

phenyl　　　　*p*-methylphenyl　　　　benzyl　　　　2,6-dimethylphenyl

**（2）单环芳烃衍生物的命名**

当芳环上连有烷基以外的官能团时，根据官能团的不同，苯环有时作为母体，有时作为取代基。

① 如果取代基是—$NO_2$、—NO、—X 等，命名时仍以苯环作为母体。例如：

溴苯　　　　　硝基苯　　　　　亚硝基苯　　　　邻硝基甲苯　　　　对氯甲苯

bromobenzene　　nitrobenzene　　nitrosobenzene　　*o*-nitrotoluene　　*p*-chlorotoluene

② 如果取代基是—COOH、—$SO_3H$、—CHO、—OH、—$NH_2$ 等，命名时把苯环作为取代基。例如：

苯胺　　　　　苯酚　　　　　苯甲醛　　　　　苯磺酸　　　　　苯甲酸

phenylamine　　phenylhydrate　　benzaldehyde　　benzenesulfonic acid　　benzoic acid

③ 苯环上有两个或多个取代基时，首先选定母体，然后依次编号。选母体的顺序为：—COOH、—$SO_3H$、—CN、—CHO、—OH、—$NH_2$、—X、—$NO_2$。例如：

对氯苯酚

*p*-chlorophenol

间氨基苯磺酸

*m*-aminobenzenesulfonic acid

对硝基苯甲酸

*p*-nitrobenzic acid

邻硝基对氯苯酚

*p*-chloro-*o*-nitrophenol

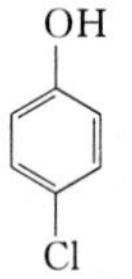

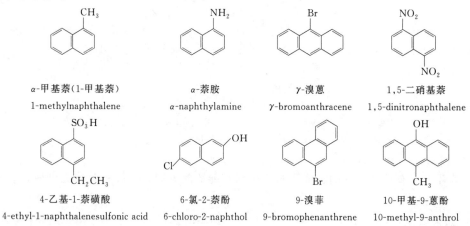

在萘、蒽、菲的结构式中，环上碳原子的编号是统一的，命名时应予注意。

萘

naphthalene

蒽

anthracene

或
菲

phenanthrene

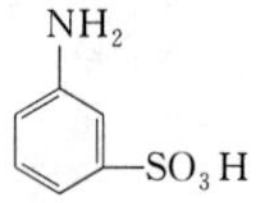

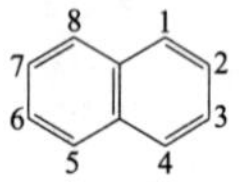

在萘的结构式中，1、4、5、8 四个碳原子的位置是等同的，称为 $\alpha$ 位；2、3、6、7 四个碳原子的位置也是等同的，称为 $\beta$ 位。萘的一元取代物有 $\alpha$ 和 $\beta$ 两种位置异构体。

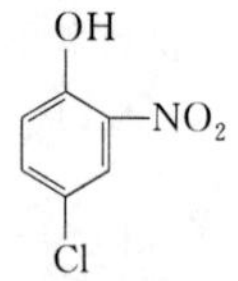

在蒽的结构式中，1、4、5、8 位等同，称为 $\alpha$ 位；2、3、6、7 位等同，称为 $\beta$ 位；9、10 位等同，称为 $\gamma$ 位。蒽的一元取代物有 $\alpha$、$\beta$、$\gamma$ 三种位置异构体。

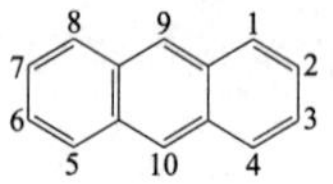

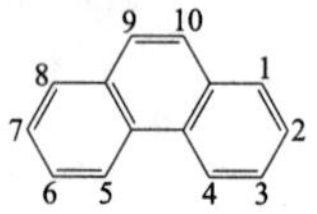

萘、蒽、菲的二元取代物和多元取代物的异构体较多，必须用固定的 1、2、3…阿拉伯数字标位。例如：

$\alpha$-甲基萘(1-甲基萘)

1-methylnaphthalene

$\alpha$-萘胺

$\alpha$-naphthylamine

$\gamma$-溴蒽

$\gamma$-bromoanthracene

1,5-二硝基萘

1,5-dinitronaphthalene

4-乙基-1-萘磺酸

4-ethyl-1-naphthalenesulfonic acid

6-氯-2-萘酚

6-chloro-2-naphthol

9-溴菲

9-bromophenanthrene

10-甲基-9-蒽酚

10-methyl-9-anthrol

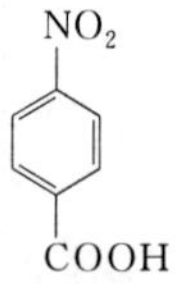

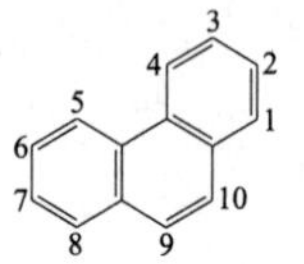

### 2.3.5 卤代烃的命名

（1）系统命名法

卤代烃（halohydrocarbon）命名时通常把卤素作为取代基，以相应烃为母体来命名，在烃名称前面标出卤原子及其他取代基的位置、数目和名称。例如：

$(CH_3)_2CHCHClCH_3$ 2-甲基-3-氯丁烷

$CH_3CHBrCH_2CH(CH_2CH_3)CH_3$ 4-甲基-2-溴己烷

$CH_2ClCHBrCH_2CH(CH_3)_2$ 4-甲基-1-氯-2-溴戊烷

在含有两种卤素的卤代烃中，我国规定当两种卤素的顺序编号一致时，按 F、Cl、Br、I 顺序编号（国外以字母顺序编号）。例如：

$CH_3CH_2CHClCHBrCH_2CH_3$

3-氯-4-溴己烷

3-bromo-4-chlorohexane

卤代烯烃命名，是以烯烃为母体，选择含有双键的最长碳链为主链，并以双键的位次最小为原则进行编号，把卤原子作为取代基。例如：

$$CH_2{=}CHCHBrCH_3$$

3-溴-1-丁烯

$$CH_2{=}CHCH(CH_3)CH_2Cl$$

3-甲基-4-氯-1-丁烯

$$CH_3CH{=}CHCH(CH_3)CHClCH_3$$

4-甲基-5-氯-2-己烯

（2）习惯命名法

卤代烷的结构比较简单时也可用习惯命名法命名。通常按与卤原子相连的烃基的名称来命名，称为"卤代某烃"或"某基卤"。例如：

$$CH_3{-}Cl$$

氯甲烷（甲基烷）

$$(CH_3)_2CH{-}Br$$

溴代异丙烷（异丙基溴）

$$(CH_3)_3C{-}Br$$

溴代叔丁烷（叔丁基溴）

$$CH_2{=}CH{-}Cl$$

氯乙烯（乙烯基氯）

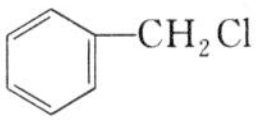

氯化苄（苄基氯）

**思考题 2-8**　命名下列化合物。

(1) 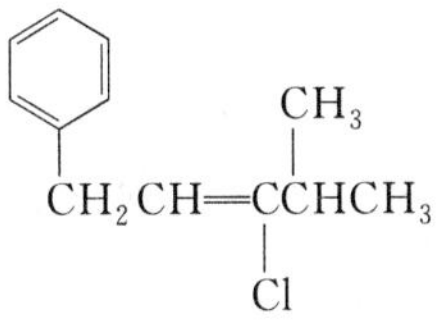 $CH_2CH{=}CCHCH_3$

(2) $CH_2CHCH_2CH{=}CH_2$

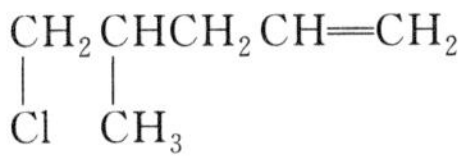

(3) 

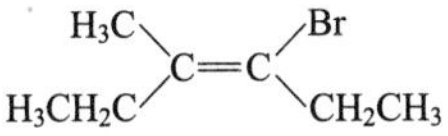

(4) 

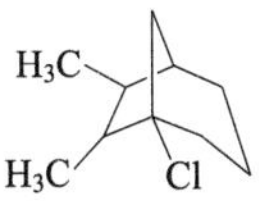

## 2.3.6　醇、酚和醚的命名

（1）醇的命名

普通命名法和系统命名法是醇（alcohol）最常用的命名方法。一般结构简单的醇用普通命名法，方法是在相应的烃基的名称后面加上"醇"字。例如：

$$CH_3CH_2CH_2OH$$

正丙醇

*n*-propyl alcohol

$$CH_3CHCH_3\\ \ \ \ OH$$

异丙醇

isopropyl alcohol

$$CH_3CH_2CH_2OH$$

正丁醇

*n*-butyl alcohol

$$CH_3CHCH_2CH_3\\ \ \ \ OH$$

仲丁醇

*sec*-butyl alcohol

$$(CH_3)_3COH$$

叔丁醇

*tert*-butyl alcohol

结构复杂的醇用系统命名法命名。命名时选择包含羟基在内的最长碳链为主链，并根据主链碳原子的数目称为"某醇"。如果是不饱和醇，那么主链就包含不饱和键。主链碳原子的编号是从离羟基最近的一端开始。命名时，将支链的位次和名称、羟基的位次写在母体前面。不饱和的醇还应标出不饱和键的位次。例如：

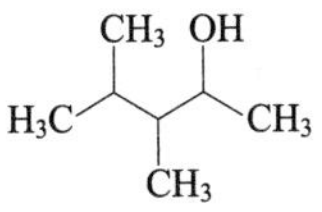

3,4-二甲基-2-戊醇

3,4-dimethyl-2-pentanol

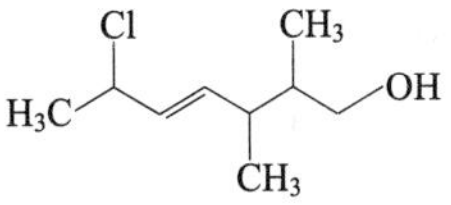

(*E*)-2,3-二甲基-6-氯-4-庚烯-1-醇

(*E*)-6-chloro-2,3-dimethyl-4-heptene-1-ol

（2）酚的命名

酚（phenol）的命名一般是以羟基相连的芳环为母体称为"某酚"。芳环上有其他取代基时，则标出取代基的位次和名称。例如：

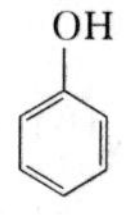

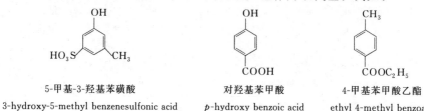

苯酚　　　　　　　对甲基苯酚　　　　　　4-氯苯酚
phenol　　　　　　*p*-methyl phenol　　　　4-chloro phenol

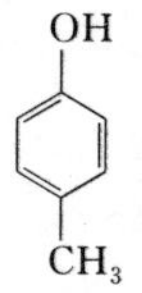

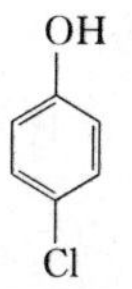

当取代基为羧基、磺酸基、酰基等时，则把酚羟基作为取代基。例如：

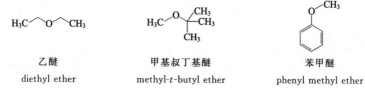

5-甲基-3-羟基苯磺酸　　　　　　　对羟基苯甲酸　　　　　　4-甲基苯甲酸乙酯
3-hydroxy-5-methyl benzenesulfonic acid　　*p*-hydroxy benzoic acid　　ethyl 4-methyl benzoate

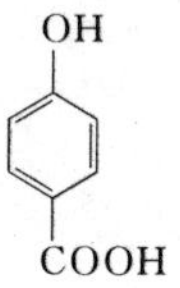

（3）醚（ether）的命名

结构简单的醚，命名时在"醚"字前面加上烃基的名称即可。烃基如果相同，表示烃基数目的"二"字常常省略；如果不同，较小的烃基在前；有芳基时，芳基在前。例如：

$H_3C$—O—$CH_3$　　　　　　　　　　　　　　　　　　

乙醚　　　　　　　甲基叔丁基醚　　　　　　苯甲醚
diethyl ether　　　methyl-*t*-butyl ether　　　phenyl methyl ether

结构复杂的醚，命名时以较大的烃基为母体，剩下的烃氧基当成取代基。例如：

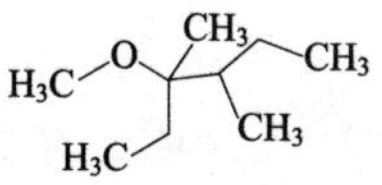

3,4-二甲基-3-甲氧基己烷　　　　　　　间甲氧基苯甲醇
3,4-dimethyl-3-methoxy hexane　　　*m*-methoxyphenyl methanol

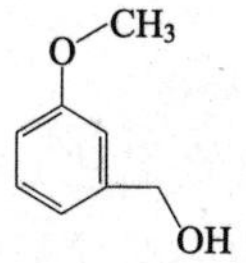

环醚的命名多用俗名。常以烃基为母体，称为"环氧某烷"或"氧杂某烷"。例如：

1,2-环氧丙烷　　　　　　　　四氢呋喃
1,2-epoxypropane　　　　　tetrahydrofuran

## 2.3.7　醛、酮的命名

醛（aldehyde）、酮（ketone）的系统命名法与醇相似，即选择含有羰基的最长碳链为主链，主链的编号从靠近羰基的一端开始，按主链碳原子数称为"某醛"或"某酮"。醛基总是位于链端，不必标明其位置序号，而酮羰基处在分子中间，命名时一般要指明位次。例如：

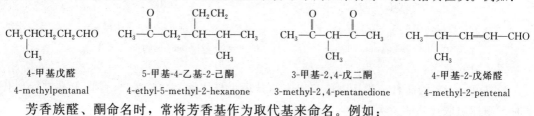

4-甲基戊醛　　　　　5-甲基-4-乙基-2-己酮　　　　3-甲基-2,4-戊二酮　　　　4-甲基-2-戊烯醛
4-methylpentanal　　4-ethyl-5-methyl-2-hexanone　　3-methyl-2,4-pentanedione　　4-methyl-2-pentenal

芳香族醛、酮命名时，常将芳香基作为取代基来命名。例如：

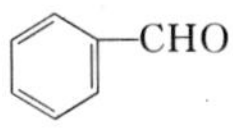

| 苯甲醛 | 苯乙酮 | 3-苯基丙烯醛 | 1-苯基-1-丙酮 |
|---|---|---|---|
| benzaldehyde | 1-phenyl-1-ethanone | 3-phenylpropenal | 1-phenyl-1-propanone |

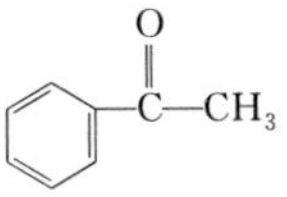

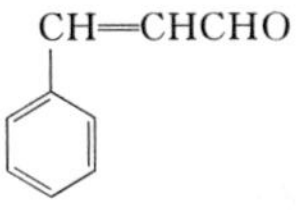

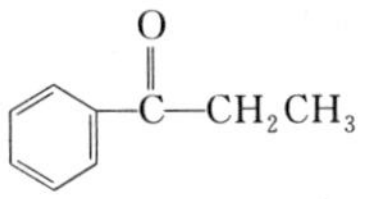

脂环酮的羰基在环内的称为"环某酮",从羰基碳起编号。例如:

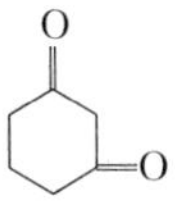

| 1,3-环己二酮 | 4-甲基环己酮 | 2-甲基环己酮 |
|---|---|---|
| 1,3-cyclohexanedione | 4-methylcyclohexanone | 2-methylcyclohexanone |

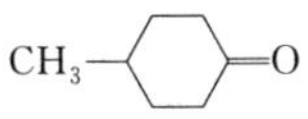

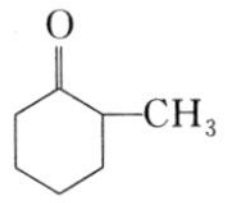

碳链上既有酮基又有醛基时,将酮基当作取代基来命名。例如:

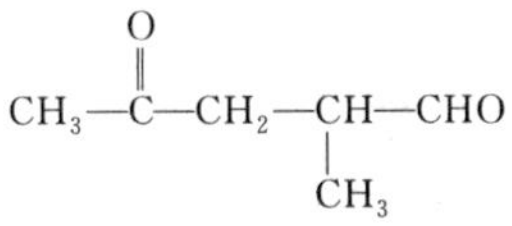

2-甲基-4-羰基戊醛

2-methyl-4-oxopentanal

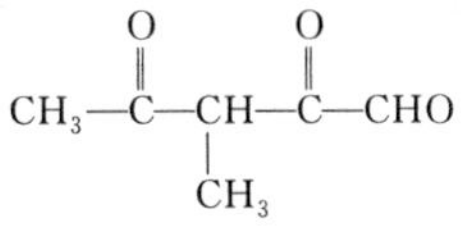

3-甲基-2,4-二羰基戊醛

3-methyl-2,4-dioxopentanal

## 2.3.8 羧酸及其衍生物的命名

### (1) 羧酸的命名

许多羧酸(carboxylic acid)根据其来源而有俗名。如甲酸又称蚁酸,因为蚂蚁会分泌出甲酸;乙酸又称醋酸,它最早是由醋中获得;丁酸俗称酪酸,奶酪的特殊臭味就有丁酸味;苹果酸、柠檬酸、酒石酸各来自于苹果、柠檬和酿制葡萄酒时所形成的酒石;软脂酸、硬脂酸和油酸则是从油脂水解得到并根据它们的性状而分别加以命名。

羧酸的系统命名法是选取含有羧基的最长碳链为主链,根据主链的碳原子数目称其为"某酸",编号自羧基开始,与通常一样以数字1、2、3…来表示链上取代基所在的位次。

若以俗名命名主链酸,则多用希腊字母 $\alpha$、$\beta$、$\gamma$、$\delta$、$\omega$ 等来表示链上取代基所在的位次。例如:

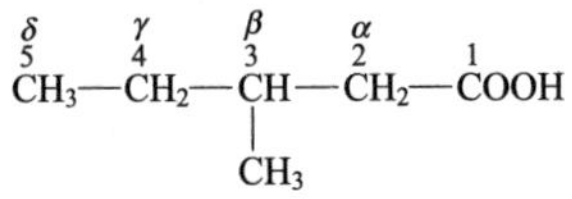

3-甲基戊酸($\beta$-甲基戊酸)

3-methylpentanoic acid($\beta$-methylpentanoic acid)

不饱和羧酸的命名,要选取含有重键和羧基的最长碳链作主链,称为"某烯酸"或"某炔酸"。例如:

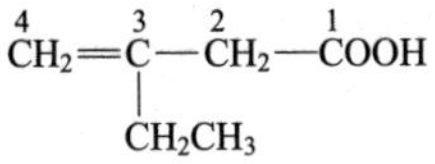

3-乙基-3-丁烯酸

3-ethyl-3-butenoic acid

在官能团次序中,羧酸是最大的,它总是作为母体来对待。

脂肪族二元酸的命名,要选取含有两个羧基的碳链作主链,按碳原子的数目称为"某二酸"。例如：

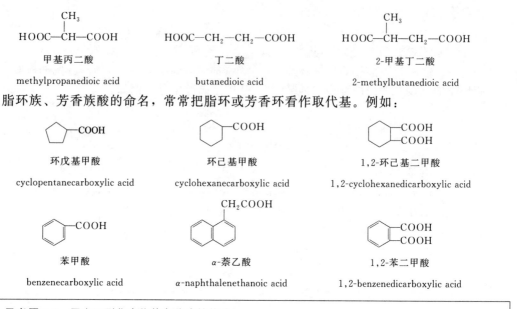

甲基丙二酸　　　　　　　　　　丁二酸　　　　　　　　　　2-甲基丁二酸
methylpropanedioic acid　　　butanedioic acid　　　2-methylbutanedioic acid

脂环族、芳香族酸的命名，常常把脂环或芳香环看作取代基。例如：

环戊基甲酸　　　　　　　　　环己基甲酸　　　　　　　　1,2-环己基二甲酸
cyclopentanecarboxylic acid　cyclohexanecarboxylic acid　1,2-cyclohexanedicarboxylic acid

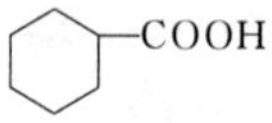

苯甲酸　　　　　　　　　　　α-萘乙酸　　　　　　　　　1,2-苯二甲酸
benzenecarboxylic acid　　　α-naphthalenethanoic acid　1,2-benzenedicarboxylic acid

**思考题 2-9**　写出下列化合物的名称或结构式。

(1) 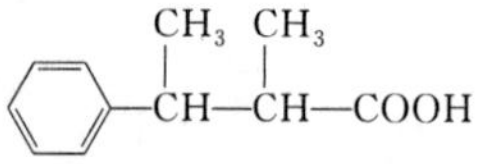　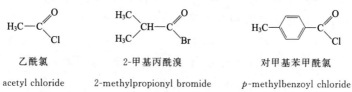　　　　　　　　(2) 2,4-二碘苯氧乙酸

## （2）羧酸衍生物（carboxylic acid derivative）的命名

酰卤、酸酐一般由相应的羧酸来命名。通常将羧酸分子中羧基去掉羟基后所剩下的部分叫"酰基"。酰卤的命名是把酰基和卤原子的名称合起来叫"某酰卤"。例如：

乙酰氯　　　　　　　　　2-甲基丙酰溴　　　　　　　对甲基苯甲酰氯
acetyl chloride　　　2-methylpropionyl bromide　　p-methylbenzoyl chloride

酸酐的命名是根据相应的酸叫"某酸酐"或"某酐"。例如：

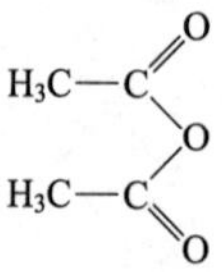

乙酸酐　　　　　　　　　乙酸丙酸酐　　　　　　　　邻苯二甲酸酐
acetic anhydride　　acetic propanoic anhydride　phthalic anhydride

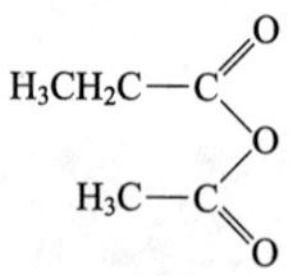

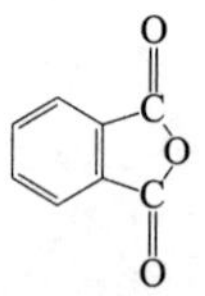

酯的命名是根据形成它的酸和醇叫"某酸某酯"。例如：

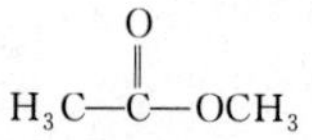

乙酸甲酯　　　　　　　对甲基苯甲酸乙酯　　　　　乙酸异丙酯
methyl ethanoate　　ethyl-p-methylbenzoate　　i-propyl ethanoate

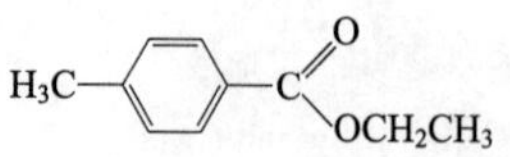

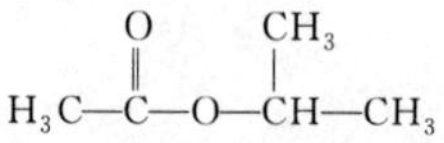

（3）取代酸（substituted acid）的命名

羟基酸（或羰基酸）的系统命名法与羧酸相同，以羧酸为母体，羟基（或羰基）为取代基，选择含 —OH(或 C=O) 和—COOH 的最长碳链为主链。例如：

OH<br>
|<br>
CH₃—CH—COOH

OH<br>
|<br>
CH₂—CH₂—COOH

OH<br>
|<br>
CH₂—CH₂—CH₂—COOH

α-羟基丙酸　　　　　　β-羟基丙酸　　　　　　　γ-羟基丁酸

α-hydroxypropanoic acid　　β-hydroxypropanoic acid　　γ-hydroxybutanoic acid

许多羟基酸来自于动植物，常用俗名来表示。例如：

CH₃—CH—COOH<br>
　　　|<br>
　　　OH

HO—CH—COOH<br>
　　|<br>
　CH₂—COOH

2-羟基丙酸(乳酸)　　　　　　2-羟基丁二酸(苹果酸)

2-hydroxylpropanoic acid　　　2-hydroxylbutanedioic acid

## 2.3.9　含氮化合物的命名

（1）胺的命名

比较简单的胺（amine），可以根据烃基来命名，称为"某胺"或"某某胺"。例如：

CH₃<br>
|<br>
CH₃—C—NH₂<br>
|<br>
CH₃

NH₂〔苯环〕

NH₂〔苯环〕<br>
|<br>
CH₃

H₂N—CH₂—CH₂—NH₂

叔丁胺　　　　　苯胺　　　　　对甲苯胺　　　　　乙二胺

t-butylamine　　phenylamine　　p-aminotoluene　　ethylenediamine

氮原子上有两个或三个相同的烃基时，用"二"或"三"标明烃基的数目。例如：

CH₃NHCH₃

CH₃<br>
|<br>
CH₃—N—CH₃

〔苯环〕—NH—〔苯环〕

二甲胺　　　　　三甲胺　　　　　二苯胺

dimethylamine　　trimethylamine　　diphenylamine

氮原子上连有不同烃基时，则按次序规则，"较优"基团后列出。例如：

CH₃—NH—CH₂CH₃

H₃C<br>
　　N—CH₂CH₃<br>
H₃C

CH₃CH₂CH₂—N—CH₃<br>
　　　　　　　|<br>
　　　　　　CH₂CH₃

甲乙胺　　　　　二甲乙胺　　　　　甲乙丙胺

methyl-ethylamine　　dimethyl-ethylamine　　methyl-ethyl-propylamine

当氮原子上同时连有芳烃基和脂烃基时，常以芳胺为母体，并在脂烃基前面冠以"N"字，以表示该基团连在氮原子上，而不是连在芳环上。例如：

NH—CH₃〔苯环〕

H₃C<br>
　　N—CH(CH₃)₂〔苯环〕

H₃C<br>
　　N—CH₃〔苯环〕—Cl

N-甲基苯胺　　　　N-甲基-N-异丙基苯胺　　　　N,N-二甲基邻氯苯胺

N-methylaniline　　N-methyl-N-isopropylaniline　　N,N-dimethyl-o-chloroaniline

对于结构比较复杂的胺，用系统命名法命名。命名时将氨基当作取代基，以烃或其他官能团为母体进行命名。例如：

$$CH_3-\overset{\overset{\displaystyle CH_3}{|}}{CH}-CH_2-\overset{\overset{\displaystyle NH_2}{|}}{CH}-CH_2-CH_3$$

**2-甲基-4-氨基己烷**

2-methyl-4-aminohexane

$$CH_3-NH-\overset{\overset{\displaystyle CH_3}{|}}{CH}-(CH_2)_3-CH_3$$

**2-(N-甲基氨基)己烷**

2-methylaminohexane

$$H_2N-\!\!\bigcirc\!\!-COOH$$

**对氨基苯甲酸**

p-aminobenzoic acid

$$CH_3CH_2\overset{\overset{\displaystyle NH_2}{|}}{CH}-CH_2OH$$

**2-氨基-1-丁醇**

2-amino-1-butanol

季铵类化合物的命名则与铵碱或铵盐的命名相似。例如：

$$(CH_3)_4N^+OH^-$$

**氢氧化四甲铵**

tetramethylammonium hydroxide

$$\left[CH_3-\overset{\overset{\displaystyle CH_3}{|}}{\underset{\underset{\displaystyle CH_3}{|}}{N}}-C_2H_5\right]^+ I^-$$

**碘化三甲基乙基铵**

trimethylethylammonium iodide

（2）酰胺的命名

简单的酰胺（amide）可根据分子中所含酰基来命名。例如：

$$CH_3\overset{\overset{\displaystyle O}{\|}}{C}\diagdown NH_2$$

**乙酰胺**

acetamide

$$\bigcirc\!\!-\overset{\overset{\displaystyle O}{\|}}{C}\diagdown NH_2$$

**苯甲酰胺**

benzoylamide

较复杂的酰胺用系统命名法命名。例如：

$$CH_3\overset{\overset{\displaystyle}{}}{\underset{\underset{\displaystyle CH_3}{|}}{CH}}CH_2\overset{\overset{\displaystyle O}{\|}}{C}\diagdown NH_2$$

**3-甲基丁酰胺**

3-methylbutanamide

$$\underset{5}{CH_2}=\underset{4}{CH}-\underset{3}{CH}=\underset{2}{CH}-\underset{1}{\overset{\overset{\displaystyle O}{\|}}{C}}\diagdown NH_2$$

**2,4-戊二烯酰胺**

2,4-pentadieneamide

如果酰胺的氮原子上连有取代基，应写出取代基的名称，并冠以字头"N-"，以表示取代基连在氮原子上。例如：

$$CH_3\overset{\overset{\displaystyle O}{\|}}{C}-\overset{\overset{\displaystyle CH_3}{|}}{N}-CH_2CH_3$$

**N-甲基-N-乙基乙酰胺**

N-ethyl-N-methylacetamide

$$CH_3CH_2\overset{\overset{\displaystyle O}{\|}}{C}-NH-\!\!\bigcirc\!\!\overset{\diagup Cl}{\diagdown Cl}$$

**N-(3,4-二氯苯基)丙酰胺**

N-(3,4-dichlorophenyl)propanamide

---

**思考题 2-10** 写出下列化合物的结构式。

（1）N-甲基苯甲酰胺　　　　　　（2）2-甲基丁二酰亚胺

---

（3）硝基化合物的命名

硝基化合物（nitro compound）的命名与卤代烃相似。例如：

$$CH_3CH_2NO_2$$

**硝基乙烷**

nitro-ethane

$$CH_3-\overset{\overset{\displaystyle}{}}{\underset{\underset{\displaystyle NO_2}{|}}{CH}}-CH_2-CH_3$$

**2-硝基丁烷**

2-nitro-butane

$$\overset{\overset{\displaystyle OH}{|}}{\bigcirc}-NO_2$$

**邻硝基苯酚**

o-nitro-phenol

$$\overset{\overset{\displaystyle CH_3}{|}}{\underset{\underset{\displaystyle NO_2}{|}}{\bigcirc}}$$

**对硝基甲苯**

p-nitro-tolulene

## 2.3.10　杂环化合物的命名

杂环化合物（heterocyclic compound）的命名在我国有两种方法：译音命名法和系统

命名法。目前普遍采用译音命名法。

（1）译音命名法

① 杂环母体的命名　杂环母体的名称是按英文名称音译，选用简单的同音汉字，加上"口"字旁以表示环状化合物，详见表 2-2。

**表 2-2　常见杂环化合物的结构、分类和名称**

| 杂环分类 | | 碳环母核 | 重 要 的 杂 环 化 合 物 | | | | |
|---|---|---|---|---|---|---|---|
| 单杂环 | 五元杂环 |  环戊二烯（茂） | 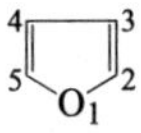 呋喃 furan 氧(杂)茂 | 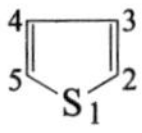 噻吩 thiophene 硫(杂)茂 | 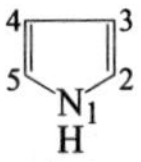 吡咯 pyrrole 氮(杂)茂 | 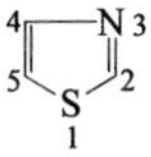 噻唑 thiazole 1,3-硫氮(杂)茂 | 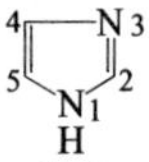 咪唑 imidazole 1,3-二氮(杂)茂 |
| | 六元杂环 |  苯 　芑（环己二烯） | 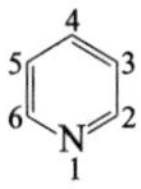 吡啶 pyridine 氮(杂)苯 | 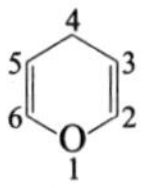 吡喃 pyran 氧(杂)芑 | 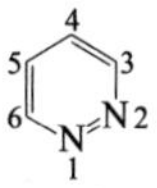 哒嗪 pyridazine 1,2-二氮(杂)苯 | 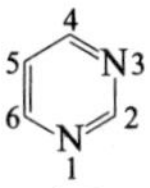 嘧啶 pyrimidine 1,3-二氮(杂)苯 | 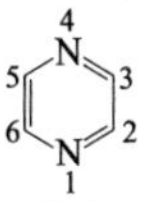 吡嗪 pyrazine 1,4-二氮(杂)苯 |
| 稠杂环 | | 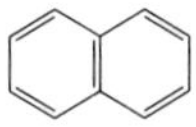 萘 | 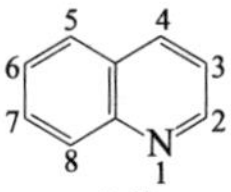 喹啉 quinoline 1-氮(杂)萘 | 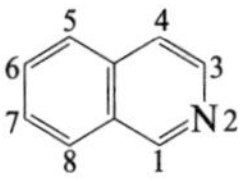 异喹啉 isoquinoline 2-氮(杂)萘 | | | |
| | | 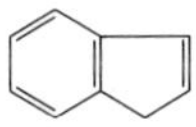 茚 | 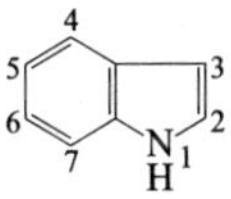 吲哚 indole 氮(杂)茚 | 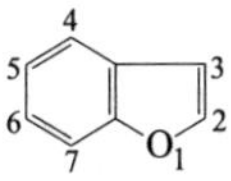 苯并呋喃 benzofuran 氧(杂)茚 | 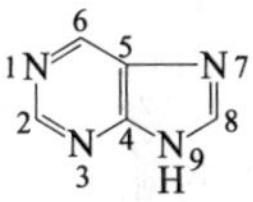 嘌呤 purine 1,3,7,9-四氮(杂)茚 | | |
| | | 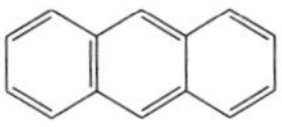 蒽 | 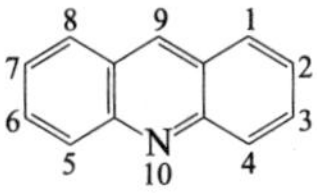 吖啶 acridine 10-氮(杂)蒽 | | | | |

② 环上取代基的编号　含一个杂原子的单杂环上有取代基时，环上原子的编号从杂原子开始，并遵循最低系列规则，使各取代基的位次尽可能小，也可用希腊字母来表示取代基的位次；单杂环上有不同杂原子时，则按氧、硫、氮的顺序编号；如果单杂环上的两个杂原子都是氮，则由连有氢或取代基的氮原子开始编号，并使杂原子的位次尽可能小；稠杂环的编号有特定的编号顺序（见表 2-2）。例如：

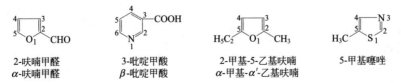

2-呋喃甲醛　　　3-吡啶甲酸　　　2-甲基-5-乙基呋喃　　　5-甲基噻唑
α-呋喃甲醛　　　β-吡啶甲酸　　　α-甲基-α'-乙基呋喃

（2）系统命名法

系统命名法根据相应的碳环来命名。把杂环看成是相应的碳环中的碳原子被杂原子取代而形成的化合物。命名时在相应的碳环母体名称前加上"杂"字（也可不加），并在"杂"字前加上杂原子的名称。

# 习　题

2-1　指出下列化合物互为同分异构体的类型。

(1) 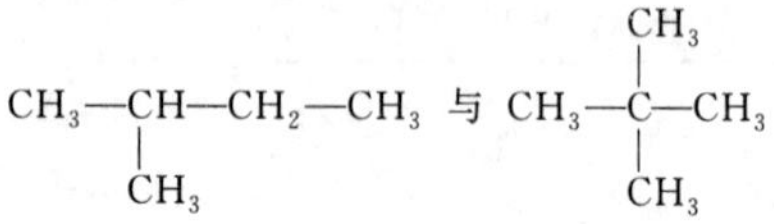 $CH_3-CH-CH_2-CH_3$ 与 $CH_3-\underset{\underset{CH_3}{|}}{\overset{\overset{CH_3}{|}}{C}}-CH_3$

(2) $CH_3-CH=CH-CH_3$ 与 $CH_2=CH-CH_2-CH_3$

(3) $CH_3-CH_2-CH_2-OH$ 与 $CH_3-CH_2-O-CH_3$

(4) $CH_2=CH-OH$ 与 $CH_3-\overset{\overset{O}{\|}}{C}-H$

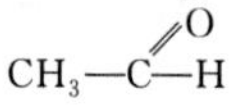

2-2　用系统命名法命名下列各化合物。

(1) $(CH_3)_3CCH_2CH_2C(CH_3)_3$

(2) $CH_3CH(C_2H_5)CH_2CH(CH_3)_2$

(3) $H_2C=CH-C\equiv CH$

(4) $CH_3-(CH_3)-CH(Cl)-CH_3$

(5) $C_2H_5CH(NH_2)CH_3$

(6) $CH_3CH_2CH_2-NH_2$

(7)

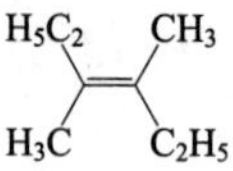

(8)

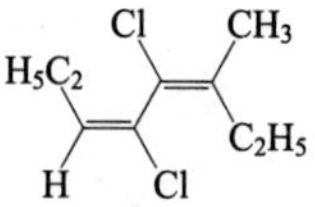

(9)

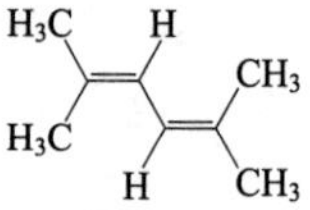

(10)

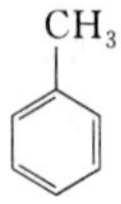

(11)

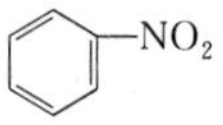

(12)

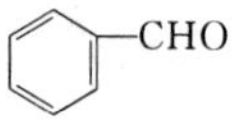

(13)

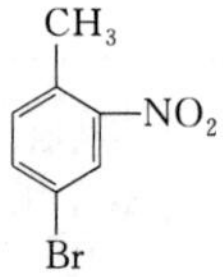

(14)

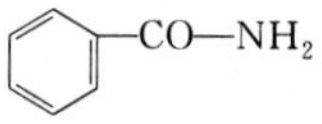

(15)

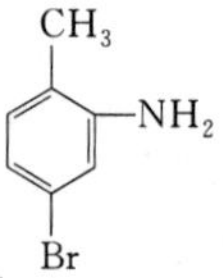

(16) $(CH_3)_2CHCH_2C(CH_3)_2CH_2OH$

(17) 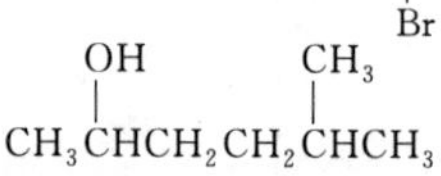 $CH_3\underset{\underset{OH}{|}}{CH}CH_2CH_2\underset{\underset{CH_3}{|}}{CH}CH_3$

(18) $C_2H_5OC_2H_5$

(19) $C_6H_5OCH_3$

(20) $CH_3OCH_2CH_3$

(21) $CH_3CH_2-CO-C_2H_5$

(22) 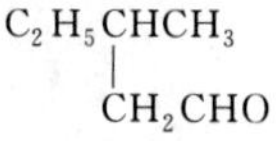 $C_2H_5\underset{\underset{CH_2CHO}{|}}{CHCH_3}$

(23) $CH_3-CO-CH_2-CO-CH_3$

(24)

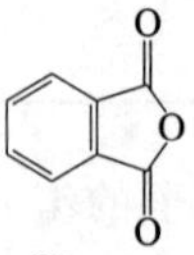

(25)

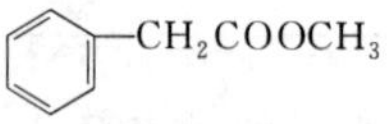

(26)

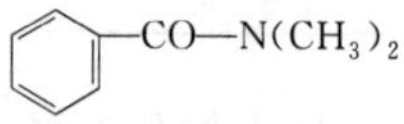

(27)

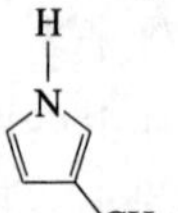

(28)

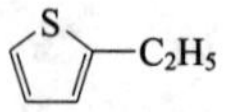

(29)

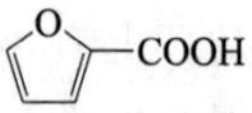

(30)

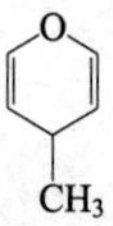

(31)

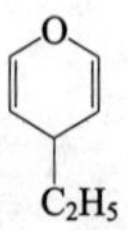

(32) $C_{17}H_{35}COOH$

(33)

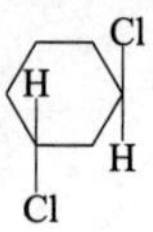

(34)

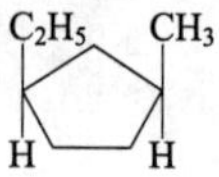

(35)

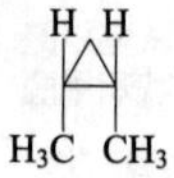

2-3　写出下列各化合物的结构式。

(1) 2,3,3,4-四甲基戊烷

(2) 2-甲基-3-乙基己烷

(3) 2,6-二甲基-3,6-二乙基辛烷

(4) (Z)-2-戊烯

(5) 2-乙基-1-戊烯

(6) (E)-6,7,11-三甲基-3-十四碳烯

(7) (2Z,4E)-2,4-己二烯

(8) 顺-1,4-二甲基环己烷

(9) 反-1,2-二乙基环戊烷

(10) 二环[2.1.0]戊烷

(11) 2,4-二硝基甲苯

(12) 对甲苯乙炔

(13) 邻苯二乙烯

(14) 4-羟基-3-溴苯甲酸

(15) 2,6-二甲基-4-溴苯甲醛

(16) 对甲基苯甲醇

(17) 5-己烯-3-醇

(18) 4-异丙基-2,6-二溴苯酚

(19) 3-硝基-4-羟基苯磺酸

(20) 乙酰乙酸乙酯

(21) 4-苯基-3-丁烯-2-酮

(22) 3-甲基环己酮

(23) (Z)-2-丁烯醛

(24) 2,2-二甲基丙醛

(25) N-甲基苯甲酰胺

(26) N-苯基对苯二胺

(27) N-苯基甲酰胺

(28) 噻吩

(29) N,N-二乙基苯甲酰胺

(30) 油酸

(31) 2-氨基乙酰胺

(32) 缩二脲

(33) 茚三酮

(34) 糠醛

2-4　写出下列化合物的结构式；若命名有错误，请予以更正。

(1) 2,3-二甲基-2-乙基丁烷

(2) 2,3-二甲基戊烷

(3) 2,2-二甲基-3-乙基-4-异丙基庚烷

(4) 3-甲基-1-异丙基环庚烷

(5) 1,2,8-三甲基螺[4.5]癸烷

(6) 2,8-二甲基二环[4.4.0]癸烷

(7) 1-甲基-4-异丙基环己烷

(8) 3-乙基-2,4-二甲基己烷

2-5　化合物 A 的摩尔质量为 $100\text{g}\cdot\text{mol}^{-1}$，并含有伯、叔、季碳原子，写出 A 的可能结构式。

2-6　饱和烃的分子式为 $C_7H_{14}$，写出符合下列条件的可能结构式：

(1) 没有伯碳原子；

(2) 有一个伯碳原子和一个叔碳原子；

(3) 有两个伯碳原子，没有叔碳原子。

2-7　写出 $C_5H_8$ 的各种链状化合物的构造异构体，并用系统命名法命名。

# 3 饱和烃

  本章讨论了烷烃和环烷烃，详细介绍了烷烃、环烷烃的结构与性质的关系。要求掌握有机化合物中碳和氢的种类、烷烃和环己烷衍生物的构象稳定性的比较、烷烃的取代反应和自由基取代反应历程、自由基稳定性比较、小环化合物的开环反应等；了解饱和烃的物理性质及其变化规律。

  分子中只含有碳、氢两种元素的有机化合物称为烃。烃是组成最简单的一类有机化合物，其他有机化合物可以看作是烃的衍生物。所以，一般认为烃是有机化合物的母体。

  饱和烃分子中碳原子的四个价键除了以碳碳单键（C—C）连接外，其余价键都与氢结合，即完全为氢原子所饱和，因此是"饱和"烃。饱和烃中碳原子相互连接成开链状的叫作烷烃（alkane）；碳原子相互连接成闭合环状的叫作环烷烃（cycloalkane）。

## 3.1 烷烃

### 3.1.1 烷烃的分子结构

#### 3.1.1.1 烷烃的结构

  烷烃中最简单的是甲烷（$CH_4$），这里先讨论甲烷的结构。杂化轨道理论认为，在甲烷分子中，碳原子都是以 $sp^3$ 杂化轨道成键，即由一个 s 轨道和三个 p 轨道进行杂化（hybridization），形成四个形状和能量都相同的 $sp^3$ 杂化轨道（hybrid orbital），在每一个 $sp^3$ 轨道中，s 轨道成分占 1/4，p 轨道成分占 3/4。

  计算表明，$sp^3$ 轨道的形状与 s 轨道和 p 轨道不同，呈葫芦形（见图 3-1）。电子在一个方向上的概率密度增大，在相反的方向则减少，如此，增强了轨道的方向性，可以在概率密度增大的方向形成更强的键。碳原子的 $sp^3$ 杂化轨道分别与四个氢原子的 s 轨道以"头碰头"的方式重叠，形成 σ 键。

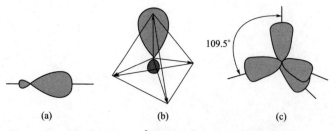

$sp^3$ 杂化轨道

图 3-1 碳原子的 $sp^3$ 杂化轨道形状及其空间分布

  实验测定，$CH_4$ 分子是正四面体结构，键角（∠HCH）都是 109.5°，四个 C—H 键的键长都是 0.110nm（见图 3-2）。这样的排布可以使价电子尽可能彼此离得最远，相互间的排斥力最小。

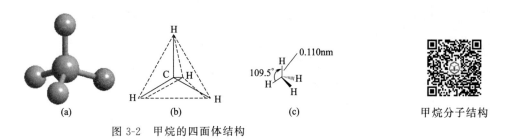

图 3-2 甲烷的四面体结构

其他烷烃分子中，碳原子均以 $sp^3$ 杂化轨道与其他原子形成 σ 键，因而都具有四面体的结构。乙烷分子中，两个碳原子相互以一个 $sp^3$ 杂化轨道重叠形成 C—C σ 键，其余六个 $sp^3$ 杂化轨道分别与六个氢原子的 s 轨道重叠形成六个 C—H σ 键，如图 3-3 所示。

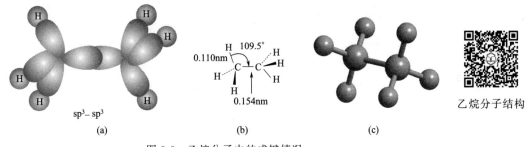

图 3-3 乙烷分子中的成键情况

实验表明，乙烷分子中 C—C 键的键长为 0.154nm，C—H 键的键长为 0.110nm，键角也是 109.5°，乙烷分子的碳链排布在一条直线上。除乙烷外，烷烃分子中的碳链并不是排布在一条直线上，而是曲折地排布在空间，这正是由烷烃碳原子的四面体结构所决定的。为了书写方便，一般在书写烷烃的构造式时，仍写成直线的形式。现在也常用折线式来书写分子结构，折线式只需写出锯齿形骨架，用锯齿形线的角（120°）及其端点代表碳原子，而不需写出碳原子上所连的氢原子，但除了氢原子外的其他原子必须全部写出。例如：

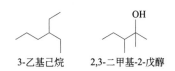

3-乙基己烷　　　　　2,3-二甲基-2-戊醇

### 3.1.1.2 烷烃的构象

由于单键可以绕键轴自由旋转，使分子中原子或原子团在空间产生不同的排列，这种特定的排列方式，称为构象（conformation）。由单键旋转而产生的异构体，称为构象异构体（conformational isomer）。

（1）乙烷的构象

乙烷是含有 C—C 单键的最简单的化合物。当两个碳原子围绕 C—C σ 键旋转时，两个碳原子上的氢原子在空间的相对位置不断发生变化，可得到一系列构象。但其中典型的构象只有两种，一种是交叉式构象，另一种是重叠式构象（分别见图 3-4 和图 3-5）。

常用来表达构象的书面方式有透视式和纽曼（Newman）投影式。透视式是表示从斜侧面看到的乙烷分子模型的形象；而纽曼投影式则是在 C—C σ 键的键轴的延长线上观察

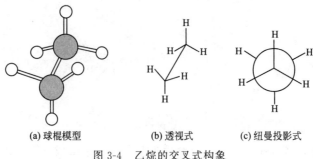

(a) 球棍模型　　　　(b) 透视式　　　　(c) 纽曼投影式

图 3-4　乙烷的交叉式构象

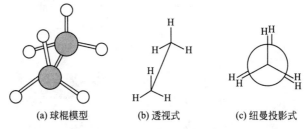

(a) 球棍模型　　　　(b) 透视式　　　　(c) 纽曼投影式

图 3-5　乙烷的重叠式构象

到的分子模型形象。离观察者最远的碳原子用空心圆圈表示，圆圈边缘上向外伸展三条短线，每条线接一个氢原子；离观察者近的碳原子用圆圈中心点表示，从该点发出三条线段，末端各接一个氢原子。在同一碳原子上的三个 C—H 键，在投影式中互成 120° 的夹角。

图 3-4(b) 和 (c) 为乙烷的交叉式构象的透视式和纽曼投影式。图中两组氢原子处于交叉的位置，这种构象叫作交叉式。

从乙烷的交叉式构象开始，沿碳碳键的键轴旋转 60°，则由交叉式构象变为重叠式构象。图 3-5(b) 和 (c) 为乙烷的重叠式构象的透视式和纽曼投影式。

图 3-5 中两组氢原子两两相对重叠，这种构象叫重叠式。在室温时，乙烷分子是交叉式、重叠式以及介于它们两者之间的许多构象的平衡混合物，当然，此时有大多数乙烷分子以能量最低、最稳定的交叉式构象存在。

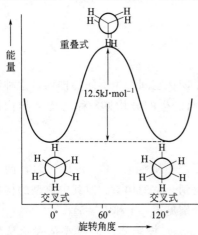

图 3-6　乙烷分子的能量曲线图

在交叉式构象中，两个碳原子上所连接的氢原子交叉排列，氢原子之间的距离最远，相互之间的斥力最小，分子的内能最低，最稳定。重叠式构象中，两个碳原子上所连的氢原子之间的距离最短，相互之间的斥力最大，分子的内能最高，最不稳定。

重叠式的能量比交叉式的能量大约高 12.5kJ·$mol^{-1}$，这个能量差叫作能垒。即交叉式需要得到大约 12.5kJ·$mol^{-1}$ 的能量才能旋转至重叠式。也就是说，乙烷分子中两个甲基沿 C—C 键轴旋转从一个交叉式到另一个交叉式，必须经过重叠式，即必须越过这个能垒，如图 3-6 所示。

不过这个能垒并不高，即使在常温时乙烷分子间的碰撞也可产生比此能垒高得多的能量，足以使 C—C 键"自由"旋转，所以目前还不可能分离出单一构象的乙烷。在接近绝对零度的低温时，才能得到单一的稳定的交叉式构象的乙烷。

（2）正丁烷的构象

正丁烷的构象要比乙烷复杂。这里主要讨论沿 C2—C3 之间的 σ 键的键轴旋转所形成的四种典型构象。当围绕正丁烷的 C2—C3 σ 键旋转时，有四种典型构象：全重叠式、邻位交叉式、部分重叠式和对位交叉式。它们的纽曼投影式如图 3-7 所示。

（a）对位交叉式　　（b）部分重叠式　　（c）邻位交叉式　　（d）全重叠式　　丁烷的构象

图 3-7　丁烷的四种典型构象的纽曼投影式

丁烷各种构象的能量曲线如图 3-8 所示。

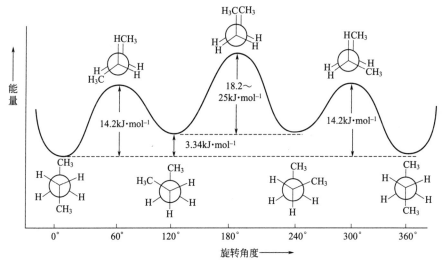

图 3-8　丁烷分子各种构象的能量关系图

在正丁烷的构象中，对位交叉式的两个甲基相距最远，相互作用最弱，内能最低，是最稳定的现象。邻位交叉式的两个甲基相距较近些，所以稳定性稍差。部分重叠式的甲基和氢原子较为靠近，相互作用大，稳定性较邻位交叉式差。而在全重叠式中，由于两个甲基处于十分靠近的地位，相互作用最大，稳定性最差。因此这几种构象的内能高低次序为：全重叠式＞部分重叠式＞邻位交叉式＞对位交叉式。

在常温下，正丁烷的各种构象的平衡混合物中，最稳定的对位交叉式构象约占 72%，邻位交叉式约占 28%，其余两种构象含量极少。但由于各构象之间能量差不大，分子的热运动也可使各种构象迅速相互转变，不能分离出各构象异构体。

结构更复杂的高级烷烃，其构象更为复杂，但优势构象也应是类似于正丁烷那样的各基团相互排斥力最小的对位交叉式构象。

实验表明，某些化学反应的活性和方向性，常与构象密切相关；天然产物和药物的生理活性也与构象密切相关。构象是立体化学的重要内容之一。

### 3.1.2　烷烃的物理性质

在有机化学中，物理性质（physical property）通常是指物理状态、颜色、气味、熔点、沸点、密度、溶解度、折射率、光谱性质和偶极矩等。单一的、纯净的有机化合物，在一定的条件下其物理性质都是固定不变的，这些数值称为物理常数。通过物理常数的测定，可以鉴定有机化合物的纯度和分子结构。已知的有机化合物的物理常数有专门手册可以查阅。表3-1列出了一些正烷烃（直链烷烃）的物理常数。从表中可以看出，随着烷烃分子中碳原子数的递增，物理性质呈现出规律性的变化。

**表 3-1　直链烷烃的物理常数**

| 名称 | 分子式 | 沸点/℃ | 熔点/℃ | 相对密度($d_4^{20}$) |
|------|--------|--------|--------|----------------------|
| 甲烷 | $CH_4$ | −161.7 | −182.6 | — |
| 乙烷 | $C_2H_6$ | −88.6 | −172 | — |
| 丙烷 | $C_3H_8$ | −42.2 | −187.1 | 0.5005 |
| 丁烷 | $C_4H_{10}$ | −0.5 | −135.0 | 0.5572 |
| 戊烷 | $C_5H_{12}$ | 36.1 | −129.7 | 0.5788 |
| 己烷 | $C_6H_{14}$ | 68.7 | −94.0 | 0.6594 |
| 庚烷 | $C_7H_{16}$ | 98.4 | −90.5 | 0.6837 |
| 辛烷 | $C_8H_{18}$ | 125.6 | −56.8 | 0.7028 |
| 壬烷 | $C_9H_{20}$ | 150.7 | −53.7 | 0.7179 |
| 癸烷 | $C_{10}H_{22}$ | 174.0 | −29.7 | 0.7298 |
| 十一烷 | $C_{11}H_{24}$ | 195.8 | −25.6 | 0.7404 |
| 十二烷 | $C_{12}H_{26}$ | 216.3 | −9.6 | 0.7493 |
| 十三烷 | $C_{13}H_{28}$ | (230) | −6 | 0.7568 |
| 十四烷 | $C_{14}H_{30}$ | 251 | 5.5 | 0.7636 |
| 十五烷 | $C_{15}H_{32}$ | 268 | 10 | 0.7688 |
| 十六烷 | $C_{16}H_{34}$ | 280 | 18.1 | 0.7749 |
| 十七烷 | $C_{17}H_{36}$ | 303 | 22.0 | 0.7767 |
| 十八烷 | $C_{18}H_{38}$ | 308 | 28.0 | 0.7767 |
| 十九烷 | $C_{19}H_{40}$ | 330 | 32.0 | |
| 二十烷 | $C_{20}H_{42}$ | 343 | 36.4 | |

（1）物理状态

在常温常压（25℃、101.3kPa）下，含1～4个碳原子的正烷烃是气体，含5～16个碳原子的正烷烃是液体，含17个以上碳原子的正烷烃是固体。

（2）沸点

烷烃是非极性分子，分子间的作用力主要是色散力。随着分子量的增加，色散力增加，使沸点（boiling point，简称 b. p.）升高。直链烷烃的沸点随着分子量的增加而表现出规律性的升高，但沸点升高值，随着碳原子数目的增加，逐渐减小。

带有支链的烷烃分子，由于支链的阻碍，分子间距离增大，分子间的色散力减弱，所以支链烷烃的沸点比直链烷烃要低。支链越多，沸点越低。从表3-2戊烷的三种碳链异构体沸点的比较，可证实这一变化规律。

**表 3-2　戊烷的三种碳链异构体的沸点和熔点**

| 名称 | 结构简式 | 沸点/℃ | 熔点/℃ |
|------|---------|--------|--------|
| 正戊烷 | $CH_3CH_2CH_2CH_2CH_3$ | 36.1 | $-129.7$ |
| 异戊烷 | $(CH_3)_2CHCH_2CH_3$ | 27.9 | $-159.9$ |
| 新戊烷 | $C(CH_3)_4$ | 9.5 | $-16.6$ |

（3）熔点

随着分子中碳原子数目的递增，正烷烃的熔点（melting point，简称 m. p. ）逐渐升高。但含偶数碳原子的烷烃熔点增高的幅度比含奇数碳原子的要大一些，形成一条锯齿形的曲线。若分别将含偶数和奇数碳原子的烷烃熔点连接起来，则得到两条曲线，偶数碳原子的在上，奇数的在下，随着分子量的增加，两条曲线逐渐靠拢。烷烃的熔点曲线如图 3-9 所示。

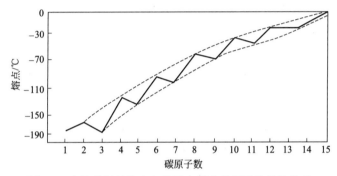

图 3-9　直链烷烃的熔点与分子中所含碳原子数目的关系

烷烃的熔点也主要是由分子间的色散力所决定的。固体分子的排列很有秩序，分子排列紧密，色散力强。固体分子间的色散力，不仅取决于分子中原子数目的多少，而且也取决于它们在晶体中的排列状况。X 射线结构分析证明：固体直链烷烃的晶体中，碳链为锯齿形；由奇数碳原子组成的锯齿状链中，两端的甲基处在同一边，由偶数碳原子组成的锯齿状链中，两端的甲基处在相反的位置。含偶数碳原子的烷烃有较大的对称性，因而使偶数碳原子链比奇数碳原子链更为紧密，链间的作用力增大，所以含偶数碳原子的直链烷烃的熔点比相邻的含奇数碳原子的直链烷烃的熔点要高一些。

对于含有相同碳原子数的烷烃来说，分子的对称性越好，其熔点也越高。因分子愈对称，它们在晶格中的排列愈紧密，分子间的色散力也愈大，则熔点愈高。在戊烷的三种碳链异构体中，新戊烷的对称性最好，正戊烷次之，异戊烷最差，因此新戊烷的熔点最高，异戊烷的熔点最低。表 3-2 中列出了这一变化情况。

（4）相对密度

由于烷烃分子间的作用力很弱，排列疏松，单位体积内所容纳的分子数少，因此相对密度较低。烷烃是有机化合物中相对密度最小的一类化合物，无论是液态烷烃还是固态烷烃，相对密度均小于 1.0。随着烷烃分子中碳原子数目的增加，烷烃的相对密度也逐渐增大，最后接近于 0.8。

（5）溶解度

烷烃是非极性分子，不能与水形成氢键，根据相似相溶的经验规律，烷烃不溶于极性大的水，而溶于非极性或弱极性有机溶剂，如苯、四氯化碳、氯仿等。

### 3.1.3 烷烃的化学性质

烷烃是饱和烃，分子中的 C—C σ键和 C—H σ键是非极性键或弱极性键，键能较高，不易极化，因此烷烃的化学性质（chemical property）是不活泼的，烷烃与强酸、强碱、活泼金属、强氧化剂和强还原剂都不发生反应。烷烃的这种惰性使其常用作有机溶剂（如石油醚）、润滑剂（如石蜡、凡士林）等。但这种惰性是相对的，在一定条件下，如光、热、催化剂和压力等作用下，烷烃也能发生一些化学反应。

#### 3.1.3.1 烷烃的卤代反应

在一定的条件下，分子中的一个或几个氢原子（或原子团）被其他的原子（或原子团）所取代的反应称为取代反应（substitution reaction）。若烷烃分子中的氢原子被卤素原子取代，称为卤代反应（halogenation）。

烷烃有实用价值的卤代反应是氯代和溴代反应。因为氟代反应非常剧烈且大量放热，不易控制，碘代反应则较难发生。卤素反应的活性次序为：

$$F_2 > Cl_2 > Br_2 > I_2$$

在室温和黑暗中，烷烃与卤素单质（除 $F_2$ 外）不起反应。但在日光照射、高温或催化剂的作用下，烷烃中的氢原子可被卤原子取代。

（1）甲烷的氯代

将甲烷与卤素混合，在漫射光或适当加热的条件下，甲烷分子中的氢原子能逐个被氯原子取代（chlorination），得到多种氯代甲烷和氯化氢的混合物。

$$CH_4 + Cl_2 \xrightarrow{h\nu} CH_3Cl + HCl$$

$$CH_3Cl + Cl_2 \xrightarrow{h\nu} CH_2Cl_2 + HCl$$

$$CH_2Cl_2 + Cl_2 \xrightarrow{h\nu} CHCl_3 + HCl$$

$$CHCl_3 + Cl_2 \xrightarrow{h\nu} CCl_4 + HCl$$

上述反应很难控制在某一步，但通过控制反应条件、原料的用量比和反应时间，可使其中一种氯代烷成为主要产物。例如，将温度控制在 $400 \sim 450℃$，甲烷与氯气的投料比为 $10:1$，则主要产物为 $CH_3Cl$；若投料比为 $0.262:1$，则主要产物为 $CCl_4$。氯代甲烷是非常重要的有机溶剂。

（2）烷烃氯代的反应机理

实验证明，烷烃的氯代反应机理是典型的自由基（游离基）连锁反应，这种反应的特点是反应过程中形成一个活泼的原子或原子团自由基。甲烷的氯代反应过程如下。

① 链引发（自由基的产生） 在光照或加热时，氯气分子吸收约 $253kJ \cdot mol^{-1}$ 的能量而发生共价键的均裂，产生两个氯原子（或氯自由基）。

$$\overset{\frown}{Cl \frown Cl} \xrightarrow{h\nu} 2 \cdot Cl \tag{1}$$

氯自由基有一个未成对的单电子，这个未成对的单电子称作奇电子或自由基电子。具有未成对单电子的原子或原子团叫作自由基（见本章阅读材料2）。自由基有获取一个电子而达到稳定结构的趋向，活性很高。

② 链增长 氯自由基反应性能活泼，它与体系中的甲烷分子发生碰撞时，从甲烷分子中夺得一个氢原子，结果生成了氯化氢分子和一个新的自由基——甲基自由基。

$$H_3C \overset{\frown}{\frown} H + \cdot Cl \longrightarrow \cdot CH_3 + HCl \tag{2}$$

甲基自由基与体系中的氯分子碰撞，生成一氯甲烷和氯原子自由基。

$$Cl—Cl + \cdot CH_3 \longrightarrow CH_3Cl + Cl\cdot \tag{3}$$

反应进一步地传递下去：

$$CH_3Cl + \cdot Cl \longrightarrow \cdot CH_2Cl + HCl$$

$$\cdot CH_2Cl + Cl_2 \longrightarrow CH_2Cl_2 + \cdot Cl$$

$$\cdots\cdots$$

③ 链终止　随着反应的进行，甲烷迅速消耗，自由基的浓度不断增加，自由基与自由基之间发生碰撞结合生成分子的机会就会增加，自由基的数量就会减少，反应逐渐停止。

$$2\cdot Cl \longrightarrow Cl_2 \tag{4}$$

$$2\cdot CH_3 \longrightarrow CH_3CH_3 \tag{5}$$

$$\cdot CH_3 + \cdot Cl \longrightarrow CH_3Cl \tag{6}$$

研究表明，在甲烷氯代反应中，反应（1）生成的氯自由基大约可使反应（2）、（3）两步反复进行数千次。这种引发后能自动反复进行一连串的反应，叫作连锁反应或链反应。又由于是有自由基参加而进行的反应，所以又叫自由基反应或自由基连锁反应。

链反应一般包括链的引发［反应（1）］、链的传递［反应（2）、（3）］、链的终止［反应（4）、（5）、（6）］三个阶段。链的传递阶段是生成产物的主要阶段，在此阶段中，反应（2）的活化能比反应（3）高得多，是整个氯代过程的慢反应（决速步骤）。

自由基反应是有机化学反应机理中的重要类型之一，在生物学中也具有重要的意义。近年来随着仪器分析方法的发展，证实了自由基机理的真实性，并确定了甲基自由基的结构，如图 3-10 所示，$\cdot CH_3$ 中所有原子在同一平面上，碳原子以三个 $sp^2$ 杂化轨道分别与氢的 s 轨道重叠形成三个 $\sigma$ 键，碳原子上未参与杂化的 p 轨道与三个 $\sigma$ 键的平面垂直，此轨道上有一个未配对的单电子。

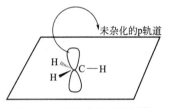

图 3-10　甲基自由基的结构

其他烷烃的卤代反应机理和甲烷氯代反应机理一样，都是自由基反应。只不过，对于高级、复杂的烷烃，其卤代反应更加复杂，最终的产物是由多种物质组成的混合物。

例如，乙烷氯代不仅生成氯乙烷，还得到 1,1-二氯乙烷和 1,2-二氯乙烷。

$$CH_3CH_3 + Cl_2 \xrightarrow{h\nu} CH_3CH_2Cl + HCl$$

$$CH_3CH_2Cl + Cl_2 \xrightarrow{h\nu} CH_3CHCl_2 + ClCH_2CH_2Cl$$

丙烷氯代可以得到两种一氯丙烷。反应式如下：

$$CH_3CH_2CH_3 + \cdot Cl \begin{cases} \xrightarrow{\text{夺取仲氢}} H_3C—\overset{\cdot}{C}H—CH_3 \xrightarrow{Cl_2} CH_3\overset{\overset{\displaystyle Cl}{|}}{C}HCH_3 \\ \quad\quad\quad\text{异丙基自由基} \quad\quad (57\%) \\ \xrightarrow{\text{夺取伯氢}} H_3C—CH_2—CH_2\cdot \xrightarrow{Cl_2} CH_3CH_2CH_2Cl \\ \quad\quad\quad\text{丙基自由基} \quad\quad\quad (43\%) \end{cases}$$

丙烷中可被取代的伯氢有 6 个，而可被取代的仲氢只有两个。假定伯氢的取代活性为 1.0，仲氢的取代活性为 $x$，则可由氯代产物的数量比来求得 $x$ 的值。

$$\frac{2x}{6} = \frac{57}{43} \qquad x = 4$$

即仲氢的活性为伯氢的 4 倍，所以仲氢比伯氢容易被取代。

异丁烷的氯代得到 36% 的 2-甲基-2-氯丙烷和 64% 的 2-甲基-1-氯丙烷。

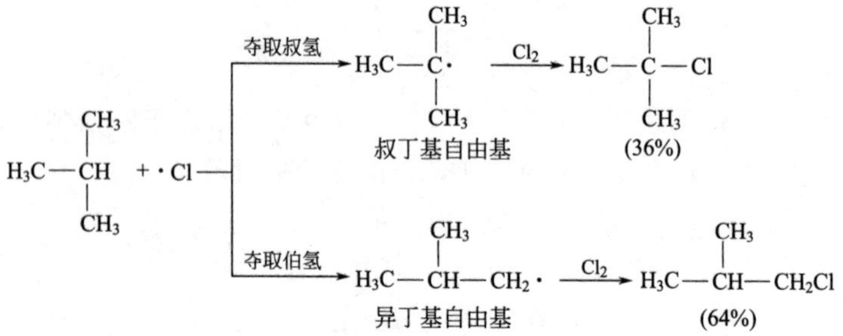

从异丁烷氯代得到的产物比例，同样可以算出叔氢的活性为伯氢的 5 倍，由此，可以得出烷烃分子中氢原子的反应活性次序为：

$$叔氢(3°H) > 仲氢(2°H) > 伯氢(1°H)$$

烷烃分子中氢原子的反应活性次序或者说氯代反应的选择性可用相应 C—H 键的解离能大小和自由基的稳定性来解释。伯氢、仲氢、叔氢的 C—H 键的解离能分别是 $410kJ \cdot mol^{-1}$、$395kJ \cdot mol^{-1}$、$380kJ \cdot mol^{-1}$，甲烷中 C—H 键的解离能是 $435kJ \cdot mol^{-1}$。C—H 键的解离能越小，C—H 键越容易断裂，所连氢原子的活性越高，自由基越容易形成，所形成的自由基也越稳定，即带单电子的碳上连接的烷基越多，自由基越稳定；经历越稳定自由基历程的反应，形成产物的产率越高。

几种常见的烷基自由基的稳定性次序为：

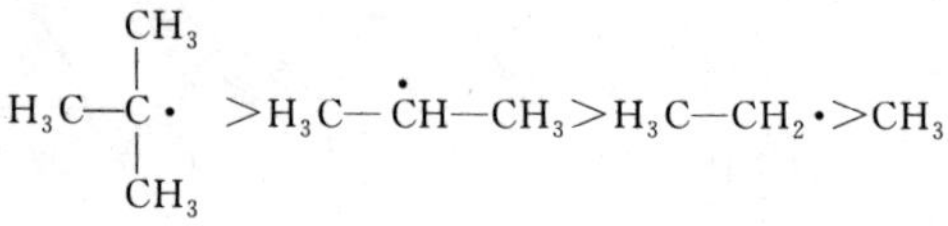

烷烃卤代反应的选择性除与 C—H 键的强度有关外，还与卤原子的种类有关。烷烃的溴代比氯代选择性更强。例如：

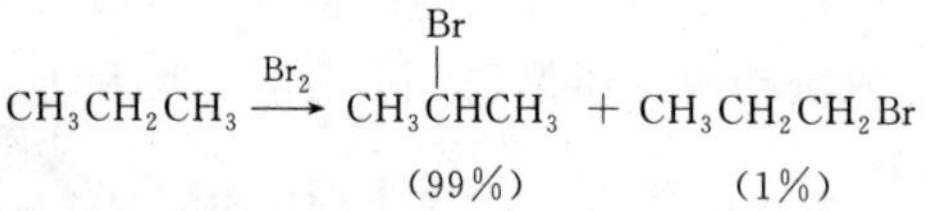

烷烃的氯代和溴代在有机合成方面有重要意义，生成的 C—X 键比相应的 C—H 键的反应活性要高很多，可以在相对温和的条件下发生许多反应，如亲核取代反应、消除反应和生成格氏试剂等。烷烃的氯代反应比较剧烈，选择性稍差，但氯气比较便宜；烷烃的溴代反应比较温和，选择性好，但溴试剂较贵。

### 3.1.3.2 烷烃的燃烧和氧化反应

氧化反应（oxidation reaction）分激烈氧化和缓慢氧化两类。燃烧是激烈氧化反应；被氧化剂所氧化属于缓慢氧化反应。

（1）燃烧

烷烃很容易燃烧，燃烧时发出光并放出大量的热，生成二氧化碳和水。例如：

$$CH_4 + 2O_2 \xrightarrow{点燃} CO_2 + 2H_2O$$

沼气、天然气、液化石油气、汽油、柴油等燃料的燃烧，就其化学反应来说，主要是烷烃的燃烧。烷烃的燃烧可以获取大量的热能。烷烃燃烧可用如下通式表示：

$$C_nH_{2n+2} + \frac{3n+1}{2}O_2 \xrightarrow{\text{点燃}} nCO_2 + (n+1)H_2O + Q$$

烷烃是当今重要的能源，但使用时必须注意通风，若烷烃燃烧时供氧不足，烷烃燃烧不完全，将会产生大量的一氧化碳等有毒物质，危害人身安全。

低级烷烃的蒸气与空气混合达到一定比例时，遇到火花就会发生爆炸。例如，甲烷的爆炸极限是 5.3%～14%（体积分数），即空气中的甲烷含量在此范围内遇火就会发生爆炸。

（2）氧化

烷烃在室温下不与氧气发生反应。如果把温度控制在着火点以下，选用适当的催化剂，用空气或氧气氧化烷烃，碳链在任何部位都有可能断裂，生成碳原子数较原来烷烃少的含氧化合物，如醇、醛、酮、羧酸等，产物十分复杂。例如，工业上用石蜡（含 20～40 个碳原子的高级烷烃的混合物）等高级烷烃来制备高级脂肪酸的反应式可简单表示如下：

$$R-CH_2-CH_2-R' + O_2 \xrightarrow[120\sim150℃]{\text{锰盐}} R-COOH + R'-COOH$$

低级烷烃氧化可以得到相应的产物，例如：

$$CH_4 + O_2 \xrightarrow[600℃]{NO} HCHO + H_2O$$

$$CH_3CH_2CH_3 + O_2 \xrightarrow[350℃,1.72MPa]{\text{金属氧化物}} HCOOH + CH_3COOH + CH_3COCH_3$$

一般烷烃的氧化反应较难控制，反应生成复杂的混合物，产物难分离，精制过程复杂。

### 3.1.3.3 烷烃的裂化和异构化

（1）裂化

在高温和隔绝空气的条件下，使 C—C、C—H 键断裂，生成较小的分子的反应称为裂化反应。裂化反应属于自由基型反应。例如：

$$CH_3CH_3 \xrightarrow{500℃} CH_2=CH_2 + H_2$$

根据反应条件的不同，可将裂化反应分为以下三种。

① 热裂化　5.0MPa，500～700℃，可提高汽油产量。例如：

$$CH_3CH_2CH_2CH_3 \xrightarrow{500℃} \begin{cases} CH_4 + CH_2=CHCH_3 \\ CH_3-CH_3 + CH_2=CH_2 \\ CH_2=CHCH_2CH_3 + H_2 \end{cases}$$

② 催化裂化　450～500℃，常压，硅酸铝等催化，除断裂 C—C 键外还有异构化、环化、脱氢等反应，生成带有支链的烷烃、烯烃、芳烃，使汽油、柴油的产量和质量提高。例如：

$$C_{20}H_{42} \xrightarrow{AlCl_3} C_{10}H_{22} + C_{10}H_{20}$$

③ 深度裂化　温度高于 700℃，又称为裂解反应，主要是提高烯烃（如乙烯）的产量。

裂化是一个复杂的反应，产物是多种烃类的混合物，烷烃分子中所含碳原子数愈多，产物愈复杂。条件不同，产物也不相同。在石油工业中，利用裂化反应可将廉价的重油成分裂化成价值高的轻油成分，如将十六烷裂化成辛烷和辛烯，从而提高了石油的利用率和汽油的质量。在裂化反应过程中，还同时有异构化、环化和芳构化等反应发生，可由此而获取多种化工原料。

（2）异构化

在催化裂化过程中，将直链烷烃转变为支链烷烃的反应叫烷烃的异构化。例如：

$$CH_3CH_2CH_2CH_3 \xrightarrow[95℃,1\sim2MPa]{AlCl_3,HCl} CH_3CH(CH_3)_2$$

$$2CH_3(CH_2)_4CH_3 \xrightleftharpoons{AlCl_3,HCl} (CH_3)_2CHCH_2CH_2CH_3 + CH_3CH_2CH(CH_3)CH_2CH_3$$

将直链烷烃异构化为支链烷烃可以提高汽油的辛烷值（见本章阅读材料1），提高汽油的质量。所以，烷烃异构化反应在石油工业中有重要的地位。

### 3.1.4 典型化合物

（1）甲烷

甲烷大量存在于自然界中，是天然气、沼气、石油气的主要成分。它是无色、无臭气体，易溶于乙醇、乙醚等有机溶剂，微溶于水。甲烷容易燃烧，富含甲烷的天然气和沼气是优良的气体燃料。甲烷完全燃烧时产生淡蓝色的火焰，生成二氧化碳和水，放出大量的热。

除了用作燃料外，甲烷还用作化工原料。甲烷不完全燃烧时，会产生浓厚的炭黑。这是生产炭黑的一种方法。炭黑可作黑色颜料、油墨、橡胶的填料。

$$CH_4 + O_2 \xrightarrow{不完全燃烧} C + 2H_2O$$

甲烷和水蒸气的混合物在725℃时通过镍催化剂可生成一氧化碳和氢气的混合物。产生的混合气体常称为合成气，可用来合成氨、尿素和甲醇等。

$$CH_4 + H_2O \xrightarrow[725℃]{Ni} H_2 + CO$$

甲烷高温裂解可制得乙炔，乙炔是有机合成的重要原料。

$$2CH_4 \xrightarrow{1600℃} CH\equiv CH + 3H_2$$

（2）石油醚

石油醚是轻质石油产品中的一种，主要是戊烷和己烷等低分子量烃类的混合物。常温下为无色澄清的液体，有类似乙醚的气味，故称石油醚。石油醚不溶于水，溶于大多数有机溶剂，它能溶解油和脂肪。相对密度为$0.63\sim0.66$，沸点范围为$30\sim90℃$。石油醚由天然石油或人造石油经分馏而得到，主要用作有机溶剂。石油醚容易挥发和着火，使用时应注意。

（3）石蜡

石蜡是高级烷烃的混合物，它是从原油蒸馏所得的润滑油馏分经溶剂精制、溶剂脱蜡或经蜡冷冻结晶、压榨脱蜡制得蜡膏，再经溶剂脱油，精制而得的片状或针状结晶，又称晶形蜡，是碳原子数为$18\sim30$的烃类混合物，主要组分为直链烷烃（80%～95%），还有少量带个别支链的烷烃和带长侧链的单环环烷烃（两者合计含量在20%以下）。主要质量指标为熔点和含油量，前者表示耐温能力，后者表示纯度。每类蜡又按熔点（一般每隔2℃）分成不同的品种，如52、54、56、58等牌号。

石蜡根据加工精制程度的不同，可分为全精炼石蜡、半精炼石蜡和粗石蜡三种。其中以前两种用途较广，主要用作食品及其他商品（如蜡纸、蜡笔、蜡烛、复写纸）的组分及包装材料、烘烤容器的涂敷料、化妆品原料，用于水果保鲜、提高橡胶抗老化性和增加柔韧性、电器元件绝缘、精密铸造等方面，也可用于氧化生成合成脂肪酸。粗石蜡由于含油量较多，主要用于制造火柴、纤维板、篷帆布等。石蜡中加入聚烯烃添加剂后，其熔点增高，黏附性和柔韧性增加，广泛用于防潮、防水的包装纸、纸板、某些纺织品的表面涂层和蜡烛生产。

（4）液化石油气

一般民用液化石油气主要来源于油田伴生气和石油炼厂气，主要成分是含有 3 个或 4 个碳原子的烃类，如丙烷、丙烯、丁烷、丁烯的混合物。习惯上也叫碳三（$C_3$）、碳四（$C_4$）烃类混合物。通常 $C_3$ 约占 63％，$C_4$ 约占 36％，其余为含量甚少的甲烷、乙烷、乙烯和戊烷等。液化石油气为人们的生活带来便利，在使用时一定要注意安全。

（5）凡士林

凡士林的主要成分是 $C_{18} \sim C_{22}$ 的液体烷烃和固体烷烃的混合物，呈软膏状半固体。不溶于水，溶于醚和石油醚，性质稳定。用作润滑剂、防锈涂料，在制药上常用作软膏的基质。

# 石油与石油化工

烷烃和环烷烃的天然来源主要是石油。石油的主要成分是烷烃，少量的芳烃和环烷烃，微量的含氧、含硫、含氮化合物。石油因产地不同而成分各异，我国及美国的原油主要成分是烷烃，俄罗斯产的原油中含有大量的环烷烃，罗马尼亚的原油成分介于两者之间，大洋洲产的原油中含有大量的芳香烃。

从油田开采出来的原油是黏稠液体，其颜色非常丰富，有红、金黄、墨绿、黑、褐红、甚至透明。原油的颜色是它本身所含胶质、沥青质的颜色，含量越高颜色越深。原油颜色越浅其油质越好，透明的原油甚至可直接代替汽油。

原油的成分主要有油质（这是其主要成分）、胶质（一种黏性的半固体物质）、沥青质（暗褐色或黑色脆性固体物质）、碳质（一种非碳氢化合物）。油质的主要成分是各类烷烃的复杂混合物，也含有一些环烷烃和芳香烃。

从油田开采出来的原油通常是深褐色的黏稠液体，须经过炼制才能作为燃料或化工原料使用。炼制方法一般是对原油进行分馏，根据产品的用途和组成不同而收集不同的馏分。

石油经过加工提炼，可得到下列四大类产品：石油燃料，润滑油、润滑脂、蜡、沥青、石油焦，溶剂、石油化工产品。

石油燃料是用量最大的油品。按其用途和使用范围可以分为如下五种：

① 点燃式发动机燃料，有航空汽油、车用汽油等；

② 喷气式发动机燃料，喷气燃料；

③ 压燃式发动机燃料（柴油机燃料），有高速、中速、低速柴油；

④ 液化石油气燃料，即液态烃；

⑤ 锅炉燃料，有炉用燃料油和船舶用燃料油。

润滑油和润滑脂被用来减少机件之间的摩擦，保护机件以延长它们的使用寿命并节省动力。它们的数量只占全部石油产品的 5％左右，但其品种繁多。

蜡、沥青和石油焦是在生产燃料和润滑油时进一步加工得来的，其产率较少。

溶剂和石油化工产品是有机合成工业的重要基本原料和中间体。

石油初步分馏（炼油）的主要馏分及其用途见表 3-3。

表 3-3 石油的分馏产物

| 名　称 | 大致组成 | 沸点范围/℃ | 用　途 |
|---|---|---|---|
| 石油气 | $C_1 \sim C_4$ | 40 以下 | 燃料、原料 |
| 石油醚 | $C_5 \sim C_6$ | 30～90 | 溶剂 |
| 汽油 | $C_7 \sim C_9$ | 60～205 | 燃料、溶剂 |
| 溶剂油 | $C_9 \sim C_{11}$ | 150～200 | 溶剂 |
| 航空煤油 | $C_{10} \sim C_{15}$ | 145～245 | 喷气式飞机燃料油 |
| 煤油 | $C_{11} \sim C_{16}$ | 160～310 | 点灯、燃料 |
| 柴油 | $C_{16} \sim C_{18}$ | 180～350 | 柴油机燃料 |
| 机械油 | $C_{10} \sim C_{20}$ | 350 以上 | 机械润滑 |
| 凡士林 | $C_{18} \sim C_{22}$ | 350 以上 | 制药、防锈涂料 |
| 石蜡 | $C_{20} \sim C_{24}$ | 350 以上 | 制蜡烛、蜡纸等 |
| 燃料油 |  | 350 以上 | 船用燃料、锅炉燃料 |
| 沥青 |  | 350 以上 | 防腐绝缘材料、铺路等建筑材料 |
| 石油焦 |  |  | 制电石、炭精棒,用于冶金工业 |

　　但是,仅仅通过分馏是无法满足市场需要的。市场上需要大量低分子的汽油、煤油和其他相对低分子量的烃类,目前,通过高温加热的方法把石油的长链组分切断,使之变成小分子的烷烃,即裂化来实现。通过裂化和铂重整工艺,可以从石油中获得更多的高辛烷值汽油,还可得到重要的化工原料,如乙烯、丙烯、丁烯等。

　　辛烷值较低的汽油(或石脑油)馏分,在高温下经过贵金属催化剂(如铂、铼、铱)将其中所含的环烷烃及烷烃经过六元环烷烃脱氢反应、五元环烷烃或直链烷烃的异构化反应、烷烃的脱氢环化反应,以及芳烃脱烷基等反应,转化为苯、甲苯、二甲苯类、乙苯类等芳烃,以提供芳烃等化工原料或生产高辛烷值汽油。这种在重整反应过程中生成的汽油就叫重整汽油,由于其中芳烃含量高,可以作为高辛烷值汽油的调和组分。

　　辛烷值是汽油抗爆性的表示单位。将抗爆震能力很差的直链烷烃正庚烷的辛烷值规定为0,将基本无爆震的多支链烷烃异辛烷(2,2,4-三甲基戊烷)的辛烷值规定为100。在规定条件下,将汽油样品与标准燃料(异辛烷与正庚烷)相比较,若两者抗爆性相同,则标准燃料中异辛烷的体积分数即是汽油的辛烷值。

　　一般来说,带支链的烷烃其辛烷值较大,抗爆震能力较好,即汽油的质量较优。烷烃通过裂化、异构化、铂重整后提高了产物的支链程度,从而提高了汽油质量。表 3-4 列出了一些常见烃的辛烷值。

表 3-4 一些常见烃的辛烷值

| 烃的名称 | 辛烷值 | 烃的名称 | 辛烷值 |
|---|---|---|---|
| 正庚烷 | 0 | 苯 | 101 |
| 2-甲基庚烷 | 24 | 甲苯 | 110 |
| 2-甲基戊烷 | 71 | 2,2,3-三甲基戊烷 | 116 |
| 辛烷 | −20 | 环戊烷 | 122 |
| 2-甲基丁烷 | 90 | 对二甲苯 | 128 |
| 2,2,4-三甲基戊烷 | 100 |  |  |

　　为了提高汽油的辛烷值,过去常采用在汽油中添加四乙基铅 $[Pb(C_2H_5)_4]$ 的方法。由于铅有毒性,现在常采用甲基叔丁基醚 $[CH_3OC(CH_3)_3]$ 来提高辛烷值。

## 自由基及其对人体的危害

自由基是含有一个不成对电子的原子或原子团。由于原子形成分子时，化学键中电子必须成对出现，因此自由基就到处夺取其他物质的一个电子，使自己形成稳定的物质。生物体系主要遇到的是氧自由基，如超氧阴离子自由基、羟自由基、脂氧自由基、二氧化氮和一氧化氮自由基，这些自由基加上过氧化氢、单线态氧和臭氧，统称为活性氧。体内的活性氧自由基具有一定的功能，如免疫和信号传导过程。但过多的活性氧自由基会有破坏行为，导致人体正常细胞和组织损坏，从而引起多种疾病，如心脏病、阿尔茨海默病、帕金森病和肿瘤。此外，外界环境中的阳光辐射、空气污染、吸烟、农药等都会使人体产生更多活性氧自由基，使核酸突变，这是人类衰老和患病的根源。

1996年起我国中国科学院生物物理研究所、北京军事科学院等有关科研单位与北京卷烟厂合作开始对自由基进行系统研究。研究发现，过去人们一直认为，在地球上，细菌和病毒是人类生命的宿敌，于是，跟它们做了千百年的斗争并取得了显著的成绩。直到20世纪60年代，生物学家从烟囱清扫工人肺癌发病率高这一现象中发现了自由基对人体的危害，人类才认识到还有比细菌和病毒更为凶险，也更隐蔽的敌人。

自由基对人体的损害主要有三个方面：使细胞膜被破坏；使血清抗蛋白酶失去活性；损伤基因导致细胞变异的出现和蓄积。自由基对人体的攻击首先是从细胞膜开始的。细胞膜极富弹性和柔韧性，这是由它松散的化学结构决定的，正因为如此，它的电子很容易丢失，因此细胞膜极易遭受自由基的攻击。一旦被自由基夺走电子，细胞膜就会失去弹性并丧失一切功能，从而导致心血管系统疾病。更为严重的是自由基对基因的攻击，可以使基因的分子结构被破坏，导致基因突变，从而引起整个生命发生系统性的混乱。大量资料已经证明，炎症、肿瘤、衰老、血液病，以及心、肝、肺、皮肤等各方面疑难疾病的发生机理与体内自由基产生过多或清除自由基能力下降有着密切的关系。炎症和药物中毒与自由基产生过多有关；克山病——硒缺乏和范可尼贫血等疾病与清除自由基能力下降有关；而动脉粥样硬化和心肌缺血再灌注损伤与自由基产生过多和清除自由基能力下降两者都有关系。自由基是人类健康最隐蔽、最具攻击力的敌人。

如何降低自由基对人体的危害呢？科学家们发现损害人体健康的自由基几乎都与那些活性较强的含氧物质有关，他们把与这些物质相结合的自由基叫作活性氧自由基。活性氧自由基对人体的损害实际上是一种氧化过程。因此，要降低自由基的危害，就要从抗氧化做起。降低自由基危害的途径也有两条：一是利用内源性自由基清除系统清除体内多余的自由基；二是发掘外源性抗氧化剂——自由基清除剂，阻断自由基对人体的入侵。

大量研究已经证实，人体内本身就具有清除多余自由基的能力，这主要是靠内源性自由基清除系统，它包括超氧化物歧化酶（SOD）、过氧化氢酶、谷胱甘肽过氧化酶等一些酶和维生素C、维生素E、还原性谷胱甘肽、胡萝卜素和硒等一些抗氧化剂。酶类物质可以使体内的活性氧自由基变为活性较低的物质，从而削弱它们对机体的攻击力。酶的防御作用仅限于细胞内，而抗氧化剂有些作用于细胞膜，有些则是在细胞外就可起到防御作用。这些物质就深藏于人们体内，只要保持它们的量和活力，它们就会发挥清除多余自由基的能力，使人们体内的自由基保持平衡。

除了依靠体内自由基清除系统外，还要寻找和发掘外源性自由基清除剂，利用这些物质作为替身，让它们在自由基进入人体之前就先与自由基结合，以阻断外界自由基的攻击，使人体免受伤害。

在自然界中，可以作用于自由基的抗氧化剂范围很广，种类极多。例如，我国一些特有的食用和药用植物中，含有大量的酚类物质，这些物质的特点是：有着很容易被自由基夺走的电子，而它们在失去电子后就会成为一种对人没有伤害的稳定物质。中科院生物物理研究所的专家历经八年时间从这些植物中研制出了天然抗氧化剂——自由基清除剂配方。在与卷烟厂技术人员合作的对动物的急性毒性实验中证明，在高浓度香烟的毒害下，使用了自由基清除剂之后，小白鼠的寿命比没有使用自由基清除剂的小白鼠的寿命明显延长，最长的甚至可以延长将近一倍的寿命，并且，基因癌变率大大降低。

随着对自由基研究的逐步深入，科学家们越来越清楚地认识到，清除多余自由基的措施有益于某些疾病的预防和治疗，而自由基清除剂的研究对人体健康的意义便显得更为重大。因此，开发和利用高效、无毒的天然抗氧化剂——自由基清除剂，已成为当今科学发展的趋势。

科学家们相信，在 21 世纪，人类一定能认识和控制自由基，使我们的生命质量再实现一个新的飞跃。

## 3.2　环烷烃

### 3.2.1　环烷烃的分类和异构现象

（1）分类

环烷烃（cycloalkane）按成环碳原子数目可分为小环（含 3～4 个碳原子）、普通环（含 5～7 个碳原子）、中环（含 8～11 个碳原子）和大环（含 12 个及以上碳原子），目前已知有三十碳环烷。根据分子中碳环的数目还可分为单环、二环或多环脂环烃。在二环化合物中，两个环共用一个碳原子的称为螺环烃（spiro hydrocarbon）；两个环共用两个或两个以上碳原子的称为桥环烃（bridged hydrocarbon）。例如：

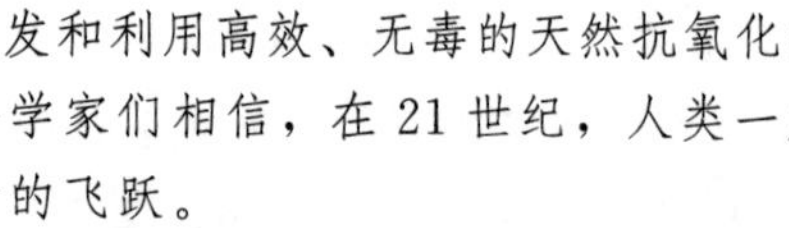

螺环烃 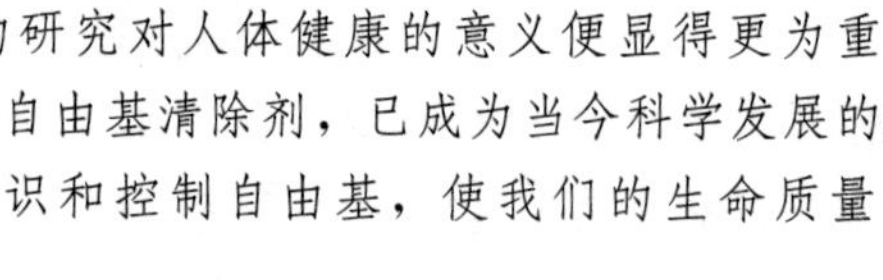　　　　　　　　　　　　　桥环烃

（2）异构现象（isomerism）

单环烷烃的通式为 $C_nH_{2n}$，与碳原子数目相同的链单烯烃（见第 4 章）互为同分异构体。例如，分子式为 $C_4H_8$ 的环烷烃异构体为：

环丁烷　　甲基环丙烷　　　1-丁烯　　　2-甲基丙烯

此外，由于环烷烃分子中碳环上的 C—C σ 键不能自由旋转，当环上有两个或两个以上的取代基连在不同的碳原子上时，还会产生顺反异构体（cis-trans isomer）。较优基团在环平面同侧的为顺式构型（cis-form），反之为反式构型（trans-form）。例如：

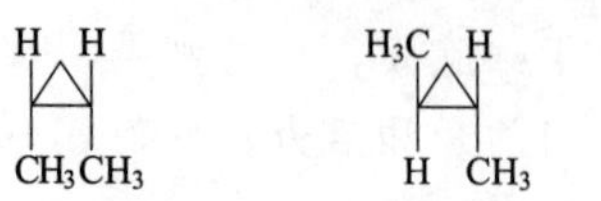

顺-1,2-二甲基环丙烷　　反-1,2-二甲基环丙烷

## 3.2.2 环烷烃的物理性质

常温常压下，环丙烷、环丁烷为气体；环戊烷至环十一烷是液体；其他高级环烷烃为固体。环烷烃的熔点、沸点和相对密度均比相应的烷烃高一些，但相对密度仍小于 1.0，不溶于水，易溶于有机溶剂。一些环烷烃的物理常数列于表 3-5 中。

**表 3-5  一些环烷烃的物理常数**

| 中文名 | 英文名 | 沸点/℃ | 熔点/℃ | 相对密度($d_4^{20}$) |
|---|---|---|---|---|
| 环丙烷 | cyclopropane | $-32.7$ | $-127.6$ | $0.680(-33℃)$ |
| 环丁烷 | cyclobutane | 12.5 | $-80$ | $0.703(0℃)$ |
| 环戊烷 | cyclopentane | 49.3 | $-93.9$ | 0.745 |
| 环己烷 | cyclohexane | 80.9 | 6.6 | 0.779 |
| 环庚烷 | cycloheptane | 118.5 | $-12$ | 0.810 |
| 环辛烷 | cyclooctane | 150.0 | $-14.3$ | 0.836 |

## 3.2.3 环烷烃的化学性质

大环烷烃的化学性质与烷烃相似，在一般情况下，不与强酸、强碱、强氧化剂等发生反应；小环烷烃分子不稳定，容易发生开环进行加成反应。但随着环的增大，其反应性能逐渐减弱。

### 3.2.3.1 取代反应

在光或热的引发下，环烷烃发生自由基取代反应。例如：

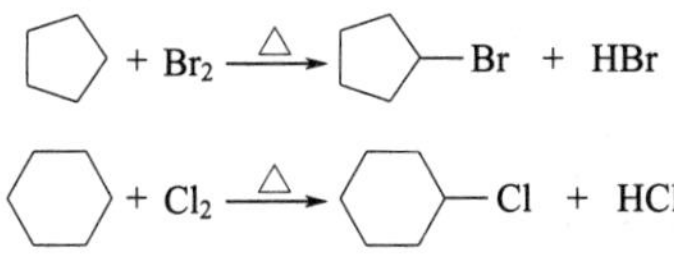

### 3.2.3.2 氧化反应

常温下，环烷烃与一般氧化剂（如高锰酸钾溶液、臭氧等）不发生反应，即使是环丙烷也是如此。若在加热下用强氧化剂或在催化剂作用下用空气氧化，环烷烃也可以发生氧化反应。例如：

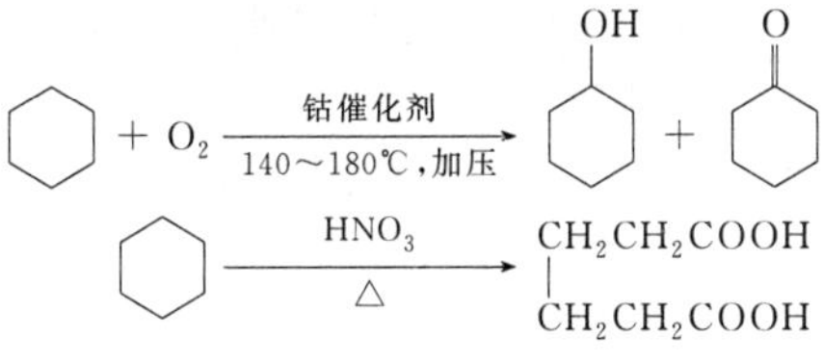

己二酸是合成尼龙的原料。

### 3.2.3.3 加成反应

环烷烃发生加成反应时环破裂，故也称为开环加成反应。

（1）加氢

环烷烃在催化剂作用下与氢作用，可以开环与两个氢原子结合生成烷烃。

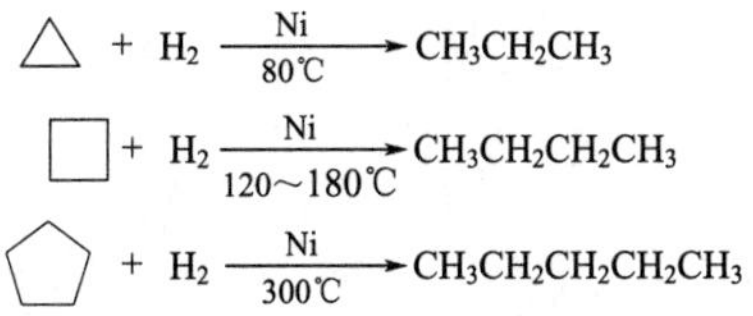

从反应条件可以看出，小环较易开环发生加成反应，而环戊烷则较稳定，需要强烈的条

件才能发生开环加成。高级环烷烃的加氢则更为困难。

（2）加卤素

环丙烷在常温下与溴发生加成反应，生成 1,3-二溴丙烷。

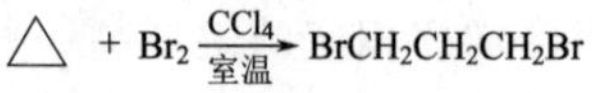

$$\triangle + Br_2 \xrightarrow[\text{室温}]{CCl_4} BrCH_2CH_2CH_2Br$$

在加热条件下，环丁烷与溴发生加成反应，生成 1,4-二溴丁烷；五元环或更大的环烷烃则发生取代反应。

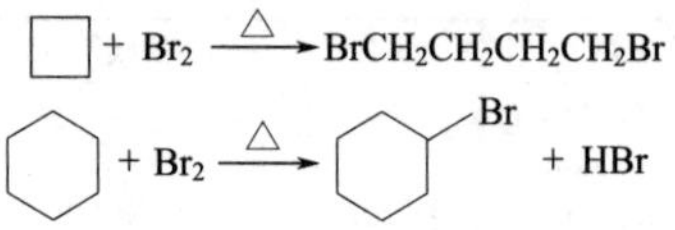

$$\square + Br_2 \xrightarrow{\triangle} BrCH_2CH_2CH_2CH_2Br$$

（3）加卤化氢

环丙烷及其烷基衍生物可以与卤化氢加成。和卤化氢加成时，环丙烷从取代基最少的碳原子与取代基最多的碳原子之间断开，氢加在取代基最少的碳原子上。

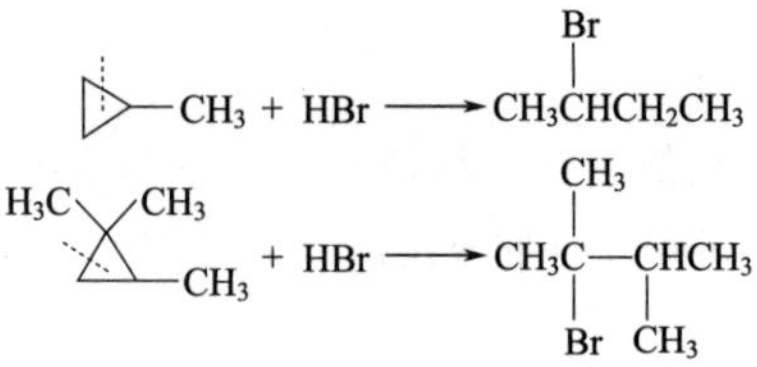

环丁烷及以上的环烷烃则难以与卤化氢发生加成反应。

---

**思考题 3-1**　用化学方法鉴别丙烷和环丙烷。

**思考题 3-2**　写出下列反应的主要产物： 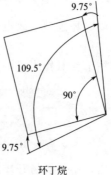 $+ Br_2 \xrightarrow{h\nu}$ ?

---

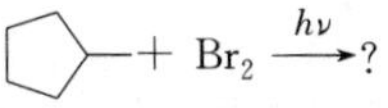

## 3.2.4　环烷烃的分子结构

### 3.2.4.1　环烷烃的环张力与稳定性

从环烷烃的化学性质可以看出，三元环和四元环不稳定，五元环和六元环稳定。1885年拜耳（Baeyer A.）根据碳价四面体的概念提出了张力学说。他认为构成环的所有碳原子都应位于同一平面上，各环烷烃的键角偏离正常键角（109.5°），构成碳环时 C—C 键必须向内压缩或向外扩张，这就使每个环都产生恢复正常键角的角张力（angle strain）。

角张力的存在使环变得不稳定，其中环丙烷的角张力最大，最不稳定，环丁烷次之。根据这一学说，环戊烷最稳定，环己烷则不如它稳定，这与事实是不符合的。近代测试结果表明，五元环及以上的环烷烃的成环碳原子不在同一个平面上，其键角接近于正常键角，基本上没有角张力，相应的环称为"无张力环"。

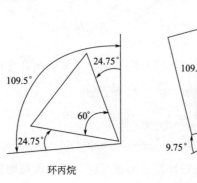

环丙烷　　　　　　　　环丁烷

此外，从热化学测得的有机化合物的燃烧焓（enthalpy of combustion）[通常称为燃烧热（heat of combustion）]数据也足以说明，小环是不稳定的，而五元环、六元环以及大环是比较稳定的。燃烧热是指 1mol 有机化合物在标准压力时完全燃烧所放出的热量。表 3-6 列出了几种环烷烃在标准状态时的燃烧热。

表 3-6　几种环烷烃在标准状态时的燃烧热 $\Delta_c H_m^{\ominus}$（298K）

| 名　称 | 分子燃烧热 /(kJ·mol$^{-1}$) | 每个 CH$_2$ 燃烧热 /(kJ·mol$^{-1}$) | 名　称 | 分子燃烧热 /(kJ·mol$^{-1}$) | 每个 CH$_2$ 燃烧热 /(kJ·mol$^{-1}$) |
|---|---|---|---|---|---|
| 环丙烷 | −2091.3 | −697.1 | 环癸烷 | −6635.0 | −663.5 |
| 环丁烷 | −2744.8 | −686.2 | 环十一烷 | −7289.7 | −662.7 |
| 环戊烷 | −3320.0 | −664.0 | 环十二烷 | −7912.8 | −659.4 |
| 环己烷 | −3951.0 | −658.5 | 环十三烷 | −8582.6 | −660.2 |
| 环庚烷 | −4636.1 | −662.3 | 环十四烷 | −9219.0 | −658.5 |
| 环辛烷 | −5308.0 | −663.5 | 环十五烷 | −9883.5 | −658.9 |
| 环壬烷 | −5979.6 | −664.4 | 环十七烷 | −11180.9 | −657.7 |

可见，从环丙烷到环己烷，环越小，每个 CH$_2$ 的燃烧热越大，随着环的增大，则每个 CH$_2$ 的燃烧热依次减小。燃烧热的大小反映了分子内能的高低。小环内能高，分子不稳定。随着环的增大，每个 CH$_2$ 的燃烧热趋于恒定。这些现象都说明，小环和大环在结构上是有差别的。

#### 3.2.4.2　环烷烃的结构

在环丙烷分子中，碳原子形成一个正三角形的环，正三角形的内角为 60°，而 sp$^3$ 杂化轨道所形成的键的键角应该是 109.5°。因此，在环丙烷分子中，碳原子在形成 C—C σ 键时，sp$^3$ 杂化轨道不可能沿着轨道对称轴的方向实现最大程度的重叠（见图 3-11）。为了能重叠得多一些，每个碳原子必须把形成 C—C σ 键的两个杂化轨道间的角度缩小（见图 3-12）。这样形成的 C—C σ 键的杂化轨道仍然不是沿着两个原子之间的连接线重叠的。这种 σ 键与一般的 σ 键不一样，其杂化轨道稍扭偏一定角度，以弯曲的方向重叠，所形成的 C—C σ 键也是弯曲的，其外形似香蕉一样的弯曲键（bend bond）。这种重叠不是发生在电子云密度最大的方向，所形成的 C—C 键比一般的 σ 键弱，键的稳定性较差，故环丙烷不稳定，容易发生开环加成反应。

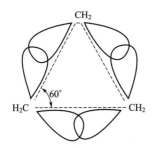

图 3-11　环丙烷中 sp$^3$ 杂化轨道的重叠

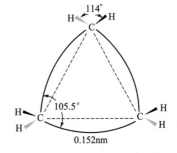

图 3-12　环丙烷分子中的弯曲键

环丁烷的四个碳原子组成的环，如果是平面结构，正四边形的内角是 90°，所以环丁烷的 C—C σ 键也只能是弯曲键，不过弯曲的程度较小（见图 3-13）。但实际上环丁烷的四个碳原子不在同一平面上。环丁烷分子是通过 C—C 键的扭转而以一个折叠的碳环形式存在的。环丁烷的四个碳原子中，三个分布在同一平面上，另一个则在这个平面之外（见图 3-14）。

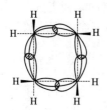

图 3-13　环丁烷分子中的键

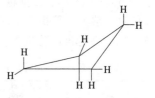

图 3-14　环丁烷的分子结构

环戊烷如果是平面五边形，∠CCC 应为 108°，这与一般的 $sp^3$ 杂化键角相近，这种结构的角张力应该很小。为了降低扭转张力，环戊烷实际上是以折叠环的形式存在的。折叠环的四个碳原子基本在一个平面上，另一个碳原子则在此平面之外，其形状似开启的信封（见图 3-15）。这样的结构，分子的张力不大，因此环戊烷的化学性质比较稳定。

环己烷比环戊烷更稳定。在环己烷分子中，碳原子都是以 $sp^3$ 杂化方式成键的，六个碳原子不在同一平面，以椅式构象存在，C—C σ 键间的夹角都保持了正常键角（109.5°），既无角张力，也无扭转张力，是无张力环，故很稳定。环己烷及其衍生物是自然界存在最广泛的脂环化合物。环己烷以上的大环，分子也不是平面结构，但维持 109.5°的正常键角，一般是无张力环，比较稳定。例如，环二十二烷是呈皱折形存在的（见图 3-16），是无张力环。

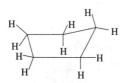

图 3-15　环戊烷的分子结构

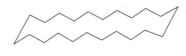

图 3-16　环二十二烷的立体形象

### 3. 2. 4. 3　环己烷及其衍生物的构象

（1）环己烷的构象

环己烷分子可以通过环的扭动而产生构象异构，其中最典型的有两种极限构象：一种像椅子，称为椅式构象（chair conformation）；另一种像船形，称为船式构象（boat conformation）。

从图 3-17 可以看出，椅式构象中所有相邻的 C—H 键都处于交叉式的位置，这种构象

环己烷分子构象

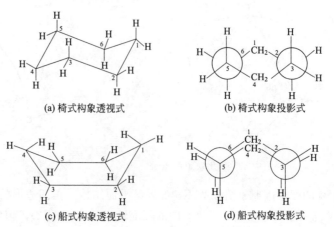

(a) 椅式构象透视式　　　　　　(b) 椅式构象投影式

(c) 船式构象透视式　　　　　　(d) 船式构象投影式

图 3-17　环己烷的椅式构象和船式构象

内能低。而在船式构象中，C2 和 C3 上的 C—H 键及 C5 和 C6 上的 C—H 键却处于全重叠式的位置，它们之间存在着较大的扭转张力；此外，"船头"与"船尾"碳原子上两个向内伸的氢原子之间的距离只有 0.183nm，小于范德华半径之和（0.24nm），故二者存在着较大的范德华斥力，这都使分子能量升高。椅式构象比船式构象的能量约低 30kJ·mol$^{-1}$，所以椅式构象是优势构象。在常温下，环己烷的椅式构象和船式构象是相互转化的，达到动态平衡时，椅式构象占绝对优势，约为 99.9%，故环己烷及其多数衍生物主要以稳定的椅式构象存在。

在环己烷的椅式构象中，12 个 C—H 键分别处于两种情况：有 6 个 C—H 键与分子的对称轴平行，称为直立键或 $a$ 键（axial bond）；其余 6 个 C—H 键与对称轴约成 109.5°夹角，称为平伏键或 $e$ 键（equator bond）。因此，在环己烷的椅式构象中，同一个碳原子上的两个 C—H 键，一个是 $a$ 键，另一个是 $e$ 键（见图 3-18）。

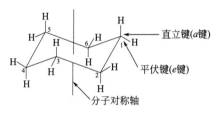

图 3-18　环己烷椅式构象
中的直立键和平伏键

在常温下，环己烷的一种椅式构象可以通过碳碳键的扭动而变成另一种椅式构象，这种构象的互变称为转环作用。转环作用可由分子热运动而产生，不需要经过 C—C 键的断裂来进行。转环后，原来的 $a$ 键都变成 $e$ 键，原来的 $e$ 键都变成了 $a$ 键。椅式环己烷处于这两种构象的平衡中（见图 3-19）。

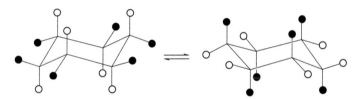

图 3-19　环己烷两种椅式构象间的转换

此平衡中，只发生直立键氢和平伏键氢的互相转换，分子的骨架、能量和氢原子间的几何关系都保持不变，所以这两种构象是不能区分开的。

（2）取代环己烷的构象

当环己烷上的氢原子被其他基团取代时，其一元取代物是 $e$ 取代和 $a$ 取代的平衡混合物。在一般情况下，取代基以 $e$ 键相连的构象占优势（见图 3-20）。

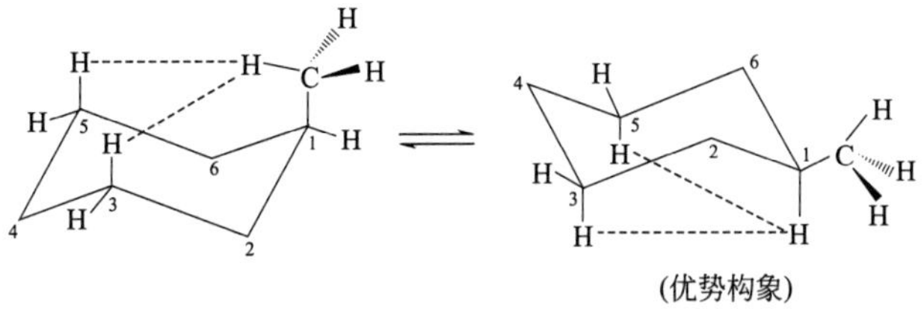

图 3-20　甲基环己烷的两种椅式构象

环己烷及其衍生物的构象稳定性，从许多实验事实中可总结出如下规律。

① 环己烷及其衍生物的椅式构象比船式构象稳定。在常温下，主要以椅式构象存在，如顺-1,2-二甲基环己烷的构象（见图 3-21）。

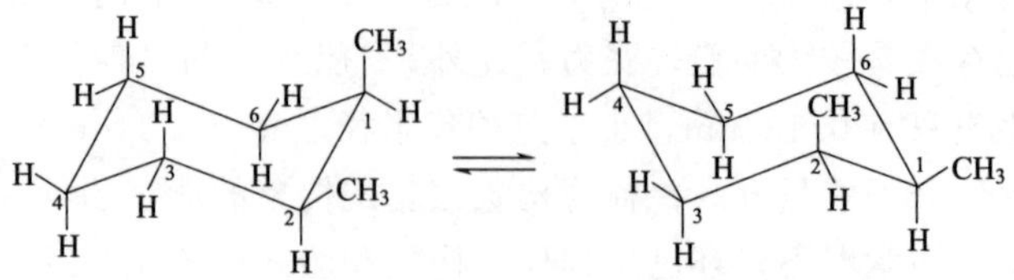

图 3-21 顺-1,2-二甲基环己烷的构象

② 环己烷的二元或多元取代物最稳定的构象是 $e$ 键取代最多的构象，如图 3-22 所示。

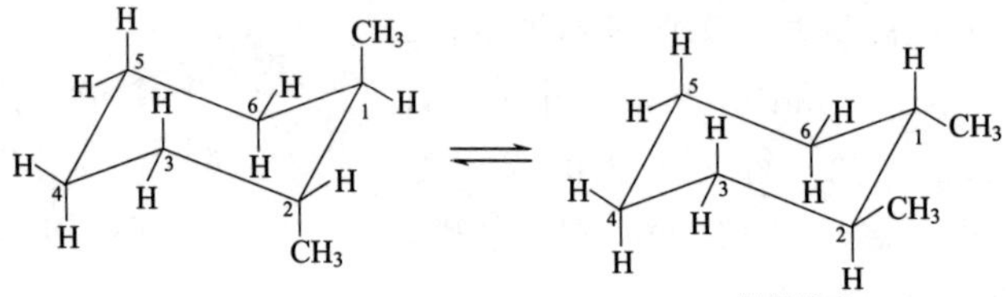

(优势构象)

反-1,2-二甲基环己烷($aa$型) 反-1,2-二甲基环己烷($ee$型)

图 3-22 反-1,2-二甲基环己烷的构象

③ 当环己烷的环上连有不同的取代基时，大的取代基在 $e$ 键的构象更稳定。例如，顺-1-甲基-4-叔丁基环己烷的两种椅式构象，叔丁基处在 $e$ 键上要比在 $a$ 键上稳定得多(见图 3-23)。

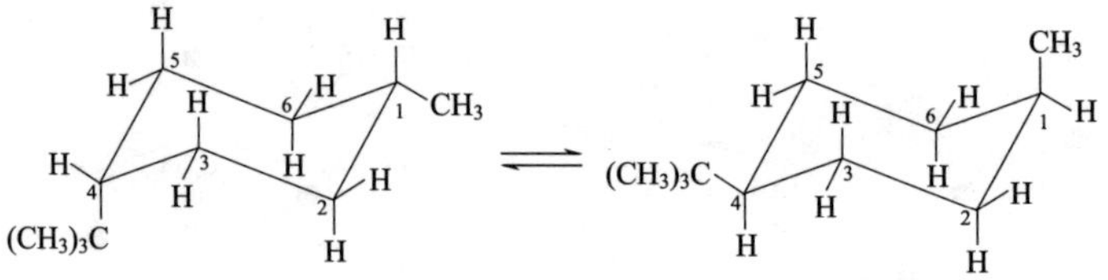

(优势构象)

图 3-23 顺-1-甲基-4-叔丁基环己烷的构象

*(3) 十氢化萘的构象

十氢化萘是由两个环己烷稠合而成的，它具有顺、反两种异构体，常用平面投影式表示。

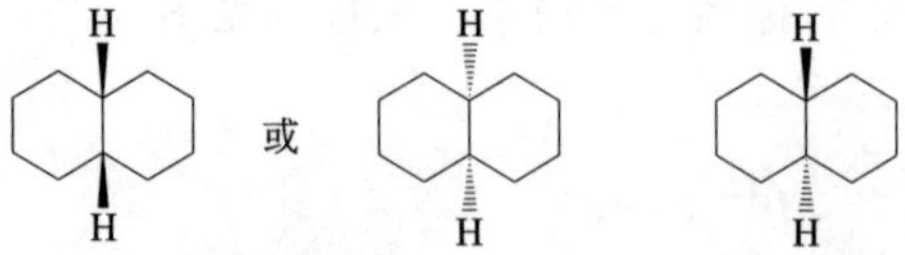


顺式十氢化萘 反式十氢化萘

*cis*-decalin *trans*-decalin

十氢化萘两个异构体的构象如图 3-24 所示。

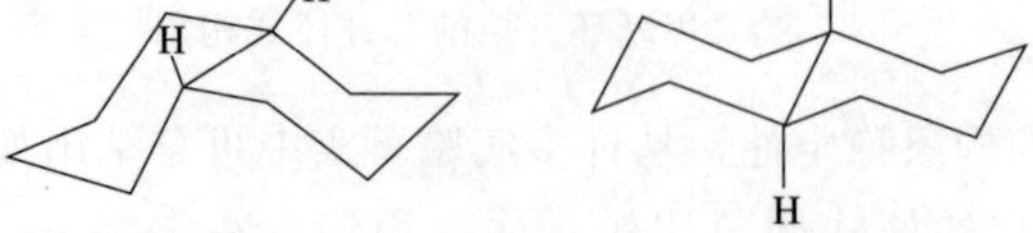

顺式($ae$型) 反式($ee$型)

图 3-24 十氢化萘的两种椅式构象

---

**思考题 3-3**　写出反-1,3-二甲基环己烷的优势构象。

**思考题 3-4**　写出反-1-甲基-3-异丙基环己烷异构体的构象，并比较其相对稳定性。

---

**阅读材料3**　　　　　　　　　　烃类化合物有张力极限吗？

　　寻求烃类化合物键张力的极限是一个很有吸引力的研究领域，其研究过程促成了很多奇异分子的合成。令人好奇的问题是：一个碳原子能承受的键角扭曲力到底有多大？例如双环体系中的双环丁烷，其张力能为 66.5kcal·mol$^{-1}$，这样的分子能够存在很不寻常，不仅如此，它还能被分离出来并储存。

　　一系列具有柏拉图固体（Platonic solid）几何形状即正多面体碳框架的张力化合物吸引了合成化学家们的注意，例如：四面体烷（四面体）、立方烷（六面体），以及二十面体烷（五边形的二十面体）。

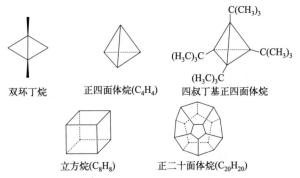

双环丁烷　　　正四面体烷(C$_4$H$_4$)　　四叔丁基正四面体烷

立方烷(C$_8$H$_8$)　　正二十面体烷(C$_{20}$H$_{20}$)

　　在这些多面体中，所有的面都由大小相同的环组成，如上述四面体烷、立方烷和正二十面体烷的每一面分别为环丙烷、环丁烷和环戊烷。

　　其中，立方烷是在 1964 年首次合成出来的，它是一个 C$_8$H$_8$ 的烃，形状像一个立方体，因此被取名为立方烷。实验测得其张力能（166kcal·mol$^{-1}$）比六个环丁烷的张力能之和还要大。

　　尽管四面体烷本身不存在，但它的衍生物——四叔丁基正四面体烷，却能稳定存在（1978 年被合成），其张力能（由 $\Delta H_{燃烧}^{\ominus}$ 测得）为 129kcal·mol$^{-1}$，其熔点为 135℃。

　　正二十面体烷的合成于 1982 年完成，它以一种简单的环戊烷衍生物为起始物，经 23 步合成。其熔点为 430℃，对于一个 C$_{20}$ 的烃来说，这个熔点值是相当高的，显示了该化合物的对称性；而正二十烷（C$_{20}$H$_{42}$）的熔点仅为 36.8℃。正二十面体烷的张力能只有 61kcal·mol$^{-1}$，比它的那些低级的类似物要低很多。

## 习　题

**3-1**　用系统命名法命名下列化合物。

(1) (CH$_3$)$_2$CHC(CH$_3$)$_2$
　　　　　　|
　　　　CH$_3$CHCH$_3$

(2) CH$_3$CH$_2$CH—CHCH$_2$CH$_3$
　　　　　　　|　　|
　　　　　CH$_3$ CH(CH$_3$)$_2$

(3) CH$_3$CH$_2$C(CH$_3$)$_2$CH$_2$CH$_3$

(4) CH$_3$CH$_2$CHCH$_2$CH$_2$CCH$_2$CH$_3$
　　　　　　|　　　　|
　　　CH$_3$CHCH$_3$　CH$_2$CH$_3$
　　　　　　　　　　　|
　　　　　　　　　　CH$_3$

(5) 

(6)

（7）CH$_3$CH$_2$CHCH$_2$CHCH$_3$
　　　　　　　　　　　CH$_3$

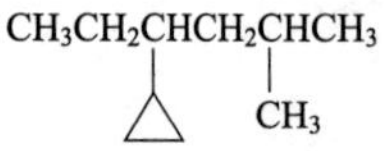

（8）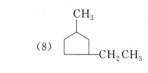

3-2　试写出下列化合物的构造式。

（1）2,2,3,3-四甲基戊烷　　　　　　　（2）2,3-二甲基庚烷

（3）2,2,4-三甲基戊烷　　　　　　　　（4）2,4-二甲基-4-乙基庚烷

（5）2-甲基-3-乙基己烷　　　　　　　　（6）三乙基甲烷

3-3　下列化合物的系统命名对吗？如有错的话，指出错在哪里，并正确命名之。

（1） 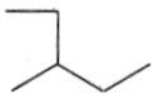　　　　2-乙基丁烷　　　　　　　（2） 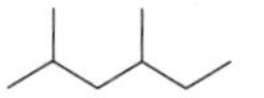　　　　2,4-2甲基己烷

（3） 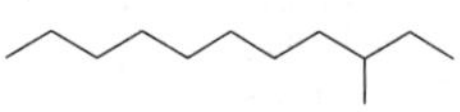　　　　　　3-甲基十二烷　　　　（4） 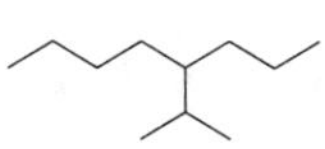　　　　　4-丙基庚烷

（5） 　　　　4-二甲基辛烷　　　　　　（6） 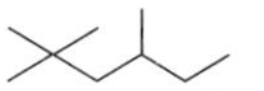　　　　1,1,1-三甲基-3-甲基戊烷

3-4　不查表试推测下列化合物沸点的高低顺序。

（1）2,3-二甲基戊烷　　　　　　（2）正庚烷　　　　　　（3）2-甲基庚烷

（4）正戊烷　　　　　　　　　　（5）2-甲基己烷

3-5　用纽曼投影式写出1,2-二溴乙烷的两种极端构象，并写出该构象的名称，标出稳定性。

3-6　判断下列各对化合物是构造异构、构象异构，还是完全相同的化合物。

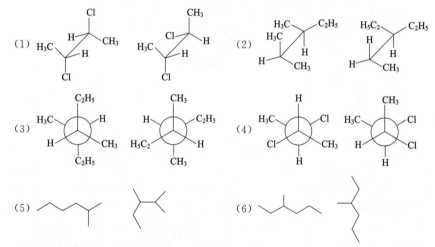

3-7　等物质的量的甲烷和乙烷混合进行一氯代反应，得到 CH$_3$Cl 和 C$_2$H$_5$Cl 的比例为 1：400，试解释之。

3-8　试写出下列各反应生成的一卤代烷，预测所得的主要产物。

（1）CH$_3$CH$_2$CH$_3$ + Cl$_2$ $\xrightarrow[\text{室温}]{\text{光照}}$ ?

（2）(CH$_3$)$_3$CCH(CH$_3$)$_2$ $\xrightarrow[\text{室温,CCl}_4]{\text{Br}_2,\text{光照}}$ ?

（3）H$_3$C—C—H $\xrightarrow[\text{室温,CCl}_4]{\text{Br}_2,\text{光照}}$ ?
　　　　　　CH$_3$（上）、CH$_3$（下）

3-9　反应 CH$_3$CH$_3$ + Cl$_2$ $\xrightarrow{h\nu \text{ 或} \triangle}$ CH$_3$CH$_2$Cl + HCl 的历程与甲烷的氯代相似。

（1）写出链引发、链增长、链终止各步的反应式。

（2）计算链增长一步的 $\Delta H$ 值。

3-10 试将下列烷基自由基按稳定性大小排列。

(1) $\cdot CH_3$

(2) $CH_3\overset{\displaystyle\cdot}{C}HCH_2CH_3$

(3) $\cdot CH_2CH_2CH_2CH_3$

(4) $H_3C-\underset{\underset{\displaystyle CH_3}{|}}{\overset{\displaystyle\cdot}{C}}-CH_3$

3-11 写出下列烷基的名称及常用符号。

(1) $CH_3CH_2CH_2-$
(2) $(CH_3)_2CH-$
(3) $(CH_3)_2CHCH_2-$

(4) $(CH_3)_3C-$
(5) $CH_3-$
(6) $CH_3CH_2-$

3-12 试分析下列化学反应中影响产物组成的主要因素，是几率因素还是氢的活泼性？

$$CH_3-\underset{}{\overset{\overset{\displaystyle CH_3}{|}}{CH}}-CH_3 \xrightarrow[h\nu\ 或\triangle]{Br_2} CH_3-\underset{\underset{\displaystyle Br}{|}}{\overset{\overset{\displaystyle CH_3}{|}}{C}}-CH_3 + CH_3-\underset{\underset{\displaystyle H}{|}}{\overset{\overset{\displaystyle CH_3}{|}}{C}}-CH_2Br$$

$$\qquad\qquad\qquad\qquad\qquad\qquad\quad (>99\%)\qquad\qquad (\ll 1\%)$$

3-13 完成下列反应方程式。

(1) △ + $Cl_2$ ⟶ ?

(2) ⬠ + $Cl_2$ $\xrightarrow{光照}$ ?

(3) △ + HCl ⟶ ?

(4) ☐ + $Br_2$ $\xrightarrow{\triangle}$ ?

3-14 解释甲烷氯化反应中观察到的现象：

(1) 甲烷和氯气的混合物于室温下在黑暗中可以长期保存而不起反应。

(2) 将氯气先用光照射，然后迅速在黑暗中与甲烷混合，可以得到氯化产物。

(3) 将氯气用光照射后在黑暗中放一段时期，再与甲烷混合，不发生氯化反应。

(4) 将甲烷先用光照射后，在黑暗中与氯气混合，不发生氯化反应。

(5) 甲烷和氯气在光照下起反应时，每吸收一个光子产生许多氯化甲烷分子。

3-15 下列结构式中，哪一对是完全相同的？

(A)
(B)
(C)
(D)

3-16 下列哪一个是反-1,4-二甲基环己烷的最稳定构象？

(A)
(B)
(C)
(D)

# 4 不饱和烃

## 学习指导

本章讨论了烯烃、炔烃和二烯烃，详细介绍了不饱和烃的结构与性质的关系。要求掌握不饱和烃的加成反应和亲电加成反应历程、不饱和烃的鉴别、碳正离子稳定性比较和共轭二烯烃的特性等；了解不饱和烃的物理性质及其变化规律。

## 4.1 烯烃

烯烃（alkene）是指分子中含有碳碳双键（C＝C）的烃类化合物，按含双键的数目可分为单烯烃、二烯烃、多烯烃。单烯烃是指分子中含有一个碳碳双键的烃，它比相应的烷烃少两个氢原子，属于不饱和烃（unsaturated hydrocarbon），其通式为 $C_nH_{2n}$，C＝C 双键是烯烃的官能团。

### 4.1.1 烯烃的结构

乙烯是最简单的单烯烃，分子式为 $C_2H_4$，构造式为 $H_2C＝CH_2$。

根据杂化轨道理论，乙烯分子中的碳原子以 $sp^2$ 杂化方式参与成键，这三个杂化轨道同处在一个平面上。两个碳原子各用一个 $sp^2$ 轨道相互结合，形成一个 $sp^2$-$sp^2$ C—C σ 键，每个碳原子的其余两个 $sp^2$ 轨道分别与氢原子的 s 轨道重叠形成四个 $sp^2$-s C—H σ 键，分子中六个原子及所形成的五个 σ 键都在同一个平面上。两个碳原子各剩有一个未参与杂化的 2p 轨道垂直于五个 σ 键所在的平面，两个 p 轨道彼此"肩并肩"重叠形成 π 键，π 键电子云对称分布在分子平面的上方和下方，如图 4-1 所示。

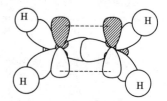

图 4-1 乙烯分子中的
σ 键和 π 键

乙烯分子结构

碳碳双键是由一个 σ 键和一个 π 键组成的，这两种键的成键方式不同。σ 键是轨道沿轴方向进行重叠，电子云呈轴对称，重叠程度大，C—C 键结合较紧，键能较高（C—C 单键的键能为 $361.0kJ \cdot mol^{-1}$）；而 π 键是 p 轨道"肩并肩"重叠，电子云呈平面对称，重叠程度小，电子云离核较远，受核的束缚较小，因而 π 键的键能较小（π 键的键能为 $251.5kJ \cdot mol^{-1}$），在受外界影响时，容易极化，也容易断裂，这也是烯烃化学反应活泼的重要原因。另外由于 π 键的形成，以双键相连的两个碳原子之间不能再以 C—C σ 键为轴"自由"旋转，否则导致 π 键断裂。

### 4.1.2 烯烃的物理性质

烯烃和烷烃具有基本相似的物理性质。在常温下，$C_2 \sim C_4$ 的烯烃为气体；$C_5 \sim C_{18}$ 的烯烃为液体；$C_{19}$ 以上的烯烃为固体。烯烃都不溶于水，易溶于非极性和弱极性的有机溶剂，如石油醚、乙醚、四氯化碳等，相对密度都小于 1.0。与烷烃相似，烯烃的沸点随分子量的增加而递升，含相同碳原子数的直链烯烃的沸点比支链烯烃的高。顺式异构体的沸点比反式高，熔点比反式低。一些烯烃的物理常数见表 4-1。

**表 4-1 一些烯烃的物理常数**

| 名称 | 熔点/℃ | 沸点/℃ | 相对密度($d_4^{20}$) |
|------|--------|--------|---------------------|
| 乙烯 | $-169.2$ | $-103.7$ | $0.3840(-10℃)$ |
| 丙烯 | $-185.2$ | $-47.4$ | $0.5139$ |
| 1-丁烯 | $-185.4$ | $-6.3$ | $0.5951$ |
| 顺-2-丁烯 | $-138.9$ | $3.7$ | $0.6213$ |
| 反-2-丁烯 | $-105.6$ | $0.88$ | $0.6042$ |
| 异丁烯 | $-140.4$ | $-6.9$ | $0.5902$ |
| 1-戊烯 | $-165.2$ | $30.0$ | $0.6405$ |
| 1-己烯 | $-139.8$ | $63.4$ | $0.6731$ |
| 1-庚烯 | $-119.0$ | $93.6$ | $0.6970$ |

## 4.1.3 烯烃的化学性质

单烯烃的化学性质与烷烃不同，它很活泼，主要体现在 C═C 双键上。双键是烯烃化学反应的中心，容易发生加成、氧化、聚合等反应。受 C═C 双键的影响，与双键碳相邻的碳原子上的氢（称为 $\alpha$-氢原子）亦表现出一定的活泼性。

### 4.1.3.1 加成反应

加成反应（addition reaction）是烯烃的典型反应。在反应中 π 键断开，双键上的两个碳原子和其他原子或基团结合，形成两个较强的 σ 键，这类反应称为加成反应。

$$>C=C< \; + \; X—Y \longrightarrow \begin{matrix} >C—C< \\ \phantom{>}X \phantom{—} Y \end{matrix}$$

（1）催化加氢

常温常压下，烯烃很难同氢气发生反应，但是在催化剂（如铂、钯、镍等）存在下，烯烃与氢发生加成反应，生成相应的烷烃。

$$R—CH=CH_2 + H_2 \xrightarrow{催化剂} R—CH_2CH_3$$

氢化反应是放热反应，这是因为形成两个 C—H σ 键所放出的能量比断裂一个 H—H σ 键和一个 C═C 双键所吸收的能量大，可见烷烃比它相应的烯烃稳定。1mol 不饱和化合物氢化时放出的热量称为氢化热。例如，顺-2-丁烯和反-2-丁烯氢化的产物都是丁烷，反式比顺式少放出 $4.2kJ \cdot mol^{-1}$ 的热量，意味着反式的内能比顺式少 $4.2kJ \cdot mol^{-1}$，所以反-2-丁烯更稳定。通过测定不同烯烃的氢化热，可以比较烯烃的相对稳定性。氢化热越小的烯烃越稳定。

烯烃的催化加氢在工业上和科学研究中都具有重要意义，如油脂氢化制硬化油、人造奶油等；为除去粗汽油中的少量烯烃杂质，可进行催化氢化反应，将少量烯烃还原为烷烃，从而提高油品的质量。

（2）亲电加成反应

由于 π 键较弱，π 电子受核束缚较小，结合较松散，可作为电子源，因而易受到正电荷或部分带正电荷的缺电子试剂（称为亲电试剂）的进攻而发生反应。这种由亲电试剂的进攻而引起的加成反应称为亲电加成反应（electrophilic addition reaction）。与单烯烃发生亲电加成反应的试剂主要有卤素（$Br_2$、$Cl_2$）、卤化氢、硫酸及水等。

① 与卤素加成　烯烃与卤素发生加成生成邻二卤代物，反应在常温下就可以迅速、定量进

行，这是制备邻二卤代物的最好方法。例如，将烯烃气体通入溴的四氯化碳溶液后，溴的红棕色马上消失，表明发生了加成反应。在实验室中，常利用这个反应来检验烯烃的存在。例如：

$$H_2C = CH_2 \xrightarrow[CCl_4]{Br_2} \underset{\underset{Br\ Br}{|\ \ |}}{H_2C - CH_2}$$

相同的烯烃和不同的卤素进行加成时，卤素的活性顺序为：$F_2 > Cl_2 > Br_2 > I_2$。$F_2$ 与烯烃的反应太剧烈，得到的大部分是分解物；$I_2$ 与烯烃难于发生加成反应；所以一般烯烃与卤素的加成，实际上是指与 $Br_2$ 或 $Cl_2$ 的加成。

卤素与烯烃加成形成二卤代物，这两个卤原子是分两步加上去的。下面以乙烯和溴的加成反应为例，来说明烯烃和卤素加成的反应历程。

将乙烯通入含有氯化钠的溴水溶液中，所得的产物除了预期生成的 1,2-二溴乙烷外，还生成 1-氯-2-溴乙烷和 2-溴乙醇。

$$CH_2 = CH_2 + Br_2 \xrightarrow{NaCl, H_2O} BrCH_2CH_2Br + BrCH_2CH_2Cl + BrCH_2CH_2OH$$

如果加成是一步进行的，即生成物只有 1,2-二溴乙烷，现产物中还有 1-氯-2-溴乙烷和 2-溴乙醇，说明反应是分步进行的。三种产物中都含有溴原子，可以推断是溴原子参加第一步反应，$Cl^-$ 和 $OH^-$ 是在反应的第二步才加上去的。

实验证明，当把干燥的乙烯通入溴的无水四氯化碳溶液中（置于玻璃容器中）时，不易发生反应，若置于涂有石蜡的玻璃容器中时，则更难反应。但当加入一点水时，就容易发生反应，溴水的颜色褪去。这说明溴与乙烯的加成反应是受极性物质如水、玻璃（弱碱性）的影响的。其原因是在极性的环境中，烯烃中的 π 电子云容易发生极化，极化后双键的一个碳原子带微量正电荷（$\delta^+$，$\overset{\delta^+}{H_2C} = \overset{\delta^-}{CH_2}$），当 $Br_2$ 接近双键时，在 π 电子的影响下也会发生极化（$\overset{\delta^+}{Br} - \overset{\delta^-}{Br}$）。由于带微正电荷的溴原子比带微负电荷的溴原子更不稳定，因此进行以下两步反应。

第一步，被极化的溴分子中带微正电荷的溴原子（$Br^{\delta^+}$）首先向乙烯中的 π 键进攻，形成环状溴鎓离子中间体。由于 π 键的断裂和溴分子中 σ 键的断裂都需要一定的能量，因此反应速率较慢，是决定加成反应速率的一步。

$$Br - Br + CH_2 = CH_2 \xrightarrow{慢} \underset{\underset{Br}{\overset{+}{\diagdown\diagup}}}{CH_2 - CH_2} + Br^-$$
溴鎓离子

第二步，溴负离子或氯负离子、水分子进攻溴鎓离子生成产物，这一步反应是离子之间的反应，反应速率较快。

上面的加成反应实质上是亲电试剂 $Br^+$ 对 π 键的进攻引起的，所以叫作亲电加成反应。由于加成是由溴分子发生异裂后生成的离子进行的，故这类加成又称为离子型亲电加成反应。

氯气和烯烃发生加成时，第一步除了生成氯鎓离子外，还生成了氯乙烷正离子。这是因为，氯原子的电负性较大而且半径较小，氯鎓离子不如溴鎓离子稳定。

$$CH_2{=}CH_2 + Cl_2 \longrightarrow \begin{array}{c} H_2C{-}CH_2 \\ \overset{+}{Cl} \\ H_2C{-}\overset{+}{CH_2} \\ Cl \end{array} + Cl^- \longrightarrow \begin{array}{c} H_2C{-}CH_2 \\ | \quad\quad | \\ Cl \quad Cl \end{array}$$

② 与卤化氢加成　烯烃与卤化氢加成，得到一卤代物。

$$CH_2{=}CH_2 + HX \longrightarrow CH_3CH_2X$$

不同卤化氢与相同的烯烃进行加成时，反应活性顺序为：HI＞HBr＞HCl，HF 一般不与烯烃加成。

烯烃与卤化氢的加成反应机理和烯烃与卤素的加成相似，也是分两步进行亲电加成反应。不同的是第一步由亲电试剂 $H^+$ 进攻 π 键，且不生成卤鎓离子，而是生成碳正离子中间体，然后 $X^-$ 进攻碳正离子生成产物。

$$\begin{array}{c} >C{=}C< \ + \ H{-}X \xrightarrow{\text{慢}} \ -\overset{|}{\underset{H}{C}}-\overset{|}{\overset{+}{C}}- \ + X^- \end{array}$$

$$\begin{array}{c} -\overset{|}{\underset{H}{C}}-\overset{|}{\overset{+}{C}}- \ + X^- \xrightarrow{\text{快}} \ -\overset{|}{\underset{H}{C}}-\overset{|}{\underset{X}{C}}- \end{array}$$

乙烯是对称分子，不论氢离子或卤离子加到哪一个碳原子上，得到的产物都是一样的。但是丙烯等不对称的烯烃与卤化氢加成时，可能得到两种不同的产物。

$$CH_3{-}CH{=}CH_2 + HX \longrightarrow \begin{cases} \begin{array}{c} CH_3{-}CH{-}CH_3 \\ | \\ X \end{array} \\ \text{2-卤代丙烷} \\ \begin{array}{c} CH_3{-}CH_2{-}CH_2 \\ | \\ X \end{array} \\ \text{1-卤代丙烷} \end{cases}$$

实验证明，丙烯与卤化氢加成的主要产物是 2-卤代丙烷。1868 年俄国化学家马尔科夫尼科夫（Markovnikov）在总结了大量实验事实的基础上，提出了一条重要的经验规则：不对称烯烃与卤化氢发生加成反应时，氢原子总是加到含氢较多的双键碳原子上。通常称这个取向规则为马尔科夫尼科夫规则，简称马氏规则。应用马氏规则可以预测不对称烯烃与卤化氢加成时的主要产物。例如：

A.　$H_3CHC{=}CH_2 \xrightarrow{HBr}$
$\xrightarrow{\text{慢}} CH_3\overset{+}{C}HCH_3 \xrightarrow[\text{快}]{Br^-} \overset{Br}{\underset{}{CH_3CHCH_3}}$（主）　2° 碳正离子
$\xrightarrow{\text{慢}} CH_3CH_2\overset{+}{C}H_2 \xrightarrow[\text{快}]{Br^-} CH_3CH_2CH_2Br$（次）　1° 碳正离子

B.　$H_3C\underset{CH_3}{\overset{|}{C}}{=}CH_2 \xrightarrow{HBr}$
$\xrightarrow{\text{慢}} CH_3\overset{+}{\underset{CH_3}{C}}CH_3 \xrightarrow[\text{快}]{Br^-} CH_3\overset{Br}{\underset{CH_3}{C}}CH_3$（主）　3° 碳正离子
$\xrightarrow{\text{慢}} CH_3\underset{CH_3}{\overset{+}{C}H}CH_2 \xrightarrow[\text{快}]{Br^-} CH_3\underset{CH_3}{CH}CH_2Br$（次）　1° 碳正离子

加成反应的取向，实质上是反应速率的问题。在加成反应的两步中，第一步即生成碳正离子的一步是决速步骤，它的快慢决定了加成的取向。如丙烯与溴化氢加成（反应 A），产物主要是 2-溴丙烷，说明氢离子加在 C1 上形成 2°碳正离子的速率比氢离子加在 C2 上形成 1°碳正离子的速率快。同理，从反应 B 可知，形成 3°碳正离子的速率比形成 2°碳正离子的速率快。几种碳正离子的生成速率顺序是：

$$\underset{\underset{CH_3}{|}}{\overset{\overset{CH_3}{|}}{H_3C-\overset{+}{C}}} > H_3C-\overset{+}{C}H-CH_3 > H_3C-\overset{+}{C}H_2 > \overset{+}{C}H_3$$

马氏规则和碳正离子的生成速率顺序，可以从诱导效应和碳正离子的结构与稳定性来解释。

诱导效应对马氏规则的解释如下。

在多原子分子中，当两个直接相连的原子的电负性不同时，由于电负性较大的原子吸引电子的能力较强，两个原子间的共用电子对偏向于电负性较大的原子，使之带有部分负电荷（用 $\delta^-$ 表示），另一原子则带有部分正电荷（用 $\delta^+$ 表示）。在静电引力作用下，这种影响能沿着分子链诱导传递，使分子中成键电子云向某一方向偏移。例如，在氯丙烷分子中：

$$\overset{\delta\delta\delta^+}{\underset{3}{CH_3}} \rightarrow \overset{\delta\delta^+}{\underset{2}{CH_2}} \rightarrow \overset{\delta^+}{\underset{1}{CH_2}} \rightarrow \overset{\delta^-}{Cl}$$

由于氯的电负性比碳大，因此 C—Cl 键的共用电子对向氯原子偏移，使氯原子带部分负电荷（$\delta^-$），碳原子带部分正电荷（$\delta^+$）。在静电引力作用下，相邻 C—C 键本来对称共用的电子对也向氯原子方向偏移，使得 C2 上也带有很少的正电荷，同样依次影响的结果，C3 上也多少带有部分正电荷。图中箭头所指的方向是电子偏移的方向。

像氯丙烷这样，当不同原子间形成共价键时，由于成键原子的电负性不同，共用电子对会偏向于电负性大的原子而使共价键产生极性，而且这个键的极性可以通过静电作用力沿着碳链在分子内传递，使分子中成键电子云向某一方向发生偏移，这种效应称为诱导效应，用符号 I 表示。

诱导效应是一种静电诱导作用，其影响随距离的增加而迅速减弱或消失。诱导效应在一个 $\sigma$ 体系中传递时，一般认为每经过一个原子，即降低为原来的 1/3，经过三个原子以后，影响就极弱了，超过五个原子后便可忽略不计。诱导效应具有叠加性，当几个基团或原子同时对某一共价键产生诱导效应时，方向相同，效应相加；方向相反，效应相减。此外，诱导效应沿单键传递时，只涉及电子云密度分布的改变，共用电子对并不完全转移到另一原子上。

诱导效应的强度由原子或基团的电负性决定，一般以氢原子作为比较基准。比氢原子电负性大的原子或基团表现出吸电性，称为吸电子基，具有吸电诱导效应，一般用 $-I$ 表示；比氢原子电负性小的原子或基团表现出供电性，称为供电子基，具有供电诱导效应，一般用 $+I$ 表示。常见原子或基团的诱导效应强弱次序如下。

吸电诱导效应（$-I$）：$-NO_2 > -F > -Cl > -Br > -I > -COOH > -OH > RC\equiv C- > C_6H_5- > R'CH=CR-$。

供电诱导效应（$+I$）：$(CH_3)_3C- > (CH_3)_2CH- > CH_3CH_2- > CH_3-$。

上面所讲的是在静态分子中所表现出来的诱导效应，称为静态诱导效应。它是分子在静止状态的固有性质，没有外界电场影响时也存在。

根据诱导效应就不难理解马氏规则。例如当丙烯与 HBr 加成时，丙烯分子中的甲基是一个供电子基，甲基表现出向双键供电子，结果使双键上的 π 电子云发生极化，π 电子云发生极化的方向与甲基供电子方向一致，这样，含氢原子较少的双键碳原子带部分正电荷（$\delta^+$），含氢原子较多的双键碳原子则带部分负电荷（$\delta^-$）。加成时，进攻试剂 HBr 分子中带正电荷的 $H^+$ 首先加到带负电荷的（即含氢较多的）双键碳原子上，然后，$Br^-$ 才加到另一个双键碳原子上，产物符合马氏规则。

$$CH_3 \overset{\delta^+}{\to} \overset{}{CH} = \overset{\delta^-}{CH_2} + \overset{\delta^+}{H} - \overset{\delta^-}{Br} \longrightarrow [CH_3 - \overset{+}{CH} - CH_3]\ Br^- \longrightarrow CH_3CHCH_3 \atop \qquad\qquad\qquad\qquad\qquad\qquad\qquad\qquad\qquad\qquad | \atop \qquad\qquad\qquad\qquad\qquad\qquad\qquad\qquad\qquad\quad Br$$

马氏规则也可以由反应过程中生成的活性中间体碳正离子的稳定性来解释。例如，丙烯和 HBr 加成，第一步反应生成的碳正离子中间体有两种：

究竟生成哪一种碳正离子，取决于碳正离子的相对稳定性。根据物理学上的规律，一个带电体系的稳定性取决于所带电荷的分散程度，电荷愈分散，体系愈稳定。丙烯分子中的甲基是一个供电子基，表现出供电诱导效应，甲基的成键电子云向缺电子的碳正离子方向移动，使碳正离子的正电荷减少一部分，因而使其正电荷得到分散，体系趋于稳定。因此，带正电荷的碳上连接的烷基越多，供电诱导效应越大，碳正离子的稳定性越高。所以，一般烷基碳正离子的稳定性次序为：

叔碳正离子＞仲碳正离子＞伯碳正离子＞甲基正离子

即 $\qquad\qquad\qquad$ 3°碳正离子＞2°碳正离子＞1°碳正离子＞$CH_3^+$

在丙烯和 HBr 的加成过程中，根据碳正离子的稳定性次序，因为 2°碳正离子比 1°碳正离子稳定，所以 2°碳正离子更容易生成为该加成反应的主要中间体。2°碳正离子一旦生成，很快与 $Br^-$ 结合，生成 2-溴丙烷，符合马氏规则。

但在过氧化物存在下，溴化氢与不对称烯烃的加成是反马氏规则的。例如，在过氧化物存在下丙烯与溴化氢的加成，生成的主要产物是 1-溴丙烷，而不是 2-溴丙烷。

$$CH_3 - CH = CH_2 + HBr \xrightarrow{\text{过氧化物}} CH_3CH_2CH_2Br$$

这种由于过氧化物的存在而引起烯烃加成取向的改变，称为过氧化物效应。该反应是自由基加成反应。过氧化物容易解离，产生烷氧自由基，这是链的引发阶段；烷氧自由基和 HBr 反应，生成溴自由基，接着烯烃的 π 键均裂和溴自由基结合生成 C—Br 键和烷基自由基，这是链的增长阶段；反应周而复始，直至自由基相互结合，使链反应终止。具体反应历程如下：

应该指出的是，过氧化物效应仅限于 HBr 与不对称烯烃的加成，HCl 和 HI 与不对称烯烃的加成反应没有过氧化物效应。这是因为 H—Cl 键的键能较高，较难离解，不易形成氯自由基；H—I 键虽容易解离，但形成的碘自由基比较稳定，不与烯烃发生加成反应。

③ 与硫酸加成 烯烃与冷的浓硫酸混合，反应生成硫酸氢酯，硫酸氢酯水解生成相应的醇。例如：

$$CH_2 = CH_2 + HOSO_3H \longrightarrow CH_3CH_2OSO_3H \xrightarrow[\triangle]{H_2O} CH_3CH_2OH + H_2SO_4$$

硫酸氢乙酯

不对称烯烃与硫酸的加成反应，遵守马氏规则。例如：

$$CH_3-CH = CH_2 + HOSO_3H \longrightarrow \underset{\underset{OSO_3H}{|}}{CH_3CHCH_3} \xrightarrow[\triangle]{H_2O} \underset{\underset{OH}{|}}{CH_3CHCH_3} + H_2SO_4$$

硫酸氢异丙酯    异丙醇

这是工业上制备醇的方法之一，其优点是对烯烃的原料纯度要求不高，技术成熟，转化率高，但由于反应需使用大量的酸，易腐蚀设备，且后处理困难。由于硫酸氢酯能溶于浓硫酸，因此该反应可用来提纯某些化合物。例如，烷烃一般不与浓硫酸反应，也不溶于浓硫酸，用冷的浓硫酸洗涤烷烃和烯烃的混合物，可以除去烷烃中的烯烃。

④ 与水加成 在酸（常用硫酸或磷酸）催化下，烯烃与水直接加成生成醇。不对称烯烃与水的加成反应也遵从马氏规则。例如：

$$CH_2 = CH_2 + HOH \xrightarrow[300℃,7MPa]{H_3PO_4/硅藻土} CH_3CH_2OH$$

$$CH_3-CH = CH_2 + HOH \xrightarrow[200℃,2MPa]{H_3PO_4/硅藻土} \underset{\underset{OH}{|}}{CH_3CHCH_3}$$

异丙醇

上述反应也是醇的工业制法之一，称为烯烃的水合反应（直接水合法）。此法简单、价格低廉，但对设备要求较高，尤其是需要选择合适的催化剂。

⑤ 与次卤酸加成 烯烃也可与次卤酸（HO—X）发生加成反应，生成卤代醇。将 HO—X 看成 HO⁻ 和 X⁺，加成同样遵循马氏规则。例如：

$$CH_2 = CH-CH_3 + HO-X \longrightarrow \underset{\underset{X\ \ OH}{|\ \ \ |}}{H_2C-CH-CH_3}$$

由于次卤酸不稳定，所以工业生产上是用氯气和水与烯烃反应制备氯代醇的。例如：

$$CH_2 = CH_2 \xrightarrow{Cl_2,H_2O} \underset{\underset{Cl\ \ OH}{|\ \ \ |}}{H_2C-CH_2}$$

反应的第一步是乙烯和氯气生成氯鎓离子和氯乙烷正离子（见烯烃和氯气的加成），$H_2O$ 进攻氯鎓离子和氯乙烷正离子，生成氯代乙醇；若是 Cl⁻ 进攻氯鎓离子和氯乙烷正离子，则生成 1,2-二氯乙烷。这两种反应相互竞争，由于体系中有大量的水，故氯代乙醇是主要产物。

#### 4.1.3.2 聚合反应

聚合是烯烃的重要化学反应,这种反应是在催化剂或引发剂的作用下,使烯烃双键打开,并按一定方式把相当数量的烯烃分子连接成长链形大分子,生成的产物称为聚合物,亦称为高分子化合物,反应中的烯烃分子称为单体。现代有机合成工业中,常用的重要烯烃单体有乙烯、丙烯、异丁烯、氯乙烯、苯乙烯等。例如,在齐格勒-纳塔催化剂〔$TiCl_4$-$Al(C_2H_5)_3$〕等的作用下,乙烯、丙烯可以聚合为聚乙烯、聚丙烯。

$$n CH_2 = CH_2 \xrightarrow{TiCl_4\text{-}Al(C_2H_5)_3} \color{black}{\text{───}}[CH_2-CH_2]_n$$
聚乙烯

$$n CH_3-CH=CH_2 \xrightarrow{TiCl_4\text{-}Al(C_2H_5)_3} [\overset{\overset{\textstyle CH_3}{|}}{CH}-CH_2]_n$$
聚丙烯

很多高分子聚合物均有广泛的用途,如聚乙烯是一种电绝缘性能好、用途广泛的塑料;聚氯乙烯用作管材、板材等;聚 1-丁烯用作工程塑料;聚四氟乙烯称为"塑料王",广泛用于电绝缘材料、耐腐蚀材料和耐高温材料等。

#### 4.1.3.3 氧化反应

烯烃可看作一个电子源,它容易给出电子,自身被氧化,氧化产物与烯烃结构、氧化剂和氧化条件有关。

(1) 高锰酸钾氧化

用稀的碱性或中性高锰酸钾溶液,在较低温度下氧化烯烃时,在双键处引入两个羟基,生成邻二醇。反应过程中,高锰酸钾溶液的紫色褪去,并且生成棕褐色的二氧化锰沉淀,所以这个反应可以用来鉴定烯烃。

$$3R-CH=CH_2 + 2KMnO_4 + 4H_2O \xrightarrow[\text{或中性}]{\text{稀 OH}^-} 3R-\underset{\underset{\textstyle OH}{|}}{CH}-\underset{\underset{\textstyle OH}{|}}{CH_2} + 2MnO_2\downarrow + 2KOH$$

若用酸性高锰酸钾溶液氧化烯烃,不仅碳碳双键完全断裂,同时双键上的氢原子也被氧化成羟基,生成含氧化合物。

$$R-CH=CH_2 \xrightarrow[H_2SO_4]{KMnO_4} R-\underset{\underset{\textstyle}{}}{\overset{\overset{\textstyle OH}{|}}{C}}=O + O=\overset{\overset{\textstyle OH}{|}}{C}-OH$$
$$\longrightarrow CO_2\uparrow + H_2O$$
羧酸

$$\underset{R'}{\overset{R}{>}}C=CHR'' \xrightarrow[H^+]{KMnO_4} \underset{R'}{\overset{R}{>}}C=O + R''COOH$$
酮　　羧酸

由于不同结构的烯烃,氧化产物不同,因此通过分析氧化得到的产物,可以推测原来烯烃的结构。

(2) 臭氧氧化

将含有 6%~8% 臭氧的氧气在低温下 (-86℃) 通入烯烃的非水溶液中,臭氧能迅速地定量氧化烯烃,生成臭氧化物。这个反应称为臭氧化反应。

反应分两步。第一步臭氧与烯烃加成;第二步重排生成臭氧化物。臭氧化物不稳定,易爆炸,因此反应过程中不把它从溶液中分离出来,直接在溶液中水解生成醛、酮和过氧化氢。为防止产物醛被过氧化氢氧化，水解时通常加入还原剂（如 $H_2/Pt$、锌粉）。

$$R_2'C=CH-R'' \xrightarrow{O_3} \underset{\text{臭氧化物}}{R_2'C\overset{O}{\underset{O-O}{\diagdown}}C\overset{R''}{\underset{H}{\diagup}}} \xrightarrow{Zn/H_2O} \underset{\text{酮}}{R_2'C=O} + \underset{\text{醛}}{O=C\overset{H}{\underset{R''}{\diagdown}}}$$

$$\underset{CH_3}{CH_3C}=CHCH_3 \xrightarrow[(2)Zn/H_2O]{(1)O_3} \underset{CH_3}{CH_3C}=O + CH_3CHO$$

根据烯烃臭氧化所得到的产物，也可以推测原来烯烃的结构。

例如，一未知烯烃经臭氧化后还原水解，得到等物质的量的丁醛和甲醛，说明双键在链端，为 1-戊烯。

$$CH_3CH_2CH_2CHO + HCHO \xleftarrow[(2)Zn/H_2O]{(1)O_3} CH_2=CHCH_2CH_2CH_3$$

又如，氧化产物中含两个羰基，说明原料为一环烯。例如：

$$\underset{CHO}{\overset{CHO}{\bigcirc}} \xleftarrow[(2)Zn/H_2O]{(1)O_3} \bigcirc$$

**（3）催化氧化**

将乙烯与空气或氧气混合，在银催化下，乙烯被氧化生成环氧乙烷，这是工业上生产环氧乙烷的主要方法。

$$2CH_2=CH_2 + O_2 \xrightarrow[250℃]{Ag} 2CH_2\overset{}{\underset{O}{-}}CH_2$$

环氧乙烷是重要的有机合成中间体，用它可以制造乙二醇、合成洗涤剂、乳化剂、抗冻剂、塑料等。

#### 4.1.3.4 α-氢原子的卤代反应

烯烃的官能团是 C = C 双键，与双键直接相连的碳称为 α-碳，α-碳上的氢称为 α-氢。烯烃的 α-氢由于受到 C = C 的影响，变得活泼，容易被取代。烯烃与卤素在高温（500～600℃）时，主要发生 α-氢原子被卤原子取代的反应，这与在室温时发生的亲电加成反应不同。例如，丙烯与氯气在约 500℃时主要发生取代反应，生成 3-氯-1-丙烯。

$$H_3C-CH=CH_2 + Cl_2 \begin{cases} \xrightarrow[CCl_4]{\text{常温}} H_3C-\underset{Cl}{CH}-\underset{Cl}{CH_2} \quad \text{（亲电加成）} \\ \\ \xrightarrow[\text{气相}]{500\sim600℃} H_2C-CH=CH_2 \quad \text{（自由基取代）} \\ \qquad\qquad \underset{Cl}{|} \end{cases}$$

这是工业上生产 3-氯-1-丙烯的方法。它主要用于制备甘油、环氧氯丙烷和树脂等。同样的反应物在不同的条件下会得到不同的产物，这在有机反应中很普遍，故反应条件非常重要。

与烷烃的卤代反应相似，烯烃的 α-氢原子的卤代反应也是受光、高温、过氧化物（如过氧化苯甲酸）引发，进行自由基型取代反应。反应经历了烯丙基自由基($CH_2=CH-CH_2\cdot$)，由于 p-π 共轭，烯丙基自由基较稳定。

如果用 *N*-溴代丁二酰亚胺（*N*-bromo succinimide，简称 NBS）为溴化剂，在光或过氧化物作用下，则 *α*-溴代可以在较低温度下进行。例如：

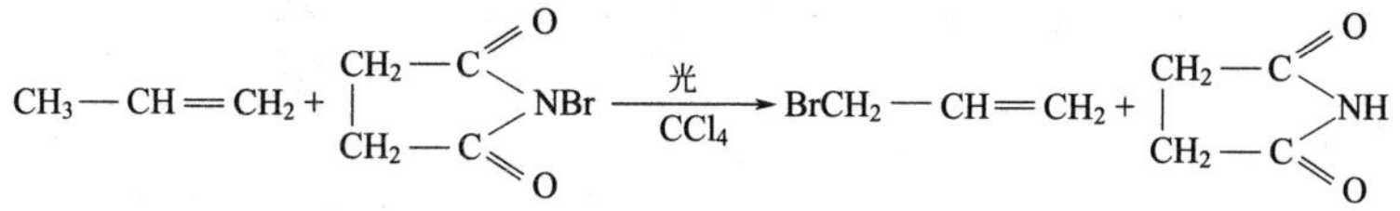

$$CH_3-CH=CH_2 + \begin{matrix} CH_2-C \\ | \\ CH_2-C \end{matrix} NBr \xrightarrow[CCl_4]{光} BrCH_2-CH=CH_2 + \begin{matrix} CH_2-C \\ | \\ CH_2-C \end{matrix} NH$$

---

**思考题 4-1** 实现下列转化：

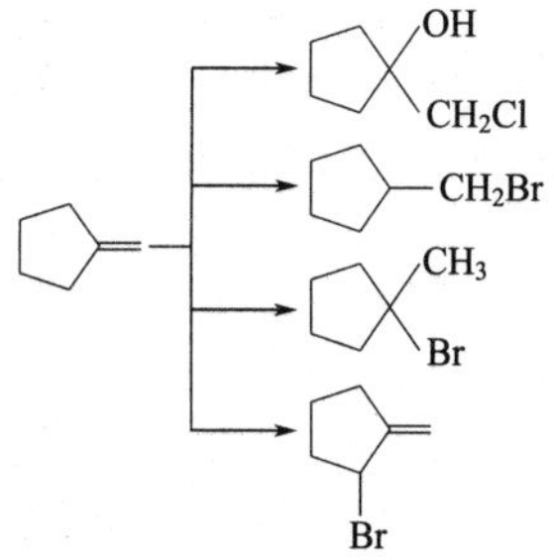

---

### 4.1.4 典型化合物

（1）乙烯

乙烯是一种稍带甜味的无色气体，沸点为 $-103.7℃$，微溶于水，与空气能形成爆炸性混合物，其爆炸极限是 $2\%\sim29\%$。

乙烯是重要的有机合成原料，可以用来大规模生产许多化工产品和中间体，例如塑料、橡胶、树脂、涂料、溶剂等，所以乙烯的产量被认为是衡量一个国家石油化学工业发展水平的标志。

乙烯是植物的内源激素之一，许多植物器官中都含有微量的乙烯，它能促进果实成熟和促进叶片、花瓣、果实等器官脱落，所以乙烯可用作水果的催熟剂，当需要的时候，可以用乙烯人工加速果实成熟。另一方面，在运输和贮存期间，则希望果实减缓成熟，可以使用一些能够吸收或氧化乙烯的药剂来控制乙烯的含量以延长贮存期，保持果实的鲜度。

（2）丙烯

常温下，丙烯是一种无色、无臭、稍带有甜味的气体。分子量为 42.08，相对密度为 $0.5139(4℃)$，熔点为 $-185.3℃$，沸点为 $-47.4℃$。易燃，爆炸极限为 $2\%\sim11\%$。不溶于水，溶于有机溶剂，是一种低毒类物质。

丙烯是三大合成材料的基本原料，主要用于生产丙烯腈、异丙烯醇、丙酮和环氧丙烷等。丙烯在特定的催化剂作用下可以聚合生成聚丙烯。聚丙烯是一种新型塑料，为白色无臭无毒的固体，其透明度比聚乙烯好，具有良好的机械性能、耐热性和耐化学腐蚀性等优点，广泛用于国防、工业、农业和日常生活用品中。丙烯在氨存在下氧化得到丙烯腈，丙烯腈是制造腈纶（人造羊毛）的单体。聚丙烯腈纤维的商品名为腈纶，外国商品名为奥纶（or-lon）。人造羊毛的问世及其产品的工业化，不仅基本解决了有史以来人类为穿衣发愁的困扰，而且节约了大量的耕地去用于粮食生产，从而间接地缓解了粮食的供求矛盾。

## 4.2 炔烃

分子中含有碳碳叁键（C≡C）的烃称为炔烃（alkyne），通式为 $C_nH_{2n-2}$。根据叁键在分子中所处位置的不同，炔烃可分为以下三种：叁键在分子链的端位，称为端炔烃；叁键在碳链中间，称为内炔烃；叁键与双键共存时，称为烯炔。此外，只有大环分子（一般指含 8 个碳原子以上）才有环炔烃。

## 4.2.1 炔烃的结构

炔烃中最简单的是乙炔，分子式为 $C_2H_2$，构造式为 $HC\equiv CH$。乙炔分子中，每个碳原子都是以 sp 杂化方式参与成键，两个碳原子各以一个 sp 杂化轨道互相重叠，形成 C—C σ 键，每个碳原子又各用其余的一个 sp 轨道分别与一个氢原子的 s 轨道重叠，形成 C—H σ 键。所有 σ 键都在同一条线上，键角为 180°，如图 4-2 所示。

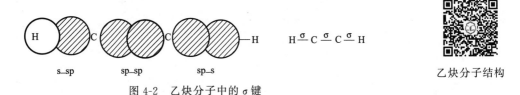

s_sp      sp_sp      sp_s

图 4-2 乙炔分子中的 σ 键

乙炔分子结构

此外，两个碳原子还各有两个相互垂直的未杂化的 2p 轨道，其对称轴彼此平行，相互"肩并肩"重叠形成两个相互垂直的 π 键，从而构成了碳碳叁键（见图 4-3）。两个 π 键电子云对称地分布在 C—C σ 键周围，呈圆筒形（见图 4-4）。其他炔烃中的叁键，也都是由一个 σ 键和两个 π 键组成的。

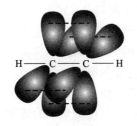

图 4-3 乙炔分子中 π 键的
形成及电子云分布

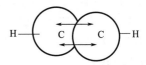

图 4-4 乙炔的分子模型

现代物理方法证明，乙炔分子中所有原子都在一条直线上，碳碳叁键的键长为 0.121nm，比 C＝C 双键的键长短，这是由于两个碳原子之间的电子云密度较大，使两个碳原子较之乙烯更为靠近。但叁键的键能只有 836.8kJ·mol$^{-1}$，比三个 σ 键的键能和（345.6kJ·mol$^{-1}$×3）要小，这主要是因为 p 轨道是侧面重叠，重叠程度较小所致。

由于叁键的几何形状为直线形，叁键碳上只可能连有一个取代基，因此炔烃不存在顺反异构现象，炔烃异构体的数目比含相同碳原子数的烯烃少。

## 4.2.2 炔烃的物理性质

炔烃是低极性的化合物，它的物理性质与烷烃、烯烃相似，即沸点随着分子量的增大而有规律地变化。简单炔烃的沸点、熔点以及相对密度，一般比碳原子数相同的烷烃和烯烃高一些。这是由于炔烃分子较短小、细长，在液态和固态中，分子可以彼此靠得很近，分子间的范德华作用力很强。炔烃在水中的溶解度很小，但易溶于石油醚、乙醚、苯和四氯化碳等有机溶剂。一些炔烃的物理常数见表 4-2。

**表 4-2 一些炔烃的物理常数**

| 名称 | 熔点/℃ | 沸点/℃ | 相对密度($d_4^{20}$) |
|---|---|---|---|
| 乙炔 | −81.8 | −75.0 | 0.6208(−82℃) |
| 丙炔 | −101.5 | −23.2 | 0.7062(−50℃) |
| 1-丁炔 | −125.7 | 8.1 | 0.6784(0℃) |
| 2-丁炔 | −32.3 | 27.0 | 0.6910 |
| 1-戊炔 | −90.0 | 40.2 | 0.6901 |
| 2-戊炔 | −101 | 56.1 | 0.7107 |
| 3-甲基-1-丁炔 | −89.7 | 29.4 | 0.6660 |
| 1-己炔 | −131.9 | 71.3 | 0.7155 |
| 1-庚炔 | −81.0 | 99.7 | 0.7328 |

## 4.2.3 炔烃的化学性质

炔烃具有不饱和的叁键，其化学性质和烯烃相似，也可以发生加成、氧化和聚合等反应，所以叁键是炔烃的官能团。但由于炔烃中的 π 键和烯烃中的 π 键在强度上有差异，造成两者在化学性质上有差别，即炔烃的亲电加成反应活泼性不如烯烃，且炔烃叁键碳上的氢显示一定的酸性。炔烃的主要化学反应如下。

### 4.2.3.1 加成反应

（1）加氢与还原

在常用的催化剂如铂、钯的催化下，炔烃和足够量的氢气反应生成烷烃，反应难以停留在烯烃阶段。

$$R-C{\equiv}C-R' \xrightarrow[Pd]{H_2} R-CH{=}CH-R' \xrightarrow[Pd]{H_2} R-CH_2CH_2-R'$$

如果只希望得到烯烃，可使用活性较低的催化剂。常见的有林德拉（Lindlar）催化剂。林德拉催化剂是把钯沉积于碳酸钙上，加少量醋酸铅和喹啉使之部分毒化，从而降低催化剂的活性。值得一提的是，林德拉催化剂不仅可以使炔烃的还原停留在烯烃阶段，更重要的是由此可以得到顺式构型的烯烃。若要生成反式烯烃，需用金属钠/液氨还原等方法。例如：

$$H_3C-C{\equiv}C-CH_3 \xrightarrow{\underset{Lindlar催化剂}{H_2}} \begin{array}{c}CH_3 \\ \diagup \\ \diagdown \\ CH_3\end{array}$$

$$H_3C-C{\equiv}C-CH_3 \xrightarrow[NH_3(液),-75℃]{Na} \begin{array}{c}H_3C \\ \diagup \\ \diagdown \\ CH_3\end{array}$$

（2）亲电加成

炔烃可以像烯烃一样发生亲电加成，如加卤素、加卤化氢、加水等反应。

① 加卤素　炔烃和卤素（主要是氯和溴）发生亲电加成反应，首先生成卤代烯，再生成卤代烷。例如：

$$HC{\equiv}CH \xrightarrow{Br_2} \underset{\substack{| \quad | \\ Br \quad Br}}{HC{=}CH} \xrightarrow{Br_2} \underset{\substack{| \quad | \\ Br \quad Br}}{\overset{\substack{Br \quad Br \\ | \quad |}}{HC-CH}}$$

1,2-二溴乙烯　　　1,1,2,2-四溴乙烷与烯烃一样，炔烃与红棕色的溴溶液反应生成无色的溴代烃，所以此反应可用于炔烃的鉴别。

反应能否停留在烯烃这一步呢？从 1,2-二溴乙烯的结构可以看出，在烯的两侧有两个吸电子的卤素，烯烃的活性降低，所以加成可以停留在第一步。

但炔烃与卤素的亲电加成反应活性比烯烃小，反应速率慢。例如，烯烃可使溴的四氯化碳溶液立刻褪色，炔烃却需要几分钟才能使之褪色，乙炔甚至需在光或氯化铁催化下才能加溴。这是因为乙炔的 π 键比乙烯的 π 键强些，不易受亲电试剂的接近而极化，所以乙炔较乙烯难发生亲电加成反应。因此，当分子中同时存在双键和叁键时，首先进行的是双键加成。例如，在低温、缓慢地加入溴的条件下，叁键可以不参与反应：

$$CH_2{=}CH{-}CH_2{-}C{\equiv}CH + Br_2 \longrightarrow CH_2{-}CH{-}CH_2{-}C{\equiv}CH$$
$$\underset{Br\quad Br}{\underset{|\qquad|}{}}$$
4,5-二溴-1-戊炔

但是当双键、叁键共轭时，优先往生成共轭体系的方向加成。例如：

$$H_2C{=}CH{-}C{\equiv}CCH_3 \xrightarrow{Br_2} H_2C{=}CH{-}\underset{\underset{Br}{|}}{\overset{\overset{Br}{|}}{C}}{-}CCH_3$$
3,4-二溴-1,3-戊二烯

② 加卤化氢　炔烃与等物质的量的卤化氢加成，生成卤代烯烃。进一步加成，生成偕二卤代物（偕表示两个卤原子连在一个碳原子上），反应符合马氏规则。

乙炔与碘化氢反应，首先生成碘乙烯。碘乙烯不活泼，反应可以停留在第一步。在较强烈的条件下，碘乙烯进一步加成生成 1,1-二碘乙烷。

$$CH{\equiv}CH \xrightarrow{HI} CH_2{=}CHI \xrightarrow{HI} CH_3{-}CHI_2$$
碘乙烯　　　　　1,1-二碘乙烷

不对称的炔烃与卤化氢加成符合马氏规则，氢加在含氢较多的叁键碳上。例如：

$$CH_3CH_2C{\equiv}CH \xrightarrow{HBr} CH_3CH_2\underset{\underset{Br}{|}}{C}{=}CH_2 \xrightarrow{HBr} CH_3CH_2\underset{\underset{Br}{|}}{\overset{\overset{Br}{|}}{C}}{-}CH_3$$

2-溴-1-丁烯　　　　　2,2-二溴丁烷

乙炔和氯化氢的加成要在氯化汞催化下才能顺利进行。

$$CH{\equiv}CH \xrightarrow[HgCl_2]{HCl} CH_2{=}CHCl \xrightarrow[HgCl_2]{HCl} CH_3{-}CHCl_2$$
氯乙烯　　　　　1,1-二氯乙烷

氯乙烯是合成聚氯乙烯树脂的单体。

③ 加水　在稀硫酸水溶液中，用汞盐作催化剂，炔烃可以和水发生加成反应。炔烃与水的加成遵从马氏规则，生成羟基与双键碳原子直接相连的加成产物，称为烯醇。具有这种结构的化合物很不稳定，容易发生重排，形成稳定的羰基化合物。

$$R{-}C{\equiv}CH \xrightarrow[H_2SO_4]{H_2O,HgSO_4} \left[ \underset{HO}{\overset{R}{>}}C{=}CH_2 \right] \xrightarrow{重排} R{-}\overset{\overset{O}{\|}}{C}{-}CH_3$$

例如，乙炔在 10% 硫酸和 5% 硫酸汞水溶液中发生加成反应，生成乙醛，这是工业上生产乙醛的方法之一。

$$CH{\equiv}CH + HOH \xrightarrow[H_2SO_4]{HgSO_4} [CH_2{=}CH{-}OH] \xrightarrow{重排} CH_3{-}CHO$$
乙烯醇　　　　　　　乙醛

除乙炔与水加成得到乙醛外，其他炔烃与水加成均得到酮。例如：

$$\text{（环己烯）} \xrightarrow[\text{H}_2\text{SO}_4]{\text{H}_2\text{O,HgSO}_4} \text{（环己酮）}=\text{O}$$

$$\text{H}_2\text{C}=\text{CH}-\text{C}\equiv\text{CH} \xrightarrow[\text{H}_2\text{SO}_4]{\text{H}_2\text{O,HgSO}_4} \text{H}_2\text{C}=\text{CH}-\overset{\overset{\text{O}}{\|}}{\text{C}}-\text{CH}_3$$

### 4.2.3.2 氧化反应

炔烃可被高锰酸钾等氧化剂氧化，生成羧酸或二氧化碳。一般"RC≡"部分氧化成羧酸；"≡CH"部分氧化为二氧化碳。

$$\text{RC}\equiv\text{CH} \xrightarrow[\text{H}^+]{\text{KMnO}_4} \text{R}-\overset{\overset{\text{O}}{\|}}{\text{C}}-\text{OH} + \text{CO}_2\uparrow + \text{H}_2\text{O}$$

$$\text{RC}\equiv\text{CR}' \xrightarrow[\text{H}^+]{\text{KMnO}_4} \text{R}-\overset{\overset{\text{O}}{\|}}{\text{C}}-\text{OH} + \text{R}'-\overset{\overset{\text{O}}{\|}}{\text{C}}-\text{OH}$$

反应后高锰酸钾溶液的紫色消失，因此，这个反应可用来检验分子中是否存在叁键。根据所得氧化产物的结构，还可推知原炔烃的结构。

### 4.2.3.3 端位炔烃的酸性

乙炔与金属钠作用放出氢气并生成乙炔钠，反应式如下：

$$\text{HC}\equiv\text{CH} \xrightarrow[110℃]{\text{Na}} \text{NaC}\equiv\text{CH} \xrightarrow[190℃]{\text{Na}} \text{NaC}\equiv\text{CNa}$$

$$\text{乙炔钠} \qquad\qquad \text{乙炔二钠}$$

反应类似于酸或水与金属钠的反应，说明乙炔具有酸性。乙炔中的碳为 sp 杂化，轨道中的 s 成分较大，原子核对电子的束缚能力较强，电子云靠近碳原子，使 $\overset{\delta^+}{\text{H}}-\overset{\delta^-}{\text{C}}\equiv\text{CH}$ 分子中 C—H 键的极性增加，氢具有酸性，可以被金属取代生成金属炔化物。例如，将乙炔通入银氨溶液或氯化亚铜氨溶液中，则分别析出白色和红棕色的炔化物沉淀。

$$\text{CH}\equiv\text{CH} + 2[\text{Ag(NH}_3)_2]\text{NO}_3 \longrightarrow \text{AgC}\equiv\text{CAg}\downarrow + 2\text{NH}_4\text{NO}_3 + 2\text{NH}_3$$
$$\text{乙炔银（白色）}$$

$$\text{CH}\equiv\text{CH} + 2[\text{Cu(NH}_3)_2]\text{Cl} \longrightarrow \text{CuC}\equiv\text{CCu}\downarrow + 2\text{NH}_4\text{Cl} + 2\text{NH}_3$$
$$\text{乙炔亚铜（红棕色）}$$

不仅乙炔，凡是具有 RC≡CH 结构的炔烃（端位炔烃）都可进行此反应，且上述反应非常灵敏，现象明显，可用来鉴别乙炔和端位炔烃。烷烃、烯烃和 R—C≡C—R′ 类型的炔烃均无此反应。

注意，金属炔化物在湿润状态中还比较稳定，但在干燥状态下受热或撞击时，易发生爆炸。为了避免发生意外，实验室不再利用的金属炔化物应加酸处理。

## 4.2.4 典型的炔烃——乙炔

乙炔（ethyne）是最重要的炔烃，它不仅是重要的有机合成原料，而且大量地用作高温氧炔焰的燃料。工业上可用煤、石油或天然气作为原料生产乙炔。

纯的乙炔是有麻醉作用并带有乙醚气味的无色气体。与乙烯、乙烷不同，乙炔在水中具有一定的溶解度，易溶于丙酮。乙炔是一种不稳定的化合物，液化乙炔经碰撞、加热可发生剧烈爆炸。乙炔与空气混合，当它的含量达到3%～70%时，会剧烈爆炸。为避免爆炸危险，一般可用浸有丙酮的多孔物质（如石棉、活性炭）吸收乙炔后一起贮存在钢瓶中，这样可便于运输和使用。乙炔和氧气混合燃烧，可产生 2800℃ 的高温，用以焊接或切割钢铁及其他金属。

乙炔在催化剂作用下，也可以发生聚合反应。与烯烃不同，它一般不聚合成高聚物。例如，在氯化亚铜和氯化铵的作用下，可以发生二聚或三聚作用。这种聚合反应可以看作是乙炔的自身加成反应。

$$CH \equiv CH + CH \equiv CH \xrightarrow[NH_4Cl]{Cu_2Cl_2} CH_2 = CH-C \equiv CH \xrightarrow[NH_4Cl]{Cu_2Cl_2} CH_2 = CH-C \equiv C-CH = CH_2$$

乙烯基乙炔　　　　　　　二乙烯基乙炔

乙炔可与 HCN、RCOOH 等含有活泼氢的化合物发生加成反应，反应的结果可以看作是这些试剂的氢原子被乙烯基（$CH_2 = CH-$）所取代，因此这类反应通称为乙烯基化反应，其反应机理是亲核加成。烯烃不能与这些化合物发生加成反应。例如：

$$HC \equiv CH + HCN \xrightarrow{Cu_2Cl_2} H_2C = CH-CN$$

丙烯腈

首先，氢氰酸解离，产生具有亲核性的氰基负离子，氰基负离子进攻乙炔，生成碳负离子中间体，然后获得一个质子，生成丙烯腈。

$$HCN \Longrightarrow H^+ + CN^-$$

亲核试剂

$$HC \equiv CH + CN^- \longrightarrow H\bar{C} = CH-CN$$

$$H\bar{C} = CH-CN + HCN \longrightarrow H_2C = CH-CN + CN^-$$

丙烯腈是工业上合成腈纶和丁腈橡胶的重要单体。

---

**思考题 4-2** 用 $H_3C-CH-C \equiv CH$ 合成 $H_3C-CH-\overset{\overset{\displaystyle Cl}{|}}{C}-CH_2Cl$ 和 $H_3C-CH-\overset{\overset{\displaystyle Br}{|}}{C}-CH_3$。
$\quad\quad\quad\quad\quad\quad\ \ \underset{CH_3}{|}\quad\quad\quad\quad\quad\quad\quad\quad\underset{CH_3}{|}\ \ \underset{Cl}{|}\quad\quad\quad\quad\quad\underset{CH_3}{|}\ \ \underset{Cl}{|}$

---

## 4.3 二烯烃

分子中含有两个或两个以上双键的烃称为多烯烃。其中含有两个双键的烃称为二烯烃（diene）或双烯烃，通式为 $C_nH_{2n-2}$，与碳原子数相同的炔烃是同分异构体。

### 4.3.1 二烯烃的分类

根据二烯烃分子中两个双键的相对位置不同，可将二烯烃分为三种类型。

① 两个双键连在同一个碳原子上，即具有 $-C = C = C-$ 结构的二烯烃称为累积二烯烃。例如丙二烯：

$$CH_2 = C = CH_2$$

② 两个双键被两个或两个以上的单键隔开，即具有 $-C = CH(CH_2)_nCH = C-（n \geqslant 1）$ 结构的二烯烃称为孤立二烯烃，它们的性质与一般烯烃相似。例如1,4-戊二烯：

$$CH_2 = CH-CH_2-CH = CH_2$$

③ 两个双键被一个单键隔开，即具有 $-C = CH-CH = C-$ 结构的二烯烃称为共轭二

烯烃。例如 1,3-丁二烯：

$$CH_2 = CH—CH = CH_2$$

由于两个双键的相互影响，它们有一些独特的物理性质和化学性质，在理论研究和生产上都具有重要价值，因此三类二烯烃中着重讨论共轭二烯烃。

### 4.3.2　共轭二烯烃的结构和共轭效应

烯烃的氢化热反映出烯烃的稳定性。例如，1,3-戊二烯（共轭二烯烃）、1,4-戊二烯（孤立二烯烃）和 1,2-戊二烯（累积二烯烃）分别加氢时，它们的（$\Delta rH_m$）是明显不同的。

$$CH_2 = CH—CH = CH_2CH_3 + 2H_2 \longrightarrow CH_3CH_2CH_2CH_2CH_3 \qquad \Delta rH_m = -226kJ \cdot mol^{-1}$$

$$CH_2 = CHCH_2CH = CH_2 + 2H_2 \longrightarrow CH_3CH_2CH_2CH_2CH_3 \qquad \Delta rH_m = -254kJ \cdot mol^{-1}$$

$$CH_2 = C = CH—CH_2CH_3 + 2H_2 \longrightarrow CH_3CH_2CH_2CH_2CH_3 \qquad \Delta rH_m = -297kJ \cdot mol^{-1}$$

三种产物相同，1,3-戊二烯的氢化热比 1,4-戊二烯的低 28kJ·mol$^{-1}$，说明 1,3-戊二烯的能量比 1,4-戊二烯的低，更稳定；而累积二烯烃的氢化热高，在这三种二烯烃中是最不稳定的。共轭二烯烃较稳定。

1,3-丁二烯是最简单的共轭二烯烃（conjugated diene），下面以它为例来说明共轭二烯烃的结构特点。

价键理论认为，在 1,3-丁二烯分子中，四个碳原子都是 sp$^2$ 杂化的，相邻碳原子之间以 sp$^2$ 杂化轨道相互轴向重叠形成三个 C—C σ 键，其余的 sp$^2$

丁二烯分子结构

杂化轨道分别与氢原子的 s 轨道重叠形成六个 C—H σ 键。这些 σ 键都处在同一平面上，即 1,3-丁二烯的四个碳原子和六个氢原子都在同一个平面上。

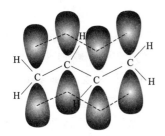

图 4-5　1,3-丁二烯分子中
p 轨道重叠示意图

此外，每个碳原子还有一个未参与杂化的 p 轨道，这些 p 轨道垂直于分子平面且彼此间相互平行。因此，不仅 C1 与 C2、C3 与 C4 的 p 轨道发生了侧面重叠，而且 C2 与 C3 的 p 轨道也发生了一定程度的重叠（但比 C1—C2 或 C3—C4 之间的重叠要弱一些），形成了包含四个碳原子的四个 π 电子的大 π 键（见图 4-5）。

与乙烯不同的是，乙烯分子中的 π 电子是在两个碳原子间运动，称为 π 电子定域，而在 1,3-丁二烯分子中，π 电子云并不是"定域"在 C1—C2 和 C3—C4 之间，而是扩展到整个共轭双键的四个碳原子周围。这种三个或三个以上的 p 轨道彼此从侧面重叠形成大 π 键，使电子的活动范围扩大的现象叫 π 电子的离域。

π 电子的离域，不但使 C1 与 C2、C3 与 C4 之间的电子云密度增大，也部分地增大了 C2 与 C3 之间的电子云密度，使之与一般的碳碳 σ 键不同，具有了部分双键的性质；而且使得共轭分子中单键、双键的键长趋于平均化。例如，1,3-丁二烯分子中 C1—C2、C3—C4 的键长为 0.1337nm，与乙烯的双键键长（0.134nm）相近；而 C2—C3 的键长为 0.147nm，比乙烷分子中的 C—C 单键键长（0.154nm）短，显示了 C2—C3 键具有某些"双键"的性质。

同样由于电子离域的结果，使共轭体系的能量显著降低，稳定性明显增强，这可以从上述氢化热的数据中看出。1,3-戊二烯的氢化热比 1,4-戊二烯的低 28kJ·mol$^{-1}$，这种能量差值是由于共轭体系内电子离域引起的，故称为离域能或共轭能。共轭体系越长，离域能越大，体系的能量越低，化合物越稳定。

像1,3-丁二烯这样，由于共轭体系内原子的相互影响，引起键长和电子云分布的平均化，体系能量降低，分子更稳定的现象，称为共轭效应（conjugative effect）。1,3-丁二烯中的共轭称之为 π-π 共轭。

共轭效应具有如下特点。

① 共轭效应是共轭体系的内在性质。与诱导效应不同，共轭效应只存在于共轭体系中，沿共轭链传递，其强度不因共轭链的增长而减弱；当共轭体系的一端受到电场的影响时，这种影响将一直传递到共轭体系的另一端，同时在共轭链上产生电荷正负交替的现象。

$$A^+ \rightarrow \underset{\delta^-}{CH_2} = \underset{\delta^+}{CH} - \underset{\delta^-}{CH} = \underset{\delta^+}{CH_2}$$

② 在内外因的影响下，将发生电子云密度疏密交替的现象。

③ 共轭效应改变了共价键的极性（电子云向一方偏移），且使单键具有部分双键的性质。

共轭效应又有吸电子共轭效应和给电子共轭效应之分。与共轭体系相连的原子或基团的电负性较大时，如—$NO_2$、—$CN$、—$SO_3H$、—$CHO$、—$COR$、—$COOH$ 等，体现出吸电子共轭效应，一般用—C表示；与共轭体系相连的原子或基团有未共用电子对时，如—$NR_2$、—$NHR$、—$NH_2$、—$OH$、—$OR$、—$X$ 等，体现出给电子共轭效应，一般用＋C表示。

共轭体系有多种类型，最常见且最重要的共轭体系除了上面讲到的 π-π 共轭体系（如1,3-丁二烯）外，还有 p-π 共轭体系。p-π 共轭体系的结构特征是单键的一侧是 π 键，另一侧有平行的 p 轨道。例如：

$$CH_2 = CH - \ddot{\overset{..}{Cl}} \qquad CH_2 = CH - CH_2^+ \qquad CH_2 = CH - CH_2^- \qquad CH_2 = CH - \dot{CH_2}$$

氯乙烯　　　　　　烯丙基正离子　　　　　　烯丙基负离子　　　　　　烯丙基自由基

电子的离域不仅存在于 π-π 共轭体系和 p-π 共轭体系中，分子中的 C—H σ 键也能与处于共轭位置的 π 键、p 轨道发生侧面部分重叠，产生类似的电子离域现象。例如 $CH_3—CH = CH_2$ 中 $CH_3$— 的 C—H σ 键与 —$CH = CH_2$ 中的 π 键发生 σ-π 共轭，$(CH_3)_3C^+$ 中 $CH_3$— 的 C—H σ 键与碳正离子的 p 轨道都能发生 σ-p 共轭，这两种共轭效应通称为超共轭效应，见图4-6和图4-7。超共轭效应比 π-π 和 p-π 共轭效应弱得多。

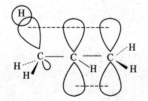

图 4-6　丙烯分子中的超共轭

图 4-7　碳正离子的超共轭

在前面讨论碳正离子的稳定性时，提到丙烯的甲基具有给电子性，其实这种给电子性主要是 σ-π 超共轭效应的结果。碳正离子中带正电的碳具有三个 $sp^2$ 杂化轨道，此外还有一个空的 p 轨道。与正碳原子相连的烷基的 C—H σ 键可以与此空 p 轨道有一定程度的重叠，这就使 σ 电子离域并扩展到空 p 轨道上。这种超共轭效应的结果使碳正离子的正电荷有所分散，增强了碳正离子的稳定性。和正碳原子相连的 C—H 键越多，能起超共轭效应的 C—H σ 键就越多，越有利于正碳原子上正电荷的分散，使碳正离子更趋于稳定。比较伯、仲、叔碳正离子，叔碳正离子的 C—H σ 键最多，仲碳次之，伯碳更次，而 $CH_3^+$ 则不存在 C—H σ 键，因而也不存在超共轭效应。所以碳正离子的稳定性次序为：$3° > 2° > 1° > CH_3^+$。

超共轭效应、共轭效应和诱导效应都是分子内原子间相互影响的电子效应。它们常同时存在，利用它们可以解释有机化学中的许多问题。

> **思考题 4-3**　试简单分析 1,3-丁二烯的结构，解释为什么 1,3-丁二烯中 C—C 单键的键长比乙烷中的 C—C 单键的键长要短。

## 4.3.3  共轭二烯烃的化学性质

由于存在共轭体系，因此共轭二烯烃除具有单烯烃的性质外，还表现出一些特殊的化学性质。

1,2-加成和
1,4-加成

（1）共轭二烯烃的 1,2-加成和 1,4-加成

与单烯烃相似，共轭二烯烃也容易与卤素、卤化氢等亲电试剂进行亲电加成反应，也可催化加氢，加成产物一般可得两种。例如：

$$CH_2=CH-CH=CH_2 + Br_2 \longrightarrow CH_2=CH-\underset{Br}{\underset{|}{CH}}-\underset{Br}{\underset{|}{CH_2}} + CH_2-CH=CH-\underset{Br}{\underset{|}{CH_2}}$$
$$\underset{Br}{\underset{|}{\phantom{CH_2=CH-}}}$$
（1,2-加成）　　　（1,4-加成）

$$CH_2=CH-CH=CH_2 + HBr \longrightarrow CH_2=CH-\underset{Br}{\underset{|}{CH}}-CH_3 + \underset{Br}{\underset{|}{CH_2}}-CH=CH-CH_3$$

共轭二烯烃与一分子亲电试剂加成时，有两种加成方式：一种是断开一个 π 键，亲电试剂的两部分加到双键的两端，另一双键不变，这称为 1,2-加成；另一种是试剂加在共轭双烯两端的碳原子上，同时在 C2—C3 原子之间形成一个新的 π 键，这称为 1,4-加成。可见1,2-加成和 1,4-加成是共轭体系的特点。

共轭二烯烃的亲电加成反应也是分两步进行的。例如，1,3-丁二烯与 HBr 的加成，第一步是亲电试剂 $H^+$ 的进攻，加成可能发生在 C1 或 C2 上，生成两种碳正离子（Ⅰ）或（Ⅱ）：

$$CH_2=CH-CH=CH_2 + H^+Br^- \begin{cases} \longrightarrow CH_2=CH-\overset{+}{CH}-CH_3 + Br^- \\ \phantom{\longrightarrow} (Ⅰ) \\ \longrightarrow CH_2=CH-CH_2-\overset{+}{CH_2} + Br^- \\ \phantom{\longrightarrow} (Ⅱ) \end{cases}$$

在碳正离子（Ⅰ）中，带正电荷的碳原子为 $sp^2$ 杂化，它的空 p 轨道可以和相邻 π 键的 p 轨道发生重叠，形成包含三个碳原子的缺电子大 π 键，因为这三个碳原子只有两个 π 电子，导致 π 电子离域，使正电荷得到分散，体系能量降低。

$$\overset{\displaystyle +}{CH_2\text{===}CH\text{===}CH}-CH_3$$

而在碳正离子（Ⅱ）中，带正电荷的碳原子的空 p 轨道不能和 π 键的 p 轨道发生重叠，所以正电荷得不到分散，体系能量较高。因此，碳正离子（Ⅰ）比碳正离子（Ⅱ）稳定，加成反应的第一步主要是通过形成碳正离子（Ⅰ）进行的。

由于共轭体系内正负极性交替的存在，碳正离子（Ⅰ）中的 π 电子云不是平均分布在这

三个碳原子上，而是正电荷主要集中在 C2 和 C4 上，所以反应的第二步，Br⁻ 既可以与 C2 结合，也可以与 C4 结合，分别得到 1,2-加成产物和 1,4-加成产物。

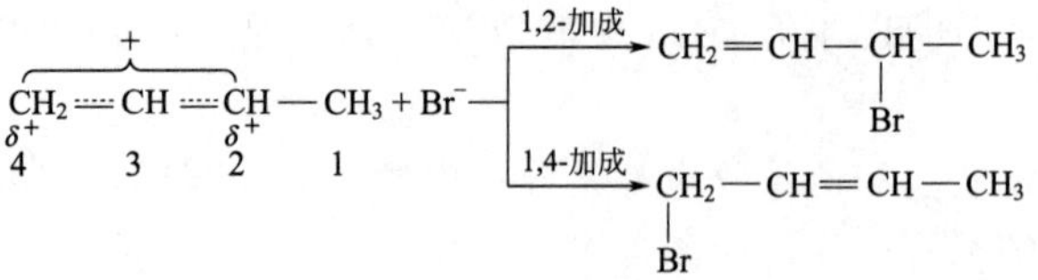

$$
\underset{4}{\overset{\delta^+}{CH_2}} \!=\!\!=\!\! \underset{3}{\overset{+}{CH}} \!=\!\!=\!\! \underset{2}{\overset{\delta^+}{CH}} \!-\! \underset{1}{CH_3} + Br^-
\begin{cases}
\xrightarrow{1,2\text{-加成}} CH_2\!=\!CH\!-\!\underset{Br}{CH}\!-\!CH_3 \\
\xrightarrow{1,4\text{-加成}} \underset{Br}{CH_2}\!-\!CH\!=\!CH\!-\!CH_3
\end{cases}
$$

共轭二烯烃的 1,2-加成和 1,4-加成是同时发生的，产物的比例与反应物的结构、反应温度等有关，一般随反应温度的升高和溶剂极性的增加，1,4-加成产物的比例增加。

（2）双烯合成

丁二烯和顺丁烯二酸酐在苯溶液中加热可以生成环状的 1,4-加成产物。这个反应叫狄尔斯-阿尔德（Diels-Alder）反应。

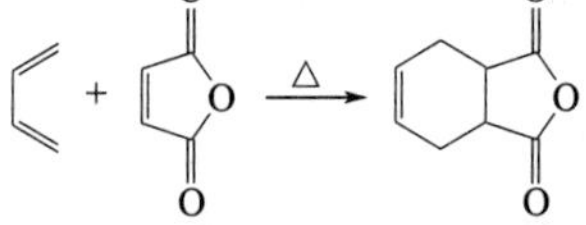

该反应产率高，产物可结晶，是重要的增塑剂。此反应常用于共轭双烯的鉴定和分析。

狄尔斯-阿尔德反应是 1,4-加成反应，产物为六元环的化合物，反应在加热条件下进行，是由直链化合物合成六元环状化合物的重要方法。例如：

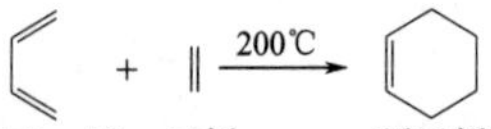

1,3-丁二烯　　乙烯　　环己烯

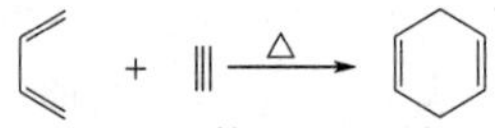

1,3-丁二烯　　乙炔　　1,4-环己二烯

在这类反应中，旧键的断裂与新键的生成同时进行，反应是一步完成的，没有活性中间体（碳正离子或自由基等）生成。

双烯合成反应中，通常将共轭二烯烃称为双烯体，与双烯体反应的不饱和化合物称为亲双烯体。实践证明，亲双烯体上连有吸电子取代基（如硝基、羧基、羰基等）和双烯体上连有给电子取代基时，反应容易进行。例如：

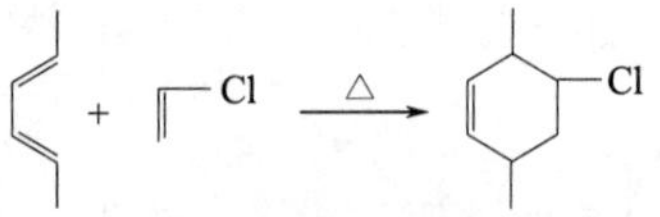

**思考题 4-4** 指出下列 Diels-Alder 反应是由哪些双烯体和亲双烯体构成的。

(1)

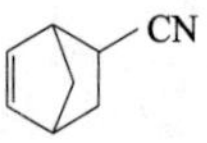

(2)

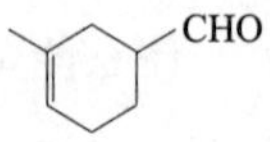

(3)

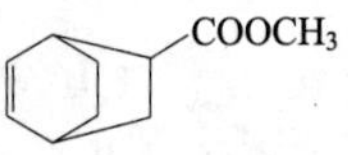

(4)

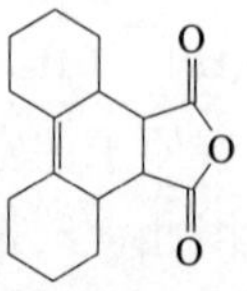

## 陆熙炎和陆氏 [3＋2] 环化反应

陆熙炎（1928—2023）是中国有机化学家、中国科学院院士、中国有机化学的开拓者和奠基人之一。1995年，陆熙炎团队报道了连有吸电子基的烯烃或炔烃在三苯基膦催化下，与联烯酸酯发生 [3＋2] 环加成反应，得到高产率的 α-和 γ-两种区域选择性的环戊烯衍生物。该反应后来被命名为陆氏 [3＋2] 环化反应（Lu's cycloaddition reaction），反应通式为：

$$CH_2=C=C\begin{smallmatrix}CO_2R\\H\end{smallmatrix}$$ 或 $$CH_3-C\equiv C-CO_2R \xrightarrow{PPh_3} \cdots \xrightarrow{} \cdots + \cdots$$

随着研究的深入及叔膦试剂的开发，陆氏 [3＋2] 环化反应已很好地实现了区域选择性与立体选择性的控制，并在天然产物全合成中得到了广泛的应用。如抗癌剂左旋茅苍术醇 [（—）-hinesol] 合成的关键步骤，就用到了陆氏 [3＋2] 环化反应。

$$CH_3-C\equiv C-CO_2-{}^tBu + \cdots \xrightarrow[\text{甲苯，室温}]{PBu_3} \cdots \longrightarrow \text{(−)-hinesol}$$

## 习　　题

**4-1** 下列化合物与 HBr 发生亲电加成反应生成的活性中间体是什么？并排出各活性中间体的稳定次序。

(1) $CH_2=CH_2$　　　(2) $CH_2=CHCH_3$　　　(3) $CH_2=C(CH_3)_2$　　　(4) $CH_2=CHCl$

**4-2** 完成下列反应式。

(1) （环己烯-CH₃） $\xrightarrow{HCl}$ ?

(2) $CH_3C\equiv CCH_2CH_3 \xrightarrow[H^+]{KMnO_4}$ ?

(3) $HC\equiv CCH_3 \xrightarrow[HgSO_4/H_2SO_4]{H_2O}$ ?

(4) $CH_3\overset{\underset{\displaystyle CH_3}{|}}{C}=CH_2 + HBr \xrightarrow{过氧化物}$ ?

(5) （环己烯，含 CH₃ 和 C₂H₅ 取代） $\xrightarrow[(2)Zn/H_2O]{(1)O_3}$ ?

(6) $CH_3-C\equiv C-CH_3 \xrightarrow[\text{Lindlar 催化剂}]{H_2}$ ?

(7) （马来酸酐） + （丁二烯） $\xrightarrow{\triangle}$ ?

(8) $\parallel$ + $\diagup\!\!\diagdown$ $\xrightarrow{\triangle}$ ?

(9) $CH_3CH = CHCH_3 \xrightarrow[OH^-]{KMnO_4}$ ?

(10) $CH_3CH = CCH_3 \xrightarrow{冷浓 H_2SO_4}$ ?
      $\quad\quad\quad\quad |$
      $\quad\quad\quad\quad CH_3$

**4-3** 用简单的化学方法鉴别下列各组化合物。

(1) 丙烷　丙烯　丙炔　环丙烷

(2) 环己烷　环己烯　乙基环丙烷

**4-4** 以乙炔为原料合成 4-氰基环己烯和 1-丁烯-3-酮。

**4-5** 某烃 A 的分子式为 $C_5H_{10}$，室温下与溴水不发生反应，在紫外光下与溴作用得到 B($C_5H_9Br$)；将 B 与氢氧化钠的醇溶液作用得到 C($C_5H_8$)；C 经臭氧氧化并在锌粉存在下水解得到戊二醛。写出 A、B、C 的结构式及相应的反应式。

**4-6** 某烯烃的分子式为 $C_{15}H_{26}$，经催化氢化后得到 2,6,10-三甲基十二烷，1mol 该烯烃经臭氧氧化还原水解后分别得到 1mol 甲醛、1mol 丁酮、2mol 4-羰基戊醛。试推断该烃的可能结构式，并写出相应的反应式。

**4-7** 化合物 A、B、C 的分子式均为 $C_5H_8$，它们都能使溴水褪色，A 能与硝酸银的氨溶液反应生成沉淀，而 B、C 不能。A、B 经氢化都生成正戊烷，而 C 吸收 1mol 氢后变成 D($C_5H_{10}$)；B 与高锰酸钾作用生成乙酸和丙酸；C 与臭氧作用得到戊二醛。试推断 A、B、C、D 的可能结构式，并写出相应的反应式。

**4-8** 分子式为 $C_6H_{10}$ 的化合物 A，经催化氢化得 2-甲基戊烷。A 与硝酸银的氨溶液作用能生成灰白色沉淀；A 在汞盐催化下与水作用得到 4-甲基-2-戊酮。试推测 A 的结构式，并写出相关的反应式。

**4-9** 化合物 A、B 的分子式均为 $C_6H_{12}$，它们都能使溴的四氯化碳溶液褪色，也能被酸性的高锰酸钾氧化，其中 A 氧化的产物为两种羧酸，而 B 氧化的产物只有一种。试推测 A、B 的结构式，并写出相应的反应式。

**4-10** 简述共轭效应、超共轭效应和诱导效应的异同点，并重点阐述 π-π 共轭和 p-π 共轭。

**4-11** 在下列各对化合物中，不互为官能团异构体的是（　　　）。

(A) $CH_2=CH-CH=CH_2$ 和 $CH_3-C\equiv C-CH_3$

(B)

(C)

(D)

# 5 芳香烃

**学习指导**

本章讨论了单环芳烃和稠环芳烃,详细介绍了芳烃的结构与性质的关系。要求掌握芳香烃的化学性质,特别是亲电取代反应、芳烃的定位规律及应用等;了解非苯芳烃及休克尔(Hückel)规则。

芳香族化合物中的碳氢化合物总称为芳香烃(aromatic hydrocarbon),简称芳烃。一般是指分子中含有苯环或稠合苯环的化合物,称为苯型芳香烃。另外还有一些不含苯环结构,但却含有与苯环相似结构和性质的环形结构,这些不含苯环结构的芳香烃称为非苯芳香烃。芳香族化合物来源于从植物中取得的具有芳香气味的物质,但后来人们发现有的芳香族化合物是没有香味的,因此,"芳香"这个词已经失去了原来的含义,只是由于习惯而沿用至今。

## 5.1 芳香烃的结构

### 5.1.1 苯的结构和表达式

1865 年,凯库勒根据苯(benzene)的分子式 $C_6H_6$ 和苯的一元取代物只有一种的实验事实,指出苯分子应该具有环状结构,并提出了凯库勒结构式,即苯的六个碳原子连接成正六边形,三个 C=C 和 C—C 交替地排列在正六边形碳环中,这就是苯的凯库勒构造式,即 ⬡ 。

X 射线和光谱实验证明,苯分子中六个碳原子和六个氢原子均在同一平面上,每个键角都是 120°,碳碳键长也完全相同,都是 0.1397nm。苯环中每个碳原子也都是 $sp^2$ 杂化的,六个碳原子各以 $sp^2$ 杂化轨道与氢的 s 轨道交盖形成 C—H σ键。所有的原子都在一个平面上,形成一个正六边形,每个碳原子上未参加杂化的 p 轨道,由于轨道垂直于六个 σ键所构成的平面分子骨架而相互平行,p 轨道都能从侧面与相邻的 p 轨道按"肩并肩"的方式达到均等的重叠,形成一个包括六个碳原子在内的芳香大 π键(见图 5-1),使六个 π 电子离域而扩展在由六个碳原子构成的分子轨道上,形成一个统一的整体,构成两块轮胎状的电子云分布在分子平面的上下两侧,成为环绕整个分子平面上下运动的电子流(见图 5-2)。

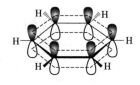

图 5-1 苯分子中的大 π 键

苯分子结构

图 5-2 苯分子中的电子云

由上述可以看出,苯环不是凯库勒式所表示的那种单双键交替排列的体系,而是一个电子密度完全平均化的、没有单双键之分的大 π 键。

　　因此，经典的凯库勒式不能代表苯的结构，但由于目前还没有找到适当的式子来表示苯的特殊结构，所以至今仍采用凯库勒构造式。但使用时必须记住，苯环中没有单双键存在，而是由六个碳原子构成的一个环状共轭体系。为了表示苯环中六个价键的等同性，有人主张去掉凯库勒式中的三个双键，改用一个圆圈代表六个碳原子间的大 π 键，即 ⬡。

---

**思考题 5-1**　除苯外，能否写出符合 $C_6H_6$ 分子式的其他异构体？

---

## 5.1.2　联苯的结构

　　联苯（biphenyl compound）是苯环直接以单键互相连接而成的化合物。例如：

联苯　　　　　　　　三联苯

## 5.1.3　多苯代脂烃的结构

　　多苯代脂烃（multiphenyl alkane）是脂肪烃分子中的氢原子被两个或两个以上的苯基取代的化合物。例如：

二苯甲烷　　　　　　三苯甲烷

## 5.1.4　稠环芳烃的结构和表达式

　　通过共用两个或两个以上苯环上的碳原子相互稠合而成的多环芳烃化合物称为稠环芳烃（polycyclic aromatic hydrocarbon），如萘、蒽、菲等。稠环芳烃跟苯环结构一样，是平面分子，环中的碳原子和氢原子在同一个平面上，碳原子为 $sp^2$ 杂化，每个碳原子上未参加杂化的 p 轨道互相平行，且垂直于苯环所在的平面，轨道之间彼此重叠形成一个闭合共轭大 π 键。

萘　　　　　　　　蒽　　　　　　　　菲

## 5.1.5　足球烯的结构

　　足球烯（footballene）是由 60 个碳原子作顶点组成一个三十二面体，其中 12 个面为正五边形，20 个面为六边形。每个碳原子都有三个 $sp^2$ 杂化轨道与相邻的碳原子结合，形成三个 σ 键，所剩余的一个 p 轨道在整个分子结构中构成一个球状共轭大 π 键，因此整个分子为球状（见图 5-3）。

图 5-3　足球烯
　　的结构

## 5.2　单环芳烃的物理性质

苯及其低级同系物一般是无色、易挥发的液体，具有芳香气味，相对密度小于1，但比分子量相近的烷烃、烯烃的相对密度大。与其他烃类化合物相似，芳烃不溶于水，可溶于乙醚、乙醇、丙酮等有机溶剂。但苯蒸气比空气重，易燃，具有毒性，能损坏造血器官及神经系统，大量和持续接触时应注意防护。一些常见单环芳烃（monocylic aromatic hydrocarbon）的物理常数见表5-1。

**表 5-1　一些常见单环芳烃的物理常数**

| 名称 | 熔点/℃ | 沸点/℃ | 相对密度($d_4^{20}$) | 名称 | 熔点/℃ | 沸点/℃ | 相对密度($d_4^{20}$) |
|------|--------|--------|---------------------|------|--------|--------|---------------------|
| 苯 | 5.5 | 80 | 0.879 | 邻二甲苯 | $-25$ | 144 | 0.880 |
| 甲苯 | $-95$ | 111 | 0.866 | 间二甲苯 | $-48$ | 139 | 0.864 |
| 乙苯 | $-95$ | 136 | 0.867 | 对二甲苯 | 13 | 138 | 0.861 |
| 正丙苯 | $-99$ | 159 | 0.862 | 苯乙烯 | $-31$ | 145 | 0.906 |
| 异丙苯 | $-96$ | 152 | 0.862 | 苯乙炔 | 45 | 142 | 0.930 |

## 5.3　单环芳烃的化学性质

一般有机化合物的性质取决于它的结构。由于苯环是一个闭合的环状共轭体系，其中π键电子云包括六个碳原子的大π键，不存在一般的 C═C，因此苯环相当稳定，在一般条件下不易被氧化，也不容易发生加成反应，而易于发生取代反应（substitution reaction）。

### 5.3.1　取代反应

苯环上的氢原子被其他原子或基团取代生成各种取代物，是苯及其同系物的主要化学反应。

（1）卤代反应

在铁粉或卤化铁等催化剂的作用下，苯与卤素作用生成卤代苯的反应称为卤代反应。例如：

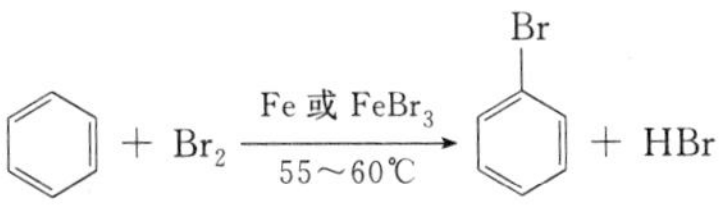

卤素与苯发生取代反应的活泼性次序是：氟＞氯＞溴＞碘。其中，氟代反应非常猛烈；碘代反应很慢。因此，氟代苯和碘代苯不易用此法制备，苯的卤代反应通常是指氯代反应和溴代反应。

当升高温度时，可生成主要是邻、对位二卤代苯的二取代产物。例如：

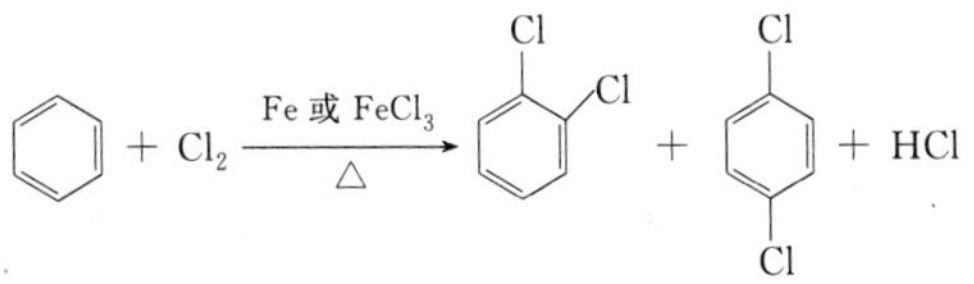

苯与卤素的取代反应属于亲电取代反应，以溴代为例，其反应机理如下。

首先，溴在催化剂的作用下，产生溴正离子和四溴合铁配离子。

$$2Fe + 3Br_2 \longrightarrow 2FeBr_3$$

$$Br_2 + FeBr_3 \rightleftharpoons Br^+ + [FeBr_4]^-$$

其次，生成的溴正离子是一个亲电试剂，进攻苯环，形成一个不稳定的芳基正离子中间体（或 $\sigma$-配合物），这步反应很慢，是取代反应速率决定步骤。

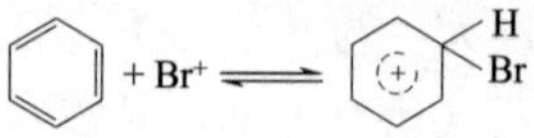

最后，由于 $\sigma$-配合物不稳定，失去一个 $H^+$，恢复稳定的苯环体系，得到取代产物。

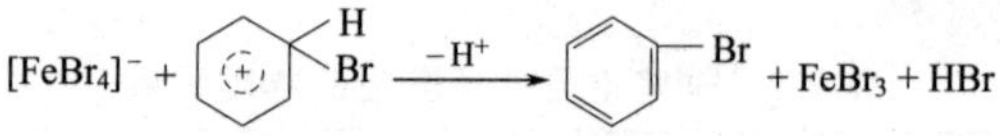

（2）硝化反应

苯与浓硝酸和浓硫酸的混合物（俗称混酸）反应，苯环上的氢被硝基（—$NO_2$）取代，生成硝基苯。

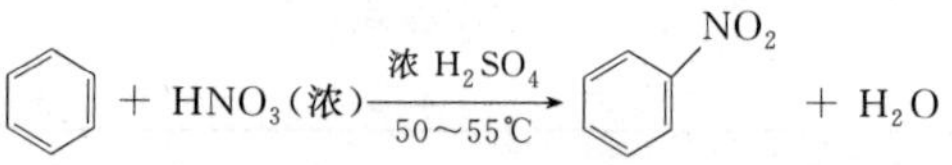

硝基苯继续硝化比苯困难，如果用硝化能力更强的发烟硝酸和浓硫酸的混合物，并提高反应温度，能进一步硝化，主要生成间二硝基苯。

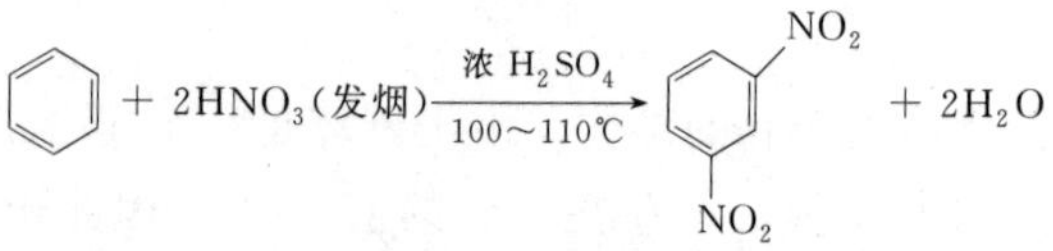

在硝化反应中，$HNO_3$ 在浓硫酸的作用下生成硝基正离子（$^+NO_2$），硝基正离子进攻苯环的 $\pi$ 键，发生亲电取代反应。其反应历程如下：

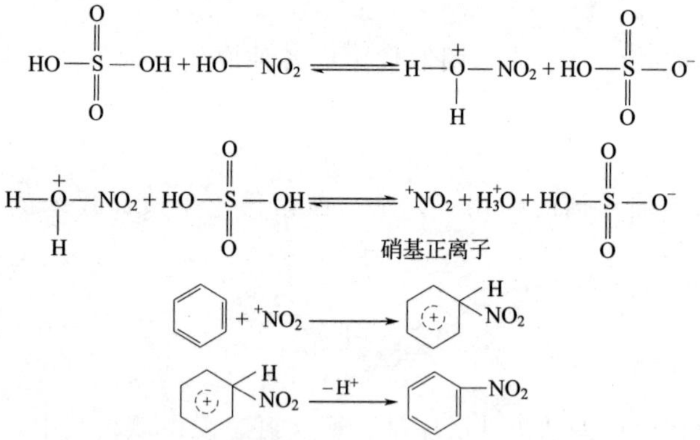

（3）磺化反应

苯与浓硫酸共热，苯环上的氢被磺酸基（—$SO_3H$）取代生成苯磺酸。较高温度下，苯磺酸可与浓硫酸生成间苯二磺酸。

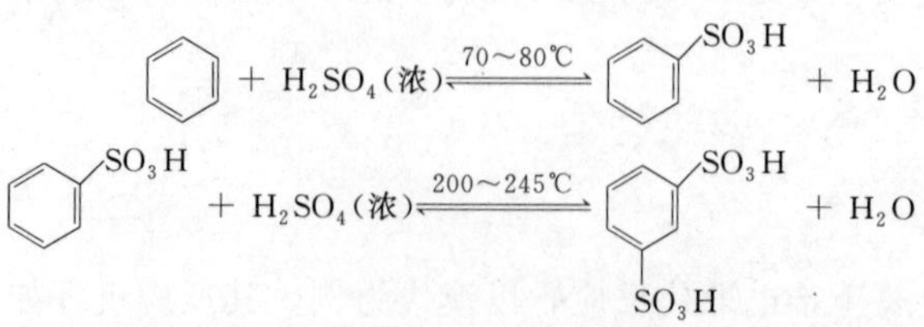

磺化反应是一个可逆反应，通常条件下可以达到平衡，苯磺酸通过热的水蒸气，可以水

解脱去磺酸基。

在磺化反应中，亲电试剂是 $SO_3$，反应历程如下：

$$2H_2SO_4 \rightleftharpoons SO_3 + H_3^+O + HSO_4^-$$

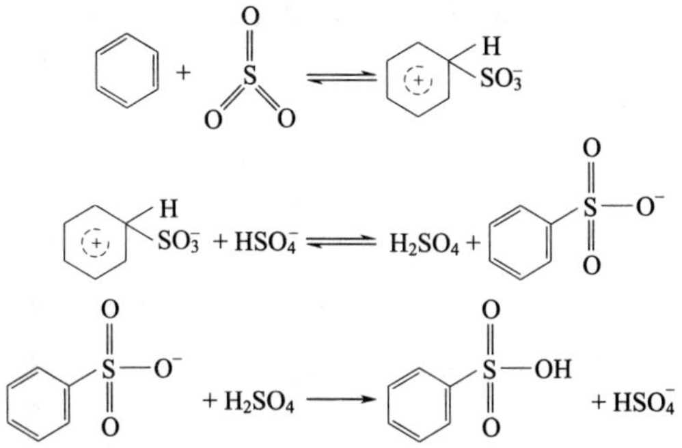

（4）傅-克反应

在路易斯酸催化下，苯环上的氢被烷基和酰基取代的反应称为傅-克（Friedel-Crafts）反应。

① 傅-克烷基化反应　在无水 $AlCl_3$ 的催化下，芳烃与卤代烃发生取代反应，生成烷基苯。例如：

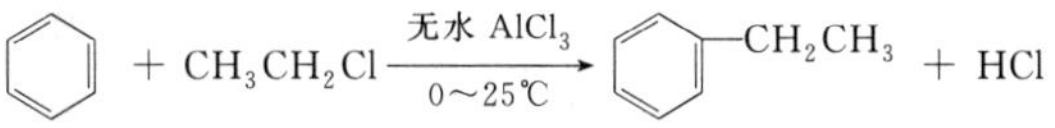

常用的催化剂有无水氯化铝、氯化铁、氯化锌、氯化硼和硫酸等，其中以无水氯化铝催化活性最好。

当卤代烃具有三个碳及以上的长链时，常常发生异构化，主要得到异构化产物。例如：

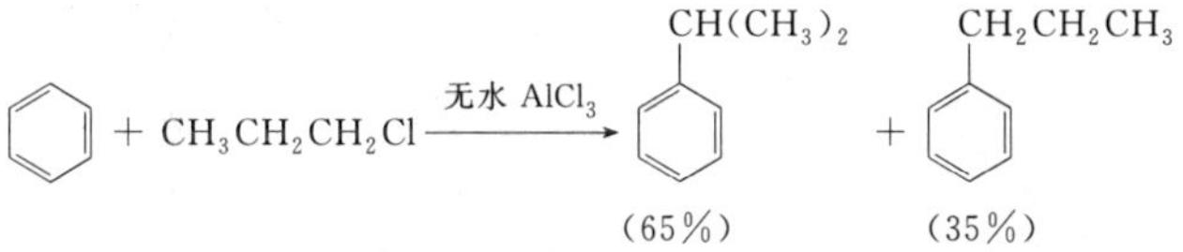

芳烃在傅-克烷基化反应中，由于烷基的供电子效应，生成的烷基苯发生亲电取代反应比苯更容易。因此，芳烃的傅-克烷基化反应往往得到多取代烷基苯。反应机理如下：

$$Cl—CH_2CH_3 + AlCl_3 \rightleftharpoons CH_3CH_2^+ + AlCl_4^-$$

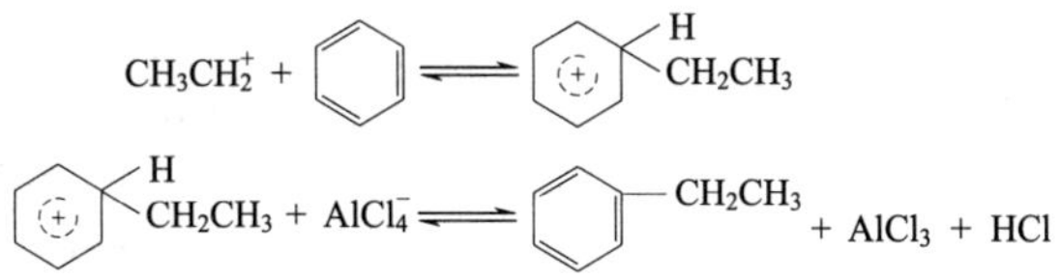

除了卤代烃之外，醇、烯烃等能产生烷基正离子的试剂也能发生烷基化反应。

② 傅-克酰基化反应　在无水 $AlCl_3$ 的催化下，芳烃与酰卤、酸酐等发生取代反应，生成芳酮。例如：

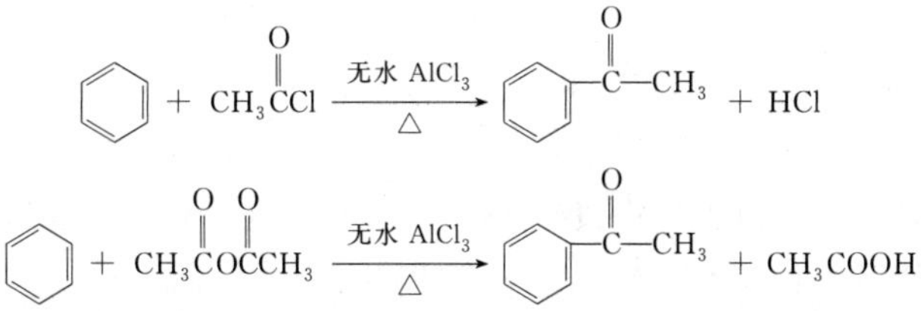

酰基化反应是制备芳香酮的重要方法之一，该反应与烷基化反应不同，不发生异构化，

不生成多取代产物。

该反应历程与烷基化反应类似，其进攻的亲电试剂为酰基正离子。

值得注意的是，在傅-克烷基化和酰基化反应中，当苯环上连有硝基、磺酸基、酰基和氰基等强吸电子基团时，反应一般不进行；当苯环上连有供电子基团时，则有利于反应的进行。

---

**思考题 5-2** 写出下列反应的主要产物。

(1) 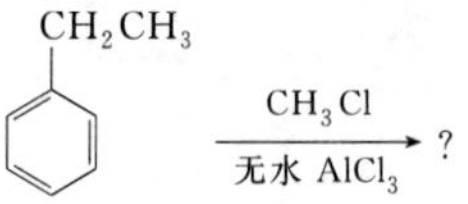 $\xrightarrow[\text{无水 AlCl}_3]{\text{CH}_3\text{Cl}}$ ?

(2) 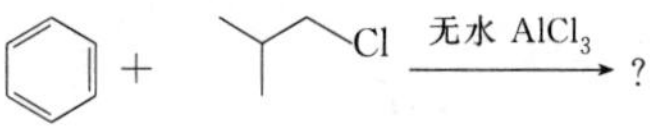 + Cl $\xrightarrow{\text{无水 AlCl}_3}$ ?

**思考题 5-3** 下列化合物哪些可发生 Friedel-Crafts 反应，哪些不能？

(1)

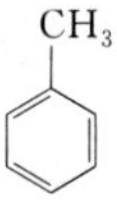

(2)

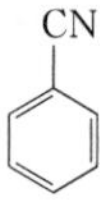

(3)

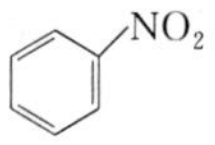

(4)

(5)

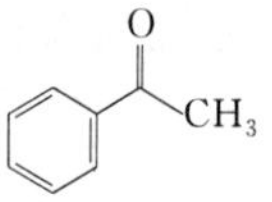

(6)

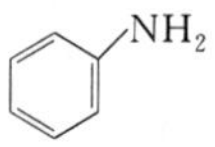

---

## 5.3.2　加成反应

苯比烯烃、炔烃稳定，不易发生加成反应。但在特定条件下，苯也可以和氢、卤素发生加成反应。例如：

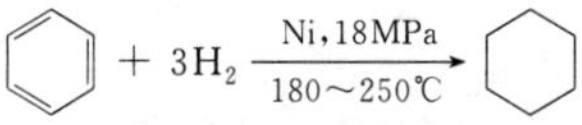

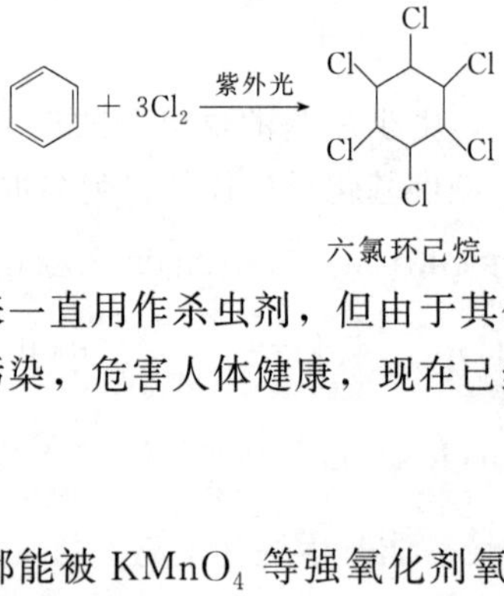

$+ 3H_2 \xrightarrow[180\sim250℃]{\text{Ni,18MPa}}$

$+ 3Cl_2 \xrightarrow{\text{紫外光}}$
六氯环己烷

六氯环己烷（六六六）多年来一直用作杀虫剂，但由于其化学性质稳定，在自然环境下不易分解，残留期长，造成环境污染，危害人体健康，现在已经很少使用。

## 5.3.3　氧化反应

苯环上连有含 α-H 的烷基，都能被 $KMnO_4$ 等强氧化剂氧化为羧基，且不论碳链长短，最终都会只保留一个碳。例如：

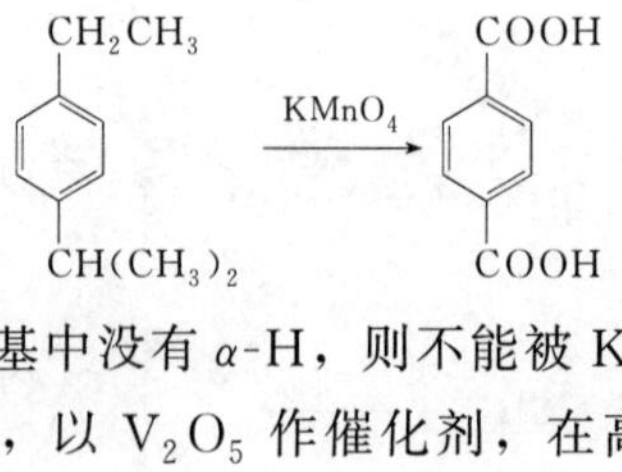

$\xrightarrow{\text{KMnO}_4}$

但应注意：如果苯环侧链烷基中没有 α-H，则不能被 $KMnO_4$ 等强氧化剂氧化。

苯环在一般条件下不被氧化，以 $V_2O_5$ 作催化剂，在高温下，能被氧化成顺丁烯二酸酐，简称顺酐。

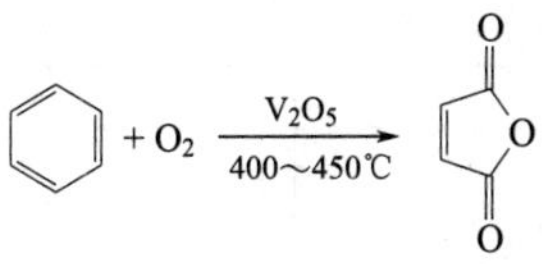

$$\text{苯} + O_2 \xrightarrow[400\sim450^{\circ}\text{C}]{V_2O_5} \text{顺丁烯二酸酐}$$

顺丁烯二酸酐(马来酸酐)

### 5.3.4 芳烃 α-H 自由基的取代反应

芳烃侧链上含有 α-H（烃基直接与苯环相连的碳原子称为 α-碳原子，与 α-碳直接相连的氢称为 α-H 或苄基氢）的烷基苯，在光照或加热的条件下，可与卤素发生自由基反应，生成 α-卤代烷基苯。例如：

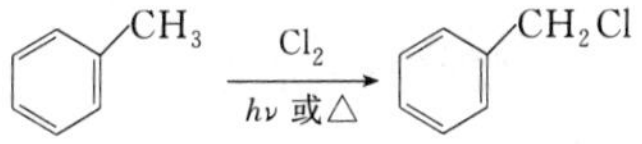

$$\text{C}_6\text{H}_5\text{CH}_3 \xrightarrow[h\nu \text{ 或}\triangle]{Cl_2} \text{C}_6\text{H}_5\text{CH}_2\text{Cl}$$

该反应类似于烷烃的自由基取代反应，其活性中间体为苯甲基（苄基）自由基。

---

**思考题 5-4** 写出下列反应的主要产物。

(1) 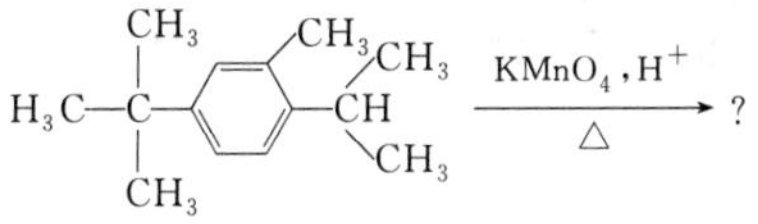 
$$\xrightarrow[\triangle]{KMnO_4, H^+} ?$$

(2) 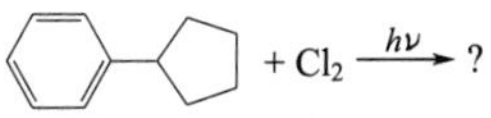 
$$+ Cl_2 \xrightarrow{h\nu} ?$$

---

# 5.4 苯环上取代基的定位规律

## 5.4.1 定位规律

从前面讨论的苯环亲电取代反应中可以看出，苯环上原有的取代基对第二个取代基进入苯环的位置及反应进行的难易程度均有影响。例如，当苯环上已有一个甲基时，第二个取代基绝大部分进入甲基的邻位和对位，而且甲基使苯环活化，反应比苯容易进行，即反应速率比苯快；可是当苯环上已有硝基时，第二个取代基绝大部分进入硝基的间位，且硝基使苯环钝化，反应比苯困难，即反应速率比苯慢。显然，这是由于苯环上原有的取代基对苯环产生影响的效果，也就是说，苯环上原有的取代基对第二个基团进入苯环的位置起着定位（locating）作用，这种现象称为苯环取代基的定位效应。一些一元取代苯硝化反应的相对速率与产物组成见表 5-2（设苯的硝化反应速率为 1）。

**表 5-2 一些一元取代苯硝化反应的相对速率与产物组成**

| 取代基 | 相对反应速率 | 邻位 | 对位 | 间位 | (邻位＋对位)/间位 |
|---|---|---|---|---|---|
| —H | 1 | — | — | — | — |
| —OH | 很快 | 55 | 45 | 痕量 | 100/0 |
| —NHCOCH₃ | 快 | 19 | 80 | 1 | 99/1 |
| —CH₃ | 25 | 63 | 34 | 3 | 97/3 |
| —F | 0.03 | 12 | 88 | 痕量 | 100/0 |
| —Cl | 0.03 | 30 | 69 | 1 | 99/1 |
| —Br | 0.03 | 37 | 62 | 1 | 99/1 |

续表

| 取代基 | 相对反应速率 | 邻位 | 对位 | 间位 | (邻位＋对位)/间位 |
| --- | --- | --- | --- | --- | --- |
| —I | 0.18 | 38 | 60 | 2 | 98/2 |
| —N(CH$_3$)$_3$$^+$ | $6 \times 10^{-8}$ | 0 | 11 | 89 | 11/89 |
| —NO$_2$ | $1.2 \times 10^{-8}$ | 6 | 1 | 93 | 7/93 |
| —COOC$_2$H$_5$ | 0.0037 | 28 | 4 | 68 | 32/68 |
| —CF$_3$ | 慢 | 0 | 0 | 100 | 0/100 |
| —SO$_3$H | 慢 | 21 | 7 | 72 | 28/72 |
| —COOH | 慢 | 19 | 1 | 80 | 20/80 |

根据大量实验结果，可把苯环上的取代基分为两类。

（1）第一类定位基

第一类定位基（又称邻对位定位基）能使第二个基团主要进入其邻位和对位，且一般都使苯环活化（卤素除外，使苯环钝化）。常见的邻对位定位基有—O$^-$、—N(CH$_3$)$_2$（二甲氨基）、—NH$_2$、—OH、—OR(烷氧基)、—NHCOCH$_3$（乙酰氨基）、—OCOCH$_3$（乙酰氧基）、—CH$_3$、—X(Cl、Br、I)、—C$_6$H$_5$ 等。

此类定位基以单键与苯环直接相连，与苯环相连的原子通常有孤对电子或带负电荷（烃基除外）。

（2）第二类定位基

第二类定位基（又称间位定位基）能使第二个取代基主要进入它的间位，且一般都使苯环钝化。常见的间位定位基有—N(CH$_3$)$_3$$^+$、—NO$_2$、—CF$_3$、—CN、—SO$_3$H、—CHO、—COCH$_3$（乙酰基）、—COOH、—CONH$_2$ 等。

此类定位基与苯环相连的原子有不饱和键（—CCl$_3$、—CF$_3$ 等强吸电子基除外）或带有正电荷。

### 5.4.2　定位规律的解释

在苯分子中，苯环闭合大 π 键电子云是均匀分布的。当苯环上有一取代基后，取代基通过苯环产生的诱导效应或共轭效应使苯环上电子云密度发生变化，从而使苯环上各位置电子云密度不同。因此，原有取代基会影响苯环发生亲电取代反应的难易以及引入基团进入苯环的位置。

下面以几个典型的定位基为例来分析。

① 甲基　甲苯中的甲基碳原子与苯环的 sp$^2$ 杂化碳原子相连，甲基与苯环之间除供电子的诱导效应（＋I）之外，甲基的 C—H σ 键还可与苯环的 π 电子云交盖产生供电子的超共轭效应（σ-π 共轭）。这两种效应同时使苯环的电子云密度增大，特别在邻位和对位尤为显著，从而使苯环发生取代反应的速率比苯快，邻对位更易受到亲电试剂的进攻。因此，甲苯发生亲电取代反应主要生成的产物为邻对位产物。

② 卤原子　以氯原子为例。在氯苯中，氯原子既表现为强吸电子的诱导效应，又可以与苯环发生给电子的 p-π 共轭效应。由于氯原子的诱导效应很强，共轭效应（使邻对位电子云密度增加较间位大）不足以消除诱导效应的影响，所以总的结果使卤原子表现出钝化苯环，发生亲电取代反应主要生成邻对位产物。

③ 硝基　在硝基苯中，硝基存在着强的吸电子诱导效应，使苯环的电子云密度降低，同时存在着吸电子的 π-π 共轭效应。这两种效应都使苯环上电子云密度降低，尤其使硝基的

邻对位的电子云密度降低程度更大，不利于亲电试剂的进攻。因此，取代反应比苯困难，主要得到间位产物。

### 5.4.3 二元取代苯的定位规则

苯环上已有两个取代基，第三个取代基进入苯环的位置，将由苯环上原有两个取代基的定位效应共同决定。

① 苯环上原有两个定位基团的定位效应一致时，新导入基团进入苯环的位置由它们共同决定。例如：

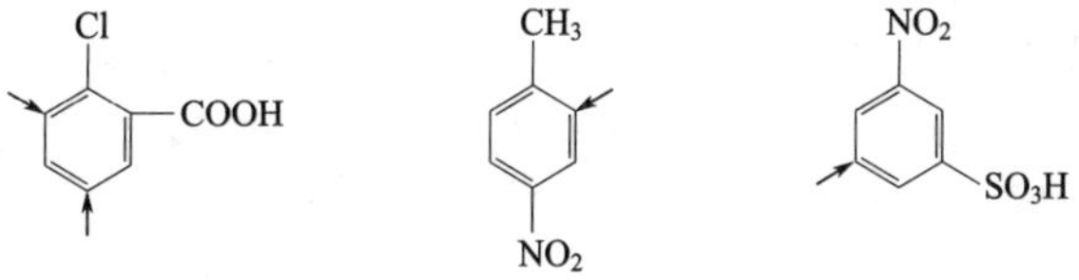

② 苯环上原有两个取代基属于同一类，定位效应不一致时，新导入基团进入苯环的位置由强定位基决定。例如：

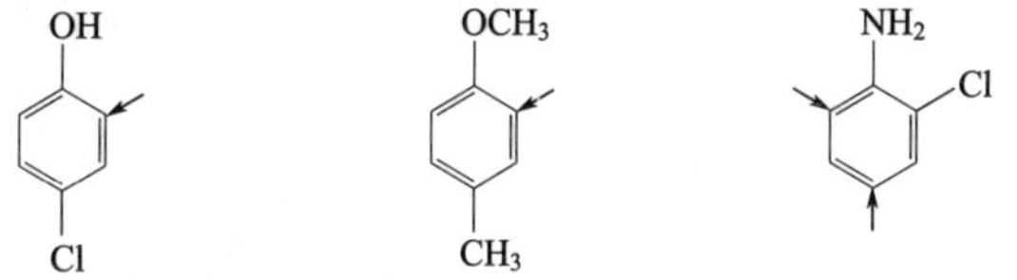

③ 苯环上原有两个取代基属于不同类，定位效应不一致时，新导入基团进入苯环的位置由第一类定位基决定。例如：

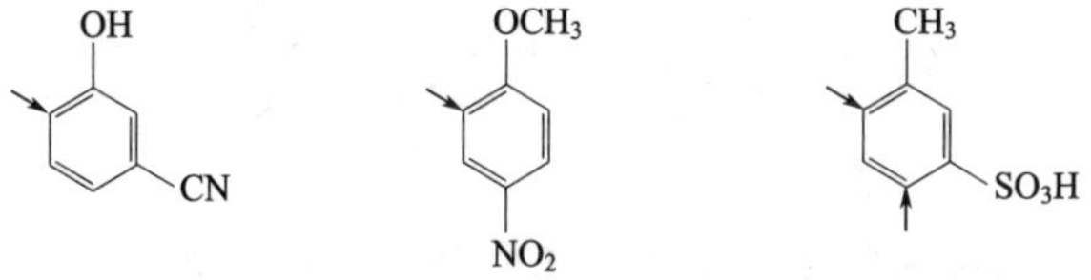

### 5.4.4 定位规律的应用

苯环亲电取代反应的定位规律（locating regularity），不仅可以用来解释某些实验现象，而且对于多官能团取代苯的制备具有指导意义，可以帮助预测反应的主要产物，以便设计合适的合成路线。

【例 5-1】 由甲苯合成对硝基苯甲酸。

由甲苯合成对硝基苯甲酸需进行氧化和硝化反应，若先氧化则得到苯甲酸，羧基是间位定位基，苯甲酸硝化后主要生成间硝基苯甲酸；如先硝化再氧化，则因甲基是第一类定位基，硝化后可得到邻位和对位产物。故应采取先硝化再氧化。

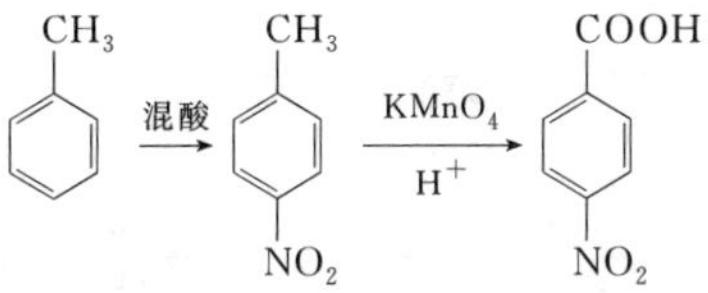

【例 5-2】 由苯合成间硝基氯苯。

由苯合成间硝基氯苯，由于氯是邻对位定位基，主要得到邻对位取代产物，故应采取先硝化后氯化。

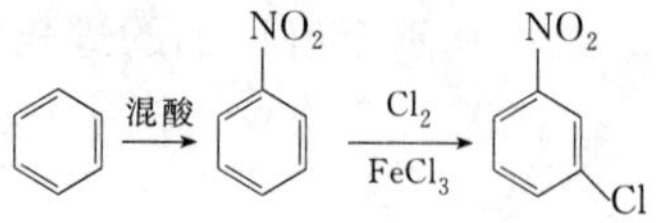

## 5.5　稠环芳烃

### 5.5.1　萘的性质

萘（naphthalene）为白色片状晶体，易升华，有特殊的气味，不溶于水，溶于乙醇和乙醚等有机溶剂，是重要的有机化工原料，可以用来合成农药、染料等。

萘具有芳香性，化学性质与苯相似，可以发生亲电取代反应、氧化反应和还原反应。

（1）亲电取代反应

萘的活性比苯高，易进行亲电取代反应。在萘环中，$\alpha$ 位和 $\beta$ 位不等同，$\alpha$-碳原子上的电子云密度比 $\beta$-碳原子上的电子云密度高，亲电取代反应主要发生在 $\alpha$ 位。

① 卤代反应　在 Fe 或 $FeCl_3$ 作用下，氯气可以和萘发生亲电取代反应，主要得到 $\alpha$-氯萘。

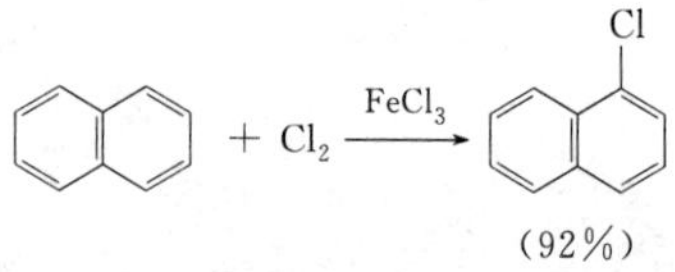

（92%）

② 硝化反应　萘用混酸硝化，在室温下就可以发生硝化反应，主要产物为 $\alpha$-硝基萘。

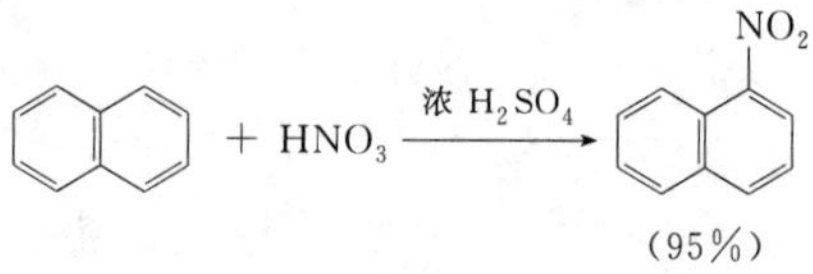

（95%）

③ 磺化反应　萘的磺化反应是可逆的，在低温（80℃以下）下，主要产物为 $\alpha$-萘磺酸；在较高温度（165℃）下，主要产物为 $\beta$-萘磺酸。升高温度可使 $\alpha$-萘磺酸转化为对热力学更为稳定的 $\beta$-萘磺酸。

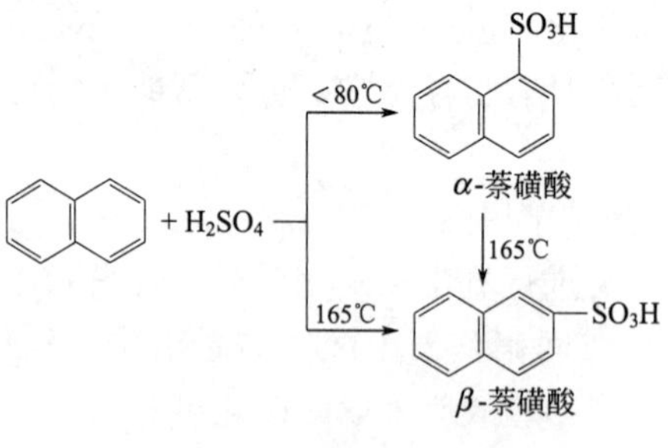

（2）氧化反应

萘比苯容易氧化，在低温下，用氧化铬作催化剂进行氧化，产物为 1,4-萘醌。

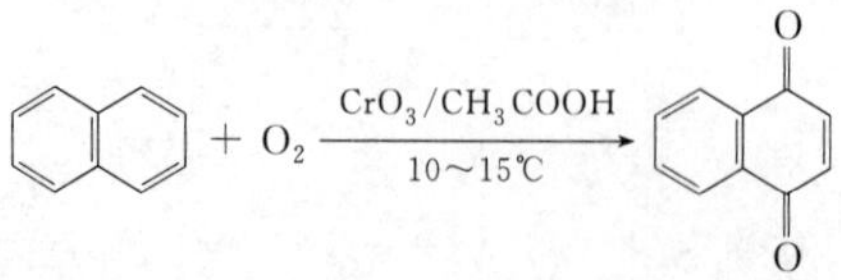

1,4-萘醌

高温下，以五氧化二钒进行催化，用空气进行氧化，产物为邻苯二甲酸酐，工业上用此方法来合成邻苯二甲酸酐。

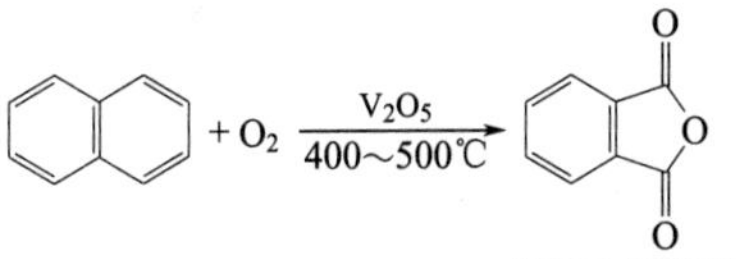

邻苯二甲酸酐

（3）还原反应

萘在乙醇和钠的作用下，还原成 1,4-二氢化萘，用催化加氢的方法可还原成十氢化萘。

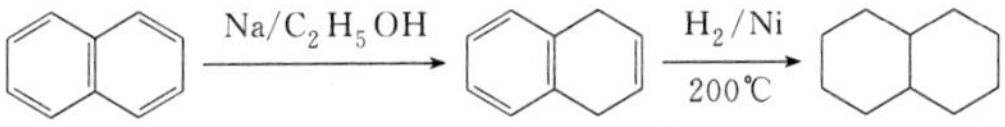

1,4-二氢化萘 　　十氢化萘

---

**思考题 5-5** 写出下列反应的主要产物。

(1)

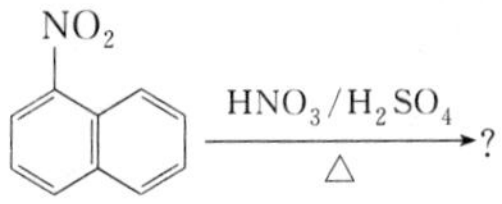

(2)

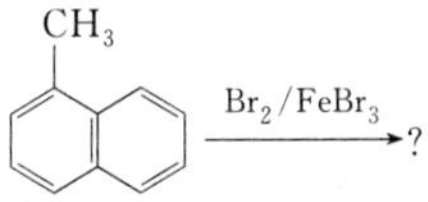

---

## 5.5.2 蒽和菲的性质

蒽（anthracene）和菲（phenanthrene）都是无色晶体，具有蓝色荧光，不溶于水，易溶于苯等有机溶剂。

蒽和菲互为同分异构体，具有芳香性，化学性质比苯更加活泼，容易在 9、10 位发生取代反应、氧化反应和还原反应。

（1）亲电取代反应

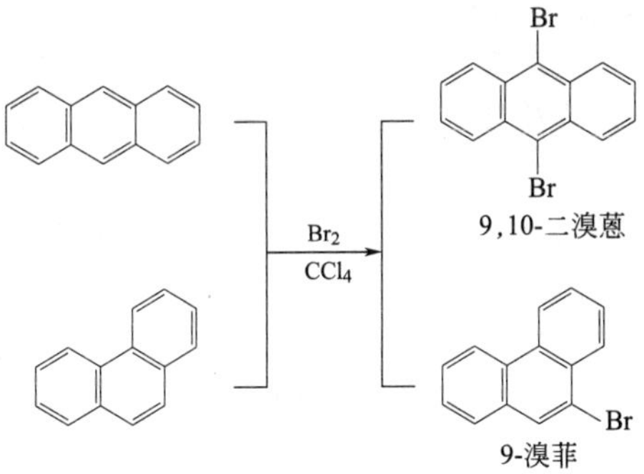

9,10-二溴蒽

9-溴菲

（2）氧化反应

9,10-蒽醌

9,10-菲醌

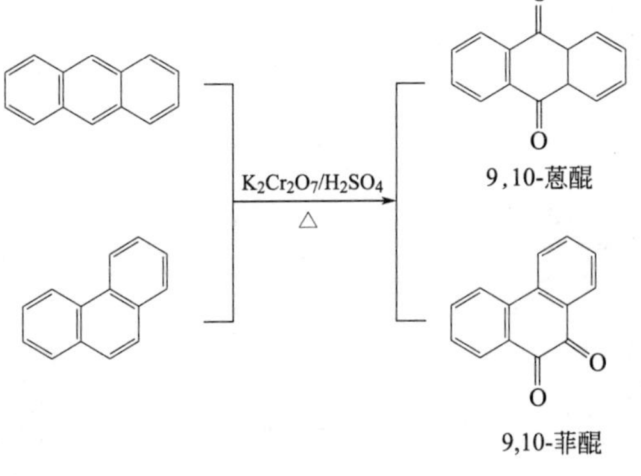

（3）还原反应

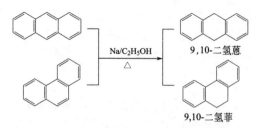

9,10-二氢蒽

9,10-二氢菲

与菲不同的是，蒽还可以与马来酸酐发生 Diels-Alder 反应。

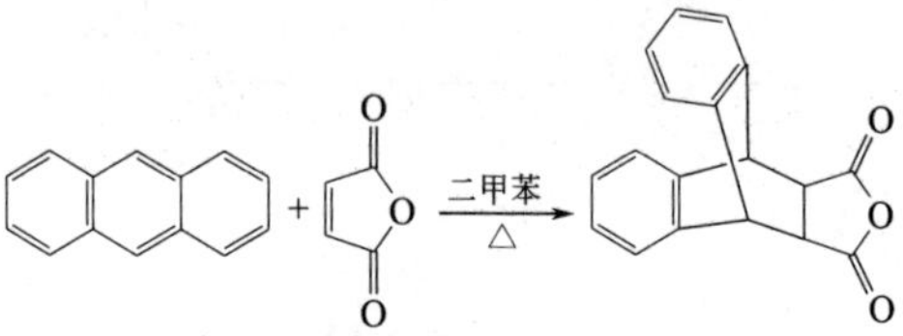

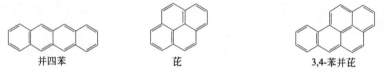

马来酸酐

### 5.5.3 其他稠环芳烃

除上述三种稠环芳烃（fused-ring aromatic hydrocarbon）外，还有其他稠环芳烃。其中，汽车排放的废气、石油和煤等未充分燃烧的烟气、香烟烟雾等含有的一些稠环芳烃，往往有致癌作用。

并四苯　　　　　　　芘　　　　　　　3,4-苯并芘

## 5.6　Hückel 规则和非苯芳香体系

芳香性的概念最初是从对苯及其衍生物的研究而产生的。随着有机化学的发展，人们很快就发现某些不含苯环的高度不饱和的有机化合物也具有与苯相似的芳香性。这说明芳香性并非苯及其衍生物所特有。那么具有芳香性的化合物，在结构上应具有什么共同特点呢？休克尔应用分子轨道理论对环状化合物的芳香性进行了深入的研究后提出：环状闭合共平面的共轭单环烯，且 π 电子符合 $4n+2(n=0，1，2，3，\cdots)$ 时，体系具有芳香性。这个规则称为 Hückel 规则（Hückel's rule）。Hückel 规则的提出，为人们判断一个化合物是否具有芳香性提供了判断依据。

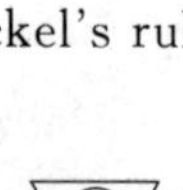

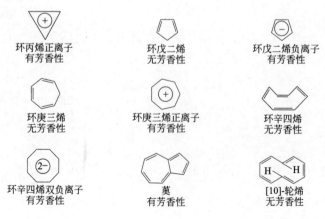

环丙烯正离子　　　　　　环戊二烯　　　　　　环戊二烯负离子
有芳香性　　　　　　　　无芳香性　　　　　　有芳香性

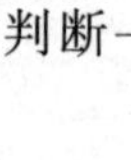

环庚三烯　　　　　　环庚三烯正离子　　　　　　环辛四烯
无芳香性　　　　　　有芳香性　　　　　　　　无芳香性

环辛四烯双负离子　　　　　　薁　　　　　　[10]-轮烯
有芳香性　　　　　　　有芳香性　　　　　　无芳香性

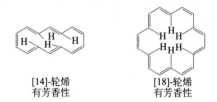

[14]-轮烯
有芳香性

[18]-轮烯
有芳香性

值得注意的是，在轮烯（单双键交替排列的环多烯烃）中，[18]-轮烯具有环状闭合共平面的共轭结构，且具有 18 个 $\pi$ 电子，符合 Hückel 规则，有芳香性。[10]-轮烯（含 10 个 $\pi$ 电子）、[14]-轮烯（含 14 个 $\pi$ 电子）的 $\pi$ 电子虽符合 $4n+2$ 规则，但由于其环内氢原子的相互排斥作用，致使环不在同一平面上，故有芳香性，但不稳定。

**阅读材料**

## 3,4-苯并芘

3,4-苯并芘是由五个苯环构成的多环芳烃，是 1933 年第一次由沥青中分离出来的一种致癌物。它主要存在于煤、石油、焦油和沥青中，也可以由含碳、氢元素的化合物不完全燃烧产生。机动车辆排出的废气，加工橡胶、熏制食品以及纸烟与烟草的烟气等，均含有 3,4-苯并芘。据报道，一包香烟内含有 $0.32\mu g$ 的 3,4-苯并芘；每烧 1kg 煤，可产生 0.21mg；100g 煤烟中含 6.4mg；汽车排气中的炭黑，每 1g 中就有 $75.4\mu g$，这种汽车每行驶 1h，就排出大约 $300\mu g$ 的 3,4-苯并芘。由于 3,4-苯并芘较为稳定，在环境中广泛存在，空气、土壤、水体及植物中都有其存在，甚至在深达地层下 50m 的石灰石中也分离出了 3,4-苯并芘，所以都把 3,4-苯并芘作为大气致病物质的代表。

许多国家的动物实验证明，3,4-苯并芘是高活性致癌剂，但并非直接致癌物，必须经细胞微粒体中的混合功能氧化酶激活才具有致癌性。3,4-苯并芘释放到大气中以后，总是和大气中各种类型微粒所形成的气溶胶结合在一起，在 $8\mu m$ 以下的可吸入尘粒中，吸入肺部的比率较高，经呼吸道吸入肺部，进入肺泡甚至血液，导致肺癌和心血管疾病。

## 习 题

5-1 完成下列反应式。

(1) $\xrightarrow{\text{无水 AlCl}_3}$ ?

(2) $\xrightarrow[h\nu]{\text{Cl}_2}$ ?

(3) $\xrightarrow[60℃]{\text{浓硫酸}}$ ?

(4) $\xrightarrow{\text{无水 AlCl}_3}$ ?

(5) $+ (CH_3)_2CHCH_2Cl \xrightarrow{\text{无水 AlCl}_3}$ ?

(6) $\xrightarrow[\text{Fe}]{\text{Cl}_2}$ ?

(7) $\xrightarrow[H_2SO_4]{\text{KMnO}_4}$ ?

(8) $\xrightarrow{\text{稀 HNO}_3}$ ?

5-2 写出分子式为 $C_9H_{12}$ 的单环芳烃所有异构体并命名。

5-3 用箭头表示下列化合物在发生亲电取代反应时，亲电试剂进入芳香环的主要位置。

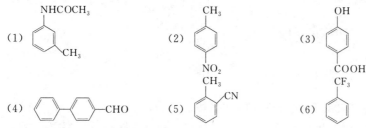

5-4 判断下列化合物哪些能发生傅-克反应。

(1) $C_6H_5CN$        (2) $C_6H_5CH_3$        (3) $C_6H_5CCl_3$        (4) $C_6H_5CHO$

(5) $C_6H_5OH$        (6) $C_6H_5COCH_3$        (7) $C_6H_5NHCOCH_3$        (8) $C_6H_5OCH_3$

5-5 用简单的化学方法鉴别下列各组化合物。

(1) 苯     甲苯       环己烯

(2) 乙苯     苯乙烯     苯乙炔

5-6 以苯、甲苯为主要原料合成下列化合物。

5-7 比较下列化合物发生亲电取代反应的快慢。

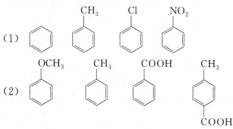

5-8 判断下列化合物的芳香性。

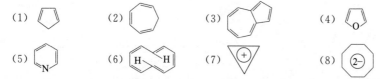

5-9 分子式为 $C_9H_{12}$ 的芳香烃 A，用高锰酸钾氧化后得二元酸。将 A 进行硝化，得到两种一硝基产物。推断 A 的结构式，并写出相关化学反应式。

5-10 化合物 A 的分子式为 $C_{16}H_{16}$，能使 $Br_2/CCl_4$ 及冷稀 $KMnO_4$ 溶液褪色。在温和条件下催化加氢，A 能与等物质的量的氢加成。用热的 $KMnO_4$ 氧化时，A 仅能生成一种二元酸 $C_6H_4(COOH)_2$，其一硝化取代物只有一种，推测 A 的结构式。

5-11 某不饱和烃 A 的分子式为 $C_9H_8$，它能和氯化亚铜氨溶液反应产生红色沉淀。化合物 A 催化加氢得到 B($C_9H_{12}$)。将化合物 B 用酸性重铬酸钾氧化得到酸性化合物 C($C_8H_6O_4$)。将化合物 C 加热得到 D($C_8H_4O_3$)。若将化合物 A 和丁二烯作用，则得到另一种不饱和化合物 E。将化合物 E 催化脱氢得到 2-甲基联苯。写出化合物 A、B、C、D 和 E 的构造式及各步反应方程式。

5-12 什么是定位基？苯环上的定位基分为两类，分别是哪两类？列举两类定位基的常见基团。

5-13 芳环在 $FeBr_3$ 的催化下与卤素的反应是（     ）。

A. 亲核取代     B. 亲核加成     C. 亲电取代     D. 亲电加成

5-14 查阅资料，了解苯的主要用途和苯的危害。

# 6 卤代烃

## 学习指导

掌握卤代烃的分类、命名，卤代烷的亲核取代反应、消除反应，生成格氏试剂的反应以及格氏试剂在合成上的应用等；了解各种类型的卤代烃（卤代芳烃、卤代烷烃）在化学活性上的差异。

有机分子中含有 C—X 键的化合物叫卤代烃（halohydrocarbon）。卤代烃可看作烃分子中的氢原子部分或全部被卤素取代的化合物。含有一个卤原子的化合物叫一元取代卤代物；含两个及以上卤原子的化合物叫多元取代卤代物。其结构可表示为（Ar）R—X，X 可看作是卤代烃的官能团，包括 F、Cl、Br、I。其中，氟代烃的性质和制法比较特殊，本章重点讨论常见的氯代烃、溴代烃和碘代烃。

由于 C—X 键是极性共价键，容易发生断裂，使得卤代烃的性质比烃活泼得多。所以，在烃分子中引入卤原子，常常是改造分子性能的第一步，在有机合成中起桥梁作用。自然界中极少含有卤素的卤代衍生物，绝大多数是人工合成的。

## 6.1 卤代烃的分类

卤代烃的分类方法比较多。比如：根据卤代烃分子中烃基的种类不同，可将卤代烃分为饱和卤代烃、不饱和卤代烃和芳香卤代烃。

在饱和卤代烃中，根据和卤原子直接相连的碳原子的类型，可分为一级（伯）、二级（仲）、三级（叔）卤代烃。

在不饱和卤代烃中，根据卤原子与不饱和键的相对位置，又分为乙烯基卤代烃、烯丙基卤代烃、孤立式卤代烃。

卤代烃的分类见表 6-1。

表 6-1 卤代烃的分类

| 类　型 | 基　团 | 小类型 | 实　例 |
|---|---|---|---|
| 饱和卤代烃 | 伯烃基 | 伯卤代烃（一级卤代烃） | $RCH_2—X$ |
| | 仲烃基 | 仲卤代烃（二级卤代烃） | $R_2CH—X$ |
| | 叔烃基 | 叔卤代烃（三级卤代烃） | $R_3C—X$ |
| | 环烃基 | 卤代环烷烃 | 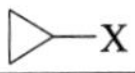 ▷—X |
| 不饱和卤代烃 | 乙烯基 | 乙烯基卤代烃 | $CH_2=CH—X$ |
| | 烯丙基 | 烯丙基卤代烃 | $CH_2=CHCH_2—X$ |
| | 孤立烯基 | 孤立卤代烯烃 | $CH_2=CHCH_2CH_2—X$ |
| 芳香卤代烃 | 苄基 | 苄基卤代烃 | $PhCH_2—X$ |
| | 芳基 | 卤代芳烃 | $Ph—X$ |

## 6.2 卤代烷烃的结构

卤代烃中 C—X 键是由一个 C 原子的 $sp^3$ 杂化轨道和一个卤原子的 p 轨道重叠而成的

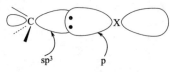

图 6-1　卤代烃中的 C—X 键

（见图 6-1）。在元素周期表中，从 F 到 I，卤原子 p 轨道的半径增大，而卤原子周围的电子云密度变得更加扩散。因此，它与 C 原子的 $sp^3$ 杂化轨道重叠程度以及 C—X 键的键能也都降低。例如，卤代甲烷（$CH_3X$）的 C—X 键的解离按 F、Cl、Br、I 的顺序依次降低，同时 C—X 键的键长按此顺序依次增大（见表 6-2）。

表 6-2　$CH_3X$ 中 C—X 键的键长和键能

| 卤甲烷 | 键长/nm | 键能/($kJ \cdot mol^{-1}$) |
|---|---|---|
| $CH_3Cl$ | 0.1784 | 339 |
| $CH_3Br$ | 0.1929 | 285 |
| $CH_3I$ | 0.2319 | 218 |

## 6.3　卤代烷烃的物理性质

在室温下，卤代烷（alkyl halide）一般为无色液体，分子量很小的卤代烃（$CH_3F$、$CH_3Cl$、$CH_3Br$、$C_2H_5F$、$C_2H_5Cl$、$C_3H_7F$）是气体，分子量较大的卤代烷为固体。纯净的卤代烷都是无色的，但碘代烷易分解产生游离碘，久置会变为红棕色，故应保存在棕色瓶中。卤代烷的蒸气有毒，应尽量避免吸入体内。卤代烷在铜丝上燃烧，能产生绿色火焰，这可作为鉴别卤代烷的简便方法。

卤代烷的沸点随着碳原子数的增加而升高。因卤原子的电负性（F 4.0，Cl 3.0，Br 2.9，I 2.6）均比 C 原子的电负性（2.5）和 H 原子的电负性（2.0）大，故 C—X 键具有极性，分子间引力增加，卤代烷的沸点比相应的烷烃高。烃基相同的卤代烷沸点的高低顺序为：RI＞RBr＞RCl＞RF＞RH。在同一卤代烷的各种异构体中，与烷烃的情况类似，即直链异构体的沸点最高，支链越多，沸点越低。

卤素的原子量比氢大得多，故一卤代烷的相对密度大于含同数碳原子的烷烃。且卤代烷烃的相对密度随着卤素含量的增加而增加（随着碳原子数的增加而减小）。卤素的原子量按 F、Cl、Br、I 依次增大，因此，具有相同烃基的卤代烷的密度按氟代烷、氯代烷、溴代烷、碘代烷依次增大。含 Br、I 的卤代烷，相对密度大于 1。卤代烷分子虽有一定极性，但仍不溶于水，可能是由于它们不能和水形成氢键所致。卤代烷能溶于醇、醚、烃类等有机溶剂，某些卤代烷本身就是优良的溶剂。一些常见卤代烷烃的物理常数列于表 6-3 中。

表 6-3　一些卤代烷的物理常数

| 卤代烷 | 氯化物 | | 溴化物 | | 碘化物 | |
|---|---|---|---|---|---|---|
| | 沸点/℃ | 相对密度($d_4^{20}$) | 沸点/℃ | 相对密度($d_4^{20}$) | 沸点/℃ | 相对密度($d_4^{20}$) |
| $CH_3$—X | −24.2 | 0.916 | 3.6 | 1.676 | 42.4 | 2.279 |
| $CH_3CH_2$—X | 12.3 | 0.898 | 38.4 | 1.440 | 72.3 | 1.933 |
| $CH_3CH_2CH_2$—X | 46.6 | 0.890 | 71.0 | 1.335 | 102.5 | 1.747 |
| $(CH_3)_2CH$—X | 34.8 | 0.869 | 59.4 | 1.310 | 89.5 | 1.706 |
| $CH_3(CH_2)_3$—X | 78.4 | 0.884 | 101.6 | 1.276 | 130.5 | 1.617 |
| $CH_3CH_2\underset{\overset{\mid}{CH_3}}{CH}$—X | 68.3 | 0.871 | 91.2 | 1.258 | 120 | 1.595 |

续表

| 卤代烷 | 氯化物 | | 溴化物 | | 碘化物 | |
|---|---|---|---|---|---|---|
| | 沸点/℃ | 相对密度($d_4^{20}$) | 沸点/℃ | 相对密度($d_4^{20}$) | 沸点/℃ | 相对密度($d_4^{20}$) |
| $(CH_3)_2CHCH_2-X$ | 68.8 | 0.875 | 91.4 | 1.261 | 121 | 1.605 |
| $(CH_3)_3C-X$ | 50.7 | 0.840 | 73.1 | 1.222 | 100(分解) | 1.545 |
| $CH_2X_2$ | 40.0 | 1.335 | 97 | 2.492 | 181 | 3.325 |
| $CH_2XCH_2X$ | 83.5 | 1.256 | 131 | 2.180 | 分解 | 2.130 |
| $CHX_3$ | 61.2 | 1.492 | 149.5 | 2.89 | 升华 | 4.008 |
| $CX_4$ | 76.8 | 1.594 | 189.5 | 3.270 | 升华 | 4.500 |

## 6.4 卤代烷烃的化学性质

卤代烷烃的化学性质活泼，反应主要发生在 C—X 键上。分子中 C—X 键为极性共价键 $\overset{\delta^+}{C}\to\overset{\delta^-}{X}$，碳原子带部分正电荷，易受带负电荷或孤电子对的试剂的进攻。因此，C—X 键比 C—H 键容易断裂而发生各种化学反应。

### 6.4.1 亲核取代反应

反应中被取代的卤原子以 $X^-$ 形式离去，称为离去基团（常用 $L^-$ 表示）。由亲核试剂的进攻而引起的取代反应称为亲核取代反应（常用 $S_N$ 表示）。

卤代烃中与卤原子直接相连的碳原子，由于 C—X 键具有一定极性，易被带负电荷或未共用电子对的试剂进攻。这些进攻试剂都有较大的电子云密度，能提供一对电子给 C—X 键中带正电荷的碳，也就是说，这些试剂具有亲核性。把这种能提供负离子的试剂称为亲核试剂（常用 $Nu^-$ 表示）。因为极性的 C—X 键导致了中心碳原子具有明显的缺电子性，是缺电子中心，即中心 C 原子因带有部分正电荷而具有亲电性，所以—X 易被亲核试剂取代，这类反应称为亲核取代反应（nucleophilic substitution reaction），简称 $S_N$ 反应（S 即取代，N 即亲核）。卤代烷在一定条件下，可被许多亲核试剂取代。其通式如下：

$$R-L + :Nu^- \longrightarrow R-Nu + L^-$$

反应物　　亲核试剂　　产物　　离去基团
（底物）　　进攻基团

式中，$Nu^-$ 为 $OH^-$、$RO^-$、$HS^-$、$RS^-$、$CN^-$、$RCOO^-$、$NH_3$。

$$RX + \begin{cases} NaOH \xrightarrow[\triangle]{H_2O} ROH + NaX \\ \text{醇类} \\ NaOR' \longrightarrow ROR' + NaX \\ \text{醚类} \\ NaCN \xrightarrow{醇} RCN + NaX \\ \text{腈类} \quad \downarrow{H_2O,H^+} \longrightarrow RCOOH \\ :NH_3 \longrightarrow RNH_2 + HX \\ \text{胺类} \\ AgNO_3 \xrightarrow{醇} RONO_2 + AgX\downarrow \\ \text{硝酸酯} \end{cases}$$

卤代烷的反应活性次序为：$RI > RBr > RCl$。究其原因，一方面是由于碳卤键键能为 $C—Cl > C—Br > C—I$；另一方面，对 $C—X$ 键来说，共价键的极化度随原子半径的增大而增大，键极化度的强弱次序为 $C—I > C—Br > C—Cl > C—F$，这种动态极化，在分子的化学反应活性方面起着决定作用。

卤代烷进行亲核取代反应的结果，使烷基导入各种官能团或碳干骨架中去，所以，卤代烷是良好的烷基化试剂。

由于卤代烷不溶于水，有些反应要在醇溶液中进行。上述的前 4 个反应可分别作为制备醇类、醚类、腈类和胺类的方法。而腈类可以水解生成羧酸，是分子中增加一个碳原子的方法之一。卤代烷与硝酸银的反应，因有卤化银沉淀生成，常用来鉴别卤代烷。

## 6.4.2 消除反应

卤代烷分子中消去卤化氢生成烯烃的反应称为卤代烷的消除反应（elimination reaction），简称为 E 反应。由于卤代烷中 $C—X$ 有负诱导效应（$-I$），致使 $\beta$-H 有一定的"酸性"，在强碱的作用下卤代烷易于消去 $\beta$-H 和卤原子，又称为 $\beta$-消除。例如：

$$R—\underset{\underset{\boxed{H\quad X}}{|\quad\quad|}}{CH—CH_2} \xrightarrow[\triangle]{NaOH, 醇} RCH=CH_2 + HX$$

$$(CH_3)_2CHCH_2Br \xrightarrow[55℃]{NaOC_2H_5, C_2H_5OH} (CH_3)_2C=CH_2 + HBr$$
$$(62\%)$$

$$CH_3CHBrCH_3 \xrightarrow[55℃]{NaOC_2H_5, C_2H_5OH} CH_3CH=CH_2 + HBr$$
$$(80\%)$$

$$(CH_3)_2CBrCH_3 \xrightarrow[55℃]{NaOC_2H_5, C_2H_5OH} (CH_3)_2C=CH_2 + HBr$$
$$(98\%)$$

由上述反应式可见，不同级别的卤代烷消除 HX 生成烯烃的反应活性次序为：$3° > 2° > 1°$。卤代烷与氢氧化钠（或 KOH）的醇溶液作用时，卤素常与 $\beta$-碳上的氢原子脱去一分子卤化氢而生成烯烃。这种有机分子中脱去一个简单分子的反应叫作消除反应。

消除反应的活性次序为：叔卤代烷 > 仲卤代烷 > 伯卤代烷。

$2°RX$、$3°RX$ 脱卤化氢时，遵守查依采夫（Saytzeff）规则，即主要产物是生成双键碳上连接烃基最多的烯烃，也叫 Saytzeff 烯。例如：

$$CH_3CH_2CH_2\underset{\underset{Br}{|}}{CH}CH_3 \xrightarrow{KOH, EtOH} CH_3CH_2CH=CHCH_3 + CH_3(CH_2)_2CH=CH_2$$
$$\qquad\qquad\qquad (69\%)\qquad\qquad\qquad (31\%)$$

$$CH_3CH_2—\underset{\underset{Br}{|}}{\overset{\overset{CH_3}{|}}{C}}—CH_3 \xrightarrow{KOH, EtOH} CH_3CH=\overset{\overset{CH_3}{|}}{\underset{\underset{CH_3}{|}}{C}} + CH_3CH_2\overset{\overset{CH_3}{|}}{\underset{}{C}}=CH_2$$
$$\qquad\qquad\qquad (71\%)\qquad\qquad (29\%)$$

（主）　　　　　（次）　　　　　（极少）

## 6.4.3 卤代烷烃与金属的反应

（1）与金属镁的反应

法国有机化学家 V. Grignard（格利雅）于 1901 年在里昂大学他的博士论文研究中，首次发现金属镁可与卤代烃反应生成有机镁化合物。由于这一发现及有机镁化合物的合成与应用对有机化学发展起到了极其重要的推动作用，他于 1912 年获得了诺贝尔化学奖。为了纪念 Grignard 在有机化学领域中的这一卓越成就，人们把有机镁这一具有极强亲核性的试剂称为 Grignard 试剂（简称格氏试剂），而把它所参与的反应称为 Grignard 反应（简称格氏反应）。

Grignard 试剂是由卤代烷与金属镁在无水乙醚中加热，生成的烷基卤化镁。这个反应被认为是金属镁以提供自由电子的方式与卤代烷作用的，卤代烃与镁作用生成有机镁化合物，该产物不需分离即可直接用于有机合成反应，这种有机镁化合物称为格氏试剂。

格氏试剂是由 $R_2Mg$、$MgX_2$、$(RMgX)_n$ 等多种成分形成的平衡体系混合物，一般用 RMgX 表示。

$$RX + Mg \xrightarrow{\text{无水乙醚}} RMgX$$

RX 的活性顺序为：$RI > RBr > RCl$。

乙醚的作用是与格氏试剂配合生成稳定的溶剂化物。

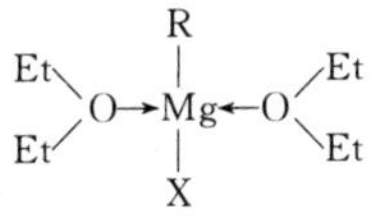

$$\begin{array}{c} R \\ | \\ \text{Et}_2O \rightarrow Mg \leftarrow O\text{Et}_2 \\ | \\ X \end{array}$$

四氢呋喃（THF）和其他醚类也可作为溶剂。

格氏试剂的性质非常活泼，能与多种含活泼氢的化合物作用，甚至还能与 $CO_2$ 反应，在有机合成上广泛应用。例如：

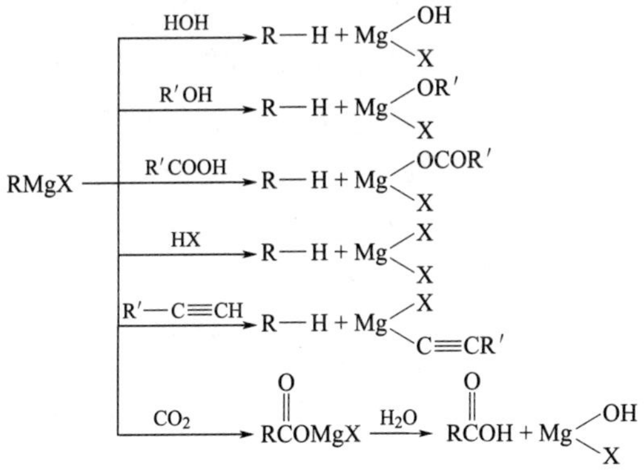

由于格氏试剂遇水就水解，所以，在制备格氏试剂时，必须用无水试剂和干燥的反应器；操作时也要采取隔绝空气中水汽的措施。

（2）与金属锂的反应

例如：
$$C_4H_9X + 2Li \xrightarrow{\text{石油醚}} C_4H_9Li + LiX$$

有机锂化合物的性质与格氏试剂很相似，反应性能更为活泼，遇水、醇、酸等即分解。

有机锂化合物也可与金属卤代物作用生成各种有机金属化合物。例如：

$$2RLi + CuI \xrightarrow{\text{无水乙醚}} R_2CuLi + LiI$$
二烃基铜锂

二烃基铜锂称为铜锂试剂，它是一个很好的烃基化试剂。

---

**思考题 6-1** 什么样的卤代烷消去 HX 后可产生下列单一的烯烃?

(1) 3,3-二甲基-1-戊烯　　　　(2) ⬠—CH₂

**思考题 6-2** 怎样由 $CH_3CH_2CH_2Br$ 合成化合物 $CH_3CH(NH_2)CH_3$?

**思考题 6-3** 应用格氏试剂完成合成反应:$CH_3CH_2CH_2CH_2Br \longrightarrow CH_3CH_2CH_2CH_2COOH$

---

## 6.4.4 亲核取代反应历程

对于卤代烃的亲核取代反应 $RX + Nu^- \longrightarrow RNu + X^-$，RX 是如何变为产物 RNu 的?从亲核试剂 $Nu^-$ 进攻与离去基团 $X^-$ 离去的先后顺序看，反应可能通过两种途径之一进行:离去基团 $X^-$ 先离去，形成 $R^+$，然后 $R^+$ 与 $Nu^-$ 结合形成 RNu，这个过程叫单分子历程，用 $S_N1$ 表示;$Nu^-$ 进攻 RX，$X^-$ 的离去与 $Nu^-$ 同带正电性的碳原子结合同时进行，这个过程叫双分子历程，用 $S_N2$ 表示。

事实证明，卤代烃的亲核取代反应确有这两种历程 (mechanism)。一个反应到底经过哪种历程，与化合物的结构、进攻试剂的性质、溶剂的性质等因素有关，其中最基本的是结构因素。

(1) 单分子亲核取代反应

① $S_N1$ 历程　实验证明，溴代叔丁烷在碱性溶液中的水解反应是分两步完成的。第一步是碳溴键断裂生成碳正离子;第二步是由碳正离子与试剂 $OH^-$ 或水结合生成水解产物。

第一步　　　　　　　　$(CH_3)_3CBr \overset{慢}{\rightleftharpoons} (CH_3)_3C^+ + Br^-$

第二步　　　　　　$(CH_3)_3C^+ + OH^- \overset{快}{\longrightarrow} (CH_3)_3COH$

　　　　　或　$(CH_3)_3C^+ + H_2O \overset{快}{\longrightarrow} (CH_3)_3COH + H^+$

第一步是溴代叔丁烷在溶剂作用下解离出 $(CH_3)_3C^+$ 及 $Br^-$，这一步很慢，但当 $(CH_3)_3C^+$ 一旦生成，便立刻与 $OH^-$ 结合生成醇。反应中形成碳正离子的一步是决定整个反应速率的步骤，因为在这一步中，只决定于 C—Br 键的断裂，可见反应速率仅与溴代叔丁烷的浓度有关，故称为单分子亲核取代反应，用 $S_N1$ 表示。在 $S_N1$ 反应历程中，中心 C 原子解离为碳正离子，C 原子由 $sp^3$ 转变为 $sp^2$ 杂化态。在第二步反应过程中 C 原子又由 $sp^2$ 转变为 $sp^3$ 杂化态。

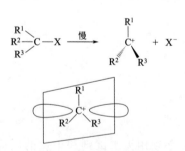

图 6-2　碳正离子的结构

② $S_N1$ 中的立体化学　在 $S_N1$ 反应中，决定反应速率的一步中形成的碳正离子呈 $sp^2$ 杂化态，具有平面构型，如图 6-2 所示。

亲核试剂向平面的任一面进攻的概率是相等的，因此生成的产物是外消旋化产物，是非光学活性的。这个反应进程称为外消旋化。

有些 $S_N1$ 反应，实验结果的确如此。但在多数情况下，结果并不那么简单。在外消旋化的同时，还出现了一部分构型的转化，从而使产物具有不同程度的旋光性。例如，2-卤代辛烷按 $S_N1$ 反应水解时，得到 34％外消旋物质和 66％构型转化的旋光物质。

（2）双分子亲核取代反应

① $S_N2$ 历程　在 $S_N2$ 历程中，亲核试剂 $Nu^-$（如 $OH^-$）的进攻与离去基团 $X^-$ 的离去同时进行，由于 $OH^-$ 带有负电荷，致使它避开电子云密度较大的溴原子而从它的背面接近 C 原子，此时 $OH^-$ 和 Br 原子的相互排斥力最小。例如：

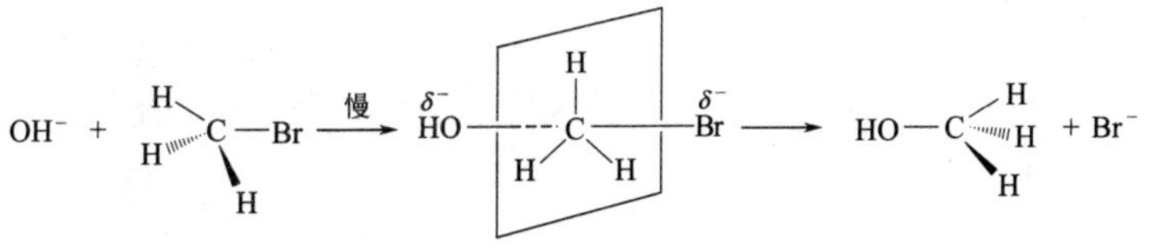


过渡态

当 $OH^-$ 从 Br 原子的背面接近 C 原子时，C—O 之间的键只部分形成，C—Br 键则渐渐伸长变弱，但没有完全断裂，整个反应经过一个过渡状态。在过渡状态下，C 原子和 3 个 H 原子在同一平面上，而 OH 和 Br 原子则在平面的两边。C、O、Br 三个原子在同一直线上。当 $OH^-$ 与中心 C 原子进一步接近，最终形成一个稳定的 C—O 共价键时，C—Br 键便彻底断裂，Br 带着一对共用电子离开分子而形成 $Br^-$。过渡态化合物的形成，与 $CH_3Br$ 和亲核试剂 $OH^-$ 的浓度都有关，而且反应速率又决定过渡态化合物的形成。所以，这一历程称为双分子亲核取代反应，常以 $S_N2$ 表示。

② $S_N2$ 中的立体化学　杂化轨道理论认为，在 $S_N2$ 反应的过渡态中，中心 C 原子从原来的 $sp^3$ 转变为 $sp^2$ 杂化态，所以 C—H 键的键角为 120°，三个 C—H 键同在一个平面上。未参与杂化的一个 p 轨道则与 $OH^-$ 和 $Br^-$ 结合。过渡态时 $sp^2$ 杂化状态如图 6-3 所示。

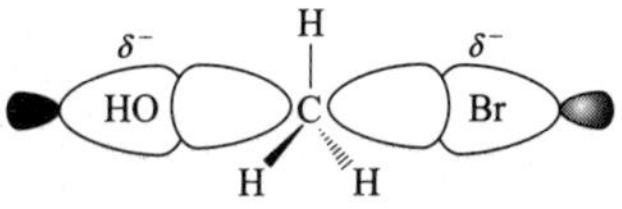


图 6-3　过渡态时 $sp^2$ 杂化状态

> **思考题 6-4**　顺-1-甲基-4-溴环己烷在 $OH^-$ 条件下发生 $S_N2$ 反应后，预计其分子构型，并写出反应式。

（3）$S_N1$ 与 $S_N2$ 反应的竞争

$S_N1$ 和 $S_N2$ 是卤代烷发生亲核取代反应的两种典型历程，往往同时存在，只是不同的反应物和在不同的反应条件下其中一种历程占优势。如果单从卤代烷分子中烷基结构的影响考虑，当中心 C 原子所连的烷基数目增多时，空间位阻就会增大，亲核试剂向卤代烷中心 C 原子靠近就较困难，因而不利于过渡态形成，较难按 $S_N2$ 历程进行；相反，由于烷基的斥电性作用使中心 C 原子上的电子云密度增大，有利于卤原子以负离子形式离去而形成 $C^+$，易于按 $S_N1$ 历程进行。同理，如果中心 C 原子连接的烷基越少，则越有利于按 $S_N2$ 历程进行，而不利于按 $S_N1$ 历程进行。

综上所述，一般来说，叔卤代烷是以 $S_N1$ 反应为主；而伯卤代烷、卤甲烷是以 $S_N2$ 反应为主；仲卤代烷则可以同时按 $S_N1$ 和 $S_N2$ 历程进行。其反应次序一般如下：

$$\xrightarrow{S_N1\ 增加}$$

$$CH_3X \qquad RCH_2X \qquad R_2CHX \qquad R_3CX$$

$$\xleftarrow[S_N2\ 增加]{}$$

　　此外，亲核试剂的性质、卤原子、溶剂等因素对亲核取代反应也是有影响的。若增加溶剂的极性，有利于按 $S_N1$ 历程进行。例如，$C_6H_5CH_2$—Cl 的水解反应，在水中按 $S_N1$ 历程进行，而在极性较小的丙酮中则按 $S_N2$ 历程进行：

$$C_6H_5CH_2Cl \left\lgroup \begin{array}{l} \xrightarrow[S_N1]{H_2O} C_6H_5CH_2OH \\ \xrightarrow[S_N2]{CH_3COCH_3} C_6H_5CH_2OH \end{array} \right.$$

## 6.4.5　消除反应历程

　　从卤代烷分子中脱去 HX 的消除反应，可以发生在分子中两个相邻的 C 原子上，这种消除反应叫 $\beta$-消除反应。这是有机化学中最常见的一类反应。所谓消除反应，除非特别说明，一般是指 $\beta$-消除反应。在一个分子中，被消除的两个原子（或原子团），就离开的先后顺序来讲，可以两个同时离开，也可以不同时离开。在不同时离开的情况下，可以是其中的任何一个先离开。因此卤代烷的消除反应和亲核取代反应类似，存在单分子和双分子两个反应历程。消除反应用 E 表示，E1 和 E2 分别代表单分子消除反应和双分子消除反应。

　　（1）E1 反应历程

　　在 E1 消除反应中，第一步是卤代烷在溶剂中先解离为碳正离子，然后 $C^+$ 在碱性试剂作用下失去一个 $\beta$-H 而生成烯烃，反应是分两步完成的。例如：

$$\underset{\underset{CH_3}{|}}{\overset{\overset{CH_3}{|}}{H_3C-C-X}} \xrightarrow{慢} \underset{\underset{CH_3}{|}}{\overset{\overset{CH_3}{|}}{H_3C-C^+}} + X^- \qquad (1)$$

$$\underset{\underset{\beta CH_3}{|}}{\overset{\overset{CH_3}{|}}{H_3C-C^+}} + OH^- \xrightarrow{快} H_3C-\overset{\overset{CH_3}{|}}{C}=CH_2 + H_2O \qquad (2)$$

　　这里，E1 与 $S_N1$ 的不同是在第二步反应，E1 所形成的碳正离子不像 $S_N1$ 中那样与亲核试剂结合，而是仅 $\beta$-C 上的 H 原子以质子的形式脱去而生成双键。第一步反应速率很慢，是整体反应速率决定性的一步，即整体的反应速率仅取决于卤代烷的浓度，而与试剂浓度无关。这样的反应历程称为单分子消除反应（E1）。

　　由于 E1 与 $S_N1$ 的反应历程相似，因此这两种反应也是相伴发生的。

　　（2）E2 反应历程

　　E2 与 $S_N2$ 也相似。在 E2 反应中，碱性试剂（$OH^-$）进攻 $\beta$-H 原子，形成一个中间过渡态，最后是 $\beta$-H 原子以质子形式离去，同时，C—X 键断裂，X 带着共用电子对离去，在 $\alpha$-C 原子与 $\beta$-C 原子之间形成一个双键，这便是 E2 反应。例如：

$$HO^- + CH_3-\overset{\overset{H}{|}}{\underset{\underset{H}{|}}{C^\beta}}{}^{-\alpha}CH_2-Br \xrightarrow{慢} \left[ \begin{array}{c} \overset{H}{|} \\ CH_3-C-CH_2\cdots\overset{\delta-}{Br} \\ \underset{HO}{\overset{\delta-}{\cdots}}{}^H \end{array} \right] \xrightarrow{快} CH_3CH=CH_2 + H_2O + Br^-$$

过渡态

　　这样的反应是一步完成的，而不是分阶段的。新键的生成和旧键的断裂同时发生，其反应速率取决于过渡态的形成。而过渡态是由卤代烷和进攻试剂两种分子组成，所以反应速率与这两种分子的浓度有关，故称为双分子消除反应（E2）。

由于 E2 和 $S_N2$ 反应历程相似，两者也是相伴发生的，其差异仅在于 $OH^-$ 进攻 $\beta$-H 还是 $\alpha$-C 的不同。

$$H-\overset{CH_3}{\underset{(2)}{\overset{\beta}{C}H}}-\overset{\alpha}{\underset{(1)}{C}H_2}-X \quad \overset{S_N2}{\underset{(1)}{}} \text{过渡态} \longrightarrow CH_2CH_2CH_2OH + X^-$$
$$\overset{E2}{\underset{(2)}{}} \text{过渡态} \longrightarrow CH_3CH{=\!=}CH_2 + X^- + H_2O$$

### 6.4.6 亲核取代反应与消除反应的竞争与共存

卤代烷在 NaOH 作用下，可以发生 $S_N$ 反应和 E 反应，其历程相似，有单分子历程和双分子历程。E 和 $S_N$ 同时存在于一个反应体系中。在这两种历程中，反应物和进攻试剂相同，彼此互相竞争。如果进攻试剂有利于进攻反应物的 $\alpha$-C 原子，则引起取代反应；而有利于进攻 $\beta$-H 原子，则引起消除反应。

因此，卤代烷水解时，不可避免地会有脱 HX 的副反应发生；同样脱 HX 时也会有卤代烷的溶剂解产物生成。那么，对于一个特定条件下的反应，竞争的结果将会主要得到是取代产物还是消除产物呢？大量的研究发现，消除产物和取代产物的比例常受到反应物的结构、试剂的碱性及亲核性、溶剂极性和反应温度的影响。

（1）卤代烷的结构

一般来说，一级卤代烷的 $S_N2$ 反应快，E2 反应较慢，但随着 $\alpha$-C 原子上的支链增多，$S_N2$ 反应速率减慢，E2 反应速率加快。

消除反应速率加快
$\longrightarrow$

双分子历程　$1°RX$　　$2°RX$　　$3°RX$　单分子历程

$\longrightarrow$
亲核取代反应速率降低

因 $\beta$-C 原子上支链增多，进攻试剂进攻 $\alpha$-C 原子时的空间位阻增大，故有利于消除反应，不利于亲核取代反应。如叔卤代烷是单分子历程，有利于消除反应。

表 6-4 是三种伯溴代烃在 $NaOC_2H_5$ 作用下进行 $S_N2$ 和 E2 竞争反应的情况。

表 6-4　几种伯溴代烃进行 $S_N2$ 和 E2 竞争反应的产率

| 伯溴代烷 | 反应条件 | $S_N2$ 产物的产率/% | E2 产物的产率/% |
|---|---|---|---|
| $CH_3CH_2CH_2CH_2CH_2Br$ | | 90.2 | 9.8 |
| $(CH_3)_2CHCH_2Br$ | $C_2H_5ONa/C_2H_5OH$ | 40.5 | 59.5 |
| $PhCH_2CH_2Br$ | | 4.4 | 94.6 |

（2）试剂的碱性

进攻试剂的碱性越强，浓度越大，将越有利于 E2 反应；试剂的亲核性越强，则越有利于 $S_N2$ 反应。以下负离子都是亲核试剂，其碱性大小次序为：

$$NH_2^- > RO^- > OH^- > CH_3COO^- > I^-$$

例如，当伯、仲卤代烷用 NaOH 进行水解时，除了发生取代反应外，还伴随消除反应的产物——烯烃产生，因 OH⁻ 既是亲核试剂又是强碱。但当 $CH_3COO^-$ 或 I⁻ 作为进攻试剂时，则往往只发生 $S_N2$ 反应，没有消除反应，因为 $CH_3COO^-$ 和 I⁻ 的碱性比 OH⁻ 弱，能进攻 $\alpha$-C 原子而不进攻 $\beta$-H 原子。另外，进攻试剂的体积越大，越不易于接近 $\alpha$-C 原子，而容易进攻 $\beta$-H 原子，有利于 E2 反应的进行。

（3）溶剂的极性

一般来说，增加溶剂的极性有利于亲核取代反应，不利于消除反应。所以常用 KOH/$H_2O$ 从卤代烷制醇，而用 KOH/EtOH 制烯烃。溶剂对反应的影响可以从 $S_N2$ 和 E2 的过渡态电荷分散情况得到解释。

$$\overset{\delta^-}{HO}\cdots\overset{|}{\underset{|}{C}}\cdots\overset{\delta^-}{X} \qquad \overset{\delta^-}{HO}\cdots H\cdots\overset{|}{\underset{|}{C}}-\overset{|}{\underset{|}{C}}\cdots\overset{\delta^-}{X}$$

$$S_N2 \qquad\qquad\qquad E2$$

由于 $S_N2$ 的过渡态电荷比较集中（仅分散在三个原子上），溶剂化作用能较大幅度地分散电荷；E2 过渡态电荷比较分散（电荷分散在五个原子上），使反应的活化能降低程度较大。因此，溶剂极性的增加对 $S_N2$ 有利。极性溶剂有利于电荷集中而不是分散，所以增加溶剂极性对 E2 过渡态不利。溶剂对单分子历程也有类似的影响，即增加溶剂极性，对 $S_N1$ 有利。

$$\overset{\delta^+}{}\cdots\overset{|}{\underset{|}{C}}\cdots\overset{\delta^-}{X} \qquad \overset{\delta^-}{HO}\cdots H\cdots\overset{|}{\underset{|}{C}}-\overset{|}{\underset{|}{C}}\overset{\delta^+}{}$$

$$S_N1 \qquad\qquad\qquad E1$$

（4）温度

由于消除反应在活化过程中，需要拉长 C—H 键，而在亲核取代反应中，则没有这种情况，故消除反应的活化能比取代反应大。因此，升高温度可提高消除反应产物的比例。

综上所述，要促进消除反应，宜采用高浓度的强碱性试剂，使用极性小的溶剂，选择较高的温度进行反应。

# 6.5　卤代烯烃和卤代芳烃

## 6.5.1　卤代烯烃和卤代芳烃的化学活性

卤代烯烃（alkenyl halide）和卤代芳烃（aryl halide）中卤素的化学反应活性取决于烃基的结构和卤素的性质两个方面，可用不同烃基和卤素的卤代烃与 $AgNO_3$-乙醇溶液反应，根据生成卤化银沉淀的快慢来判断其活性次序（见表 6-5）。

$$R-X + AgNO_3 \xrightarrow{醇} RONO_2 + AgX\downarrow$$

**表 6-5　不同卤代烃与 $AgNO_3$-乙醇溶液反应的现象**

| 卤代烃 | $CH_2=CHCH_2-X$ <br> ⟨苯环⟩$-CH_2-X$ <br> $(CH_3)_3C-X$ <br> $R-I$ | $R_2CH-X$ <br> $R-CH_2-X$ <br> $CH_2=CH(CH_2)_n-X$ <br> $(n\geqslant2)$ | $CH_2=CH-X$ <br> ⟨苯环⟩$-X$ |
|---|---|---|---|
| 反应现象 | 室温下立即生成 AgX↓ | 加热才能生成 AgX↓ | 加热也不生成 AgX↓ |

由表 6-5 可知，对不同烃基结构的卤代烃而言，卤素的化学活性顺序为：

$$CH_2=CHCH_2-X \ >R_3C-X \ >R_2CH-X \ > \ CH_2=CH-X$$

即　　　　　　　　　　烯丙型　＞3°R—X　＞　2°R—X　＞　1°R—X

而从卤素性质角度来看，则有

$$R—I \quad > \quad R—Br \quad > \quad R—Cl$$

几个反应实例如下：

$$CH_2{=}CHCH_2Cl + NaOH \xrightarrow{H_2O} CH_2{=}CHCH_2OH + NaCl \quad （易进行）$$

$$CH_2{=}CH—Cl + NaOH \overset{H_2O}{\not\longrightarrow} \quad （不反应）$$

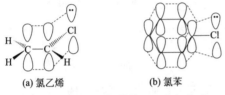

——CH₂Cl + NaOH $\xrightarrow{H_2O}$ ——CH₂OH + NaCl

——Cl + NaOH $\xrightarrow[300℃,20MPa]{H_2O}$ ——OH + NaCl

### 6.5.2　卤代烯烃和卤代芳烃的结构

为什么不同卤代烃的化学反应活性有如此差异呢？

乙烯卤、芳卤不易发生亲核取代反应，是由于卤素与双键形成 p-π 共轭。卤原子上的未共用电子对与双键的 π 电子云形成了 p-π 共轭体系（富电子 p-π 共轭），如图 6-4 所示。

**(a) 氯乙烯**　　　　**(b) 氯苯**

图 6-4　氯乙烯和氯苯的 p-π 共轭体系

氯苯的 p-π 共轭体系

氯乙烯和氯苯分子中电子云的转移可表示如下：

共轭的结果是电子云分布趋向平均化，C—X 键偶极矩变小，键长缩短，故反应活性低。乙烯式卤代烃对加成反应的方向也有一定的影响（其共轭效应主导着反应方向）。

烯丙基卤代烃易发生亲核取代反应是因为 $CH_2{=}CH—CH_2—Cl$ 中的 Cl 原子易解离下来，形成 p-π 共轭体系的碳正离子。

$$CH_2{=}CH—CH_2—Cl \Longleftrightarrow CH_2{=}CH—\overset{+}{C}H_2 \longleftrightarrow \overbrace{CH_2{\cdots}CH{\cdots}CH_2}^{+}$$

由于形成 p-π 共轭体系，正电荷得到分散（不再集中在一个碳原子上），使体系趋于稳定，因此有利于反应的进行。

## 6.6　典型化合物

（1）氯乙烷

氯乙烷是带有甜味的气体，沸点是 12.3℃，低温时可液化为液体。工业上用作冷却剂，在有机合成上用于进行乙基化反应。施行小型外科手术时，用作局部麻醉剂，将氯乙烷喷洒在要施行手术的部位，因氯乙烷沸点低，很快蒸发，吸收热量，温度急剧下降，局部暂时失去知觉。

（2）三氯甲烷

三氯甲烷俗名氯仿，为无色具有甜味的液体，沸点为 61℃，不能燃烧，也不溶于水。工业上用作溶剂，在医药上也曾用作全身麻醉剂，因毒性较大，现已很少使用。

（3）二氟二氯甲烷

二氟二氯甲烷（$CF_2Cl_2$），俗名氟利昂-12(freon-12)，为无色气体，加压可液化，沸点为 -29.8℃，不能燃烧，无腐蚀和刺激作用，高浓度时有乙醚气味，但遇火焰或高温金属表面时，放出有毒物质。氟利昂-12 可用作制冷剂。由于氟利昂-12 对臭氧层有破坏作用并存在温室效应，我国 2007 年已停止了氟利昂-12 制冷剂的生产以及在新制冷空调设备上的初装。

（4）四氟乙烯

四氟乙烯（$CF_2{=}CF_2$）为无色气体，沸点为 -76℃。四氟乙烯聚合得到聚四氟乙烯：

$$n CF_2{=}CF_2 \longrightarrow {+\!\!}CF_2{-}CF_2{\!+}_n$$

聚四氟乙烯（Teflon）是一种非常稳定的塑料，能耐高温、强酸、强碱，无毒性，有自润作用，是有用的工程和医用材料，也可作炊事用具，不粘内衬，有"塑料王"之称。

（5）有机氟化物

一氟代烷在常温时很不稳定，容易自行失去 HF 而变成烯烃。例如：

$$CH_3{-}CHF{-}CH_3 \longrightarrow CH_3{-}CH{=}CH_2 + HF$$

当同一碳原子上有两个氟原子时，性质就很稳定，不易起化学反应。如 $CH_3CHF_2$、$CH_3CF_2CH_3$。全氟化烃的性质极其稳定，它们有很高的耐热性和耐腐蚀性。

氟代烃的用途引人注目。$ClBrCHCF_3$ 可作麻醉药，不易燃烧，比环丙烷、乙醚安全；$CCl_2F_2$、$CCl_3F$、$F_2ClC{-}CClF_2$ 是很多喷雾剂（杀虫剂、清洁剂）的推进剂；$CCl_2F_2$、$HCClF_2$(freon-22) 是电冰箱和空调的制冷剂。作喷雾剂推进剂或制冷剂的氯氟烃对地球周围的臭氧有破坏作用，臭氧层能滤除致皮肤癌的太阳紫外线，对人体健康有重要作用。有些国家也开始禁止使用含氯氟烃作为喷雾剂的推进剂。

 **氯代有机化合物和环境**

今天，有 15000 多种卤代有机化合物被生产用于商业用途。氯最大的工业用途是在含聚氯乙烯类塑料的合成中，美国每年生产六百多万吨聚氯乙烯基的材料。氯代有机物的其他重要用途包括溶剂、工业润滑油、绝缘油、除莠剂以及杀虫剂等。

这些物质中的一些在遗弃处置后持续残存于环境中，并疑为对人和其他野生生物的健康产生各种有害的影响。像氯丹和六六六杀虫剂，被认为是内分泌的破坏者，会引起动物遗传异常。在美国，虽然早在 20 世纪 70 年代就被限制和明令禁止使用，但是这些在环境中不易降解的物质仍大量存在。PCBs（多氯代联苯类）也属于这一类，从 20 世纪 20 年代已被广泛用于输电设备中的绝缘液体，并在 1976 年开始限制使用，但它仍是北美五大湖流域的一个重要污染物。

氯丹　　　　　　　六六六　　　　十氯代联苯(一种PCBs)

人们针对氯代有机物的使用和处置的问题想出了很多解决方法。例如，二氧化碳在适宜的温度和压力下转变为一种可以从咖啡豆中提取咖啡的液体，因此可以取代二氯甲烷；控制得当的焚化可以以对环境最小的影响来破坏卤代烃废弃物。针对被污染地带的净化难题也提出了很多创新的技术。其中的一种方法是生物补救法，其核心是使用一氯代有机物作为微生物的食物。事实上，早在20世纪90年代，在哈得逊河上游天然存在的一种奇异的厌氧微生物已经将河底沉积物中的大部分PCBs中的氯除掉了，将这些分子转变成了更容易被传统好氧细菌生物降解的物质。现在看来，人们最终能否将生物补救法发展为一种大范围的实用技术还很难判断。

## 溴甲烷的困境：非常有用但毒性太高

溴甲烷（$CH_3Br$）是一种有很多用途的物质，其制备简单且便宜，用作大型贮藏空间如仓库和火车货棚车的昆虫熏蒸剂，还能有效地扑灭土壤和一些主要的庄稼（如马铃薯）的虫灾。它的价值部分归功于其很高的毒性，从化学反应本质上讲主要归因于它的 $S_N2$ 反应活性。因为生命化学在很大程度上依赖于含有亲核基团的各类分子，如胺（—$NH_2$ 和相关基团）和硫醇（—SH），这些分子的生化作用是多种多样的，且对生物有机体的生存十分关键。溴甲烷作为一种活性很高的亲电试剂，易将这些亲核原子烷基化——通过 $S_N2$ 反应机理将甲基接在它们上面带来生物化学方面的大灾难（如在使用熏蒸剂的土地上生长出来的草莓会因为一种黄萎病而枯萎），有些过程可以生成副产物 HBr，更扩大了溴甲烷这种物质对生命系统引起的危害。

$$R\!-\!\ddot{S}\!-\!H + CH_3\!-\!\ddot{Br} \longrightarrow R\!-\!\overset{CH_3}{\underset{}{S^+}}\!-\!H + :\!\ddot{Br}:^- \longrightarrow R\!-\!\ddot{S}\!-\!CH_3 + H\ddot{Br}:$$

溴甲烷的毒性不仅作用于昆虫，人体暴露于其中也会引起很多健康问题，例如：直接接触会烧坏皮肤；长期暴露会引起肾脏、肝脏和中枢神经系统的损坏；吸入高浓度的溴甲烷会带来肺组织的毁坏，引起肺水肿，甚至死亡。我国 GBZ 2.1—2019《工业场所有害因素职业接触限值　第1部分：化学有害因素》规定溴甲烷的职业接触限值为 $2mg/m^3$。正如许多已被发现的广泛使用的物质一样，溴甲烷的毒性引起的困境要求人类对它的使用进行极其负责的控制。在安全和效用问题上的决断并不容易，人类必须非常小心地估量人类的、环境的和经济上的代价。

## 习　　题

6-1　用系统命名法命名下列化合物。

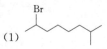

(1)　　　　　　　　　　(2)　　　　　　　　　　(3)

(4)　　　　　　　　　　(5)　　　　　　　　　　(6)

(7)　　　　　　　　　　(8)

(9)　　　　　　　　　　(10)

**6-2**　写出下列化合物的构造式。

(1) 苄溴　　　　　　　　　　(2) 烯丙基氯

(3) 2-甲基-4-溴-2-戊烯　　　　(4) 氯仿

(5) 7-甲基-3-异丙基-1,1-二溴-2,4-壬二烯

**6-3**　完成该反应方程式：

$$\begin{array}{l} \xrightarrow{\text{NaCN}} ? \\ \xrightarrow{\text{NH}_3} ? \\ \xrightarrow{\text{C}_2\text{H}_5\text{ONa}} ? \\ \xrightarrow[\text{丙酮}]{\text{NaI}} ? \\ \xrightarrow{\text{H}_2\text{O,OH}^-} ? \end{array}$$

**6-4**　写出 1-溴丁烷与下列化合物反应所得到的主要有机物。

(1) NaOH(水溶液)　　　　　　(2) KOH(醇溶液)

(3) Mg，纯醚　　　　　　　　(4) (3) 的产物＋$D_2O$

(5) $(CH_3)_2CuLi$　　　　　　(6) $CH_3C\equiv CNa$

(7) $CH_3NH_2$　　　　　　　　(8) $C_2H_5ONa$，$C_2H_5OH$

(9) NaCN　　　　　　　　　　(10) $AgNO_3$，$C_2H_5OH$

**6-5**　写出下列反应的产物。

(1) $CH_3CH_2OCH_2CH_2Br + NaCN \xrightarrow{\text{EtOH-H}_2\text{O}} ?$

(2) $CH_3CH_2CH_2CH_2CH_2CH_2Br \xrightarrow{\text{Mg,Et}_2\text{O}} ? \xrightarrow{\text{D}_2\text{O}} ?$

(3) $CH_3\underset{\underset{\text{Br}}{|}}{C}HCH_2CH_3 \xrightarrow[\triangle]{\text{NaOH-H}_2\text{O}} ?$

(4) $CH_3\underset{\underset{\text{Br}}{|}}{C}HCH_2CH_3 \xrightarrow[\triangle]{\text{NaOH,C}_2\text{H}_5\text{OH}} ?$

(5) $(CH_3)_3CI \xrightarrow{\text{AgNO}_3\text{-C}_2\text{H}_5\text{OH}} ?$

(6) $Cl-CH=CH-\underset{\underset{\text{Br}}{|}}{C}HCH_3 \xrightarrow{\text{NaOH,H}_2\text{O}} ?$

（7）Cl—⟨benzene⟩—CH$_2$Br $\xrightarrow{\text{AgNO}_3\text{-C}_2\text{H}_5\text{OH}}$ ?

**6-6** 用丁醇为原料合成下列化合物。

（1）辛烷　　　　　（2）丁烷　　　　　（3）戊烷　　　　　（4）己烷

**6-7** 用化学方法区别下列各组化合物。

（1）正庚烷　　　CH$_3$(CH$_2$)$_4$CH$_2$Cl　　　⟨structure⟩

（2）CH$_2$=C—CH$_3$　　　CH$_2$=CHCH$_2$—Cl　　　CH$_3$CH$_2$CH$_2$—Cl
　　　　　|
　　　　　Cl

（3）⟨cyclohexane with Cl⟩　　　⟨cyclohexane-CH$_2$Cl⟩　　　⟨cyclohexane-Cl⟩

**6-8** 写出下列反应的主要产物。

（1）⟨isobutane⟩ $\xrightarrow{\text{Cl}_2}{h\nu}$ ? $\xrightarrow{\text{Mg}}{\text{Et}_2\text{O}}$ ? $\xrightarrow{\text{D}_2\text{O}}$ ?

（2）⟨cyclopentane with Cl, CH(CH$_3$)$_2$⟩ $\xrightarrow{\text{EtO}^-\text{-EtOH}}$ ?

（3）⟨cyclopropane-CH$_3$⟩ $\xrightarrow{\text{DCl}}$ ?

（4）HO—⟨chain⟩—Cl $\xrightarrow{\text{NaOH, H}_2\text{O}}$ ?

（5）⟨structure with OH, OH⟩ $\xrightarrow{\text{HCl(1mol)}}{\text{H}_2\text{SO}_4}$ ?

（6）⟨structure with H H, Br CH$_3$⟩ $\xrightarrow{\text{CN}^-}{\text{DMF}}$ ?

（7）⟨cyclohexane with H$_3$C, Br⟩ $\xrightarrow{\text{EtOH}}{\text{OH}^-}$ ?

（8）CH$_3$CH—C—CH$_3$ $\xrightarrow{\text{HBr}}$ ?
　　　　|　　|
　　　OH　CH$_3$　（with CH$_3$ on top）

（9）⟨cyclohexane⟩ $\xrightarrow{\text{Cl}_2}{h\nu}$ ?

（10）⟨structure with Br⟩ $\xrightarrow{\text{EtO}^-\text{-EtOH}}$ ?

**6-9** 将下列化合物按与 AgNO$_3$-C$_2$H$_5$OH 反应的难易排列顺序。

（1）1-溴丙烷　　　（2）2-溴丙烷　　　（3）1-溴丙烯　　　（4）3-溴丙烯

**6-10** 按 S$_N$1 反应排列以下化合物的活性次序。

（1）⟨benzene⟩—CH$_2$-CH-CH$_3$　　　　　（2）⟨benzene⟩—CH$_2$-CH=CH—Br
　　　　　　　　　　|
　　　　　　　　　　Br

(3) 
$$
\underset{\text{Br}}{\overset{\overset{\displaystyle CH_3}{|}}{\underset{|}{C}}}\!-\!CH_3
$$
（苯基）

(4) 
$$
\underset{\text{Br}}{\overset{|}{C}H}\!-\!CH_2\!-\!CH_3
$$
（苯基）

**6-11** 按 $S_N2$ 反应排列以下化合物的活性次序。

(1) 环己基—$\underset{\text{Br}}{\overset{|}{C}H}$—$CH_2$—$CH_3$　　(2) 环己基—$CH_2$—$CH_2$—$CH_2$—Br　　(3) 环己基—$\underset{\overset{|}{CH_3}}{\overset{\overset{\displaystyle CH_3}{|}}{C}}$—Br

**6-12** 按水解反应速率排列以下化合物的活性次序。

(1) Cl—（苯环）—$CH_2$—$CH_3$　　　　(2) （苯环）—$CH_2$—$CH_2$—Cl

(3) （苯环）—$\underset{\text{Cl}}{\overset{|}{C}H}$—$CH_3$　　　　(4) 环己基—$\underset{\text{Cl}}{\overset{|}{C}H}$—$CH_3$

**6-13** 按卤原子活性的大小排列下列化合物的次序。

(1) $CH_3$—$\underset{\text{Br}}{\overset{|}{C}H}$—$CH_2$—$CH_3$　　　　(2) $CH_3$—$\underset{\overset{|}{CH_3}}{\overset{|}{C}H}$—$CH_2$—Br

(3) $CH_2{=}\underset{\text{Br}}{\overset{|}{C}}$—$CH_2$—$CH_3$　　　　(4) $CH_2{=}CH$—$\underset{\text{Br}}{\overset{|}{C}H}$—$CH_3$

**6-14** 完成下列转变[(2)、(3) 题的其他有机原料可任选]。

(1) $CH_3\underset{\text{Br}}{\overset{|}{C}H}CH_3$ ⟶ $CH_2$—$\underset{\text{Cl}}{\overset{|}{C}H}$—$CH_2$（Cl Cl）

(2) （苯环）—$CH_3$ ⟶ $CH_3$—（苯环）—$\underset{\overset{|}{CH_3}}{\overset{|}{C}}{=}CH_2$

(3) $CH_3CH{=}CH_2$ ⟶ （环己基）—$CH_2CH{=}CH_2$

(4) （环己基）${=}CH_2$ ⟶ （环己基）$\overset{\text{D}}{\underset{CH_3}{|}}$

**6-15** 某烃 A，分子式为 $C_5H_{10}$，不能使 $Br_2$-$CCl_4$ 溶液褪色，在光照下与 $Br_2$ 作用，只得到一种产物 B，分子式为 $C_5H_9Br$，此化合物与 KOH-EtOH 溶液加热回流得化合物 C，分子式为 $C_5H_8$。化合物 C 经臭氧氧化，后经 Zn 粉还原水解得戊二醛。试推测 A、B、C 的结构式，并写出有关反应式。

**6-16** 某烃 D 的分子式为 $C_5H_{10}$，加溴后的产物用 KOH 的乙醇溶液处理生成化合物 E($C_5H_8$)，E 与乙烯反应生成环状化合物 F($C_7H_{12}$)。推断 D、E、F 的结构式，并写出相关的反应式。

# 7 旋光异构

## 学习指导

    熟悉比旋光度、手性分子、手性碳原子、对映体、非对映体、内消旋体、外消旋体等概念；熟悉 Fischer 投影式的写法；熟练掌握旋光异构体的构型及表示方法。

    构象、顺反异构和旋光异构研究的都是分子中基团的空间排布与性质的关系，它们都属于立体化学的范畴。目前，旋光异构（optical isomerism）已成为有机立体化学研究的一个重要方面，它对天然有机物的结构和生理功能的阐明、有机反应的深入研究等都有重要的作用。本章仅对旋光异构的基本内容作简要介绍。

## 7.1 偏振光和旋光活性

### 7.1.1 偏振光

    光是一种电磁波，它的振动方向与前进方向相互垂直。普通光可在垂直于它的传播方向的各个不同的平面上振动，见图 7-1（a）。图内的双箭头表示光可能的振动方向，中心圆点表示光的前进方向。如果让普通光通过一个特制的尼科尔棱镜（Nicol prism）或人造偏振片，则一部分光线被阻挡，只有在与棱镜晶轴平行的平面上振动的光线才能通过。这种通过尼科尔棱镜后的光线称为平面偏振光（plane-polarized light），简称偏振光（polarized light）或偏光，见图 7-1（b）。

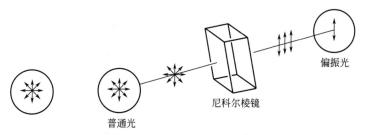

(a) 普通光线的振动平面        (b) 偏振光的产生

图 7-1    普通光通过尼科尔棱镜产生偏振光示意图

    当偏振光通过介质时，有的介质对偏振光没有作用，即透过介质的偏振光仍在原方向上振动，如水、乙醇、乙醚等物质对偏振光没有影响；而有的介质却能使偏振光的振动方向发生旋转，如乳酸溶液、苹果酸溶液等能使偏振光向左或向右偏转一定角度（见图 7-2）。这种能使偏振光的振动平面偏转一定角度的物质称为旋光性物质或光学活性（optical activity）物质。

### 7.1.2 旋光度

    旋光性物质的旋光度和旋光方向可用旋光仪进行测定。旋光仪主要由一个单色光源（一般用钠光灯）、两个尼科尔棱镜、一个盛液管和刻度盘组成，见图 7-3。

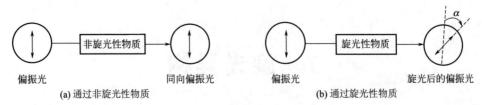

图 7-2　偏振光的旋转

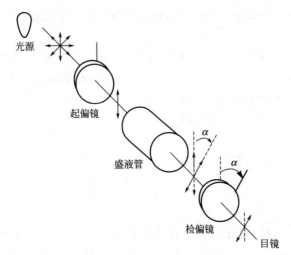

图 7-3　旋光仪原理示意图

单色光通过第一个尼科尔棱镜（起偏镜）变为偏振光，偏振光通过盛液管，再由第二个尼科尔棱镜（检偏镜）检验偏振光的振动平面是否发生了旋转，以及旋转的方向和旋转的角度。

旋光度（optical rotation）通常用 $\alpha$ 表示，$\alpha$ 是角度大小。刻度盘顺时针旋转为右旋，用"＋"或"$d$"（拉丁文 dextro 的缩写，"右"的意思）表示；逆时针旋转为左旋，用"－"或"$l$"（拉丁文 laevo 的缩写，"左"的意思）表示。

### 7.1.3　比旋光度

由于旋光度与光通过旋光管时碰到的光学活性分子的数目多少成比例，因此旋光度的大小除了与物质本身的特征有关外，还与测定时的条件，即溶液的浓度、盛液管的长度、温度以及所用光的波长等因素有关。为了比较物质的旋光性能，通常规定 1mL 含 1.0g 旋光性物质的溶液，放在 1dm 长的盛液管中测得的旋光度为该物质的比旋光度（specific rotation）。比旋光度是旋光性物质特有的物理常数，通常用 $[\alpha]_{\lambda}^{t}$ 表示。其中，$t$ 为测定时的温度，$\lambda$ 为测定光的波长，一般采用钠光 D 线（波长为 589.3nm），用符号 D 表示。比旋光度与旋光仪的读数 $\alpha$ 之间有如下关系：

$$[\alpha]_{\lambda}^{t}=\frac{\alpha}{cl}$$

式中，$c$ 为旋光性物质的浓度，$g \cdot mL^{-1}$；$l$ 为盛液管的长度，dm。可见，当 $c=1g \cdot mL^{-1}$，$l=1dm$ 时，$[\alpha]=\alpha$。

如果测定的旋光性物质为纯液体，则上式中的 $c$ 换成液体的密度 $d(g \cdot cm^{-3})$，即

$$[\alpha]_\lambda^t = \frac{\alpha}{dl}$$

---

**思考题 7-1** 有一物质的水溶液其浓度为 $0.05g \cdot mL^{-1}$，在25℃时，放入长度为100cm的盛液管中，钠光为光源测得其旋光度为 $-4.64°$。

(1) 此物质的比旋光度为多少？

(2) 同样的溶液若放在10cm长的盛液管中，比旋光度又为多少？旋光度呢？

---

## 7.2 物质的旋光性与分子结构的关系

人的左手和右手看起来没有什么区别，但是将左手套戴到右手上是不合适的，可见左右手并不一样，它们彼此的关系是实物与镜像的关系。实物与镜像不能重叠的现象，同样存在于微观世界的分子中。

### 7.2.1 手性、手性碳原子和手性分子

对映异构体的发现源于1848年，当时巴黎师范大学的化学家 Lowis Pasteur 正在从事酒石酸钠铵晶体结构的研究工作，他发现一个前人未曾注意到的现象：无旋光性的酒石酸钠铵是两种不同结晶的混合物。这两种结晶互为镜像，他用一只放大镜和一把镊子，细心地把混合物分成两小堆，一小堆的晶体能使平面偏振光的偏振平面向右旋，另一小堆的晶体却使偏振面向左旋。将两种晶体混合后溶于水，其本身的特性消失了，而且由于旋光度的差异是在溶液中观察到的，于是 Pasteur 推断这不是晶体的特性而是分子本身所固有的特性。他提出"构成晶体的分子是互为镜像的，正像这两种晶体本身一样也是不对称的"。

这两种晶体互呈物体和镜像的关系，就好像左手和右手的关系一样，非常相似但不能重合。这种实物与其镜像不能完全重合的特征称为手性（chirality）。互为实物与镜像关系的物质称为对映体（enantiomer）。

1874年，荷兰的范特霍夫（Van't Hoff）和法国的勒贝尔为了解释旋光异构现象产生的原因，提出了碳原子四面体学说。按这个学说，当分子中一个碳原子和最多的四个其他原子相连时，这四个原子各占有四面体的一个角，而碳原子则在中央。换句话说，四个原子彼此尽可能保持固定的距离。如果一个中心碳原子连有四个不同原子或基团时，这四个原子或基团在碳原子周围就可以有两种不同的排列形式，即存在两种不同的四面体空间构型。它们互为镜像，和左右手之间的关系一样，外形相似但不能重叠，因而具有手性。这样的分子称为手性分子（chiral molecule）。

任何一个不能和它的镜像完全重叠的分子，都是手性分子。如 2-氯丁烷分子的中心碳原子连接四个不同的基团（$—C_2H_5$、$—Cl$、$—CH_3$、$—H$），故存在两种不同的构型，彼此是对映体的关系。像 2-氯丁烷这样的分子，其中心碳原子连接有四个不同的基团，称为手性碳原子 [chiral carbon atom，以前称为不对称碳原子（asymmetric carbon atom）]，在结构式中常用"＊"标出。若中心碳原子连接的四个基团有两个相同，则围绕中心碳原子只可能有一种排列，即不存在对映体。如丁烷的中心碳原子连接两个相同的氢，就不存在对映体。像丁烷分子这样和自己镜像可以重叠的分子，叫非手性分子（achiral molecule）。

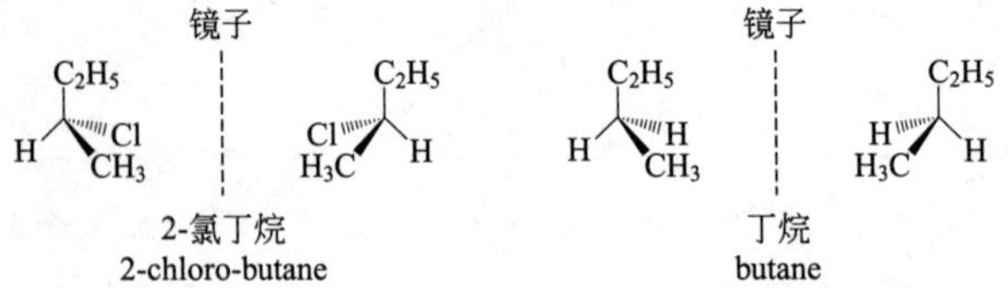

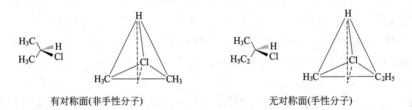

2-氯丁烷　　　　　　　　　　　　　　　　丁烷
2-chloro-butane　　　　　　　　　　　　　butane

## 7.2.2　手性与对称因素的关系

判断一个化合物是否具有手性，一种直观可靠的方法是做出一对实物和镜像的模型，若二者不能完全重叠，它们代表的分子就是手性分子；若能重叠，则它们所代表的分子是非手性分子。但是要判断一个化合物是否具有手性，并非一定要用模型来考察它与镜像能否叠合起来。一个分子是否能与其镜像叠合，与分子的对称性有关，只要考虑分子的对称性就能判断它是否具有手性。

在一个分子中，若存在对称因素（symmetry），这样的分子往往能与自己的镜像相重叠，因此就不是手性分子；若不存在对称因素，则是手性分子。对称因素包括对称面、对称中心及对称轴。其中应用较多的是对称面，下面简单介绍一下对称面和对称中心。

（1）对称面

对于大多数有机化合物来说，尤其是链状化合物，一般只需考察分子中是否具有对称面，就可以推断出该分子是否为手性分子。假设有一个平面能将分子切成两半，而这两半彼此又互为实物和镜像关系，那么这个平面就是这个分子的对称面。这种具有对称面的分子就不是手性分子，没有旋光性。如 2-氯丙烷分子中有对称面，是非手性分子；而 2-氯丁烷中没有对称面，是手性分子。

有对称面(非手性分子)　　　　　　　　　无对称面(手性分子)

如果分子中所有的原子都在同一平面上，那么这个平面就是分子的对称面。如 $E$-1,2-二氯乙烯分子不是手性分子，没有旋光性。

对称面(非手性分子)

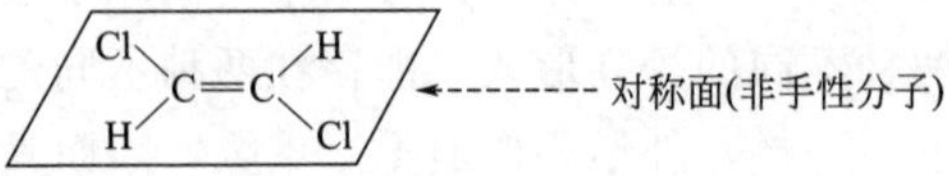

（2）对称中心

假设分子内有一个中心点，通过中心点作任意一直线，在直线上距中心点等距离的异向两端，有相同的原子或基团，该中心点就称为分子的对称中心。具有对称中心的分子必定能和其对映体重叠，不是手性分子，没有旋光性。

化合物（Ⅰ）有一个对称中心，能与它的镜像重叠，所以是非手性分子，不存在对映体。事实上，若在（Ⅰ）的环平面下放一面镜子，则得到（Ⅰ）的镜像（Ⅱ），但如果以通过（Ⅰ）的对称中心垂直于环平面的直线为轴旋转 $180°$，得到的构型（Ⅲ）正好是它的镜像。由此可见，有对称中心的分子能与其镜像重叠，即无手性。

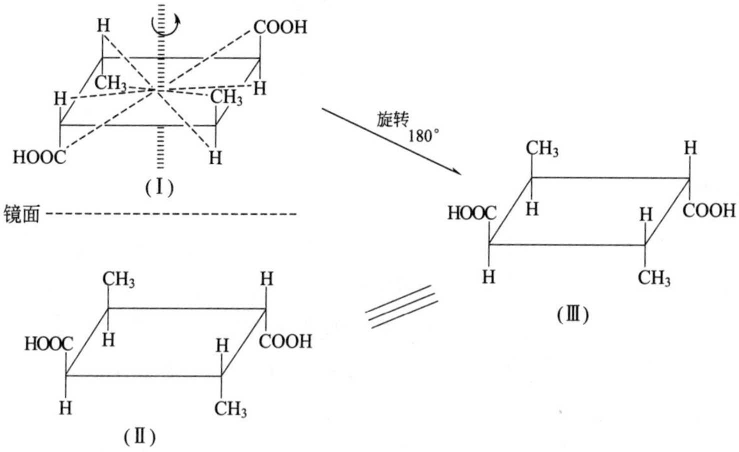

总的来说，判断一个分子有无手性，主要看它与其镜像能否重叠，不能重叠则是手性分子。如果一个分子具有对称面或对称中心，则这个分子无手性；反之，这个分子有手性，即有旋光性。若所有分子中只含有单一的手性碳原子，它就是手性分子。整个分子具有手性是存在对映异构体的必要且充分的条件。

---

**思考题 7-2** 判断下列化合物有无手性，试用 * 号标出下列化合物中的手性碳原子。

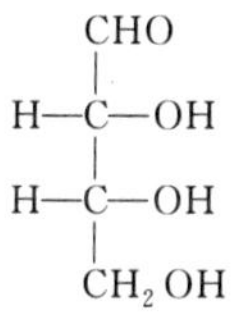

---

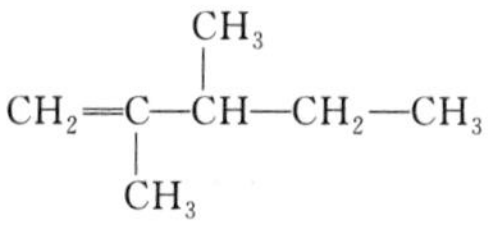

# 7.3 含有一个手性碳原子化合物的旋光异构

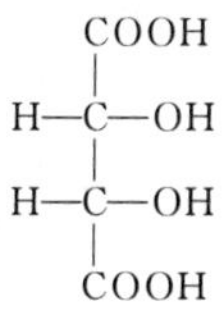

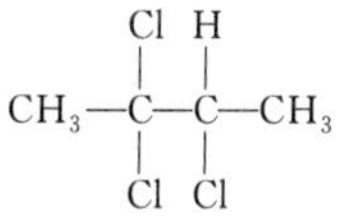

## 7.3.1 对映体

含有一个手性碳原子的化合物，即 Cabcd 型的化合物，有两个光学异构体，它们互为实物和镜像的关系，彼此不能重合。像这样彼此互为实物和镜像的关系，不能重合的光学异构体称为对映异构体（简称对映体）。两个对映异构体中，一个是左旋体，另一个是右旋体。左旋体与右旋体的分子组成相同，它们的熔点、沸点、相对密度、折射率、在一般溶剂中的溶解度，以及光谱图等物理性质都相同，并且在与非手性试剂作用时，它们的化学性质也一样。但左旋体与右旋体的构型不同，在性质上必然会有所反映。对映体在物理性质上的不同，只表现在对偏振光的作用不同。

乳酸分子中含有一个手性碳原子，它有手性，具有旋光性，有一对对映体。右旋乳酸的 $[\alpha]_D^{20} = +3.82°$，熔点为 53℃；左旋乳酸的 $[\alpha]_D^{20} = -3.82°$，熔点为 53℃。

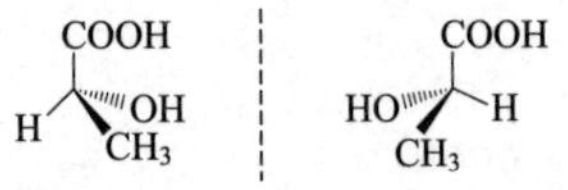

在上式中，手性碳原子和以实线相连的原子或原子团在纸面上，用实楔形连接的原子团在纸平面的前方，虚楔形连接的原子团在纸平面的后方，这种表示法叫楔形式。

### 7. 3. 2　外消旋体

发酵得到的乳酸是左旋的，肌肉运动产生的乳酸是右旋的。而合成得到的乳酸，没有旋光性，熔点只有 18℃。这是因为由合成得到的乳酸不是单纯的化合物，而是等量的右旋乳酸和左旋乳酸的混合物。左旋乳酸和右旋乳酸的比旋光度数值相等，但旋光方向相反，所以等量混合时，它们的旋光性就消失了，不再具有旋光性。这种等量对映体的混合物称为外消旋体（racemic body）。外消旋体常用（±）或（dl）表示。

外消旋体和相应的左旋体或右旋体除旋光性能不同外，其他物理性质也不相同（见表 7-1），但化学性质则基本相同。如（±）-乳酸是混合物，其熔点比（＋）-乳酸或（－）-乳酸低。在生理作用方面，外消旋体仍各自发挥其所含左旋体、右旋体的相应效能。例如，合霉素的抗菌能力仅为左旋氯霉素的一半。

**表 7-1　乳酸旋光异构体的性质**

| 化合物 | 熔点/℃ | $[\alpha]_D^{20}$（水） | p$K_a$（25℃） |
| --- | --- | --- | --- |
| （＋）-乳酸 | 53 | ＋3.82 | 3.79 |
| （－）-乳酸 | 53 | －3.82 | 3.79 |
| （±）-乳酸 | 18 | 无旋光性 | 3.79 |

### 7. 3. 3　费歇尔投影式

旋光异构体的构造式相同，仅空间排布即构型不同，对映体要用立体图式表示，但画起来很不方便，如下面用透视式表示的（±）-乳酸。为了便于书写，对映体的构型一般采用费歇尔（Fischer）投影式来表示。书写化合物的费歇尔投影式（Fischer projection），其方法如下。

① 用两条直线的交叉点代表手性碳原子。
② 与碳原子相连的横线表示伸向纸面前方的化学键。
③ 与碳原子相连的竖线表示伸向纸的背面的化学键。
④ 将含碳原子的原子团放在竖立的方向上，把命名时编号最小的碳原子放在上端。

按照费歇尔投影式的书写方法，可将（±）-乳酸先写成透视式，然后简化成投影式。

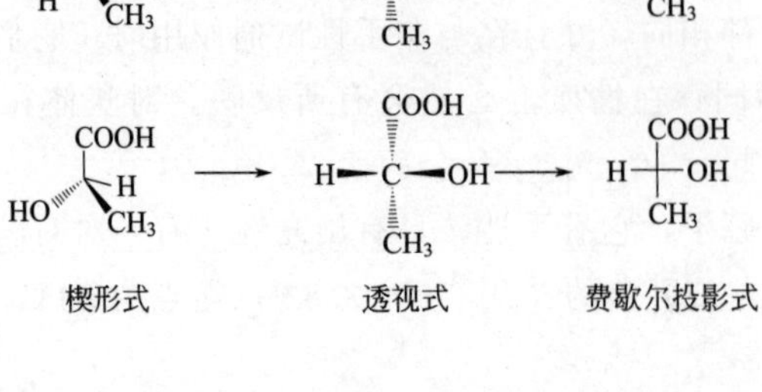

费歇尔投影式

楔形式　　　　　　　透视式　　　　　　费歇尔投影式

使用投影式时必须注意：投影式中基团的前后关系，要经常与立体结构相联系；投影式不能离开纸面而翻转过来，因为这会改变手性碳原子周围各原子或原子团的前后关系。

若将投影式（Ⅰ）在纸面上旋转 90°，得到它的对映体（Ⅱ）；若旋转 180°，投影式保持不变，即投影式（Ⅲ）与（Ⅰ）相同。

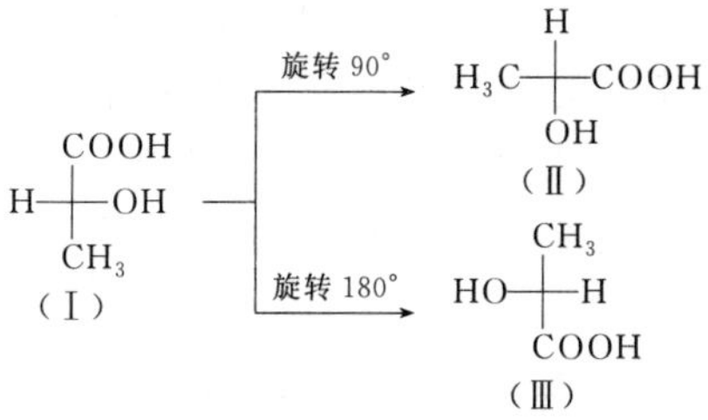

若将一个投影式中与手性碳原子相连的任何原子或基团进行对调，对调奇数次转变为它的对映体，对调偶数次则仍是原化合物。

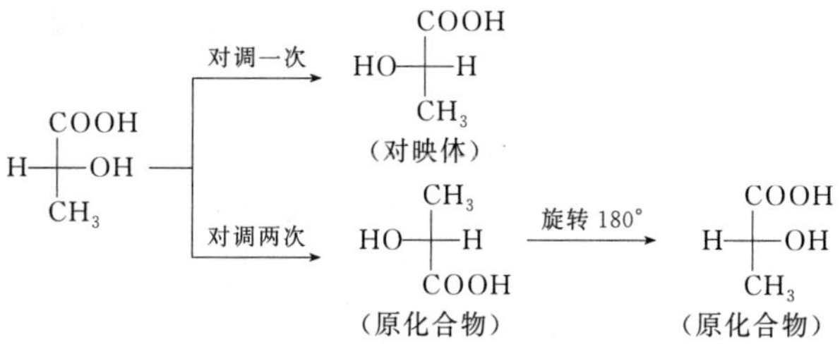

若投影式中一个基团位置保持固定不变，而另外三个基团按顺时针或逆时针调换位置，则仍为原化合物。

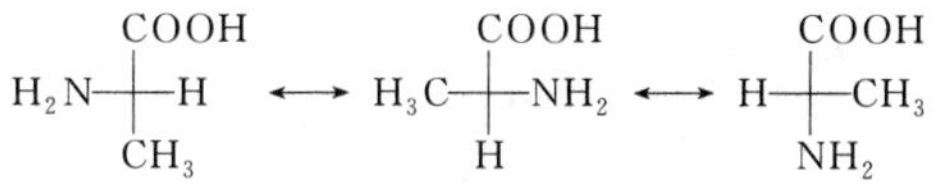

Fischer 投影式的缺点是：两个以上手性碳原子的分子中仅表示重叠式构象，因此，不代表分子的真实情况。

# 7.4  旋光异构体构型的表示法

对映异构体有两种构型，可用费歇尔投影式的图形来表示，采用文字叙述时有两种方法：D/L 标记法（D/L convention）和 $R/S$ 标记法（$R/S$ convention）。

## 7.4.1  D/L 标记法

对映体是具有互为镜像的两种构型的异构体。它们可以用两个费歇尔投影式来表示，其中一个投影式代表右旋体，另一个代表左旋体。但是哪一个代表右旋体，哪一个代表左旋体，从模型或投影式中都看不出来。通过旋光仪可以测定出对映体中哪一个是右旋的，哪一个是左旋的，但是根据旋光方向不能判断构型。因此，对于对映体的构型，在还没有直接测定的方法之前，只能是任意指定的。即如果指定右旋体构型是两种构型中的某一种，那么左旋体就是另一种。因此，这种构型只具有相对意义。同时对各种化合物的构型都这样任意地指定，必然会造成混乱。必须选定一种化合物的构型作为确定其他化合物的标准，甘油醛就是一个被选定作为构型标准的化合物。甘油醛有两种构型，它们的投影式如下：

$$
\begin{array}{ccc}
& \text{CHO} & \text{CHO} \\
\text{H} & \!\!-\!\!\text{OH} & \text{HO}\!\!-\!\!\text{H} \\
& \text{CH}_2\text{OH} & \text{CH}_2\text{OH} \\
& (\text{I}) & (\text{II})
\end{array}
$$

人为地指定投影式（Ⅰ）代表右旋甘油醛的构型，投影式（Ⅱ）代表左旋甘油醛的构型。把（Ⅰ）式，即手性碳原子上的羟基投影在右边的叫 D 型；相反的（Ⅱ）式叫 L 型。这样甘油醛的一对对映体的全名应写为 D-(+)-甘油醛和 L-(-)-甘油醛。D 和 L 分别表示构型，而（+）和（-）则表示旋光方向。这样书写的名称，既表明了甘油醛的旋光方向，又指出了分子的空间构型。

以甘油醛为基础，通过化学方法合成其他化合物，如果与手性碳原子相连的键没有断裂，则仍保持甘油醛的原有构型。若将 D 型的右旋甘油醛的醛基氧化为羧基，得到的左旋甘油酸应为 D 型；若将左旋甘油酸的—$CH_2OH$ 还原为—$CH_3$，则得到的左旋乳酸也应为 D 型。从这个例子可以看出，旋光性物质的旋光方向与构型之间没有固定联系。一个 D 型化合物可以是左旋的，也可以是右旋的。因此，要确定某物质的旋光方向只能通过实验测定。

用同样的方法，以 L-(-)-甘油醛为基础，也可得到一系列的 L 型化合物。由于这样确定的构型是相对标准物质而言，并不是实际测出的，所以称为相对构型。而手性碳原子相连的四个基团在空间的真实排列情况，则称为该手性碳原子的绝对构型。

$$
\begin{array}{ccccc}
\text{CHO} & & \text{COOH} & & \text{COOH} \\
\text{H}\!-\!\text{OH} & \xrightarrow{\text{氧化}} & \text{H}\!-\!\text{OH} & \xrightarrow{\text{还原}} & \text{H}\!-\!\text{OH} \\
\text{CH}_2\text{OH} & & \text{CH}_2\text{OH} & & \text{CH}_3
\end{array}
$$

D-(+)-甘油醛　　　D-(-)-甘油酸　　　D-(-)-乳酸
(D)-glyceraldehyde　　(D)-glyceric acid　　(D)-lactic acid

直至 1951 年，毕育特（J. M. Bijroet）用 X 射线测定了右旋酒石酸铷钠的绝对构型，千万个旋光化合物的构型才得以确定，幸运的是，人为规定的甘油醛的构型与实际的完全符合。这样，人为指定的相对构型便与实验测定的绝对构型完全吻合了。

D/L 标记法本身不完善，除在糖类、氨基酸类等化合物中仍沿用外，近年来已被新的 R/S 标记法代替。R/S 标记法可标记出手性碳原子的绝对构型。

## 7.4.2　R/S 标记法

R/S 标记法中的 R 和 S 是拉丁文 Rectus 和 Sinister 的简写，分别表示"右"和"左"。R/S 标记法原则如下。

① 找出和手性碳原子相连的四个不同基团的原子序数，按次序规则排出先后次序，原子序数较大的原子较优先。假定 a>b>c>d。

② 将原子序数最小的原子 d 放在远离我们的方向。再从优先的基团 a 开始，沿着 a、b、c 的顺序画圈。若是顺时针方向，则称为 R 构型；若是逆时针方向，则称为 S 构型。

$R$　　　　　$S$

D-(-)-乳酸又可称为 R-(-)-乳酸，L-(+)-乳酸又可称为 S-(+)-乳酸。因为乳酸分子中手性碳原子上基团的先后顺序为：—OH＞—COOH＞—CH₃＞—H。

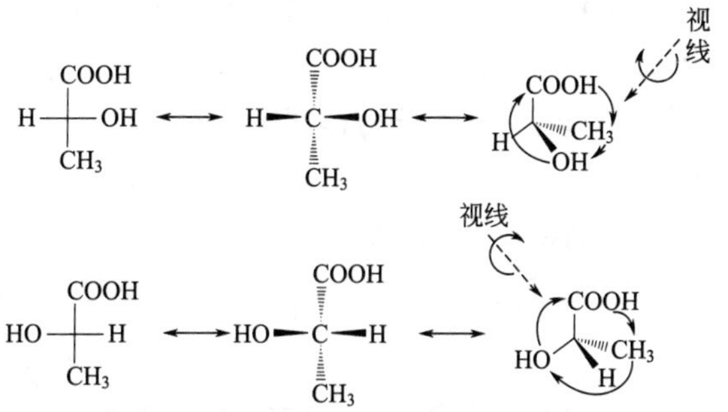

上面介绍的是从楔形式来确定构型（R 型或 S 型）的方法。如果从费歇尔投影式来确定构型，通常可以采用下述经验方法。

若次序规则中最小的原子或基团位于费歇尔投影式中的上面或下面（竖向），这时就可以对投影式中的其他三个原子或基团按照从大到小的排列顺序，顺时针方向是 R 型，逆时针方向是 S 型。

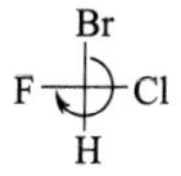

(R)-氟氯溴甲烷
(R)-bromo-chloro-fluoro-methane

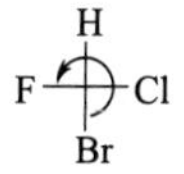

(S)-氟氯溴甲烷
(S)-bromo-chloro-fluoro-methane

若次序规则中最小的原子或基团位于费歇尔投影式中的左边或右边（横向），这时也可以按上述方法确定排列顺序，但顺时针为 S 型，逆时针为 R 型。

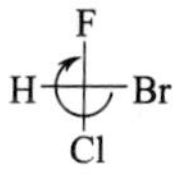

(S)-氟氯溴甲烷
(S)-bromo-chloro-fluoro-methane

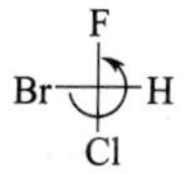

(R)-氟氯溴甲烷
(R)-bromo-chloro-fluoro-methane

因此，在用费歇尔投影式确定 R、S 构型时，应该特别注意手性碳原子所连的原子序数最小的原子或基团所处的位置。

R/S 标记法用来表示手性碳原子的构型比较明确，符合系统命名的要求，因此也叫 R/S 命名法。

# 7.5　含两个手性碳原子化合物的旋光异构

## 7.5.1　含两个不同手性碳原子的化合物

含一个手性碳原子的化合物有一对对映体。分子中含两个不同手性碳原子的化合物就有四种构型。如氯代苹果酸：

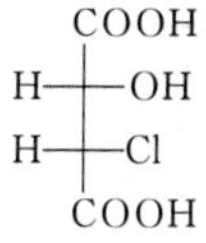

（Ⅰ）
(2S,3S)-(−)-氯代苹果酸

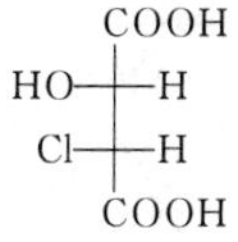

（Ⅱ）
(2R,3R)-(−)-氯代苹果酸

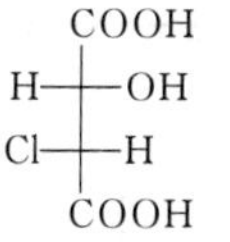

（Ⅲ）
(2S,3R)-(−)-氯代苹果酸

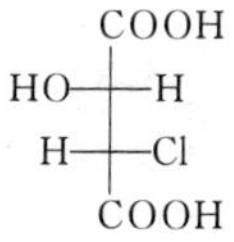

（Ⅳ）
(2R,3S)-(−)-氯代苹果酸

这四个异构体中，（Ⅰ）与（Ⅱ）是对映体，（Ⅲ）与（Ⅳ）是对映体；（Ⅰ）和（Ⅱ）的等量混合物是外消旋体，（Ⅲ）和（Ⅳ）的等量混合物也是外消旋体。

（Ⅰ）与（Ⅲ）或（Ⅳ），以及（Ⅱ）与（Ⅲ）或（Ⅳ）也是立体异构体。但它们不是互为镜像，不是对映体。这种不对映的立体异构体叫非对映体（diastereoisomer）。对映体除旋光方向相反外，其他物理性质都相同。非对映体旋光度不相同，而旋光方向则可能相同，也可能不同，其他物理性质都不相同（见表 7-2）。因此非对映体混合在一起，可以用一般物理方法将它们分离开来。值得注意的是，非对映体所含的官能团相同，因而化学性质相似。

表 7-2　2-羟基-3-氯丁二酸的物理性质

| 构型 | 熔点/℃ | | [α] | 构型 | 熔点/℃ | | [α] |
|---|---|---|---|---|---|---|---|
| (2S,3S)-(−) | 173 | 外消旋体 | +31.3(乙酸乙酯) | (2S,3R)-(−) | 167 | 外消旋体 | +9.4(水) |
| (2R,3R)-(−) | 173 | | −31.3(乙酸乙酯) | (2R,3S)-(−) | 167 | | −9.4(水) |

含一个手性碳原子的化合物有两个旋光异构体，含两个手性碳原子的化合物有四个旋光异构体。依此类推，含有三个手性碳原子的化合物应有 $2 \times 2 \times 2 = 2^3 = 8$ 个旋光异构体，含 $n$ 个手性碳原子的化合物最多有 $2^n$ 种旋光异构体，它们可以组成 $2^{n-1}$ 个外消旋体。但是，如果分子中含有相同的手性碳原子，则旋光异构体的数目就少于 $2^n$。

## 7.5.2　含两个相同手性碳原子的化合物

酒石酸分子中两个手性碳原子所连的四个基团彼此相同，即都与—H、—COOH、—OH、—CH(OH)COOH 相连。按照每一个手性碳原子有两种构型，可以写出四个投影式。

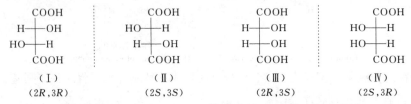

$$\begin{array}{cccc}
\text{（Ⅰ）} & \text{（Ⅱ）} & \text{（Ⅲ）} & \text{（Ⅳ）} \\
(2R,3R) & (2S,3S) & (2R,3S) & (2S,3R)
\end{array}$$

（Ⅰ）与（Ⅱ）是对映体；（Ⅲ）和（Ⅳ）好像也是对映体，但如果把（Ⅲ）在纸面上旋转 180°，即可与（Ⅳ）完全重叠，实际上（Ⅲ）和（Ⅳ）是同一化合物。在（Ⅲ）和（Ⅳ）中，若用虚线将分子分成两半，则上部与下部互为实体与镜像的关系。这样，虚线所代表的平面就是分子的对称面，所以（Ⅲ）和（Ⅳ）没有旋光性。这种有手性中心，但无手性的化合物叫作内消旋（meso）化合物。所以酒石酸只有三个旋光异构体，即左旋体、右旋体及内消旋体。内消旋酒石酸（Ⅲ）和有旋光性的酒石酸（Ⅰ）或（Ⅱ）是不对映的立体异构体，即非对映体，所以（Ⅲ）不仅没有旋光性，并且物理性质也与（Ⅰ）或（Ⅱ）不相同（见表 7-3）。

表 7-3　酒石酸的物理性质

| 酒石酸 | 熔点/℃ | [α] | 溶解度/[g·(100g 水)$^{-1}$] | p$K_{a_1}$ | p$K_{a_2}$ |
|---|---|---|---|---|---|
| 右旋体 | 170 | +12° | 139 | 2.93 | 4.23 |
| 左旋体 | 170 | −12° | 139 | 2.93 | 4.27 |
| 外消旋体 | 206 | 0 | 20.6 | 2.96 | 4.24 |
| 内消旋体 | 146 | 0 | 125 | 3.11 | 4.80 |

### 7.5.3 其他立体异构现象

（1）环状化合物的立体异构

环状化合物的立体异构比较复杂，往往顺反异构和对映异构同时存在。如 1,2-环丙烷二甲酸分子中两个羧基可以在环的同侧，也可以在环的两侧，组成了顺反异构。顺-1,2-环丙烷二甲酸分子中有一个对称面，没有手性，为内消旋化合物；反-1,2-环丙烷二甲酸分子中既无对称面，也无对称中心，所以分子具有手性，有一对对映体。

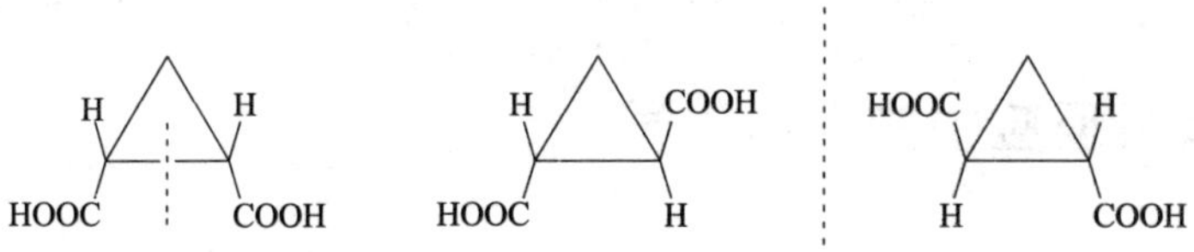

顺-1,2-环丙烷二甲酸
无手性(内消旋)
熔点为135℃

反-1,2-环丙烷二甲酸
一对对映体

(1R, 2R)
熔点为175℃

(1S, 2S)
熔点为175℃

对于具有手性的环状化合物，仅用顺、反标记已不能表明其构型，必须采用 $R/S$ 标记法。如反-1,2-环丙烷二甲酸的命名，不能区分两个对映体，应采用 $R/S$ 标记，两化合物分别表示为（$1R,2R$)-环丙烷二甲酸和（$1S,2S$)-环丙烷二甲酸。顺式和反式异构体互为非对映异构体。

（2）不含手性碳原子化合物的立体异构

在有机化合物中，大部分旋光性物质都含有一个或多个手性碳原子，但在有些旋光性物质的分子中，并不含有手性碳原子，如单键旋转受阻碍的联苯型化合物、丙二烯型化合物等。例如，6,6′-二硝基联苯-2,2′-二甲酸分子有两个对映体。

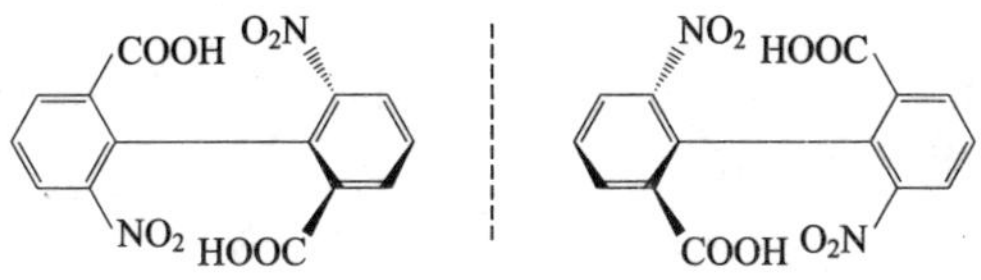

又如，2,3-戊二烯有两个对映体。

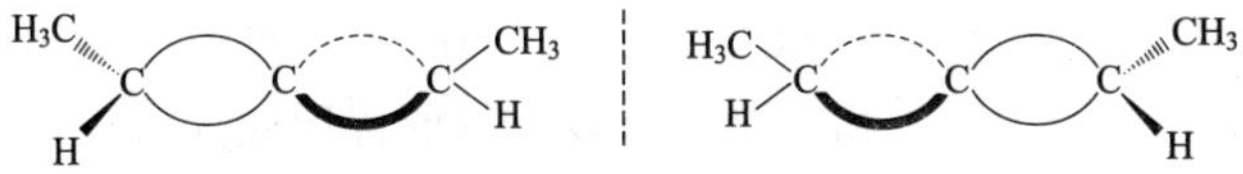

另外，四个不同基团取代的季铵盐、含三个不同基团的有机膦，它们的对映体如下：

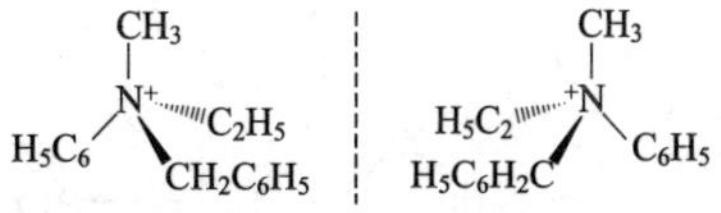

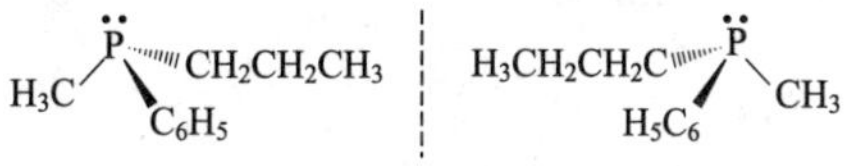

除上述三类化合物外，还有许多类型的化合物，其分子中也没有手性碳原子，但具有旋

光性。它们结构的共同点是整个分子不具有对称因素。

---

**思考题 7-3**　推测下列化合物哪些有旋光性，哪些没有旋光性。

(1)　HOOC⸺COOH（环丁烷，H、COOH 取代）

(2)　$\begin{array}{c}Ph\\H_3C\end{array}C=C\begin{array}{c}Ph\\CH_3\end{array}$

(3)　H$_3$C⸺（联苯，含 NO$_2$、HOOC、CH$_3$）

---

## 7.6　某些有机反应中的立体化学

立体化学（stereochemistry）大致可分为静态立体化学和动态立体化学两部分。静态立体化学描述处于未反应状态的分子立体结构及其与物理性质的关系等。如果研究分子的立体结构对分子化学性质的影响，则称为动态立体化学。诸如化学键的断裂、生成及进攻试剂的进攻方向和离去基团的取向等，都属于动态立体化学讨论的范围。因此，研究立体结构对分子化学性质的影响，并使化学反应按照特定的立体途径进行，是研究反应历程最广泛的方法之一。下面仅就双分子亲核取代反应、烯烃的反式加成、双分子消除反应等有关立体化学问题作简要介绍。

### 7.6.1　S$_N$2 的立体化学

当亲核取代反应在手性碳原子上按 S$_N$2 历程进行时，反应物与产物之间往往存在着构型翻转的关系，这就是产物与反应物相比，与中心碳原子相连的诸原子（原子团）的相对位置发生了变化，好像一把伞在大风中被吹得朝外翻转一样。这种构型的转化称为瓦尔登（Walden）转化。例如 R-2-氯丁烷在碱性溶液中进行取代反应后，得到 S-2-丁醇：

$$OH^- + \underset{\text{R-2-氯丁烷}}{\begin{array}{c}H_3C\\H{-}C{-}Cl\\H_3CH_2C\end{array}} \longrightarrow \underset{\text{S-2-丁醇}}{\begin{array}{c}CH_3\\HO{-}C{-}H\\CH_2CH_3\end{array}} + Cl^-$$

瓦尔登转化是 S$_N$2 反应的立体化学特征。产生这种特征的原因是亲核试剂（OH$^-$）从离去基团（Cl$^-$）的背面向手性碳原子进攻，并形成过渡态而完成的。在过渡态时，进攻试剂（OH$^-$）、手性碳原子和离去基团（Cl$^-$）几乎处在一条直线上，手性碳原子所连其他三个基团（C$_2$H$_5$—、CH$_3$—、H—）由于受到进攻试剂的排斥被推向在一个平面上，原来 sp$^3$ 杂化的手性碳原子在过渡态时转变为 sp$^2$ 杂化，然后随着 Cl$^-$ 离去，OH$^-$ 与中心碳原子连接成键，从而使手性碳原子恢复成原来的 sp$^3$ 杂化，同时与手性碳原子相连的三个基团也必然向右翻转。

$$OH^- + \underset{\text{R-2-氯丁烷}}{\begin{array}{c}H_3C\\H{-}C{-}Cl\\H_3CH_2C\end{array}} \longrightarrow \left[\begin{array}{c}H\quad CH_3\\HO\cdots\overset{\delta^-}{C}\cdots\overset{\delta^-}{Cl}\\CH_2CH_3\end{array}\right] \longrightarrow \underset{\text{S-2-丁醇}}{\begin{array}{c}CH_3\\HO{-}C{-}H\\CH_2CH_3\end{array}} + Cl^-$$

## 7.6.2　亲电加成反应的立体化学

溴与 2-丁烯加成，反应产物中有两个相同的手性中心，因此应该有三个异构体，即内消旋化合物和一对对映体。

$$CH_3CH\!=\!CHCH_3 + Br_2 \longrightarrow CH_3\!-\!\underset{Br}{CH}\!-\!\underset{Br}{CH}\!-\!CH_3$$

2-丁烯有顺、反异构体存在。如果顺-2-丁烯与溴加成，实验得到的是外消旋体 2,3-二溴丁烷，没有得到内消旋产物。一个反应有产生几种立体异构体的可能时，如只唯一地（或主要地）产生一种立体异构体，则该反应叫作立体选择性反应（stereoselective reaction）。若反-2-丁烯和溴加成，得到的是内消旋的 2,3-二溴丁烷。从立体化学上有差别的反应物得到立体化学上有差异的产物的反应，叫作立体专一性反应（stereospecific reaction）。这里应当注意，所有立体专一性反应必定是立体选择性的，但不是所有立体选择性的反应都是立体专一性的。

溴与 2-丁烯的加成反应被认为是按两步进行的。首先是 $Br^+$ 向烯烃双键进攻，形成 π 配合物，再进一步形成环状的溴鎓离子，然后溴负离子 $Br^-$ 进攻溴鎓离子。因而 $Br^-$ 只能从环桥的另一侧进攻碳原子，结果生成反式加成产物。即溴与顺-2-丁烯的加成，得到的产物是外消旋体；而溴与反-2-丁烯的加成，得到的产物是内消旋体。

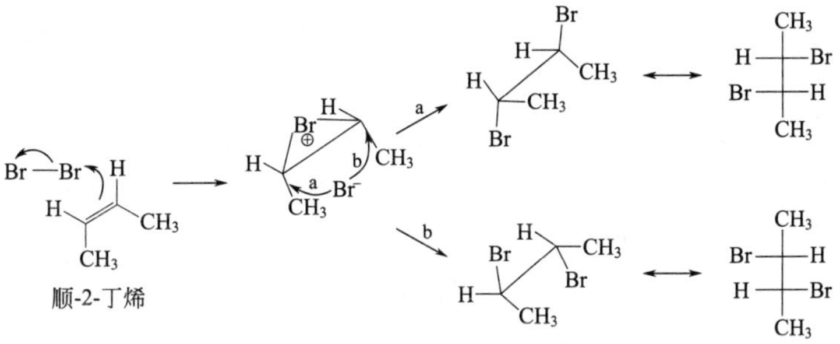

由于形成环状结构中间体，既阻止了围绕碳碳单键的自由旋转，同时也限制了 $Br^-$ 只能从三元环的反面进攻。因为 $Br^-$ 进攻两个碳原子的机会均等，所以得到的是外消旋体。

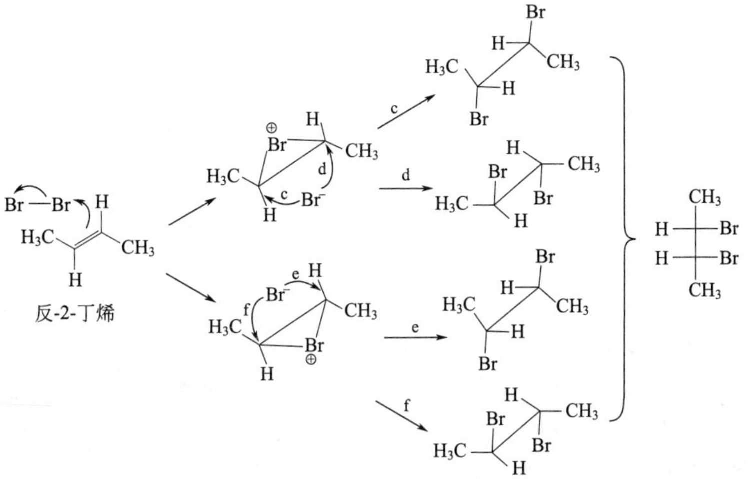

反-2-丁烯与溴加成生成内消旋体，同样可以按生成环状中间体的历程，$Br^-$ 也是按反式

加成进行的。

### 7.6.3   E2 的立体化学

卤代烃在碱的醇溶液进行 E2 消除反应时，H 与 X 可以在 C—C 键的两边或同一边，这样进行的消除反应分别称为反式（*anti*）消除或顺式（*syn*）消除。

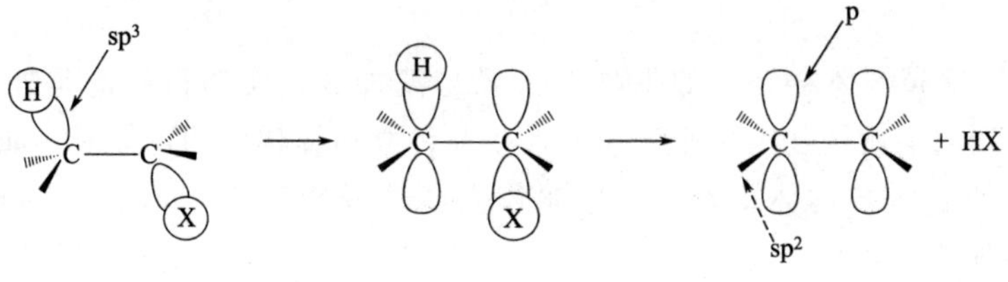

反式消除

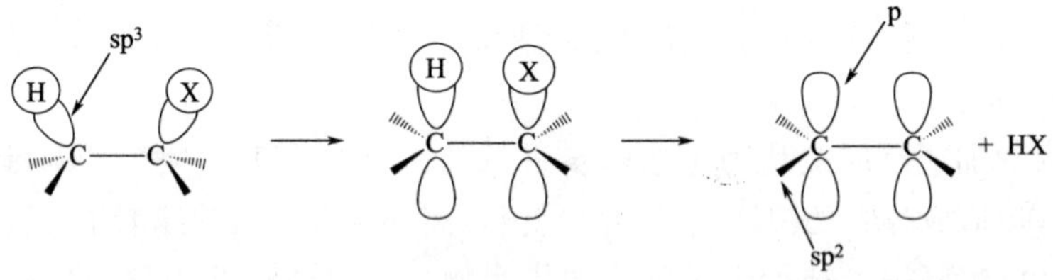

顺式消除

$\beta$-H 与 $\alpha$-C 上的基团同时离去，并且顺利进行，必须具备两个条件：

① 被消除的两个原子或基团在过渡状态时，需处在同一平面上，这样就可以使过渡态 p 轨道达到最大重叠，有利于 $\pi$ 键的形成；

② 两个离去基团的距离尽可能远，可以避免进攻试剂与离去基团间的干扰。

$(1R,2R)$-1-溴-1,2-二苯基丙烷在 NaOH 的醇溶液中消除脱溴化氢的反应完全是立体专一的，产物为顺-1,2-二苯基-1-丙烯。

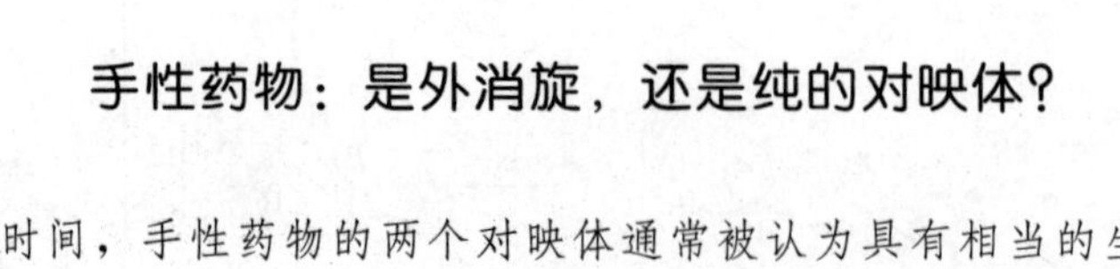

从这个例子可看到，立体化学为探明有机反应机理提供了一个有力的工具。

---

### 手性药物：是外消旋，还是纯的对映体？

之前很长一段时间，手性药物的两个对映体通常被认为具有相当的生理功能，或者其中一个是"无活性"的，可以不用拆分。外消旋体的大规模拆分非常昂贵，大幅增加了药物研发的费用。但是，后来发现其中一个对映体可能是生物受体的阻滞剂，因此降低了另一个对映体的活性。更糟糕的是，其中一个对映体可能具有一个完全不同的（有时候是有毒的）活性。在后面这种情况中，一个悲剧性的例子是镇静药沙利度胺（thalidomide，又名反应停）。该药于 1960 年以外消旋体的形式在欧洲进入市场，孕妇使用这种药物后，导致全球约 12000 名婴儿出现严重的出生缺陷。后续的研究表明，$S$ 构型的对映体在某些动物实验中是致畸的，而 $R$ 构型具有治疗效果。当发现生理 pH 条件下，两个对映体均可以通过消旋化而互相转化后，问题就更加复杂化了。

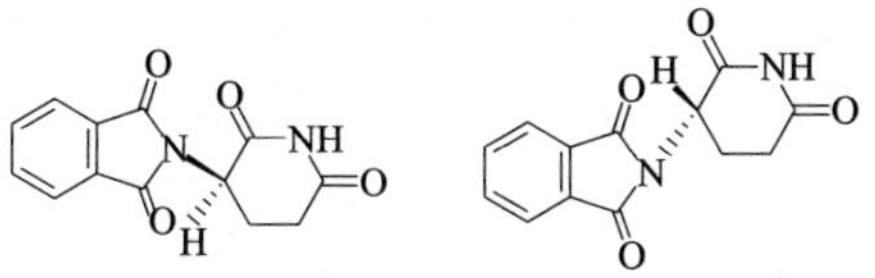

(R)-沙利度胺(镇定)  (S)-沙利度胺(致畸)

基于这些发现，相关机构修改了针对手性药物商品化的方针，即对于手性药物，制药公司须生产单一对映体的药物制剂。这促成了很多关于改进外消旋体拆分的研究，转变为关于发展对映选择性合成的研究。手性药物，如抗风湿药物萘普生（naproxen）和抗高血压药物普萘洛尔（propranolol）相继问世。迄今为止，全球手性药物的年销售额已超过 7000 亿美元。

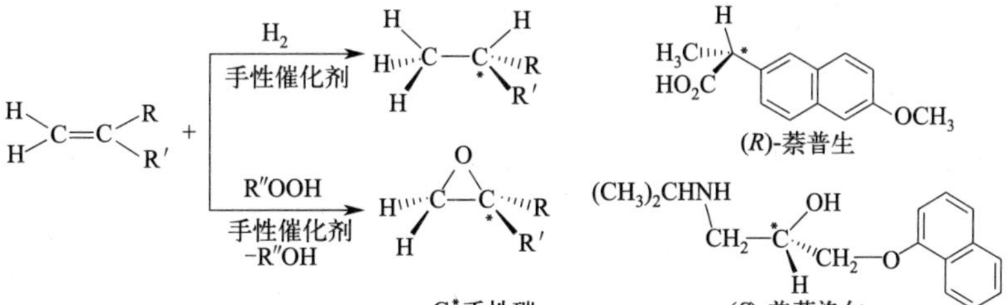

C*手性碳  (R)-萘普生  (S)-普萘洛尔

2001 年的诺贝尔化学奖授予了在对映选择性催化合成方面作出突破性贡献的三位研究者：美国的 W. S. Knowles 博士（1917—2012）、日本的野依良治教授（1938 年生）、美国的 K. B. Sharpless 教授（1941 年生）。我国的戴立信院士（1924—2024）、周其林院士（1957 年生）和史一安（1963 年生）等在不对称合成和手性药物研究领域也进行了卓有成效的工作。史一安是国际公认的重要人名反应 Shi asymmetric epoxidation（史不对称环氧化反应）以及 Shi's Carbenoid（史氏卡宾）的发明人。

**阅读材料2**  **青蒿素**

疟疾一直是一种危及生命，具有毁灭性的全球性传染病。早期主要用于治疗疟疾的药物，随着时间的推移，其抗药性的问题逐渐严重。20 世纪 50 年代，耐药寄生虫的大规模出现对疟疾的防疫和治疗形成了严峻挑战。青蒿在我国作为抗疟药已有两千多年的历史，青蒿入药，最早见之于马王堆三号汉墓出土的帛书《五十二病方》，其后在《神农本草经》及《本草纲目》等中均有收录。

1969 年，国家启动"523"抗击疟疾研究项目。屠呦呦负责并组建"523"项目课题组，承担抗疟中药的研发。通过收集整理中医药典籍中防治疟疾的中药和民间方药，在汇集了包括植物、动物、矿物等 2000 余内服、外用方药的基础上，项目课题组编写了以 640 种中药为主的《疟疾单验方集》，并对包括青蒿提取物在内的 380 多种提取物进行测试。

然而，初期的结果并不令人满意。面临困境时，屠呦呦重新温习中医古籍，进一步思考东晋葛洪的《肘后备急方》中有关"青蒿一握，以水二升渍，绞取汁，尽服之"的截疟记载，绞汁而非煎服，表明温度是关键。由此，她改用低沸点溶剂（乙醚）进行提取，从青蒿中分离出一个含过氧基团的新型倍半萜内酯，并命名为青蒿素（artemisinin）。在此基础上，屠呦呦和全国多个研究团队进行了大量理化实验、药理研究以及临床应用，表明青蒿素是抗疟的有效成分。青蒿素结构独特，抗疟机制特别，对抗氯喹的恶性疟和脑内疟有特效，具有高效、快速、低毒、安全等特点，被国际同行认为是抗疟研究史上的重大突破。

　　为最大限度地发挥青蒿素的功效，屠呦呦和国外同行分别对青蒿素进行了结构改造，相继成功开发出二氢青蒿素（dihydroartemisinin）、蒿甲醚（artemether）、复方蒿甲醚、蒿乙醚（arteether）和青蒿琥珀酯钠（sodium artesunate）等药物。英国权威医学刊物《柳叶刀》的统计显示，青蒿素复方药物对恶性疟疾的治愈率达到97%，已成为世界卫生组织推荐的抗疟药品。此外，青蒿素在治疗艾滋病，抑制肝癌、乳腺癌、宫颈癌及胰腺癌生长，抗血吸虫，调节免疫力等方面，也展现出了诱人的前景。

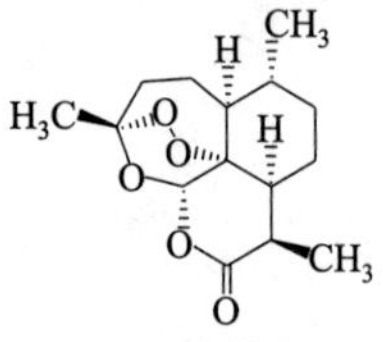

青蒿素 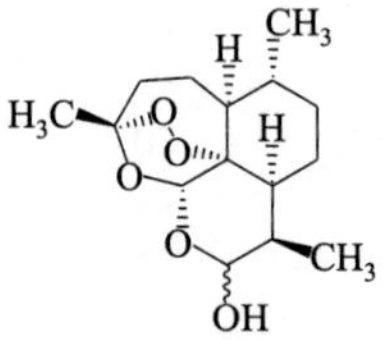　　　　二氢青蒿素 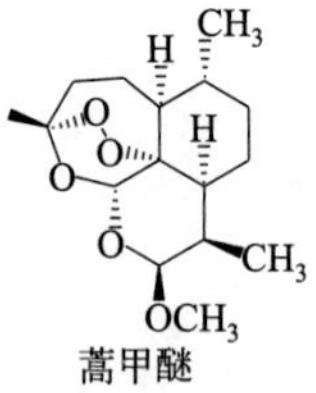　　　　蒿甲醚

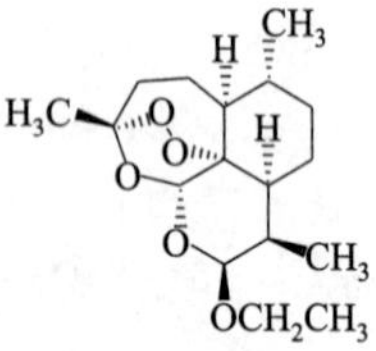

蒿乙醚 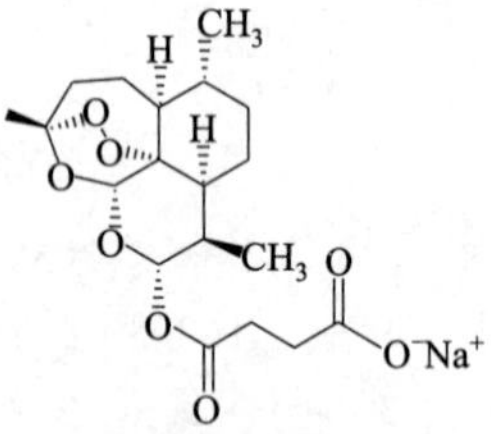　　　　青蒿素琥珀酯钠

　　青蒿素药物的开发，体现了中药新药研究的特别之处，为我国和世界人民的卫生健康事业作出了卓越的贡献，同时也为我国医药事业的发展积累了宝贵的精神财富、知识经验和科研人才队伍。屠呦呦及其团队因其在青蒿素抗疟领域的杰出贡献，多次斩获国家级和世界级奖项，包括拉斯克临床医学研究奖（2011年）、诺贝尔生理学或医学奖（2015年）。

# 习　题

7-1　解释或举例说明下列各名词。

　　（1）手性和手性碳原子　　　　　　　　　（2）旋光性和比旋光度

　　（3）对映体和非对映体　　　　　　　　　（4）内消旋体和外消旋体

　　（5）构型和构象　　　　　　　　　　　　（6）左旋和右旋

7-2　下列物体哪些具有手性？

　　（1）眼睛　　　　　　（2）耳朵　　　　　　（3）螺丝钉

　　（4）大树　　　　　　（5）纽扣　　　　　　（6）汽车

7-3　举例说明：

　　（1）含有手性碳原子的分子是否都有旋光性？是否都有对映体？

　　（2）没有手性碳原子的分子是否可能有对映体？

7-4　（＋）-麻黄碱的构型如下，它可用下列哪个投影式表示？

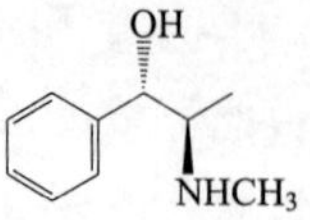

(1) 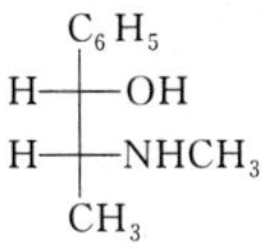 ～ (4) 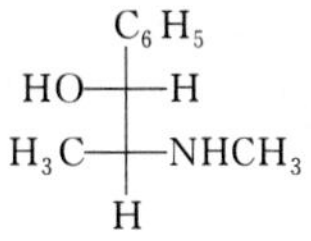 费歇尔投影式（C$_6$H$_5$, OH, NHCH$_3$, CH$_3$ 等结构）

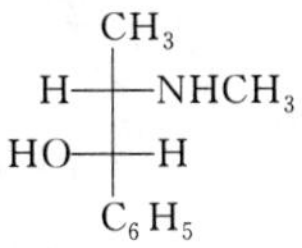

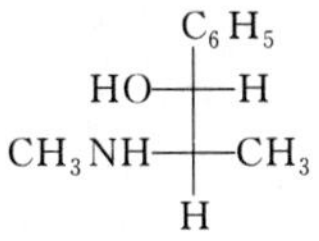

7-5　写出下列化合物的费歇尔投影式，并写出不对称碳原子的构型。

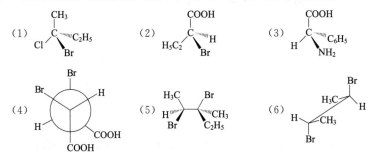

7-6　指出下列化合物是否有光学活性，并标明不对称原子的 *R*、*S* 构型。

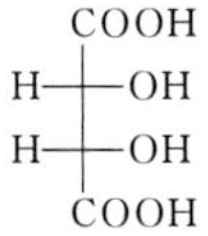

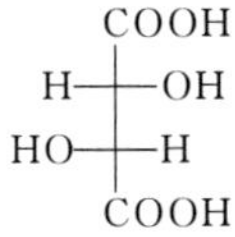

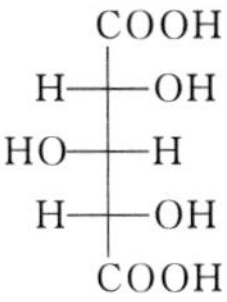

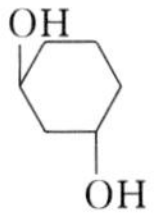

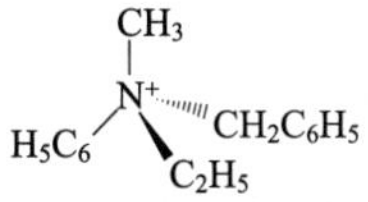

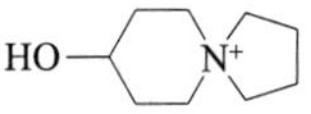

7-7　说明下列几对投影式是否是相同的化合物。

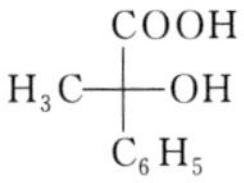

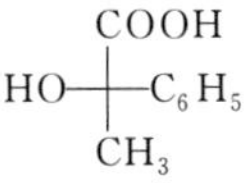

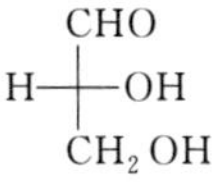

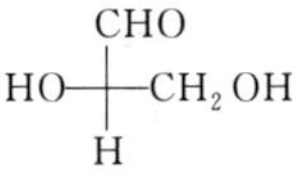

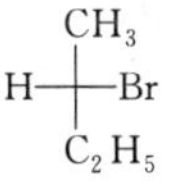

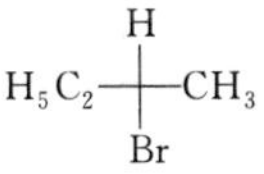

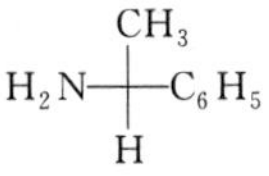

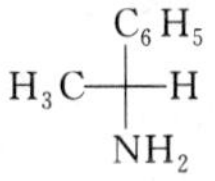

7-8　有某菌种，给它一定量人工合成的丙氨酸作为食物，它可以在这种环境中生长，但发现当丙氨酸用去一半以后，生长就停止了。如果给它的丙氨酸不是人工合成的，而是由天然产物中提取的，那么，直到丙氨酸消耗尽，生长才停止。请说明原因。

7-9　化合物 A 的分子式为 C$_6$H$_{10}$，有光学活性，与硝酸银的氨溶液作用有沉淀生成，催化氢化后得到无光学活性的 B，推断 A 和 B 的结构式。

7-10　分子式为 C$_6$H$_{12}$ 的开链烃 A，有旋光性。经催化氢化生成无旋光性的 B，分子式为 C$_6$H$_{14}$。写出 A、B 的结构式。

7-11　青蒿素的结构如下图所示，请问其中有多少个手性碳原子? 有多少种手性异构体?

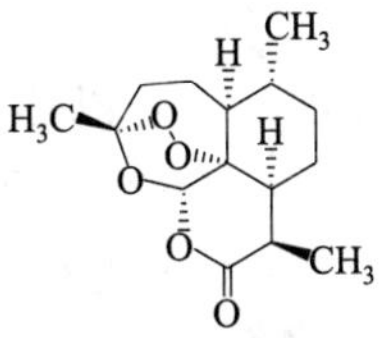

青蒿素

# 8 醇、酚、醚

## 学习指导

本章讨论了醇、酚和醚类物质。要求掌握醇、酚、醚的化学性质，特别是醇羟基的氢的活性和羟基的活性，醇与酚的鉴别、分离等；了解醇、酚、醚各主要化合物的实际应用。

醇、酚、醚都是烃的含氧衍生物，可以认为是水分子中的氢原子被取代后的产物。在醇中，羟基直接与脂肪烃基相连，如 $CH_3CH_2OH$（乙醇）；羟基与芳环直接相连的是酚，如 $C_6H_5OH$（苯酚）；醚则是氧与两个烃基相连，如 $CH_3CH_2—O—CH_2CH_3$（乙醚），其中 C—O—C 键为醚键。

## 8.1 醇

### 8.1.1 醇的分类

醇（alcohol）可根据分子中烃基的结构不同分为脂肪醇、脂环醇和芳香醇，还可根据烃基中是否含有重键再分为饱和醇和不饱和醇。例如：

脂肪醇　　$CH_3OH$　　$CH_3CH_2OH$　　$CH_2=CHCH_2OH$
　　　　　　　　饱和醇　　　　　　　不饱和醇

脂环醇

饱和醇　　　　　不饱和醇

芳香醇

根据与醇羟基直接相连的烃基碳的类型不同分为伯、仲、叔醇（1°、2°、3°醇）。例如：

　　　　　　　　　$RCH_2—OH$　　　　　$R_2CH—OH$　　　　　$R_3C—OH$
　　　　　　　　　伯醇(1°醇)　　　　　仲醇(2°醇)　　　　　叔醇(3°醇)

根据醇分子中所含羟基数目的多少可分为一元醇、二元醇、多元醇等。例如：

　　$CH_3—OH$　　　　$HO—CH_2CH_2—OH$　　　　$HO—CH_2—CH(OH)—CH_2—OH$
　　一元醇　　　　　　二元醇　　　　　　　　　　三元醇

### 8.1.2 醇的结构

甲醇分子中，羟基氧原子是 $sp^3$ 杂化的，它以两个 $sp^3$ 杂化轨道分别与一个碳原子的 $sp^3$ 杂化轨道和一个氢原子的 1s 轨道构成一个 C—O σ 键和一个 O—H σ 键，其余两个 $sp^3$ 杂化轨道分别被一对未共用电子对占据，如图 8-1 所示。

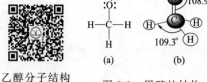

(a)　　　(b)

乙醇分子结构

图 8-1　甲醇的结构

### 8.1.3 醇的物理性质

$C_1 \sim C_4$ 是低级一元醇，是无色流动液体，比水轻；$C_5 \sim C_{11}$ 为油状液体；$C_{12}$ 及以上高级一元醇是无色的蜡状固体。甲醇、乙醇、丙醇都带有酒味；丁醇到十一醇有不愉快的气味；二元醇和多元醇都具有甜味，故乙二醇有时称为甘醇（glycol）。

醇的沸点比含同数碳原子的烷烃、卤代烷高。如 $CH_3CH_2OH$ 的沸点为 78.5℃，而 $CH_3CH_2Cl$ 的沸点为 12℃。这是因为液态时醇分子和水分子一样，在它们的分子间有缔合现象存在。由于氢键缔合的结果，使它具有较高的沸点，故醇的沸点比相应分子量的烷烃高。其变化规律与烷烃类似。

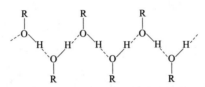

在同系列中醇的沸点也是随着碳原子数的增加而有规律地上升。如直链饱和一元醇中，每增加一个碳原子，它的沸点升高 15～20℃。醇分子中的烃基对缔合有阻碍作用，烃基愈大，位阻作用愈大，因此，直链饱和一元醇的沸点随分子量的增加和相应烷烃愈来愈接近，这可从图 8-2 看出。

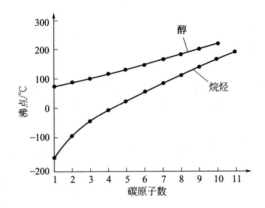

图 8-2  直链饱和一元醇与直链烷烃的沸点曲线

此外，具有相同碳原子数的一元饱和醇中，沸点也是随支链的增加而降低。伯醇的沸点最高，仲醇次之，叔醇最低。例如：

$$CH_3-(CH_2)_2-CH_2OH \qquad CH_3-CH_2-\overset{OH}{\underset{\,}{CH}}-CH_3$$
$$(117℃) \qquad\qquad\qquad (99.5℃)$$

$$CH_3-\overset{\,}{\underset{CH_3}{CH}}-CH_2OH \qquad CH_3-\overset{CH_3}{\underset{CH_3}{C}}-OH$$
$$(108℃) \qquad\qquad\qquad (82℃)$$

若分子量相近，含羟基越多，沸点越高。

低级醇能溶于水，随分子量增加，溶解度降低。含有三个以下碳原子的一元醇，可以和水混溶；正丁醇在水中的溶解度就很低，只有 8%；正戊醇就更小了，只有 2%。高级醇和烷烃一样，几乎不溶于水。低级醇之所以能溶于水，主要是由于它的分子中有和水分子相似的部分——羟基。醇和水分子之间能形成氢键，所以促使醇分子易溶于水。

$$H-O\cdots H-O-H-O\cdots H-O\cdots$$
$$\qquad\quad |\qquad\ |\qquad\ |\qquad\ |$$
$$\qquad\quad H\qquad R\qquad H\qquad R$$

当醇的碳链增长时，羟基在整个分子中的影响减弱，在水中的溶解度也就降低，以至于不溶于水。相反地，当醇中的羟基增多时，分子中和水相似的部分增加，同时能和水分子形成氢键的部位也增加，因此二元醇的水溶性要比一元醇大。

醇也能溶于强酸（如 $H_2SO_4$、HCl），这是由于它能和酸中的质子结合成锌盐

$[R-\overset{\overset{H}{|}}{\underset{}{O}}-H]X^-$ 的缘故。正因为醇能和质子形成锌盐（oxonium salt，含有正氧离子的盐），故醇在强酸水溶液中的溶解度要比在纯水中的大。如正丁醇，它在水中的溶解度只有 8%，但是它能和浓盐酸混溶。醇能溶于浓硫酸，这个性质在有机分析上很重要，常被用来区别醇和烷烃，因为后者不溶于强酸。

低级醇能和一些无机盐类（如 $MgCl_2$、$CaCl_2$、$CuSO_4$ 等）形成结晶状的分子化合物，称为结晶醇（如 $MgCl_2 \cdot 6CH_3OH$、$CaCl_2 \cdot 4C_2H_5OH$、$CaCl_2 \cdot 4CH_3OH$ 等）。结晶醇不溶于有机溶剂而溶于水。利用这一性质可使醇与其他有机物分离或从反应物中除去醇类。例如，乙醚中含有少量乙醇，加入 $CaCl_2$ 便可除去少量乙醇。

## 8.1.4　醇的化学性质

$$-\overset{|}{\underset{\underset{H}{|}}{C}}-\overset{|}{\underset{}{C}}-\overset{\delta^-}{O}-\overset{\delta^+}{H}$$

醇的化学性质由官能团——羟基决定。醇的大部分反应都涉及 O—H 键和 C—O 键的断裂，还有 C—O 键和 ($\beta$)C—H 键同时断裂的脱水反应以及氧化还原反应等。

### 8.1.4.1　与活泼金属反应

醇中羟基上的氢较活泼，能被金属所取代，生成氢气和醇金属盐。例如，乙醇与 Na、Mg、Al 等的反应。

$$2EtOH + 2Na \longrightarrow 2EtONa + H_2 \uparrow$$
$$2EtOH + Mg \overset{I_2}{\longrightarrow} (EtO)_2Mg + H_2 \uparrow$$
$$6CH_3-\underset{\underset{OH}{|}}{CH}-CH_3 + 2Al \longrightarrow 2(CH_3-\underset{\underset{CH_3}{|}}{CH}-O)_3Al + 3H_2 \uparrow$$
$$2(CH_3)_3COH + 2K \longrightarrow 2(CH_3)_3COK + H_2 \uparrow$$

醇与水相比，由于烷基的供电子效应使氧原子上的电子云密度增加，溶剂化效应降低，醇的酸性变小。

在醇中，烷基越大，羟基氢的活性越低，醇的酸性越弱。各类醇与金属钠反应的活性顺序如下：

$$CH_3OH > RCH_2-OH > R-\underset{\underset{R}{|}}{CH}-OH > R-\overset{\overset{R}{|}}{\underset{\underset{R}{|}}{C}}-OH$$

醇是比水弱的酸，所以烷氧负离子 $RO^-$ 的碱性比 $OH^-$ 强。所以，醇钠遇水时立即水解。
$$R-CH_2ONa + H_2O \rightleftharpoons RCH_2OH + NaOH$$
所以，实验室处理钠渣时，不用水而用工业酒精，将少量钠分解掉。

### 8.1.4.2　醇中的羟基被卤素取代生成卤代烃

（1）与氢卤酸反应

$$ROH + HX \longrightarrow RX + H_2O（这也是卤代烃水解的逆反应）$$

该反应的反应速率与 HX 的种类和醇的结构有关。其活性如下。

HX 的活性次序： $\qquad HI > HBr > HCl$

ROH 的活性次序： $\qquad CH_2=CHCH_2OH > R_3COH > R_2CHOH > RCH_2OH$

伯醇与氢碘酸（47%）一起加热，反应生成碘代烃。

$$RCH_2OH + HI \xrightarrow{\triangle} RCH_2I + H_2O$$

伯醇与氢溴酸（48%）作用时，必须在 $H_2SO_4$ 存在下加热才能生成溴代烃。

$$RCH_2OH + HBr \xrightarrow[\triangle]{H_2SO_4} RCH_2Br + H_2O$$

伯醇与浓盐酸作用必须有氯化锌存在，并加热才能生成氯代烃。所用试剂为 $ZnCl_2$ 与浓 HCl 所配成的溶液，称为卢卡斯（Lucas）试剂。

$$RCH_2OH + HCl \xrightarrow[\triangle]{ZnCl_2} RCH_2Cl + H_2O$$

烯丙式醇（$CH_2=CHCH_2OH$ 或 $C_6H_5CH_2OH$）和三级醇在室温下和浓盐酸一起振荡就有氯代烃生成。例如：

$$H_3C-\underset{\underset{CH_3}{|}}{\overset{\overset{CH_3}{|}}{C}}-OH \xrightarrow[室温]{浓\ HCl} H_3C-\underset{\underset{CH_3}{|}}{\overset{\overset{CH_3}{|}}{C}}-Cl$$

利用 Lucas 试剂可以鉴别伯、仲、叔醇（六个碳以下的醇）。因为 $C_6$ 以下的醇溶于 Lucas 试剂，相应的氯代烷则不溶，从而出现浑浊或者分层现象。

① 叔醇＋Lucas 试剂，在室温下即出现分层或者浑浊现象；

② 仲醇＋Lucas 试剂，水浴加热 10～15min，出现分层或者浑浊现象；

③ 伯醇＋Lucas 试剂，水浴加热 30min，出现分层或者浑浊现象。

（2）与卤代磷、亚硫酰氯（二氯亚砜）反应

$$3ROH + PX_3 \longrightarrow 3RX + P(OH)_3 \qquad X=I、Br$$

醇和 $PCl_3$ 的反应比较复杂，它不被用来制备氯代烃，因为副反应很严重。尤其是和伯醇作用时，产物常常是亚磷酸酯而不是氯代物。用 $PCl_5$ 制备氯代物，这个方法也不太好，仍有酯生成，一般磷酸酯很难被清除，因此影响产物的质量。

$$3ROH + PCl_3 \longrightarrow \underset{亚磷酸酯}{(RO)_3P} + 3HCl\uparrow$$

$$ROH + PCl_5 \longrightarrow RCl + POCl_3 + HCl\uparrow$$

$$POCl_3 + 3ROH \longrightarrow \underset{磷酸酯}{(RO)_3PO} + 3HCl\uparrow$$

目前，由醇（特别是伯醇）制备氯代物最常用的方法是用亚硫酰氯（又称二氯亚砜，分子式为 $SOCl_2$，thionyl chloride）作试剂。优点是副产物易分离，产物较纯净。

$$ROH + SOCl_2 \longrightarrow RCl + SO_2\uparrow + HCl\uparrow$$

### 8.1.4.3 酯化反应

醇和酸作用生成酯和水的反应称为酯化反应（esterification）。酯化反应是一个可逆反应，醇与有机酸和无机含氧酸都可反应生成酯。醇与有机酸反应生成羧酸酯（在第 10 章中讨论），例如：

$$CH_3COOH + HOCH_2CH_3 \underset{}{\overset{H^+}{\rlap{\raise2pt{\longrightarrow}}\lower2pt{\longleftarrow}}} CH_3COOCH_2CH_3 + H_2O$$

醇与酸反应的活性顺序为：$CH_3OH >$ 伯醇 $>$ 仲醇 $>$ 叔醇。

醇还能与无机含氧酸反应生成无机酸酯。例如：

$$RCH_2OH + HO-\overset{O}{\underset{O}{S}}-OH \xrightarrow{<100℃} RCH_2-OSO_3H + H_2O$$

伯醇                               硫酸氢酯

十二醇的硫酸氢酯的钠盐是一种合成洗涤剂。

$$C_{12}H_{25}OH + H_2SO_4（浓）\xrightarrow{40\sim55℃} C_{12}H_{25}OSO_3H + H_2O$$

$$C_{12}H_{25}OSO_3H + NaOH \longrightarrow C_{12}H_{25}OSO_3Na + H_2O$$

十二烷基硫酸钠

硫酸氢甲酯和硫酸氢乙酯在减压下蒸馏变成中性的硫酸二甲酯和硫酸二乙酯，它们是很好的烷基化试剂。

$$2CH_3OSO_3H \xrightarrow{减压蒸馏} (CH_3)_2SO_4 + H_2SO_4$$

$$2C_2H_5OSO_3H \xrightarrow{减压蒸馏} C_2H_5O-\overset{O}{\underset{O}{S}}-OC_2H_5 + H_2SO_4$$

硫酸二甲酯有剧毒，对呼吸器官和皮肤都有强烈的刺激作用。

$HNO_3$ 与醇反应生成硝酸酯。硝酸酯有一个特性，就是受热会发生爆炸，所以在处理和制备硝酸酯时必须小心。例如：

$$\begin{matrix} CH_2-OH \\ | \\ CH_2-OH \end{matrix} + 2HNO_3 \longrightarrow \begin{matrix} CH_2-O-NO_2 \\ | \\ CH_2-O-NO_2 \end{matrix} + 2H_2O$$

二硝酸乙二醇酯（炸药）

$$\begin{matrix} CH_2-OH \\ | \\ CH-OH \\ | \\ CH_2-OH \end{matrix} + 3HNO_3 \longrightarrow \begin{matrix} CH_2-O-NO_2 \\ | \\ CH-O-NO_2 \\ | \\ CH_2-O-NO_2 \end{matrix} + 3H_2O$$

三硝酸甘油酯（炸药）

三硝酸甘油酯俗称硝化甘油，具有极强的爆炸力而用作液体炸药；在临床上能用于血管舒张，治疗心绞痛和胆绞痛。

### 8.1.4.4 脱水反应

脱水反应有分子内脱水和分子间脱水两种方式。例如：

$$CH_3CH_2OH \xrightarrow{浓 H_2SO_4} \begin{cases} \xrightarrow{140℃} CH_3CH_2OCH_2CH_3 + H_2O \\ \xrightarrow{>160℃} CH_2=CH_2\uparrow + H_2O \end{cases}$$

醇脱水的反应活性次序是：叔醇＞仲醇＞伯醇。例如：

$$CH_3CH_2CH_2CH_2OH \xrightarrow[140℃]{75\%H_2SO_4} CH_3CH=CHCH_3$$

主要产物

2-丁烯（重排产物）

仲醇、叔醇的分子内脱水，若有两种不同的取向时，遵守查依采夫规则。

在较低温度下，醇分子间脱水生成醚，主要是亲核取代历程：

$$C_2H_5OH + H_2SO_4 \rightleftharpoons C_2H_5-\overset{+}{O}H_2 + \overset{-}{O}SO_3H$$

在 130～140℃时

$$C_2H_5\overset{..}{O}:+ C_2H_5-\overset{+}{O}H_2 \rightleftharpoons C_2H_5-\overset{+}{\underset{H}{O}}-C_2H_5 + H_2O$$

$$C_2H_5-\overset{+}{\underset{H}{O}}-C_2H_5 + {}^-OSO_3H \rightleftharpoons C_2H_5OC_2H_5 + H_2SO_4$$

亲核取代反应与消除反应往往是两个相互竞争的反应。消除反应涉及 $\beta$ 位 C—H 键的断裂，需要较高的能量，故升高温度对分子内脱水生成烯烃有利。对叔醇来说，只能分子内脱水生成烯烃。

### 8.1.4.5　氧化反应

由于羟基的影响，醇分子中 $\alpha$-H 的 C—H 键极性增强，容易断裂，可以被氧化或在催化剂存在条件下脱氢。

（1）氧化

醇氧化时可用的氧化剂很多，通常有 $KMnO_4$、浓 $HNO_3$、$Na_2Cr_2O_7$、$CrO_3/H_2SO_4$、$CrO_3 \cdot 2C_5H_5N$ 等，它们的氧化能力以 $KMnO_4$ 和浓 $HNO_3$ 为最强。例如：

$$CH_3CH_2OH \xrightarrow{K_2Cr_2O_7/H_2SO_4} CH_3-\overset{O}{\underset{}{C}}-H\uparrow \quad 乙醛\,(蒸出,脱离反应体系)$$

$$\downarrow [O] \quad 若继续反应$$

$$CH_3COOH$$

$$\bigcirc\!-OH \xrightarrow{Na_2Cr_2O_7/H_2SO_4} \bigcirc\!=\!O$$

$$环己酮$$

叔醇很难被氧化。在剧烈的条件下，它虽然也能被氧化，但是其碳架发生了裂解，产物是低级的酮和酸的混合物。例如：

$$CH_3-\overset{CH_3}{\underset{CH_3}{\overset{|}{\underset{|}{C}}}}-OH \xrightarrow{KMnO_4} CH_3-\overset{O}{\underset{}{C}}-CH_3 + HCOOH + H_2O$$
$$\qquad\qquad\qquad\qquad\qquad\qquad\qquad 甲酸$$

所以只有伯醇和仲醇的氧化反应有实用价值，可以用来制醛、酮和酸；叔醇的氧化反应应用价值不大。

由于醛很容易被氧化成酸，故伯醇氧化制醛时，可用特殊的氧化剂，如氧化铬吡啶配合物，产物可停留在醛一步。例如：

$$Et_2C-CH_2OH \xrightarrow[CH_2Cl_2,25℃]{CrO_3 \cdot 2C_5H_5N} Et_2C-CHO + H_2O$$
$$\overset{|}{\underset{CH_3}{}} \qquad\qquad\qquad\qquad\quad \overset{|}{\underset{CH_3}{}}$$

$$2\text{-}甲基\text{-}2\text{-}乙基丁醛$$

硝酸与重铬酸钾的混合溶液在常温时能氧化大多数伯醇和仲醇，使溶液变蓝；叔醇不能发生氧化反应，因此可用这个方法区别叔醇与伯醇、仲醇。

检查司机是否酒后驾车的呼吸分析仪种类很多，其中有些是应用酒中所含乙醇被氧化后溶液颜色变化的原理设计的。

（2）催化脱氢

伯、仲醇的蒸气在高温下通过催化剂（如活性铜、银等）发生脱氢反应，生成酸或酮。醇的催化脱氢大多用于工业生产上。例如：

$$CH_3CH_2OH \xrightarrow[550℃]{Ag\ 或\ Cu} CH_3-\overset{O}{\underset{}{C}}-H + H_2\uparrow$$
$$\qquad\qquad\qquad\qquad\quad 乙醛$$

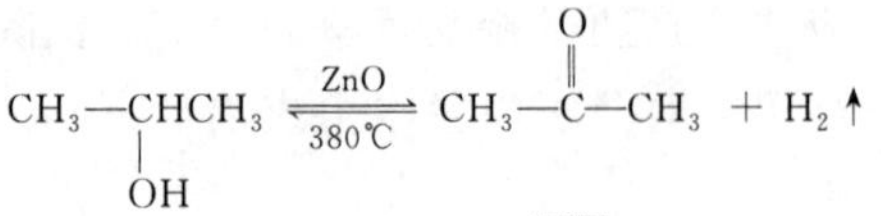

$$CH_3-\underset{\underset{OH}{|}}{C}HCH_3 \xrightleftharpoons[380℃]{ZnO} CH_3-\overset{\overset{O}{\|}}{C}-CH_3 + H_2\uparrow$$

丙酮

叔醇分子中没有 $\alpha$-氢，不能脱氢，只能脱水生成烯烃。

## 8.1.5　典型化合物

（1）邻二醇

邻二醇能与金属氢氧化物配合。

乙二醇、甘油等相邻位置具有两个羟基的多元醇（1,2-二醇）能和许多金属的氢氧化物螯合。若在甘油的水溶液中加入新沉淀的氢氧化铜，就生成蓝色可溶性的甘油铜。这一反应可用来区别一元醇和多元醇。

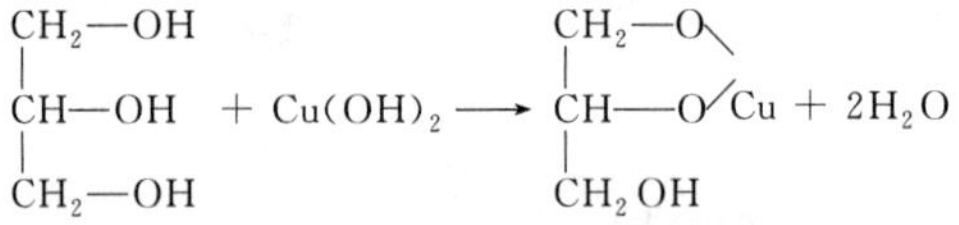

$$\begin{matrix}CH_2-OH\\ |\\ CH-OH\\ |\\ CH_2-OH\end{matrix} + Cu(OH)_2 \longrightarrow \begin{matrix}CH_2-O\\ |\quad\diagdown\\ CH-O\diagup Cu\\ |\\ CH_2\ OH\end{matrix} + 2H_2O$$

蓝色可溶性的甘油铜

邻二醇能被高碘酸（$HIO_4$）断键氧化成两个羰基化合物。

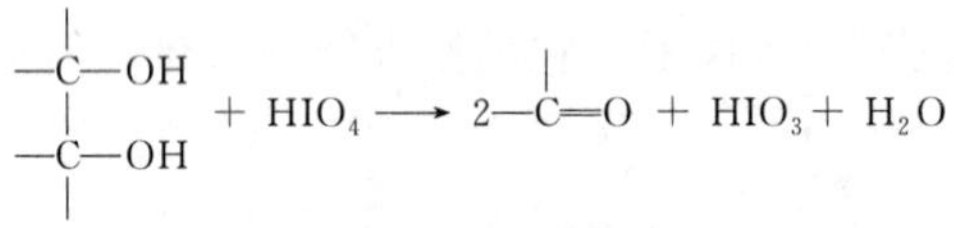

$$\begin{matrix}|\\ -C-OH\\ |\\ -C-OH\\ |\end{matrix} + HIO_4 \longrightarrow 2-\overset{|}{C}=O + HIO_3 + H_2O$$

连有羟基的两个碳原子的 C—C 键断裂而生成醛、酮、羧酸等产物。这个特殊的氧化反应在分析中常被用来检验邻二醇结构。由于这个反应是定量的，每分裂一组邻二醇结构要消耗一分子 $HIO_4$，因此根据 $HIO_4$ 的消耗量可以推知分子中有几组邻二醇结构。至于氧化反应是否发生了，可用 $AgNO_3$ 来检测。

$$HIO_3 + AgNO_3 \longrightarrow AgIO_3\downarrow + HNO_3$$

（2）甲醇

甲醇有毒，饮用 10mL 就能使眼睛失明，再多饮用就有使人死亡的危险，故需注意。

（3）乙醇

乙醇用作基本有机化工原料，也用作有机溶剂，用于食品工业中制饮料酒。

（4）山梨醇

山梨醇在食品、医药、日化等行业都有着极为广泛的应用，可作为甜味剂、保湿剂、防腐剂等使用。山梨醇同时还具备多元醇的营养优势，即低热值、低糖、防龋齿。其中，在日用品领域，作为甘油的替代品，在牙膏赋型、化妆品保湿方面有着越来越广的应用；在化学中间体领域，司盘、吐温、硬泡起发剂、维生素 C 的生产，应用山梨醇极广；在医药领域，可作糖浆、注射输液、医药压片的原料。

（5）正丁醇

正丁醇是油脂、药物（如抗生素、激素和维生素）和香料的萃取剂，醇酸树脂涂料的添加剂。

（6）白藜芦醇

白藜芦醇可用于食品饮料葡萄酒、营养保健食品添加剂、免疫增强剂、化妆品、预防或治疗大脑和老化疾病的配方等中。

## 8.2 酚

### 8.2.1 酚的分类

羟基与芳香环直接相连的化合物是酚（phenol）。酚的分类比较简单，在酚中，按与羟基相连的芳基不同，可分为苯酚、萘酚、蒽酚等；按羟基数目的多少，可分为一元酚、二元酚和多元酚等。

### 8.2.2 酚的结构

苯酚是德国化学家龙格（Runge F.）于 1834 年在煤焦油中发现的，故又称石炭酸（carbolic acid）。

苯酚分子中，羟基氧原子是 $sp^2$ 杂化，它以两个 $sp^2$ 杂化轨道分别与一个碳原子的 $sp^2$ 杂化轨道和一个氢原子的 s 轨道构成一个 C—O σ 键和一个 O—H σ 键，余下的一个 $sp^2$ 杂化轨道和一个 p 轨道则分别被一对未共用电子对占据。羟基中未杂化的 p 轨道与苯环上的大 π 键平行重叠，形成 p-π 共轭体系，如图 8-3 所示。

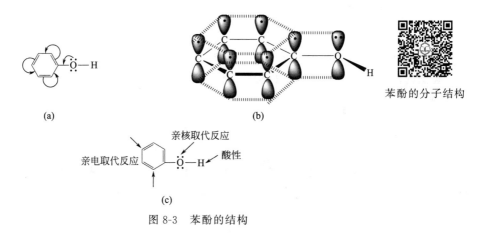

苯酚的分子结构

图 8-3　苯酚的结构

由于 p-π 共轭效应，导致羟基氧原子上的电子云密度降低，从而使 O—H 键的极性大大增强。与醇比较，酚羟基上的氢原子更易以质子的形式解离，所以，酚具有一定的酸性；同时也是由于 p-π 共轭效应的影响，苯环上的电子云密度增加，使苯环上的亲电取代反应比苯更容易进行。

### 8.2.3 酚的物理性质

常温下，酚一般多为结晶固体，只有少数烷基酚（如间甲基酚等）为液体。纯的酚是无色的，由于易氧化往往带有红色至褐色。由于酚分子间能形成氢键，所以酚的沸点和熔点比相应的芳烃高。酚与水分子间也能形成氢键，所以，酚在水中也有一定的溶解度。酚类物质一般能溶于乙醇、乙醚、苯等有机溶剂。

苯酚的熔点为 43℃，沸点为 181.7℃，常温下为一种无色或白色的晶体，有特殊气味。苯酚的密度比水大，微溶于冷水，可在水中形成白色浑浊，但易溶于 65℃ 以上的热水。

酚具有腐蚀性和杀菌作用。如苯酚能凝固蛋白质，具有杀菌能力，但对皮肤有腐蚀性，在实际中常用作消毒剂和防腐剂。甲基苯酚的杀菌能力比苯酚还要强，所以，医院常用 50% 左右的甲基苯酚的肥皂溶液（来苏儿）用作消毒剂（一般家庭消毒用 3％～5％来苏儿溶液）。

常见酚的物理常数见表 8-1。

表 8-1　一些常见酚的物理常数

| 名称 | 熔点/℃ | 沸点/℃ | 溶解度/[g·(100g 水)$^{-1}$] | p$K_a$ |
|------|--------|--------|------------------------------|--------|
| 苯酚 | 43 | 182 | 9.3 | 9.98 |
| 邻甲苯酚 | 30 | 191 | 2.5 | 10.2 |
| 间甲苯酚 | 11 | 201 | 2.6 | 10.8 |
| 对甲苯酚 | 35.5 | 202 | 2.3 | 10.14 |
| 邻硝基苯酚 | 45 | 217 | 0.2 | 7.23 |
| 间硝基苯酚 | 96 | 分解(194) | 1.4 | 8.40 |
| 对硝基苯酚 | 114 | 分解(279) | 1.7 | 7.15 |
| 邻苯二酚 | 105 | 245 | 45.1 | 9.48 |
| 间苯二酚 | 110 | 281 | 111 | 9.44 |
| 对苯二酚 | 170 | 286 | 8 | 9.96 |
| $\alpha$-萘酚 | 94 | 279 | 难 | 9.31 |
| $\beta$-萘酚 | 123 | 286 | 0.1 | 9.55 |

## 8.2.4　酚的化学性质

### 8.2.4.1　酚羟基的反应

（1）酸性

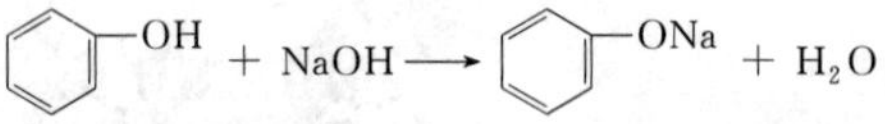

大多数酚的 p$K_a$＝10，酸性比碳酸弱，将 $CO_2$ 通入酚钠盐的水溶液中，可以使酚重新游离出来。

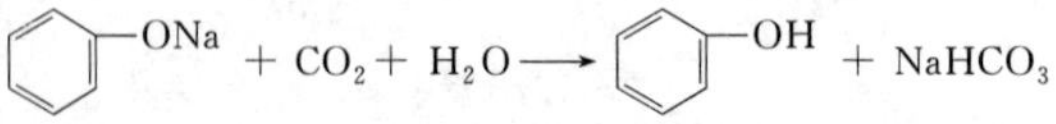

　（溶于水）　　　　　　　　　　　　（不溶于水）

酚的共轭碱越稳定，酸性就越强。如果苯环上连有吸电子基，可使酚的酸性增强；相反，如果连有给电子基，可使酚的酸性减弱。

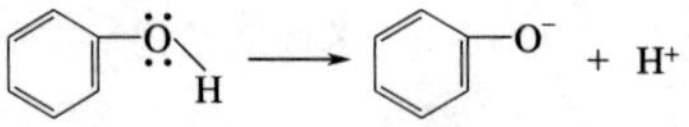

酸　　　　　　　　　　共轭碱

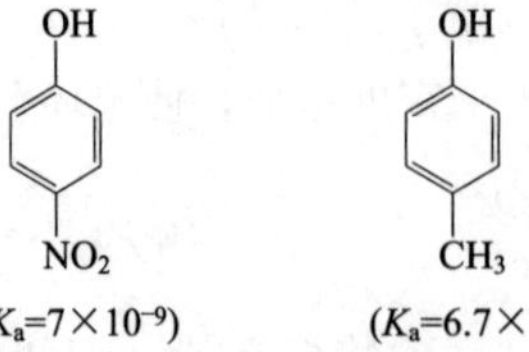

$(K_a=7\times10^{-9})$　　　　$(K_a=6.7\times10^{-11})$

（2）与 $FeCl_3$ 的颜色反应

$$6C_6H_5OH + FeCl_3 \longrightarrow H_3[Fe(OC_6H_5)_6] + 3HCl$$

（紫色）

具有烯醇式结构 $\overset{\diagdown}{\underset{\diagup}{C}}=C-OH$ 的脂肪族化合物也有这个反应。酚与 $FeCl_3$ 的显色反应常常用于定性鉴别。

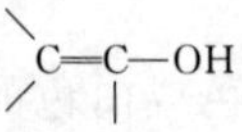

（3）醚的生成

酚在碱性条件下与卤代烃、硫酸酯反应生成醚，这个方法称为 Williamson 合成法。例如：

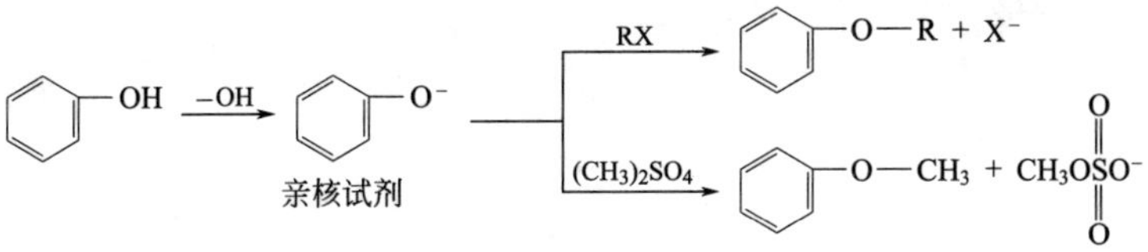

### 8.2.4.2 芳环的亲电取代反应

酚羟基是一个强的邻对位定位基,所以,酚类物质一般比对应芳烃更容易进行卤代、硝化、磺化等亲电取代反应。

(1) 卤代

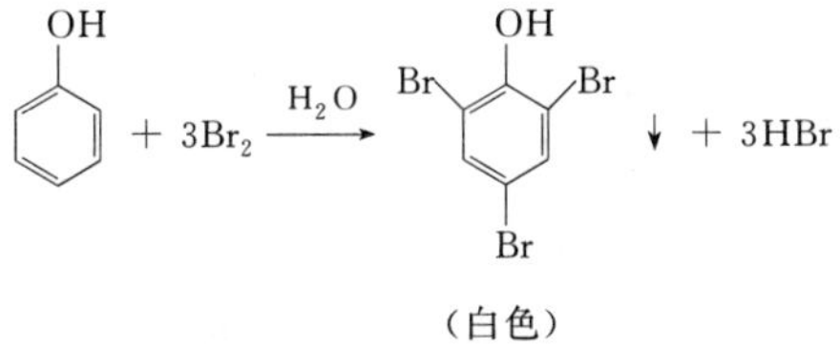

这个反应很灵敏,极稀的苯酚溶液 (10μg/g) 也能与溴水生成沉淀。此反应常可用作苯酚的鉴别和定量测定。

如需制一溴代苯酚,则反应要在 $CS_2$、$CCl_4$ 等非极性溶剂中,于低温条件下进行。例如:

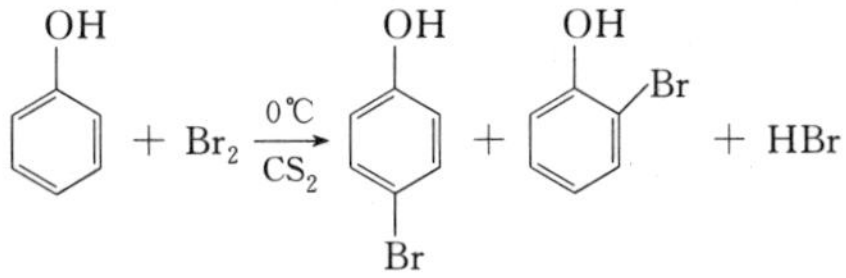

(2) 硝化

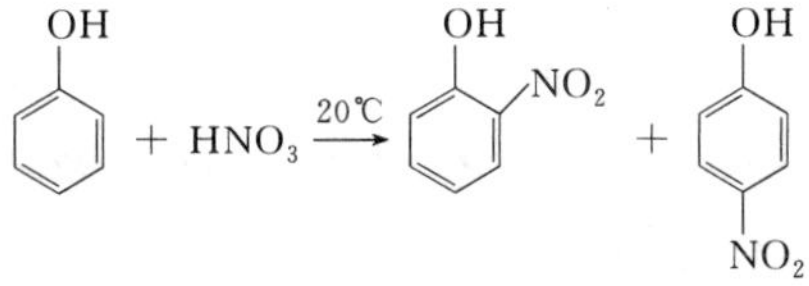

邻硝基苯酚在分子内形成氢键,分子间不易形成氢键,故沸点比对硝基苯酚低。硝化产物的分离可用水蒸气蒸馏法,将两者分开。邻硝基苯酚随水蒸气被蒸馏出来,对硝基苯酚则不能。

邻硝基苯酚          对硝基苯酚

(3) 磺化

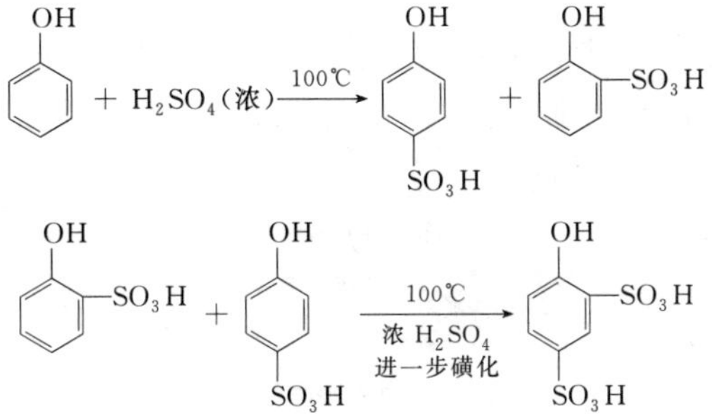

（4）烷基化

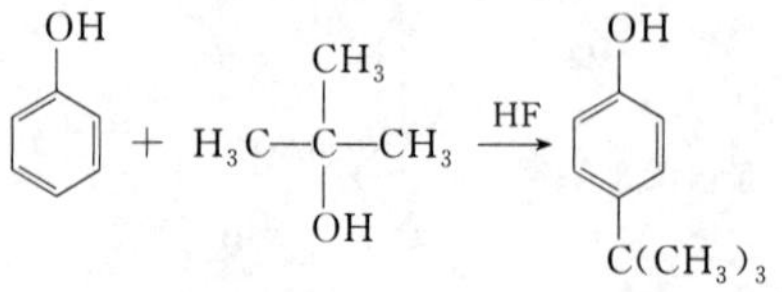

烷基苯酚可通过苯酚的傅-克烷基化反应制得，但产率往往很低。

#### 8.2.4.3　氧化反应

酚很容易被氧化，所以，进行磺化、硝化、卤化时，必须控制反应条件，尽量避免酚被氧化。例如：

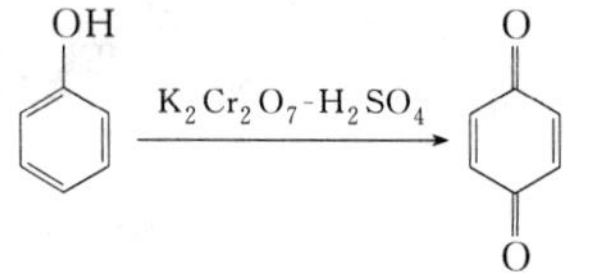

对苯醌（黄色）

醌继续氧化，碳环破裂，还能得到羧酸，产物为混合物。

#### 8.2.4.4　还原反应

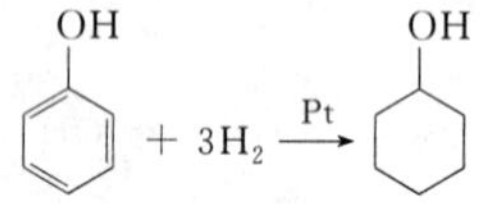

### 8.2.5　典型化合物

（1）苯酚

苯酚是多种化工产品的原料，用来合成阿司匹林等药品，以及一些农药、香料、染料；亦用来合成树脂，最主要的一种是和甲醛缩合而成的酚醛树脂。尽管苯酚的浓溶液毒性很强，它仍在整形外科手术中充当脱皮剂。苯酚可作杀菌剂、麻醉剂、防腐剂。约瑟夫·李斯特（Joseph Lister）最早将其用于外科手术消毒，但由于苯酚的毒性，这一技术最终被取代。现在苯酚可用于制备消毒剂，如 TCP，或用其稀溶液直接进行消毒。

（2）来苏儿

杀菌和防腐作用是酚类化合物的重要特性之一，医院消毒用的"来苏儿"即甲酚（甲基苯酚各异构体的混合物）与肥皂溶液的混合液。

## 8.3　醚

### 8.3.1　醚的分类

醚（ether）可以看成水分子中的两个氢原子（或醇、酚分子中羟基上的氢）被烃基取代后而形成的化合物。醚分子中的烃基可以是脂肪烃基，也可以是芳香烃基。两个烃基相同的是简单醚，不同的是混醚。例如：

简单醚　　　　　　　　　　　$C_2H_5-O-C_2H_5$
乙醚

混醚　　　　　　　　　　　　$CH_3-O-C_2H_5$
甲乙醚

在醚中，如果氧原子处于碳环结构中时，称为环醚。例如：

环氧乙烷　　四氢呋喃　　1,4-二氧六环

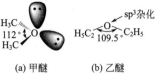

(a) 甲醚　　　(b) 乙醚

图 8-4　甲醚与乙醚的结构

乙醚的分子结构

## 8.3.2　醚的结构

醚中的 C—O—C 键俗称醚键，是醚的官能团。醚分子中的氧原子为 $sp^3$ 杂化，乙醚键的键角等于 $109.5°$。甲醚中醚键的键角约为 $112°$，C—O 键键长约为 $0.142nm$，见图 8-4。

## 8.3.3　醚的物理性质

常温下，除甲醚、甲乙醚为气体外，大多数醚为无色、有香味、易挥发、易燃烧的液体。

醚的沸点比相同分子量的醇低得多（如正丁醇的沸点为 $117.3℃$，乙醚的沸点为 $34.5℃$），与分子量相近的烷烃相当。其原因是醚分子中氧原子的两边均为烃基，没有活泼氢原子，醚分子之间不能形成氢键。乙醚蒸气与空气混合达到一定比例遇火即爆炸，爆炸极限为 $1.85\%\sim36.5\%$。

醚也是一类良好的溶剂。如乙醚就是常用的有机溶剂和萃取剂，在医药上还是常用的麻醉剂。

醚分子与水分子间能形成氢键，因此，醚在水中的溶解度与相同碳原子的醇相近。

常见一些醚的物理常数见表 8-2。

表 8-2　常见醚的物理常数

| 名称 | 熔点/℃ | 沸点/℃ | 溶解度/[g·(100g 水)$^{-1}$] | 相对密度($d_4^{20}$) |
|---|---|---|---|---|
| 甲醚 | $-138.5$ | $-24$ | $\infty$ | 0.661 |
| 乙醚 | $-116.2$ | 34.5 | 7.5 | 0.714 |
| 正丙醚 | $-112$ | 90.5 | 微溶 | 0.752 |
| 正丁醚 | $-97.9$ | 142 | $<0.05$ | 0.769 |
| 苯甲醚 | $-37.5$ | 155 | 不溶 | 0.994 |
| 二苯醚 | 26.9 | 258.3 | 微溶 | 1.074 |
| 环氧乙烷 | $-111.3$ | 10.7 | $\infty$ | 0.897 |
| 四氢呋喃 | $-65$ | 67 | $\infty$ | 0.889 |
| 1,4-二氧六环 | 11 | 101 | $\infty$ | 1.034 |

## 8.3.4　醚的化学性质

（1）䤭盐的生成

醚都能溶解于冷的强酸中。由于醚键上的氧原子具有未共用电子对，能接受强酸中的 $H^+$ 而生成䤭盐，一旦生成即溶于冷的浓酸溶液中。烷烃不与冷的浓酸反应，也不溶于其中。所以用此反应可区别烷烃和醚。

$$R—\overset{..}{\underset{..}{O}}—R + HCl \longrightarrow R—\overset{+}{\underset{\underset{H}{|}}{O}}—R + Cl^-$$

䤭盐

$$R—\overset{..}{\underset{..}{O}}—R + H_2SO_4 \longrightarrow R—\overset{+}{\underset{\underset{H}{|}}{O}}—R + HSO_4^-$$

䤭盐

　　锌盐在浓酸中稳定，在水中水解，醚即重新分出。利用此性质可以将醚从烷烃或卤代烃中分离出来。例如，正戊烷和乙醚几乎具有相同的沸点，醚溶于冷浓硫酸中，而正戊烷不溶于浓硫酸。把正戊烷和乙醚的混合液与冷浓硫酸混合，则得到两个明显的液层。

　　醚的氧原子带有未共用电子对，所以醚是一种 Lewis 碱，能和三氟化硼等 Lewis 酸配合生成配合物。Lewis 酸是一个电子接受体，如 $BF_3$ 分子中 B 有空轨道，可与多电子的碱性物质结合形成配合物。

$$\begin{matrix} Et \\ Et \end{matrix} O: + BF_3 \longrightarrow \begin{matrix} Et \\ Et \end{matrix} O:B-F \\ \quad\quad\quad\quad\quad\quad\quad\quad | \\ \quad\quad\quad\quad\quad\quad\quad\quad F$$

　　$BF_3$ 是一种常用的催化剂。虽然起催化作用的是 $BF_3$，但它是气体（沸点为 $-101℃$），直接使用有困难，故常将它配成乙醚溶液使用。

　　（2）醚键的断裂

　　在较高温度下，强酸能使醚键断裂。使醚键断裂最有效的试剂是浓 HI 或 HBr。烷基醚断裂后生成卤代烷和醇，而醇又可以进一步与过量的 HX 作用形成卤代烷。

$$ROR' + HI(HBr) \longrightarrow R-I(Br) + R'OH$$
$$\downarrow HI(HBr)$$
$$R'I(Br)$$

　　混醚与 HI 反应时，一般是较小的烷基生成卤代烷，较大的烷基生成醇。例如：

$$CH_3-O-CH_2CH_3 + HI \longrightarrow CH_3I + CH_3CH_2OH$$

　　芳基醚与 HI 反应时，通常生成卤代烷和酚。例如：

$$\text{〇}-O-CH_3 + HI \longrightarrow \text{〇}-OH + CH_3I$$

　　（3）过氧化物的生成

　　低级醚在长期放置过程中，因为与空气接触，会慢慢地被氧化成过氧化物。例如：

$$CH_3CH_2-O-CH_2CH_3 + O_2 \longrightarrow CH_3-CH_2-O-CH_2CH_3$$
$$| \\ O-OH$$

　　过氧化物极不稳定，遇热容易分解，发生强烈爆炸。所以，在实验室蒸馏醚时注意不要蒸干，以免发生爆炸事故。除去过氧化物的方法是在蒸馏以前，加入适量还原剂如 5% $FeSO_4$ 溶液于醚中，使过氧化物分解。为了防止过氧化物的形成，市售的绝对乙醚中加有 $0.05\mu g \cdot g^{-1}$ 二乙基氨基二硫代甲酸钠作抗氧化剂。

　　检验醚中是否有过氧化物的方法是：取少量乙醚，将碘化钾的乙酸溶液（或水溶液）加入醚中，振荡，若有碘游离出来（$I^-$ 与过氧化物反应生成 $I_2$），溶液显紫色或棕红色，就表明有过氧化物存在；或用硫酸亚铁和硫氰化钾（KSCN）混合物与醚振荡，如有过氧化物存在，会显红色。

$$\text{过氧化物} + Fe^{2+} \longrightarrow Fe^{3+} \xrightarrow{SCN^-} [Fe(SCN)_6]^{3-}$$
$$\text{（红色）}$$

## 8.3.5　典型化合物

　　（1）乙醚

　　乙醚是常用的有机溶剂和萃取剂，在医药上还可以用作麻醉剂。

（2）环醚

环氧乙烷是最简单的环醚，广泛用于制药、洗涤、印染行业。环醚分子中具有 —$(OCH_2CH_2)_n$— 重复单位。由于它们的形状似皇冠，故统称冠醚。这类化合物具有特有的简化命名法，名称"$x$-冠-$y$"中的 $x$ 代表环上原子的总数，$y$ 代表氧原子总数。例如：

18-冠-6　　　　　　　　　　　二苯基-18-冠-6

冠醚的重要特点是具有特殊的配合能力，因此根据环中间的空穴大小，可以与不同离子配合，如 12-冠-4 可以配合 $Li^+$，但不能配合 $K^+$；而 18-冠-6 可以配合 $K^+$，但不能配合 $Li^+$ 或 $Na^+$。冠醚的另一个特点是可与许多有机物互溶，常用来作相转移催化剂，在有机合成上应用广泛。

阅读材料

# 生物燃料乙醇的现状与发展

生物燃料乙醇是通过加工生物质原料生成的生物液体燃料，不含硫和灰分，是汽油的环保增氧剂和辛烷值提升剂，且具有可再生性。纯乙醇燃料的 $CO_2$ 排放仅为同类汽油的 1/12，可有效减少温室气体和 $PM_{2.5}$ 的排放，是一种清洁能源，引起了社会的广泛关注。

进入 21 世纪后，全球生物燃料乙醇产量快速增长，目前全球推广应用生物燃料乙醇的国家和地区主要包括美国、巴西、欧盟、中国、加拿大等。其中，美国和巴西是生物燃料乙醇产业规模最大的两个国家，具有先进的生物燃料乙醇产业发展经验。生物燃料乙醇也是我国重点培育和发展的战略新兴产业之一，符合我国能源供给侧结构性改革和能源发展战略。2018 年，我国颁布《全国生物燃料乙醇产业总体布局方案》，将生物燃料乙醇产业上升为国家战略。

美国为了解决能源安全及粮食产能过剩问题（种植转基因玉米，产量大幅增加），于 20 世纪 80 年代开始大力发展燃料乙醇。通过政府补贴和强制要求使用乙醇添加汽油，推动了生物燃料乙醇产能的快速增长，美国也由此成为全球生物燃料乙醇产量最大的国家。经过多年的发展，美国已建立了完善的生物燃料乙醇产业链和政府管理体系，为美国生物燃料乙醇的持续发展提供了保障。由于生物燃料乙醇产业的规模化发展，间接带动了美国农村地区的经济发展。2019 年，美国共计生产了 $4.717×10^7$ t 乙醇，替代了从 5 亿桶原油中提炼的汽油，创造了 320 亿美元的收入，支持了 6.8 万个直接工作岗位和 28 万个间接工作岗位。2020 年，美国燃料乙醇总产量达 139.26 亿加仑（约合 529 亿升），占到全球产量的 53%，超过其他国家产量的总和。

巴西秉持庞大的甘蔗产业资源优势，在 20 世纪 70 年代启动了"国家乙醇计划"，将生物燃料乙醇产业发展提到了国家战略的层面，组织科研机构、高等院校和企业开展了生物燃料汽车的研发工作。1979 年，首辆乙醇燃料汽车研制并试验成功，经过近 30 年的不断改进完善，2003 年，首辆"灵活燃料"汽车问世。目前，巴西乙醇燃料汽车的整体技术已相当成熟。汽车在动力、加速性能、续驶里程等方面已基本达到同类汽油车水平。上述政策措施直接推动了巴西生物燃料乙醇产业的快速发展，使巴西由原来石油消耗主要依靠进口（最高接近 80%）成功转型为基本实现了能源独立，并成为全球生物燃料乙醇引领者，是世界上唯一不使用纯汽油作为汽车燃料的国家。2015 年，巴西在汽油中掺混乙醇的比例进一步从25% 提升至 27%，2017 年，巴西新增注册使用的汽车总量达到 200 万辆，其中"灵活燃料"汽车 193 万辆，占新增车辆的 96.5%。2020 年，巴西燃料乙醇总产量为 79.3 亿加仑（约合301 亿升），占全球产量的 30%。

生物燃料乙醇的使用几乎遍布欧盟所有成员国，在保障欧盟能源安全方面发挥了重要作用。根据欧盟 2018 年修订的《可再生能源指令》，2030 年欧盟可再生能源使用占比目标为32%，其中交通领域可再生燃料使用占比目标为 14%。2020 年，欧盟燃料乙醇产量为 12.5亿加仑（约合 48 亿升），占全球产量的 5%。

我国燃料乙醇产业大约从 20 世纪 90 年代开始酝酿，进入本世纪后才开始规模化发展。"十五"初期，为了解决大量陈化粮处理问题、改善大气及生态环境质量、调整能源结构，启动了生物燃料乙醇试点。从"十一五"起，根据形势变化，提出"不与人争粮，不与粮争地"的指导思想，暂停了粮食燃料乙醇发展，转而发展非粮燃料乙醇。近年来，一系列国家层面的扶持和推广政策陆续出台，推动了我国燃料乙醇产业的发展步伐。2016 年，国家能源局发布《生物质能发展"十三五"规划》，提出加快生物液体燃料的示范和推广，尤其是推进燃料乙醇的应用。2017 年，我国确定加快发展燃料乙醇的策略，15 个国家部委联合印发《关于扩大生物燃料乙醇生产和推广使用车用生物乙醇汽油的实施方案》，大力推广燃料乙醇的使用；之后，又确定了《全国生物燃料乙醇产业总体布局方案》。目前，我国乙醇汽油的消费量占全国汽油消费量的 20% 左右，基本形成了从生产、混配、储运及销售的完整产业体系。2020 年，我国生物燃料乙醇产量为 8.8 亿加仑（约合 33 亿升），位列美国、巴西和欧盟之后，占全球产量的 3%，在产品规模、应用水平和技术开发等方面与这些国家差距明显。

现阶段，生物乙醇生产路线主要有以下几类。

（1）第 1 代——粮食乙醇技术　以糖基、淀粉基的粮食作物为原料，如甘蔗、玉米、小麦等，经水解发酵生产乙醇，生产工艺成熟且已经实现商业化应用。

（2）第 1.5 代——非粮乙醇技术　其原料为特殊土地和气候条件下生产的经济作物，如木薯、甜高粱、菊芋等，被认为是生物燃料乙醇技术从第 1 代向第 2 代很好的过渡。

（3）第 2 代——纤维素乙醇技术　以木质纤维素类生物质为原料，如甘蔗渣、秸秆等农业废弃物，通过预处理、酶解糖化、发酵及产物分离等工艺制成，具有原料丰富、来源广泛、价格低廉的优势，但是纤维素酶和预处理的成本较高。

（4）第 3 代——微藻乙醇技术　以藻类为原料，如海藻、褐藻和微藻，具有可再生、无污染、不占用耕地的优点。以藻类为原料生产乙醇主要分两种方式：一是通过预处理、水解糖化、发酵及产物分离等工艺，与纤维素制乙醇工艺类似；另一种方式是利用藻类的代谢直接生产乙醇，藻类在黑暗、厌氧条件下会产生乙醇，还有一些藻类在光合作用下也可以产生乙醇。

前两类技术，因其对粮食安全的影响以及生产过程膨胀而显得不可持续，第 3 代正处于研发起步阶段。从长期来看，纤维素乙醇技术才是战略目标。

在世界范围内，美国、加拿大、挪威、奥地利、巴西、瑞典等国家率先实现了第 2 代燃料乙醇的商业化规模生产。美国自然资源保护委员会的一份报告指出，到 2050 年，纤维素来源的巨大生产力将最终使其达到 5600 亿升的乙醇生产量，相当于如今美国汽油消耗量的 2/3。巴西同时也在开发利用第 2 代生物乙醇，原料是木质纤维素生物质，包括蔗渣、木材、秸秆等，但是还没有达到大规模商业利用。若第 2 代生物乙醇生产取得技术突破，则可使 $1hm^2$ 甘蔗的乙醇产量提高 2～3 倍。

纤维素燃料乙醇是"十三五"期间我国燃料乙醇产业研发的重点。按照国家部署，到 2020 年，纤维素燃料乙醇 5 万吨级装置已实现示范运行，到 2025 年，力争纤维素燃料乙醇实现规模化生产。伴随纤维素乙醇技术的成熟，国内每年可利用的秸秆和林业废弃物超过 4 亿吨，将对实现经济可持续发展和环境质量保护起到积极作用。

可见，纤维素乙醇突破技术难关后，前景不可估量。

# 习 题

**8-1** 写出下列化合物的名称。

(1) $(CH_3)_3CCH_2CH_2OH$     (2) $HC\equiv CCH_2CH_2OH$     (3) $CH_3CH=\underset{\overset{|}{CH_2CH_3}}{C}CH_2OH$

(4) 
$$\begin{array}{c} CH_3 \\ H-C-OH \\ H-C-OH \\ CH_3 \end{array}$$

(5) 对位取代苯 OH / OCH_3

(6) 苯环 OH, Br, NO_2

**8-2** 将下列化合物按酸性由大到小的次序排列。

(1) 环己基-OH   环己基(CH_3)(OH)   $F_3CCH_2OH$   $ClCH_2CH_2OH$   $CH_3CH_2CH_2CH_2OH$

(2) 环己醇 OH   对甲苯酚 OH/CH_3   对硝基苯酚 OH/NO_2   苯酚 OH   苯甲醇 CH_2OH

**8-3** 写出下列反应的主要产物。

(1) $\underset{H_3C}{\overset{H_3C}{>}}CH-OH + HBr \longrightarrow ? \xrightarrow[C_2H_5OC_2H_5]{Mg} ?$

(2) $CH_3\underset{\overset{|}{CH_3}}{\overset{CH_3}{C}}CH_2-OH + PBr_3 \longrightarrow ?$

(3) 环己基-OH $+ SOCl_2 \longrightarrow ?$

(4) 环己基(CH_3)-OH $\xrightarrow[\triangle]{浓 H_2SO_4} ?$

(5) $H_3C-\underset{\overset{|}{OH}}{CH}-CH_2-CH_3 \xrightarrow[H^+]{K_2Cr_2O_7} ?$

(6) 苯基$-O^-Na^+ + \underset{H_3C}{\overset{H_3C}{>}}CH-Br \longrightarrow ?$

(7) 苯基$-O-CH_2CH_3 + HI \longrightarrow ? + ?$

(8) 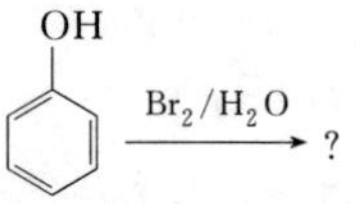 $\xrightarrow{\text{Br}_2/\text{H}_2\text{O}}$ ?

8-4 用简单的化学方法鉴别下列各组化合物。

(1) 环己烷　　环己烯　　环己醇

(2) 3-丁烯-2-醇　　3-丁烯-1-醇　　正丁醇　　2-丁醇

8-5 由苯和不超过 3 个碳原子的有机物合成 2-苯基-2-丙醇，所需无机试剂任选。

8-6 分子式为 $C_5H_{12}O$ 的化合物 A，能与金属钠作用放出氢气，A 与浓硫酸共热生成 B。用冷的高锰酸钾水溶液处理 B 得到 C。C 与高碘酸作用得到 $CH_3COCH_3$ 及 $CH_3CHO$。B 与 HBr 作用得到 $D(C_5H_{11}Br)$，将 D 与稀碱共热又得到 A。推测 A 的结构，并用反应式表明推断过程。

# 9 醛、酮、醌

## 学习指导

本章讨论了醛、酮和醌类物质。要求掌握醛、酮、醌的结构和化学性质的关系，特别是醛、酮的亲核加成反应及反应历程，$\alpha$-H 的活性，氧化和还原反应；了解醛、酮的分类和物理性质。

醛、酮、醌分子中都含有羰基 $\left(\begin{smallmatrix}O\\\parallel\\-C-\end{smallmatrix}\right)$ 官能团，它们都是羰基化合物。羰基碳上连有一个烃基和一个氢原子的化合物叫作醛（aldehyde），其通式为 RCHO［甲醛（HCHO）除外］，—CHO 叫作醛基；羰基碳上连有两个烃基时称为酮（ketone），通式为 RCOR′，酮中的羰基称为酮基；醌是一类特殊的不饱和环状二酮。

## 9.1 醛和酮

### 9.1.1 醛和酮的分类

根据羰基所连烃基结构的不同，可分为脂肪族醛、酮和芳香族醛、酮。还可根据烃基是否含有不饱和键，分为饱和醛、酮和不饱和醛、酮。根据醛、酮分子中羰基的数目分为一元醛、酮，二元醛、酮和多元醛、酮。

### 9.1.2 醛和酮的结构

醛、酮分子中的羰基是由碳和氧以双键结合形成的基团，其中一个是 $\sigma$ 键，另一个是 $\pi$ 键。羰基中的碳原子和氧原子均为 $sp^2$ 杂化状态。成键时，碳原子的一个 $sp^2$ 杂化轨道与氧原子的一个 $sp^2$ 杂化轨道交盖形成一个 $\sigma$ 键，另外两个 $sp^2$ 杂化轨道分别与氢原子的 1s 轨道

图 9-1 甲醛的结构

（或碳原子的 $sp^3$ 杂化轨道）形成 $\sigma$ 键，这三个 $\sigma$ 键在同一平面上，键角接近 120°。羰基碳原子未参与杂化的 2p 轨道和氧原子的一个 2p 轨道从侧面交盖形成一个 $\pi$ 键。氧原子上余下的两对未共用电子对则处于另外两个 $sp^2$ 杂化轨道中。所以，羰基具有三角形平面结构。例如，最简单的醛——甲醛的结构见图 9-1。

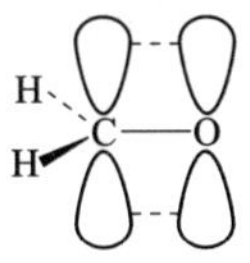

由于氧原子的电负性大，吸引电子的能力强，所以碳氧双键是极化的，氧原子上带有部分负电荷，碳原子上带有部分正电荷。

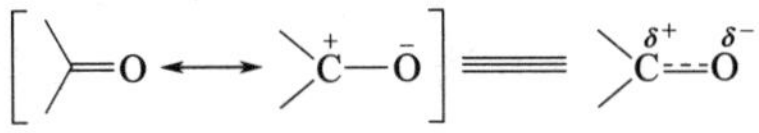

$$\left[\begin{matrix}>C=O\end{matrix}\longleftrightarrow \begin{matrix}>\overset{+}{C}-\overset{-}{O}\end{matrix}\right]=\begin{matrix}>\overset{\delta+}{C}=\!\!=\!\!=\overset{\delta-}{O}\end{matrix}$$

### 9.1.3 醛和酮的物理性质

室温下除甲醛是气体外，12 个碳原子以下的醛、酮都是液体，高级醛、酮是固体。低级醛有强烈的刺激气味；$C_9$、$C_{10}$ 的醛具有果香味。由于羰基具有极性，因此醛、酮的沸点比和其分子量相当的烃及醚高。但由于羰基本身不能形成氢键，因此沸点比相应的醇低。

常见一元醛、酮的物理常数见表 9-1。

表 9-1　常见一元醛、酮的物理常数

| 名称 | 构造式 | 熔点/℃ | 沸点/℃ | 相对密度($d_4^{20}$) | 折射率($n$) |
|---|---|---|---|---|---|
| 甲醛 | HCHO | -92 | -21 | 0.815(-20℃) | — |
| 乙醛 | $CH_3CHO$ | -121 | 20.8 | 0.7834(18℃) | 1.3316 |
| 丙醛 | $CH_3CH_2CHO$ | -81 | 48.8 | 0.8058 | 1.3636 |
| 丙烯醛 | $CH_2{=}CHCHO$ | -87 | 52 | 0.8410 | 1.4017 |
| 丁醛 | $CH_3CH_2CH_2CHO$ | -99 | 75.7 | 0.8170 | 1.3843 |
| 2-丁烯醛 | $CH_3CH{=}CHCHO$ | -74 | 104 | 0.8495 | 1.4366 |
| 苯甲醛 | $C_6H_5CHO$ | -26 | 178.1 | 1.0415(10℃) | 1.5463 |
| 丙酮 | $CH_3COCH_3$ | -95 | 56 | 0.7899 | 1.3588 |
| 丁酮 | $CH_3COCH_2CH_3$ | -86 | 80 | 0.8054 | 1.3788 |
| 2-戊酮 | $CH_3COCH_2CH_2CH_3$ | -77.8 | 102 | 0.8089 | 1.3922 |
| 环己酮 | ⬡=O | -164 | 155.7 | 0.9478 | 1.4507 |
| 苯乙酮 | $C_6H_5COCH_3$ | 20.5 | 202 | 1.026 | — |

低级的醛、酮在水中有一定的溶解度，因为它们与水能形成氢键。随着醛、酮碳原子数的增加，大多数化合物微溶或不溶于水，但易溶于有机溶剂。

## 9.1.4　醛和酮的化学性质

醛、酮分子中的羰基是极性的，碳原子带部分正电荷，氧原子带部分负电荷。由于氧容纳负电荷能力较强，所以带部分正电荷的碳原子容易受到亲核试剂的进攻，发生亲核加成反应。

### 9.1.4.1　亲核加成反应

（1）与氢氰酸的加成

醛、酮能与氢氰酸发生加成反应，生成 $\alpha$-羟基腈（即 $\alpha$-氰醇）。

$$\diagdown\!\!/C{=}O + HCN \Longleftrightarrow \diagdown\!\!/C\diagup^{OH}_{CN}$$

反应可以被碱催化，加酸则对反应不利。这是因为 HCN 是一个弱酸，它不易解离成 $H^+$ 和 $CN^-$，加碱可使平衡向右移动，$CN^-$ 的浓度增加。与羰基加成的亲核试剂是 $CN^-$。

$$HCN \underset{}{\overset{OH^-}{\Longleftrightarrow}} CN^- + H^+$$

醛、脂肪族甲基酮（$CH_3COR$）和含 8 个碳原子以下的环酮都可以与氢氰酸发生加成反应；芳香酮（ArCOR）反应产率低；二芳香酮（ArCOAr）则很难反应。

用无水的液态氢氰酸制备氰醇能得到满意的结果，但是它的挥发性大，有剧毒，使用不便。在实验室中，常将醛、酮与氰化钠或氰化钾的溶液混合，再加入无机酸。即使采用这样的实验方法，仍必须在通风橱内仔细进行操作。

醛、酮和氢氰酸加成所得的羟基腈是一类活泼的化合物，便于转化为其他化合物，在有机合成上很有用处，是增长碳链的一种方法。如 $\alpha$-羟基腈在酸性水溶液中水解，即可得到 $\alpha$-羟基酸。

$$RCHO \xrightarrow{HCN} R{-}\overset{OH}{\underset{}{CH}}{-}CN \xrightarrow{H_2O,\,H^+} R{-}\overset{OH}{\underset{}{CH}}{-}CO_2H$$

（2）与亚硫酸氢钠的加成

醛、脂肪族甲基酮和低级环酮（$C_8$ 以下）都能与过量的亚硫酸氢钠饱和溶液（40%）

发生加成反应，生成结晶的亚硫酸氢钠加成物——α-羟基磺酸钠；其他的酮（包括芳香族甲基酮）很难发生此反应。

$$R-\underset{\underset{H(CH_3)}{|}}{\overset{\displaystyle O}{\overset{\|}{C}}} + NaHSO_3 \longrightarrow R-\underset{\underset{H(CH_3)}{|}}{\overset{\overset{OH}{|}}{C}}-SO_3Na$$

α-羟基磺酸钠为白色结晶，易溶于水，但不溶于饱和的亚硫酸氢钠溶液，呈结晶析出，容易分离出来。如果把加成产物与稀酸或稀碱共热，加成产物会分解为原来的醛或酮。因此可以利用这些性质来鉴别、分离和提纯醛、脂肪族甲基酮和 $C_8$ 以下的环酮。

$$R-\underset{\underset{H(CH_3)}{|}}{\overset{\overset{OH}{|}}{C}}-SO_3Na \xrightarrow{\begin{smallmatrix}H^+,H_2O\\ \\ OH^-\end{smallmatrix}} \begin{array}{l} R-\underset{H(CH_3)}{\overset{\displaystyle O}{\overset{\|}{C}}} + SO_2\uparrow + H_2O + Na^+ \\[1.5em] R-\underset{H(CH_3)}{\overset{\displaystyle O}{\overset{\|}{C}}} + H_2O + Na^+ + SO_3^{2-} \end{array}$$

将 α-羟基磺酸钠与氰化钠或氰化钾水溶液反应，也可生成 α-羟基腈，这样可避免使用易挥发的氢氰酸。例如：

$$R-CHO \xrightarrow[H_2O]{NaHSO_3} R-\underset{\overset{|}{SO_3Na}}{\overset{\overset{OH}{|}}{CH}} \xrightarrow[H_2O]{NaCN} R-\underset{\overset{|}{CN}}{\overset{\overset{OH}{|}}{CH}} + Na_2SO_3$$

（3）与醇的加成

在干燥氯化氢气体或其他无水强酸催化下，醛能与一分子醇发生加成反应生成半缩醛，半缩醛一般不稳定，可以进一步与一分子醇作用，得到较稳定的缩醛产物。

反应第一步的质子化非常重要，它使羰基碳原子的正电性增强，有利于亲核性较弱的醇亲核进攻。整个反应的决速步骤是第二步亲核加成。

酮和一元醇的反应比醛难得多，通常用二元醇（如乙二醇）在无水酸催化下与酮反应生成环状缩酮。

$$\underset{R^1}{\overset{R}{>}}C=O + \begin{array}{l}HO-CH_2\\HO-CH_2\end{array} \underset{\longleftarrow}{\overset{H^+}{\rightleftharpoons}} \underset{R^1}{\overset{R}{>}}C\underset{O-CH_2}{\overset{O-CH_2}{<}} + H_2O$$

缩酮

缩醛和缩酮的结构与醚相似，对碱、氧化剂、还原剂是稳定的，但在酸催化下可以分解得到原来的醛或酮。利用这一特性，在有机合成反应中，常用醇与醛、酮的反应来保护羰基。例如：

$$CH_2=CHCHO \xrightarrow{\underset{干HCl}{2C_2H_5OH}} CH_2=CHCH\underset{OC_2H_5}{\overset{OC_2H_5}{<}} \xrightarrow{[O]} CH_2-CHCH\underset{\underset{OH}{|}}{\overset{OC_2H_5}{<}} \xrightarrow[\triangle]{H^+,H_2O} CH_2-CHCHO$$

（4）与格氏试剂的加成

格氏试剂是较强的亲核试剂，很容易与醛、酮进行亲核加成，加成的产物经酸水解得到碳原子比原料多的醇，是制备伯、仲、叔醇和增长碳链合成常用的反应。例如：

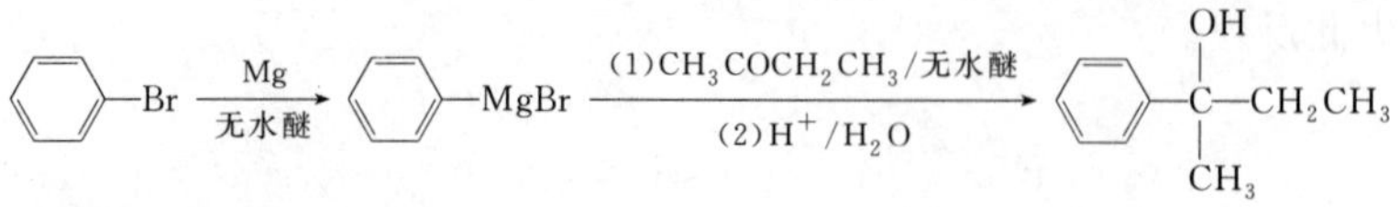

（5）与氨衍生物的加成缩合

氨的某些衍生物如伯胺、羟胺、肼、苯肼、2,4-二硝基苯肼以及氨基脲等是含氮的亲核试剂，可以与醛、酮的羰基发生加成，反应并不停留于加成一步，而是相继由分子内失水形成碳氮双键，分别得到席夫碱、肟、腙、缩氨脲等。

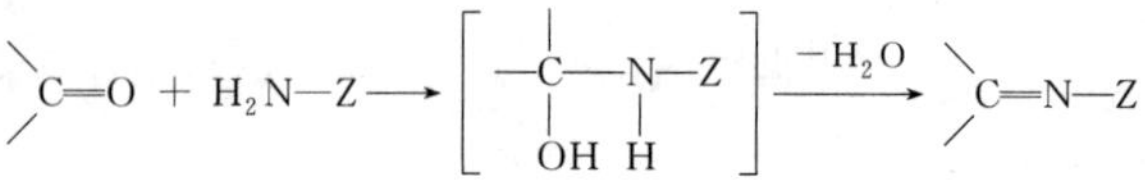

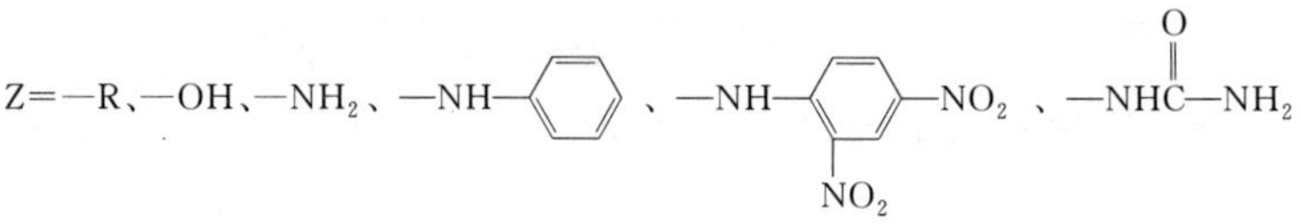

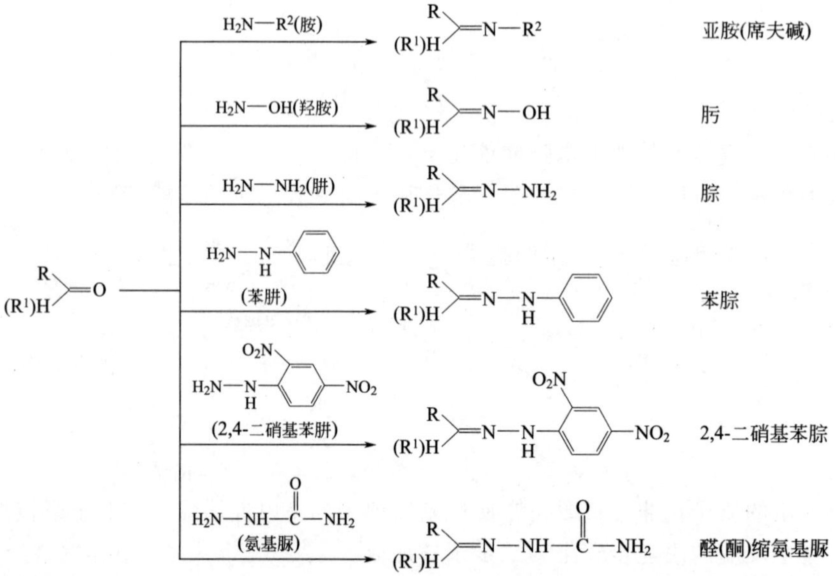

$$Z = —R、—OH、—NH_2、—NH—\text{（苯基）}、—NH—\text{（2,4-二硝基苯基）}、—NHC(=O)—NH_2$$

羰基化合物与羟胺、2,4-二硝基苯肼以及氨基脲的加成缩合产物，都是具有一定熔点的固体结晶，利用此性质，可用来鉴别醛、酮的结构。反应产物又能在稀酸条件下分解，得到原来的醛、酮化合物，此反应又可用来分离和提纯醛、酮类化合物。

醛、酮与伯胺（RNH₂）作用，得到不稳定的亚胺，这类化合物称为席夫碱（Schiff's base）。

$$R_2C{=}O + R^1NH_2 \rightleftharpoons R_2C{=}N{-}R^1 + H_2O$$

若 R 或 R¹ 有一个为芳基，则所得亚胺较为稳定。例如：

$$C_6H_5CHO + C_6H_5NH_2 \longrightarrow C_6H_5{-}CH{=}N{-}C_6H_5$$

$$(84\%{\sim}87\%)$$

### 9.1.4.2　α-氢原子的活泼性

醛、酮分子中羰基 α-碳上的氢原子由于受羰基的影响而使酸性增强，易于发生羟醛缩合反应和卤代及卤仿等反应。

（1）羟醛缩合反应

在稀碱催化下，含 $\alpha$-氢的醛发生分子间的加成反应，即一分子醛以其 $\alpha$-碳与另一分子醛的羰基发生亲核加成，生成 $\beta$-羟基醛。因此，这个反应叫作羟醛缩合（aldol condensation）反应。通过羟醛缩合，在分子中形成了新的碳碳键，增长了碳链。例如：

$$CH_3-\overset{O}{\underset{}{C}}-H + CH_2-\overset{O}{\underset{H}{C}}-H \xrightarrow[5℃]{10\%NaOH} CH_3-\overset{OH}{\underset{}{C}}H-CH_2-\overset{O}{\underset{}{C}}-H$$
$$(50\%)$$

羟醛缩合反应的历程如下：

$$OH^- + H-CH_2-\overset{O}{\underset{}{C}}-H \rightleftharpoons H_2O + H-\overset{\overset{-}{}}{\underset{H}{C}}-\overset{O}{\underset{}{C}}-H$$

$$CH_3-\overset{O}{\underset{}{C}}-H + H-\overset{\overset{-}{}}{\underset{H}{C}}-\overset{O}{\underset{}{C}}-H \rightleftharpoons CH_3-\overset{O^-}{\underset{}{C}}H-CH_2-\overset{O}{\underset{}{C}}-H$$

$$CH_3-\overset{O^-}{\underset{}{C}}H-CH_2-\overset{O}{\underset{}{C}}-H + H_2O \rightleftharpoons CH_3-\overset{OH}{\underset{}{C}}H-CH_2-\overset{O}{\underset{}{C}}-H + OH^-$$

凡 $\alpha$-碳上有氢原子的 $\beta$-羟基醛（或酮）均不稳定，在酸或碱溶液中加热，容易发生分子内脱水而生成 $\alpha,\beta$-不饱和醛。这是因为 $\alpha$-氢原子比较活泼，并且失水后的生成物具有共轭双键，因而比较稳定。

含有 $\alpha$-氢原子的酮进行缩合时，由于电子效应和空间效应的影响，在同样的条件下，只能得到少量的缩合产物。如果使产物在生成后，立即脱离平衡体系，则可使酮大部分转化为 $\beta$-羟基酮。例如：

$$\overset{H_3C}{\underset{H_3C}{\Large>}}C=O + H-CH_2-\overset{O}{\underset{}{C}}CH_3 \rightleftharpoons H_3C-\overset{OH}{\underset{CH_3}{C}}-\overset{H}{\underset{}{C}}H-\overset{O}{\underset{}{C}}CH_3 \xrightarrow{蒸馏} H_3C-\overset{}{\underset{CH_3}{C}}=CH-\overset{O}{\underset{}{C}}-CH_3$$
$$(70\%\sim80\%)$$

采用两种不同的含 $\alpha$-氢原子的羰基化合物进行羟醛缩合反应（称为交叉羟醛缩合），将得到四种不同结构化合物的混合物，所以这种交叉羟醛缩合没有实际意义。如果参与反应的羰基化合物之一不含有 $\alpha$-氢原子（如甲醛、苯甲醛、2,2-二甲基丙醛），则产物种类减少，可以得到有合成价值的产物。例如：

$$H_3C-\overset{CH_3}{\underset{}{C}}HCHO + HCHO \xrightarrow{OH^-} H_3C-\overset{CH_3}{\underset{CHO}{C}}-CH_2OH$$
$$(90\%)$$

$$C_6H_5CHO + CH_3CHO \xrightarrow[50℃]{NaOH,H_2O} C_6H_5CH=CHCHO$$
$$(90\%)$$

（2）卤代及卤仿反应

醛、酮分子中的 $\alpha$-氢原子在酸性或碱性条件下容易被卤素取代，生成 $\alpha$-卤代醛、酮。例如：

$$R-CH_2-CHO + Cl_2 \longrightarrow R-\overset{Cl}{\underset{}{C}}H-CHO + HCl$$

$$R-\overset{O}{\overset{\|}{C}}-CH_3 + Cl_2 \longrightarrow R-\overset{O}{\overset{\|}{C}}-CH_2Cl + HCl$$

醛、酮在酸催化下反应，往往只能得到一取代产物。例如：

$$CH_3CCH_3 \underset{快}{\overset{H^+}{\rightleftharpoons}} CH_3\overset{+}{\overset{OH}{C}}CH_3 \underset{慢}{\overset{-H^+}{\rightleftharpoons}} CH_3\overset{OH}{\overset{\|}{C}}=CH_2 \underset{快}{\overset{Br-Br}{\longrightarrow}} CH_3\overset{+}{\overset{OH}{C}}-CH_2Br + Br^-$$

$$\Big\updownarrow 快 \Vert -H^+$$

$$CH_3\overset{O}{\overset{\|}{C}}-CH_2Br$$

醛、酮在碱催化下反应，可以得到多取代产物。这是由于 α-氢原子被卤原子取代后，卤原子的吸电子诱导效应使还没有取代的 α-氢原子更活泼，更容易被取代。如果 α-碳原子为甲基（如乙醛或甲基酮），则三个氢原子都可被卤原子取代，得到三卤代羰基化合物。三卤代的醛、酮在碱性溶液中很易分解成三卤甲烷和羧酸盐，这一反应称为卤仿反应。例如：

$$(CH_3)_3CCOCH_3 + Cl_2 + NaOH \longrightarrow (CH_3)_3CCOONa + CHCl_3$$
$$(NaOCl) \qquad\qquad (74\%)$$

具有 $CH_3CH(OH)-$ 结构的化合物，遇卤素的碱溶液（即次卤酸盐溶液）都能首先被氧化成含 $CH_3CO-$ 结构的化合物，然后发生卤代和裂解，最后生成卤仿和羧酸盐。例如：

$$CH_3CH_2OH \overset{NaOX}{\longrightarrow} CH_3CHO \overset{NaOX}{\longrightarrow} HCOONa + CHX_3$$

碘仿为黄色晶体，难溶于水，并有特殊气味，容易识别。因此，可利用碘仿反应来鉴别乙醛、甲基酮以及含有 $CH_3CH(OH)-$ 结构的醇。

### 9.1.4.3 氧化反应

醛羰基上连有氢原子，因此很容易被氧化为相应的羧酸。酮则不易氧化，只有在剧烈条件下氧化，才发生碳链的断裂。因此，可以选择较弱的氧化剂来区别醛和酮，如 Tollen 试剂（氢氧化银氨溶液）和 Fehling 试剂（酒石酸钾钠的碱性硫酸铜溶液）。

$$RCHO + 2[Ag(NH_3)_2]OH \overset{\triangle}{\longrightarrow} RCOONH_4 + 2Ag\downarrow + 3NH_3 + H_2O$$
$$(无色) \qquad\qquad\qquad (银镜)$$

$$RCHO + 2Cu(OH)_2 + NaOH \overset{\triangle}{\longrightarrow} RCOONa + Cu_2O\downarrow + 3H_2O$$
$$(蓝绿色) \qquad\qquad\qquad (红色)$$

Fehling 试剂和 Tollen 试剂都只氧化醛基不氧化双键，在有机合成中可用于选择性氧化。例如：

$$R-CH=CH-CHO \overset{[Ag(NH_3)_2]OH}{\longrightarrow} R-CH=CH-COOH$$

但要注意：Fehling 试剂不能氧化芳香醛！

### 9.1.4.4 羰基的还原

醛、酮可以被还原，在不同条件下，用不同的试剂可以得到不同的产物。

（1）催化加氢

醛、酮在金属催化剂 Pt、Pd、Ni 等存在下与氢气作用，可以在羰基上加氢，生成醇。醛加氢生成伯醇，酮加氢生成仲醇。例如：

$$CH_3(CH_2)_4CHO + H_2 \overset{Ni}{\longrightarrow} CH_3(CH_2)_4CH_2OH$$
$$(100\%)$$

$$(CH_3)_2CHCH_2\overset{O}{\overset{\|}{C}}CH_3 + H_2 \overset{Ni}{\longrightarrow} (CH_3)_2CHCH_2\overset{OH}{\overset{\|}{C}}HCH_3$$
$$(95\%)$$

催化氢化法的优点是操作比较简单，产量高，副反应少，几乎能得到定量的还原产物。缺点是一般情况下进行催化氢化，往往无选择性，在还原羰基的同时也将影响碳碳重键、硝基、氰基等。例如：

$$\text{(环己烯)}C(=O)CH_3 \xrightarrow{\text{H}_2/\text{Ni}} \text{(环己烷)}C(OH)(H)CH_3$$

（2）用化学还原剂还原

醛、酮也可用化学还原剂还原成相应的醇。在化学还原剂中，选择性高和还原效果好的有氢化铝锂（$LiAlH_4$）、硼氢化钠（$NaBH_4$）、异丙醇铝 $\{Al[OCH(CH_3)_2]_3\}$ 等，其中硼氢化钠和异丙醇铝只对羰基起还原作用，而不影响分子中的其他不饱和基团。

氢化铝锂对碳碳双键和碳碳叁键也没有还原作用，但它的还原性较异丙醇铝、硼氢化钠强，除能还原醛、酮外，还能还原—COOH、—COOR、—$NO_2$、—CN 等不饱和基团，并且反应进行得很平稳，产率也很高。例如：

$$(CH_3)_2C{=}CHCCH_3(=O) \xrightarrow{LiAlH_4} (CH_3)_2C{=}CHCHCH_3(OH)$$

$$C_6H_5CH{=}CHCHO \xrightarrow{NaBH_4} C_6H_5CH{=}CHCH_2OH$$

（3）克莱门森反应

将醛、酮和锌汞齐-浓盐酸一起加热回流，可将羰基还原成亚甲基，这个反应叫克莱门森（Clemmensen）反应。例如：

$$\text{(苯基)}C(=O)CH_2CH_2CH_3 \xrightarrow[\text{HCl}]{\text{Zn/Hg}} \text{(苯基)}CH_2CH_2CH_2CH_3$$

上述反应提供了一种在芳核上引入长的侧链的方法。克莱门森反应适用于在酸性条件下稳定的有机物，其历程尚不清楚。

（4）乌尔夫-凯惜纳-黄鸣龙反应

醛、酮与肼反应生成腙，腙在碱性条件下受热发生分解，放出氮气，并生成烃。这种方法称为乌尔夫-凯惜纳（Wolff-Kishner）还原法。

$$\begin{array}{c} R^1 \\ (H)R \end{array}\!\!C{=}O \xrightarrow{H_2N-NH_2} \begin{array}{c} R^1 \\ (H)R \end{array}\!\!C{=}N-NH_2 \xrightarrow{KOH \text{ 或 } C_2H_5ONa} \begin{array}{c} R^1 \\ (H)R \end{array}\!\!CH_2 + N_2\!\uparrow$$

我国有机化学家黄鸣龙又改进了这个方法，将醛或酮、氢氧化钠、肼的水溶液和高沸点的醇溶剂，于常压下加热回流，当腙生成后，蒸出水和过量的肼，然后继续加热回流，使腙完全分解而得到烃。改进后的方法称为乌尔夫-凯惜纳-黄鸣龙反应。通过这种改进方法，使反应在常压下进行，反应时间由原来的几十小时缩短为几小时，又避免了昂贵的无水肼及使用高压设备，更适合工业生产，而且副反应少，收率也好。例如：

$$\text{(苯基)}COCH_2CH_3 \xrightarrow[(HOCH_2CH_2)_2O, \triangle]{H_2N-NH_2, NaOH} \text{(苯基)}CH_2CH_2CH_3$$

$$(82\%)$$

这种还原方法是在碱性条件下进行的，可用来还原对酸敏感的醛或酮，因此可以和 Clemmensen 还原法互相补充。

（5）坎尼扎罗反应

在浓碱存在下，不含 $\alpha$-氢的醛发生歧化作用，一分子醛被氧化为羧酸，另一分子醛被还原成醇，这种反应叫坎尼扎罗（Cannizzaro）反应。例如：

$$2HCHO + NaOH \xrightarrow{\triangle} HCOONa + CH_3OH$$

$$2\phantom{x}\text{—CHO} + NaOH \xrightarrow{\triangle} \phantom{x}\text{—COONa} + \phantom{x}\text{—CH}_2OH$$

两种不同的不含 $\alpha$-氢的醛进行交叉的坎尼扎罗反应，产物复杂。但是，如果其中一种是甲醛，由于甲醛的还原性强，反应结果总是另一种醛被还原成醇而甲醛被氧化成酸。这样，有甲醛参与的交叉坎尼扎罗反应是有制备意义的。例如，工业上用甲醛和乙醛制备季戊四醇就是应用交叉羟醛缩合和交叉坎尼扎罗反应。

$$3HCHO + CH_3CHO \xrightarrow{Ca(OH)_2} HOCH_2\text{—}\underset{\underset{CH_2OH}{|}}{\overset{\overset{CH_2OH}{|}}{C}}\text{—CHO}$$

$$HOCH_2\text{—}\underset{\underset{CH_2OH}{|}}{\overset{\overset{CH_2OH}{|}}{C}}\text{—CHO} + H\text{—}\overset{\overset{O}{\|}}{C}\text{—H} \xrightarrow{Ca(OH)_2} HOCH_2\text{—}\underset{\underset{CH_2OH}{|}}{\overset{\overset{CH_2OH}{|}}{C}}\text{—CH}_2OH$$

季戊四醇的熔点是 $261\sim262℃$。它是生产涂料、炸药和表面活性剂的原料。

## 9.2 醌

### 9.2.1 醌的结构

醌（quinone）是一类特殊的 $\alpha,\beta$-不饱和环状共轭二酮。醌型结构只有邻位和对位两种，不存在间位醌型结构。

醌环不是芳环，醌没有芳香性。其化学性质与 $\alpha,\beta$-不饱和酮相似。在醌分子中，由于两个羰基共同存在于一个不饱和的共轭环上，使得醌类化合物的热稳定性很差。

醌主要可分为苯醌、萘醌、蒽醌和菲醌四大类。

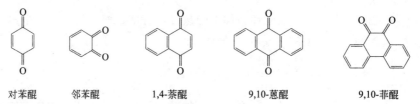

对苯醌　　邻苯醌　　1,4-萘醌　　9,10-蒽醌　　9,10-菲醌

### 9.2.2 醌的化学性质

#### 9.2.2.1 加成反应

苯醌分子中具有两个羰基和两个碳碳双键，既可发生碳碳双键加成，也可发生1,4-羰基加成。

（1）碳碳双键加成

对苯醌可和溴发生加成反应，生成二溴化物和四溴化物。

（2）羰基加成

对苯醌能与一分子羟胺或两分子羟胺生成单肟或双肟，这是羰基化合物醛、酮的典型反应。

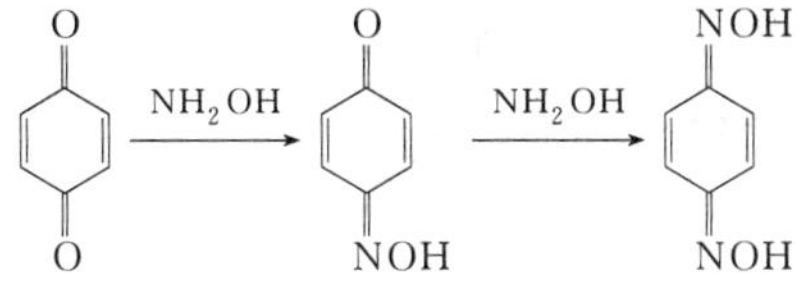

（3）狄尔斯-阿尔德反应

醌与1,3-丁二烯可发生狄尔斯-阿尔德反应。如1,4-苯醌与1,3-丁二烯通过双烯合成可以得到二羟基二氢萘：

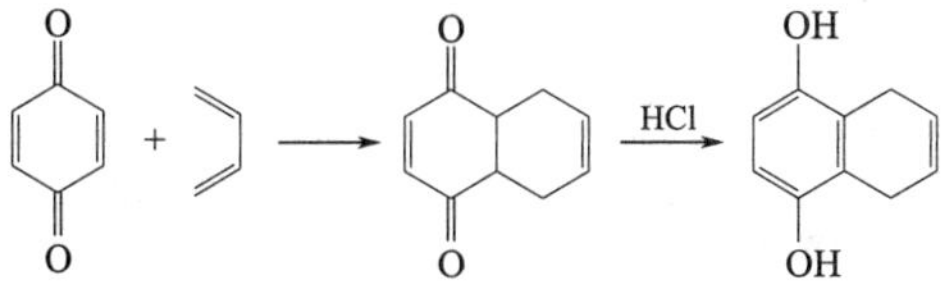

二羟基二氢萘氧化可得1,4-萘醌：

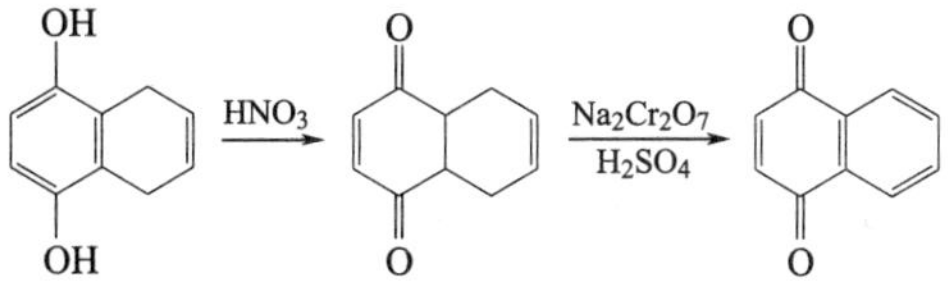

1,4-萘醌是挥发性黄色固体，熔点为125℃，有特殊气味。天然产物维生素都是萘醌的衍生物。

#### 9.2.2.2　氧化还原平衡

对苯醌容易被还原为对苯二酚（或称氢醌），这是对苯二酚氧化的逆反应。在电化学上，利用两者之间的氧化还原反应可以制成醌-氢醌电极，用来测定氢离子的浓度。

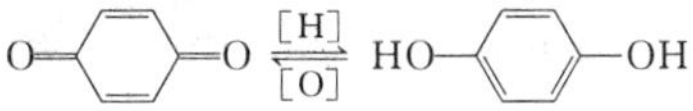

## 9.3　典型化合物

（1）甲醛

甲醛俗称蚁醛，在常温下是无色有特殊刺激气味的气体，沸点为−21℃，易溶于水。含8%甲醇的40%甲醛水溶液俗称"福尔马林"（formalin），常用作消毒剂和防腐剂。甲醛性质活泼，容易氧化，极易聚合。在常温下，甲醛气体能自动聚合为三聚甲醛。

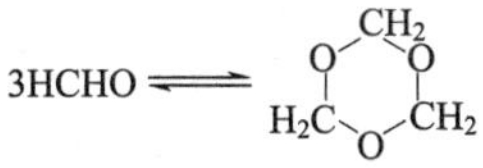

三聚甲醛为白色晶体，熔点为62℃，沸点为112℃。在中性或碱性条件下相当稳定，但在酸性环境中加热，容易解聚重新生成甲醛。

甲醛是重要的有机合成原料，大量用于制备酚醛树脂、脲醛树脂、合成纤维（维尼纶）及季戊四醇等。在一定催化剂存在下，高纯度的甲醛可以聚合成聚合度很大的高聚物——聚甲醛。聚甲醛是具有一定的优异性能的工程塑料。

（2）乙醛

乙醛为无色具有刺激性气味的液体，沸点为 20.8℃，可溶于水、乙醇及乙醚，易氧化，易聚合。在少量硫酸存在下，室温时能聚合成环状三聚乙醛。三聚乙醛是液体，是贮存乙醛的最好形态，在硫酸存在下加热，即发生解聚。

乙醛也是重要的有机合成原料，可用于合成乙酸、乙酸酐、乙酸乙酯、丁醇和季戊四醇等化工产品。

（3）丙酮

丙酮是无色易挥发的具有清香气味的液体，沸点为 56℃，易溶于水及乙醇、乙醚、氯仿等有机溶剂，并能溶解多种有机物。

丙酮具有典型的酮的化学性质，是重要的有机化工原料，可用来制造环氧树脂、有机玻璃、氯仿等。

（4）苯醌

对苯醌是黄色的晶体，熔点为 115.7℃，微溶于水。邻苯醌有两种形式，其中稳定的是浅红色片状晶体。苯醌分子中具有两个羰基，它既可发生羰基反应，也可发生碳碳双键的反应，能与羟胺作用生成肟。

---

 **黄鸣龙——有机化学人名反应中国第一人**

黄鸣龙（1898—1979），中国科学院院士，我国有机化学领域的先驱者之一，一生从事有机化学的教育和研究工作，他在有机化学的"结构与机理"以及"反应和合成"两大方面的工作，在国内外具有深远影响。

20 世纪 40 年代，国际上立体化学尚在缓慢发展之际，在身处抗日战争时期，实验条件极其困难，试剂药品相当匮乏的情况下，黄鸣龙却在立体化学领域作出了杰出的贡献。他用当时只能购到的植物驱蛔虫药山道年和手头仅有的盐酸、氢氧化钠、酒精等最简单的试剂，发现了变质山道年 4 个立体异构体的循环转变。当年，这一成果被有机化学家 Elias James Corey 誉为十分精彩的发现，堪称立体化学的经典之作。

1948 年，黄鸣龙改进了乌尔夫-凯惜纳（Wolff-Kishner）还原反应。改进后的反应即乌尔夫-凯惜纳-黄鸣龙还原反应（Wolff-Kishner-Huang 还原反应）：羰基化合物（醛或酮）在高沸点溶剂（如一缩二乙二醇）中与肼和 KOH 一起加热反应，羰基还原为亚甲基。

$$\underset{R^1 \quad R^2}{\overset{\overset{\displaystyle O}{\parallel}}{C}} \xrightarrow[\triangle]{NH_2-NH_2,KOH} \underset{R^1 \quad R^2}{\overset{H \quad H}{C}}$$

当时的 Wolff-Kishner 还原法，要用金属铂或钠和难以获得的无水肼等，收率低，因此无法广泛应用，后虽经很多有机化学家的改进，但效果不佳。1946 年，黄鸣龙在哈佛大学进行该反应的实验时，因需要回流 100h，黄鸣龙外出，托实验室同事照顾，但该同事没有照顾好。黄鸣龙回来后，发现软木塞已经被腐蚀，反应瓶中由于温度升高，溶液已经浓缩，反应混合物一团黑。不过，黄鸣龙并没有把反应混合物一倒了事，考虑到这是一种在特殊情况下完成的反应，他仍然认真地把它分离纯化，结果发现不但顺利获得了期望的还原产物，而且产率特高。受此启发，黄鸣龙设计了全新的实验方法，将羰基化合物酮或醛与易得的

85%水合肼、氢氧化钠在二甘醇或三甘醇高沸点溶剂中先加热回流，将羰基化合物转化成腙，然后继续加热除去水和过量的肼，并将反应温度提升至 180～200℃回流 2～3h 使腙分解，完成还原反应。同年，黄鸣龙以 "A Simple Modification of the Wolff-Kishner Reduction" 为题在美国化学会会志上报道了他这一设计第一个成功的例子，该反应也成为首例以中国科学家命名的重要的有机化学反应。他的这一简单改进使原来的 Wolff-Kishner 还原法发生了彻底的变革，使羰基还原的反应不但能够采用通常易得的试剂在常压下进行，而且还可以放大——该文中报道了在 500g 的产品规模下，依然获得了 90%产率的结果。

　　1952 年，黄鸣龙从海外归国，从此引领和发展了我国的甾体化学研究和甾体药物的生产发展，成为我国甾体药物工业的奠基人。在黄鸣龙的指导下，我国科研工作者于 1958 年 8 月以国际上最短的七步路线、8%的总产率获得了可的松（合成路线如下）。紧接着实验室的成功，1959 年又实现了可的松的工业化生产，使中国成为当时能生产甾体激素的少数国家之一。在此基础上，全国各地甾体药物的生产也都蓬勃发展起来，以至后来我国成为全球甾体药物尤其是原料药的生产大国。

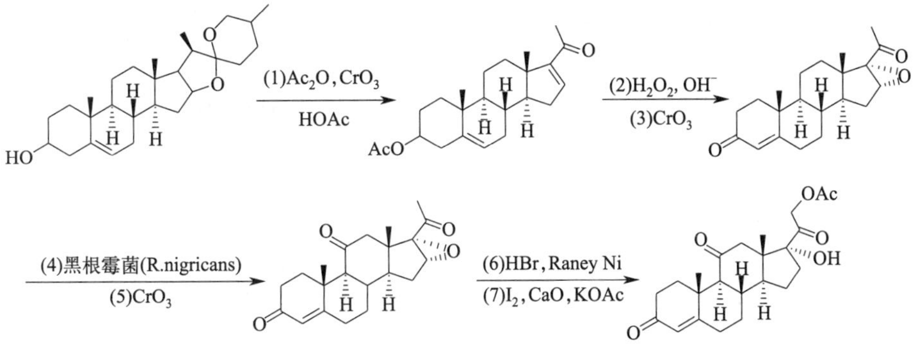

　　黄鸣龙既重视应用研究，又强调基础研究，治学严谨；既关注学习新知识、新概念，又更重视实验技术。他长期致力于青年科研人才的培养，他的研究团队培养了一大批优秀的化学家。黄鸣龙是我国有机化学发展的先驱者和奠基人。

# 习　题

**9-1** 命名下列各化合物。

(1) $(CH_3)_2CHCH_2CHO$

(2) $CH_3CH_2COCH_2CH(CH_3)_2$

(3) $CH_3COCH_2COCH_3$

(4) $CH_3CH_2CH_2CH(OCH_3)_2$

(5) $C_6H_5COCH_2COC_6H_5$

(6) $(CH_3)_2C=CHCH_2CHO$

**9-2** 写出下列化合物的构造式。

(1) 异戊醛

(2) 新戊醛

(3) 3-甲基-2-戊酮

(4) 乙酰苯腙

(5) 乙基环己基(甲)酮

(6) 5-苯基-3-庚酮

**9-3** 完成下列各反应式。

(1)

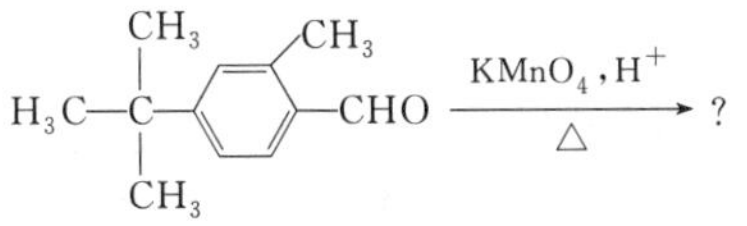

(2) $CH\equiv CH \xrightarrow{?} CH_3CHO \xrightarrow{?} HCOONa + CHCl_3$

(3) $2CH_3CH_2CH_2CHO \xrightarrow[\triangle]{\text{稀 } OH^-} ?$

$$
(4)\ CH_3-CH_2-\overset{\overset{\displaystyle CH_3}{|}}{\underset{\underset{\displaystyle CH_3}{|}}{C}}-CHO \xrightarrow[\triangle]{浓\ OH^-} ?+?
$$

$$
(5)\ C_6H_5\overset{\overset{\displaystyle O}{\|}}{C}-CH_3 \xrightarrow{?} C_6H_5-CH_2CH_3 \xrightarrow{?} C_6H_5-COOH
$$

9-4　把下列各组化合物按羰基亲核加成反应的活性大小排序。

$$
(1)\ (CH_3)_3C\overset{\overset{\displaystyle O}{\|}}{C}C(CH_3)_3 \qquad CH_3\overset{\overset{\displaystyle O}{\|}}{C}CHO \qquad CH_3\overset{\overset{\displaystyle O}{\|}}{C}H \qquad CH_3\overset{\overset{\displaystyle O}{\|}}{C}CH_2CH_3
$$

$$
(2)\ CH_3\overset{\overset{\displaystyle O}{\|}}{C}CH_2CH_3 \qquad CCl_3\overset{\overset{\displaystyle O}{\|}}{C}CH_2CH_3
$$

9-5　用化学方法区别下列各组化合物。

(1) 甲醛　乙醛　丙酮

(2) 丁醛　2-丁酮　2-丁醇

(3) 戊醛　2-戊酮　环戊酮　苯甲醛

9-6　用给定的原料合成下列化合物（其他无机及有机试剂可任选）。

$$
(1)\ CH\!\equiv\!CH \longrightarrow CH_3CH_2\overset{\overset{\displaystyle O}{\|}}{C}CH_2CH_3 \qquad\qquad (2)\ CH_2\!=\!CH_2 \longrightarrow CH_3CH_2CH_2CH_2OH
$$

$$
(3)\ CH_3CHO \longrightarrow CH_3-\underset{\underset{\displaystyle O}{\diagdown\diagup}}{CH-CH}-CH(OC_2H_5)_2
$$

9-7　用反应机理解释下面的反应。

$$
C_6H_5\overset{\overset{\displaystyle O}{\|}}{C}-CH_3 + ClCH_2CO_2C_2H_5 \xrightarrow{B^:} C_6H_5-\underset{\underset{\displaystyle CH_3}{|}}{\overset{\overset{\displaystyle O}{\diagup\diagdown}}{C}}-CHCO_2C_2H_5
$$

9-8　对下面的 Cannizzaro 反应作出解释。

$$
\underset{\underset{\displaystyle OCH_3}{}}{\overset{\overset{\displaystyle CHO}{}}{C_6H_4}} + HCHO \xrightarrow{浓\ NaOH} \underset{\underset{\displaystyle OCH_3}{}}{\overset{\overset{\displaystyle CH_2OH}{}}{C_6H_4}} + HCOONa
$$

9-9　试解释亲核加成反应中，$ArCH_2COR$ 的反应活性为何比 $ArCOR$ 高。

9-10　某化合物（A）的分子式为 $C_6H_{14}O$，氧化后得分子为 $C_6H_{12}O$ 的化合物（B），B 能和苯肼反应，并在与碘的碱溶液共热时有黄色沉淀生成。A 和浓硫酸共热得到分子式为 $C_6H_{12}$ 的化合物（C），C 与酸性 $KMnO_4$ 作用生成丁酮和乙酸。据此推断 A、B、C 的结构式，并写出有关反应式。

9-11　有一化合物 A，分子式是 $C_8H_{14}O$，可以使溴水很快褪色，也可与苯肼反应。A 氧化后生成 1 分子丙酮及另一化合物 B。B 具有酸性，与 NaOCl 溶液作用生成 1 分子氯仿及 1 分子丁二酸。试推断 A 的可能构造式，并写出有关反应式。

# 10　羧酸、羧酸衍生物和取代酸

## 学习指导

本章讨论了羧酸等几类物质。必须从分子结构上来分析、理解这几类化合物的化学性质，特别注意理解互变异构现象；熟练掌握羧酸、羧酸衍生物、羟基酸和羰基酸的化学性质；了解这几类物质的分类和物理性质。

有机化合物中一个碳原子上的最高氧化形式即羧基（—COOH），羧基是羧酸的官能团。从结构上看，羧酸也可以看作水分子中一个氢原子被酰基取代后得到的物质。取代酸是羧酸分子中烃基上的氢原子被其他原子或原子团取代后的产物。羧酸衍生物是羧酸分子中羧基上的羟基被其他原子或原子团取代后的产物。它们是与生命科学有密切关系的重要有机物，常以游离态、盐或酯的形式广泛存在于自然界，许多是生物体内代谢的重要物质，也是有些农药、医药以及合成化工产品的重要原料。

# 10.1　羧酸

## 10.1.1　羧酸的分类

根据羧基所连烃基的不同，羧酸（carboxylic acid）可分为脂肪酸、芳香酸、饱和酸、不饱和酸和各种取代酸。根据羧基数目的多少，羧酸可分为一元酸、二元酸和多元酸。例如：

$$CH_3COOH \qquad CH_2=CH-COOH \qquad \text{（苯）}-COOH \qquad HOOC-CH_2-COOH$$

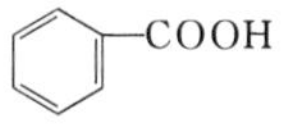

脂肪酸（饱和酸）　　　脂肪酸（不饱和酸）　　　　　芳香酸　　　　　　　　二元酸

## 10.1.2　羧酸的结构

羧酸中的羧基碳以三个 $sp^2$ 杂化轨道分别与羟基、氧、烃基（或氢）形成 σ 键，三个 σ 键之间的夹角约为 120°。羧基碳的 p 轨道上还有一个电子，和氧原子 p 轨道上的电子组成一个 π 键。

甲酸分子中所有的原子均在一个平面内，∠HCO 为 124°，∠HCO(H) 为 111°。C＝O 键长为 0.123nm，C—O 键长为 0.136nm，两类碳氧键明显不同。但是当羧基上的氢解离后，氧上带有一个负电荷，它很容易和羰基上的 p 电子发生共轭交盖作用，O—C—O 三个原子上的三个 p 轨道具有相互交盖的四个 p 电子，在这样的体系中，氧上的负电荷并不集中在某一个氧原子上，而是分散到两个氧原子上。例如，甲酸钠中两个 C—O 键长完全相等，均为 0.127nm，并无差别。

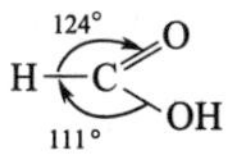

### 10.1.3　羧酸的物理性质

常温下，$C_{10}$ 以下的饱和一元羧酸为液体，有刺激性或腥臭味；$C_{10}$ 以上的饱和一元羧酸为蜡状固体；二元羧酸和芳香族羧酸都是结晶固体。

从羧酸的结构中可以看出，羧酸分子具有极性，而且和醇一样能够形成氢键，在一对羧酸分子之间可以形成两对氢键，这种由两对氢键形成的双分子缔合具有较高的稳定性，故在固态、液态和中等压力的气态下，羧酸主要以二缔合体的形式存在，O—H···O 键长约为 0.27nm。二缔合体还使羧酸的极性降低，如乙酸可以溶于非极性的苯就与此有关。因为羧酸分子通过氢键形成二聚体，其沸点比分子量相近的醇高。

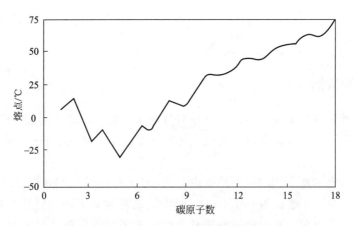

羧酸与水形成的氢键　　　　　羧酸分子之间的缔合

羧酸的水溶性比相应的醇要大。但 $C_5 \sim C_{11}$ 部分溶解，$C_{12}$ 及以上的高级羧酸几乎不溶于水而溶于醚、醇、苯等有机溶剂；芳香族羧酸在水中的溶解度也不大，有许多还可以从水中进行重结晶。

羧酸的熔点-碳原子数的相关曲线呈锯齿形，即含偶数个碳原子的羧酸的熔点明显比它相邻的前后两个同系物的熔点高（见图 10-1）。此外还有一个现象，即其熔点随分子量的增加先降低后升高，五个碳原子的羧酸熔点最低，这也可能与分子间的缔合程度有关。当低级羧酸中烃基变大时，羧基间的缔合受到一定的阻碍，二聚体的稳定性降低，导致熔点下降。乙酸的熔点只有 16.6℃，故秋冬季节实验室里的乙酸凝固为冰状物结晶，因此，乙酸又称为冰醋酸、冰乙酸。

图 10-1　直链饱和一元羧酸的熔点

对长链羧酸的 X 射线衍射研究证明，两个羧酸分子间的羧基以氢键缔合。缔合的双分子有规则地一层层排列，层中间是相互缔合的羧基，层之间相接触的是烃基。烃基之间的分子间作用力较小，故层间容易滑动，因此高级脂肪酸也具有一定的润滑性。

一些羧酸的物理常数见表 10-1。

表 10-1 一些羧酸的物理常数

| 中文名称 | 英文名称 | 熔点/℃ | 沸点/℃ | 溶解度/[g·(100g 水)$^{-1}$] | p$K_a$(25℃) |
|---|---|---|---|---|---|
| 甲酸(蚁酸) | methanoic acid(formic acid) | 8.4 | 100.7 | 混溶 | 3.76 |
| 乙酸(醋酸) | ethanoic acid(acetic acid) | 16.6 | 117.9 | 混溶 | 4.75 |
| 丙酸 | propanoic acid | −20.8 | 141 | 混溶 | 4.87 |
| 丁酸 | butanoic acid | −4.3 | 163.5 | 混溶 | 4.61 |
| 2-甲基丙酸(异丁酸) | 2-methylpropanoic acid(*iso*-butyric acid) | −46.1 | 153.2 | 22.8 | 4.84 |
| 戊酸 | pentanoic acid(valeric acid) | −33.8 | 186 | 5 | 4.82 |
| 2,2-二甲基丙酸 | 2,2-dimethylpropanoic acid | 35.3 | 163.7 | 3.0 | 5.02 |
| 己酸 | hexanoic acid | −2 | 205 | 0.96 | 4.83 |
| 十二酸(月桂酸) | dodecanoic acid(lauric acid) | 43.2 | — | 不溶 | — |
| 十四酸 | tetradecanoic acid | 54.4 | — | 不溶 | — |
| 十六酸(棕榈酸,软脂酸) | hexadecanoic acid(palmitic acid) | 63 | — | 不溶 | — |
| 十八酸(硬脂酸) | octadecanoic acid(stearic acid) | 72 | — | 不溶 | — |
| 苯甲酸(安息香酸) | benzoic acid | 122.4 | 249 | 不溶 | 4.19 |
| 苯乙酸 | phenyl acetic acid | 77 | 265.5 | 0.34 | 4.28 |

## 10.1.4 羧酸的化学性质

羧酸的化学性质与其分子结构有关。从羧酸的结构可以看出：羧基中的羰基与氧原子相连，因此 O 与 C═O 之间存在 p-π 共轭效应，使得 COO 可作为一个整体而脱去；由于 p-π 共轭作用，导致 O—H 键极性增大，从而呈现酸性；C—O 键为极性键，故—OH 可被其他基团取代而发生取代反应；由于羧基为吸电子基，因此导致烃基上的 α-H 原子可被其他基团取代而生成取代酸。

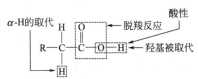

### 10.1.4.1 酸性和成盐反应

（1）酸性

羧酸的酸性大于酚，但比无机酸的酸性要弱。

$$R-CH_2-COOH \rightleftharpoons R-CH_2-COO^- + H^+$$

大多数饱和一元羧酸的 p$K_a$ 值为 4～5，比碳酸稍强。

$$2RCOOH + Na_2CO_3 \rightleftharpoons 2RCOONa + CO_2\uparrow + H_2O$$

羧酸酸性的强弱与烃基结构有关。虽然影响因素较为复杂，但一般来说也有下列一些规律可循。

① 当羧基 α 位是供电子基或连有供电子基时，使其酸性减弱。基团的供电子能力越强，酸性越弱。例如：

|  | H—COOH | CH$_3$—COOH | (CH$_3$)$_2$CH—COOH | (CH$_3$)$_3$C—COOH |
|---|---|---|---|---|
| p$K_a$ | 3.75 | 4.75 | 4.86 | 5.05 |

② 当羧基 α 位是吸电子基或连有吸电子基时，使其酸性增强。基团的吸电子能力越强，酸性越强。例如：

|  | CH$_3$—COOH | CH$_2$Cl—COOH | CHCl$_2$—COOH | CCl$_3$—COOH |
|---|---|---|---|---|
| p$K_a$ | 4.75 | 2.86 | 1.36 | 0.63 |

③ 芳香环上的取代基对芳香酸的酸性影响与脂肪酸相似。例如：

$O_2N-$⟨benzene⟩$-COOH$　　　⟨benzene⟩$-COOH$　　　$H_3C-$⟨benzene⟩$-COOH$

$pK_a$　　　　3.43　　　　　　　　　4.17　　　　　　　　4.39

④ 吸电子基或供电子基离羧基越远，影响越小。例如：

$CH_3-CH_2-CHCl-COOH$　　　$CH_3-CHCl-CH_2-COOH$　　　$CH_2Cl-CH_2-CH_2-COOH$

$pK_a$　　　2.86　　　　　　　　　4.41　　　　　　　　　4.70

⑤ 一般情况下，二元羧酸的酸性大于相应的一元羧酸。例如：乙酸的 $pK_a$ 为 4.75，乙二酸的 $pK_{a_1}$ 为 1.27；丙酸的 $pK_a$ 为 4.87，丙二酸的 $pK_{a_1}$ 为 2.83。

---

**思考题 10-1**　按酸性增强的顺序排列下列化合物。

⟨p-硝基苯甲酸 COOH / NO₂⟩　　⟨2,4-二硝基苯甲酸 COOH / NO₂ / NO₂⟩　　⟨对甲基苯甲酸 COOH / CH₃⟩　　⟨苯甲酸 COOH⟩

---

（2）成盐反应

羧酸具有酸的一般性质，能与强碱、碳酸盐、金属氧化物反应，生成盐和水。例如：

$$CH_3-COOH + NaOH \longrightarrow CH_3-COONa + H_2O$$
$$CH_3-COOH + NaHCO_3 \longrightarrow CH_3-COONa + H_2O + CO_2\uparrow$$
$$2CH_3-COOH + CaO \longrightarrow (CH_3-COO)_2Ca + H_2O$$

羧酸的钾盐、钠盐溶于水，与无机酸相遇时又得到羧酸。因此，科研和生产上常利用这一性质来分离、提纯和鉴别羧酸。例如，在苯甲酸和苯酚的混合物中加入碳酸氢钠的饱和溶液，振荡后分离，不溶性固体为苯酚；苯甲酸转变成苯甲酸钠而进入水层，酸化此水层即得到苯甲酸。又如，α-萘乙酸是农业生产上常用的植物生长调节剂，但它难溶于水，为配成水溶液方便使用，可加入适量的碳酸钠使其变成钠盐而溶解。再如，土壤中施入有机质肥料后，常产生一些低级有机酸（如甲酸、乙酸、丙酸等），对作物有害，生产上施用石灰使之成盐，可中和其酸性。

### 10.1.4.2　羧酸衍生物的生成

羧酸分子里羧基中的羟基被卤素（—X）、酰氧基、烃氧基（—O—R′）、氨基（—NH₂）取代，分别得到酰卤、酸酐、酯、酰胺，这些化合物称为羧酸衍生物。由于它们都含有酰基，所以又被称为酰基化合物。

（1）酰卤的生成

$$3R-\overset{O}{\overset{\|}{C}}-OH + PCl_3 \longrightarrow 3R-\overset{O}{\overset{\|}{C}}-Cl + H_3PO_3$$

（2）酸酐的生成

$$2R-\overset{O}{\overset{\|}{C}}-OH \xrightarrow{P_2O_5} R-\overset{O}{\overset{\|}{C}}-O-\overset{O}{\overset{\|}{C}}-R + H_2O$$

（3）酯的生成

$$R-C\overset{O}{\underset{OH}{\big\langle}} + H-O-R' \xrightarrow{-H_2O} R-C\overset{O}{\underset{OR'}{\big\langle}}$$

酯化反应时，有如下两种可能的脱水方式：

$$R-\overset{\displaystyle O}{\overset{\|}{C}}-\boxed{OH} + \boxed{H}-O-R' \qquad R-\overset{\displaystyle O}{\overset{\|}{C}}-O-\boxed{H} + \boxed{H-O}-R'$$

羧酸的酰氧键断裂  醇的烷氧键断裂

研究证明，大多数酯化反应为酰氧键断裂，酸催化酯化反应的历程可表示如下：

$$R-\overset{\displaystyle O}{\overset{\|}{C}}-OH \underset{}{\overset{H^+}{\rightleftharpoons}} R-\overset{\displaystyle {}^+OH}{\overset{\|}{C}}-OH \underset{}{\overset{R'-O-H}{\rightleftharpoons}} \overset{\displaystyle OH}{R-\underset{H-\overset{+}{O}-R'}{\overset{\|}{C}}-OH} \rightleftharpoons$$

$$\overset{\displaystyle OH}{R-\underset{O-R'}{C}-O^+H_2} \overset{-H_2O}{\rightleftharpoons} \overset{\displaystyle OH}{R-C^+-O-R'} \overset{-H^+}{\rightleftharpoons} R-\overset{\displaystyle O}{\overset{\|}{C}}-O-R'$$

（4）酰胺的生成

$$R-\overset{\displaystyle O}{\overset{\diagup}{C}}_{\diagdown OH} + NH_3 \longrightarrow R-\overset{\displaystyle O}{\overset{\diagup}{C}}_{\diagdown ONH_4} \overset{-H_2O}{\longrightarrow} R-\overset{\displaystyle O}{\overset{\diagup}{C}}_{\diagdown NH_2}$$

### 10.1.4.3 脱羧反应

在特定条件下，羧酸分子脱去—COO，放出 $CO_2$，称为脱羧反应。

饱和一元羧酸的碱金属盐与碱石灰共熔，可脱羧生成少一个碳原子的烷烃。例如：

$$CH_3COOH \xrightarrow[\triangle]{NaOH,Ca(OH)_2} CH_4\uparrow + CO_2\uparrow$$

当羧酸 $\alpha$-C 上连有吸电子基时，脱羧反应更易进行。例如：

$$CH_3-\overset{\displaystyle O}{\overset{\|}{C}}-CH_2-COOH \xrightarrow{\triangle} CH_3-\overset{\displaystyle O}{\overset{\|}{C}}-CH_3 + CO_2\uparrow$$

$$Cl_3C-COOH \xrightarrow{50℃} CHCl_3 + CO_2\uparrow$$

某些二元羧酸则较易发生脱羧反应，一般在加热情况下即可发生，这是因为羧基具有吸电子的诱导效应，使脱羧易于发生。例如：

$$HOOC-COOH \xrightarrow{\triangle} H-COOH + CO_2\uparrow$$

$$HOOC-CH_2-COOH \xrightarrow{\triangle} CH_3-COOH + CO_2\uparrow$$

生物体内，在酶的作用下，脱羧是一个普遍的反应，是物质代谢的重要反应之一。植物体中存在的烃多数是含奇数个碳原子的直链烃，据认为就是植物体中含偶数个碳原子的直链羧酸脱羧后生成的。例如：

$$CH_3-COOH \xrightarrow{酶} CH_4\uparrow + CO_2\uparrow$$

此反应也是沼气（甲烷）的生成反应。

### 10.1.4.4 羧酸的还原反应

羧酸比较稳定，不被一般的还原剂所还原，但可被强还原剂氢化铝锂（$LiAlH_4$）还原生成醇。

$$R-COOH \xrightarrow{LiAlH_4} R-CH_2-OH$$

### 10.1.4.5 $\alpha$-氢的卤代反应

羧酸分子中的 $\alpha$-H 在羧基的影响下，比烃基中的其他氢原子活泼，在 P、S 或 $I_2$ 的催

化下可被 $Cl_2$ 或 $Br_2$ 逐步取代。由于一元取代产物的 $\alpha$-H 更加活泼，因此取代反应可继续发生下去，生成二元、三元取代产物。例如：

$$CH_3-COOH + Cl_2 \xrightarrow{P} Cl-CH_2-COOH + HCl$$

$\alpha$-卤代酸中的卤原子与卤代烃中的卤原子具有相似的性质。卤代酸是合成农药、药物等的重要工业原料。某些卤代酸盐如 2,2-二氯丙酸钠（又称达拉明）是一种有效的除草剂，能杀死多年生杂草。

---

**思考题 10-2**　如何由化合物 $CH_3-CH_2-Br$ 合成化合物 $CH_3-\underset{\underset{OH}{|}}{CH}-CH_2-COOH$?

---

## 10.1.5　典型化合物

（1）甲酸

甲酸俗名蚁酸，为无色有刺激性的液体，沸点为 100.7℃，能与水、乙醇、乙醚混溶。甲酸结构特殊，既有酸性，又有较强的还原性。甲酸分子中的羰基和氢原子相连，因此具有醛基的结构。醛基容易被氧化，故甲酸也具有还原性，能使高锰酸钾溶液褪色，并可从硝酸汞中析出金属汞。这些反应均可用于甲酸的检验。甲酸的酸性是饱和一元羧酸中最强的。它的腐蚀性较小，有挥发性，常用作防腐剂、酸性还原剂、橡胶凝聚剂及基本化工原料，能代替无机酸使用。它与浓硫酸等脱水剂反应，分解生成纯度很高的一氧化碳。

$$H-C\overset{O}{\underset{OH}{\diagdown}} \xrightarrow{\text{浓 } H_2SO_4} CO\uparrow + H_2O$$

（2）乙酸

乙酸又称醋酸，发酵法制得的食醋中含 2% 左右的乙酸，许多微生物具有将有机物转变为乙酸的能力。这也是人类最早使用的有机酸。乙酸是一种很重要的基本有机化工原料，用来合成乙酸酐、乙酸乙酯、乙酸乙烯酯和乙酸纤维素酯等化合物，并可以进一步转化为许多精细化工产品，用途极广。乙酸不易被氧化，故还常用作一些氧化反应的溶剂。

（3）乙二酸

乙二酸又称草酸，常以钙盐和钾盐的形式存在于植物细胞中。在所有的有机物中，草酸中氧的含量最高。因此，糖类淀粉都可以被硝酸氧化为草酸，工业上主要是利用甲酸钠在减压下加热到 400℃ 来生产草酸的。

草酸也容易被氧化，产物为二氧化碳和水，分析化学上标定高锰酸钾溶液时利用的就是它的还原性。

草酸本身在酸和受热的条件下也易分解出甲酸和二氧化碳。

草酸还可以和许多金属形成配合物，它们大多溶于水，因此草酸可以作为清洗剂除去铁锈和墨水等污迹。由于另一个羧基的吸电子诱导效应，草酸的酸性较其他二元酸强得多。工业上草酸多用作媒染剂和漂白剂。

（4）丁烯二酸

丁烯二酸有顺式和反式两种几何异构体。顺式异构体又称马来酸，其燃烧热比反式异构体要高 25kJ·$mol^{-1}$，因此反式是相对稳定的异构体。在高温、酸、碱、硫脲催化或光照下，两种丁烯二酸可以相互转化，而顺式更易变成反式。

顺式丁烯二酸易形成顺丁烯二酸酐，后者在工业上是由苯催化制得的，是一种合成不饱和聚酯的重要原料。

（5）苯甲酸

苯甲酸又称安息香酸，因为它最初是从安息香树胶（其中含有苯甲酸苄酯）中制得的。苯甲酸易升华，其在水中的溶解度随温度的不同而有很大差异，故可以结晶纯化，也能用水蒸气蒸馏。它有防止食物腐败和发酵的作用，其钠盐可用作防腐剂，用于食品工业。

（6）苯二甲酸

苯二甲酸有邻位、间位和对位三种异构体。邻苯二甲酸由邻二甲苯或萘氧化生成邻苯二甲酐后水解产生；对苯二甲酸可由对二甲苯氧化产生。

## 10.2 羧酸衍生物

羧基中的羟基被其他原子（或原子团）取代后得到的化合物称为羧酸衍生物（carboxylic acid derivative），它们主要包括酰卤、酸酐、酯及酰胺四大类。本节着重介绍前三种，酰胺将在第 11 章中介绍。

### 10.2.1 羧酸衍生物的物理性质

酰卤、酸酐、酯的沸点比分子量相近的羧酸低，这是因为其分子间形成氢键的能力比羧酸弱。它们与水形成氢键的能力也较弱，故其水溶性也小于同碳羧酸。

酰卤因其在空气中可发生水解生成卤化氢而具有刺激性气味。酰卤中最重要的化合物是酰氯，低级的酰氯是液体。由于酰卤分子中没有羟基，不能形成氢键，所以它们的沸点较相应的羧酸低，与分子量相近的醛、酮相近。它们的水溶性也不好，低级酰卤还会分解，产生的水解产物溶于水，看似跟酰卤溶解一样。最简单的酰氯是乙酰氯，因为甲酰氯不稳定，在 $-60℃$ 以上就会分解为 CO 和 HCl。

低级酸酐也可发生水解而具有不愉快的刺激性酸味。低级酸酐是无色液体；高级酸酐是固体。

低级羧酸酯是具有花果香味的无色液体；高级羧酸酯是液体或固体。

### 10.2.2 羧酸衍生物的化学性质

#### 10.2.2.1 水解、醇解、氨解反应

羧酸衍生物分别与水、醇、氨等发生水解、醇解、氨解等反应，反应的结果是在水、醇、氨分子中引入酰基，故称为酰基化反应。它们的反应活性顺序为：酰卤＞酸酐＞酯。反应可表示如下：

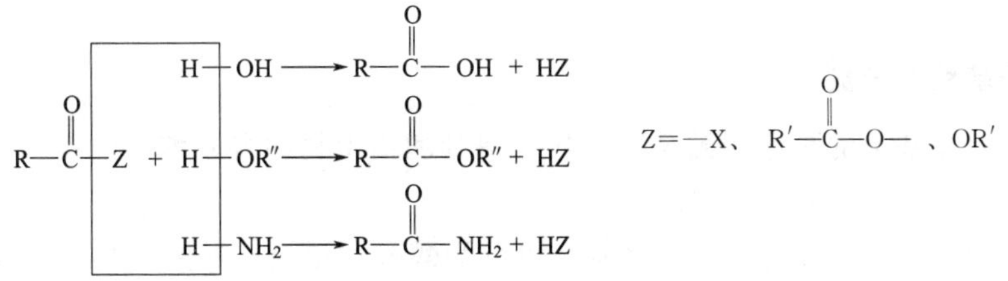

酰卤、酸酐、酯经水解后都得到羧酸，但它们水解的难易程度不同，酰卤最易，酯最难。例如：

$$CH_3COCl + H_2O \longrightarrow CH_3COOH + HCl$$

酰卤、酸酐、酯都可发生醇解生成酯，酰胺难以发生醇解，它们发生醇解的速率与水解相同。酯的醇解又称为酯交换反应。例如：

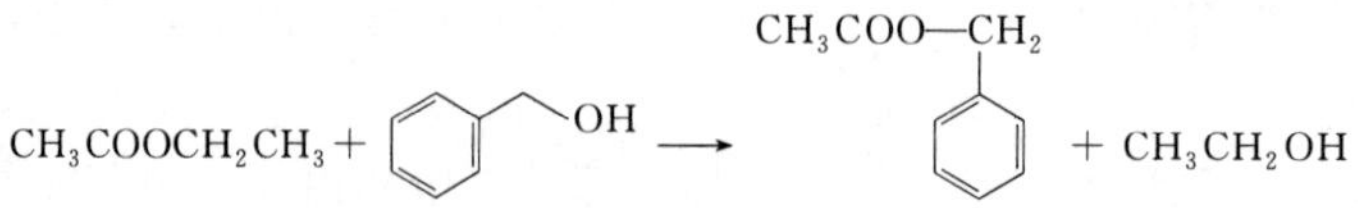

只有酰卤和酸酐可发生氨解反应，而酯和酰胺则难氨解。例如：

$$CH_3COCl + NH_3 \longrightarrow CH_3CONH_2 + HCl$$

#### 10.2.2.2 还原反应

酰基化合物的羰基比羧酸易还原，可用催化加氢的方法将酰基还原成醛或醇。

(1) 酰氯的还原

酰氯在一定条件下可还原成醛或醇。

$$R-\overset{\overset{\large O}{\|}}{C}-Cl \xrightarrow[Ni]{H_2} R-\overset{\overset{\large O}{\|}}{C}-H \xrightarrow[Ni]{H_2} RCH_2OH$$

(2) 酯的还原

酯比羧酸易还原，通常用 $Na/C_2H_5OH$、$NaBH_4$ 将酯还原成醇。

$$R-\overset{\overset{\large O}{\|}}{C}-OR' \xrightarrow[\triangle]{Na/C_2H_5OH} RCH_2OH + R'OH$$

#### 10.2.2.3 酯缩合反应（克莱森酯缩合反应）

酯分子中的 $\alpha$-碳在碱的作用下形成 $\alpha$-负碳离子，可以进攻另一分子的酯，得到 $\beta$-酮基酯，该反应称为克莱森（Claisen）酯缩合反应。例如：

$$CH_3-\overset{\overset{\large O}{\|}}{C}-\boxed{O-C_2H_5 + H}-CH_2-\overset{\overset{\large O}{\|}}{C}-O-C_2H_5 \xrightarrow{C_2H_5ONa} CH_3-\overset{\overset{\large O}{\|}}{C}-CH_2-\overset{\overset{\large O}{\|}}{C}-O-C_2H_5 + CH_3CH_2OH$$

## 10.3 取代酸

常见的取代酸（substituted acid）有卤代酸、羟基酸、羰基酸和氨基酸。卤代酸的性质与卤代烃及羧酸相似，不再讨论，氨基酸将在第 14 章介绍。本节主要介绍羟基酸和羰基酸。

### 10.3.1 羟基酸

#### 10.3.1.1 羟基酸的分类

羧酸分子中烃基上的氢原子被羟基取代所得到的衍生物叫羟基酸（hydroxy acid）。羟基酸分子中既有—OH，又有—COOH。

根据分子中—OH 位置的不同，羟基酸可分为醇酸和酚酸。醇酸的羟基连在脂环或碳链上；酚酸的羟基连在苯环上。

根据分子中—OH 与—COOH 相对位置的不同，羟基酸可分为 $\alpha$-羟基酸、$\beta$-羟基酸和 $\gamma$-羟基酸。

### 10.3.1.2　羟基酸的化学性质

从结构上看，羟基酸分子中既有羟基又有羧基，因此，它应具有醇和羧酸的一切化学性质。但由于羟基和羧基共存于一个分子中，因此，它又有一些特殊性质，其性质随羟基与羧基的相对位置不同而不同。

（1）酸性

因为羟基是吸电子基团，具有吸电子的诱导效应，故羟基酸的酸性大于同碳羧酸。对于结构不同的羟基酸，其酸性随—OH 与—COOH 距离的增大而减弱，即 $\alpha$-羟基酸＞$\beta$-羟基酸＞$\gamma$-羟基酸。

（2）醇酸的脱水

醇酸受热可脱去一分子水，其脱水产物随—OH 与—COOH 的相对位置不同而异。$\alpha$-羟基酸脱水形成交酯；$\beta$-羟基酸脱水生成 $\alpha,\beta$-不饱和酸；$\gamma(\delta)$-羟基酸脱水生成内酯。例如：

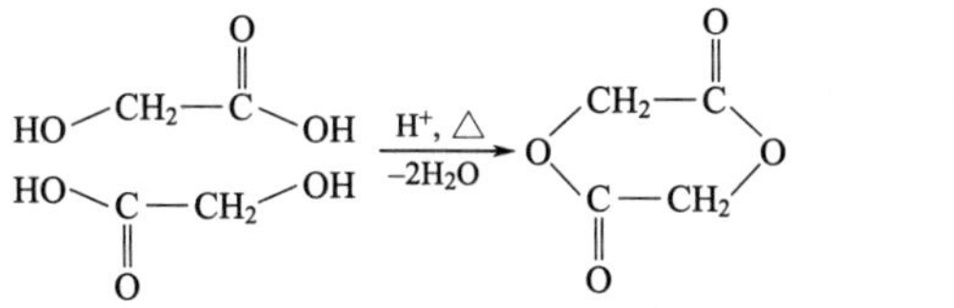

交酯

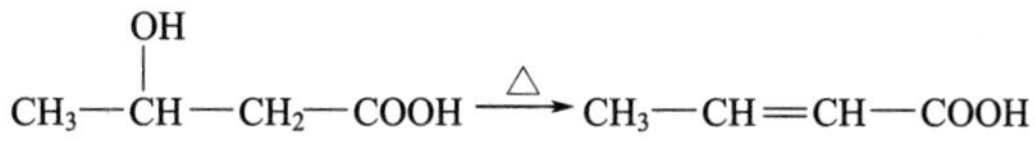

$\alpha,\beta$-不饱和酸

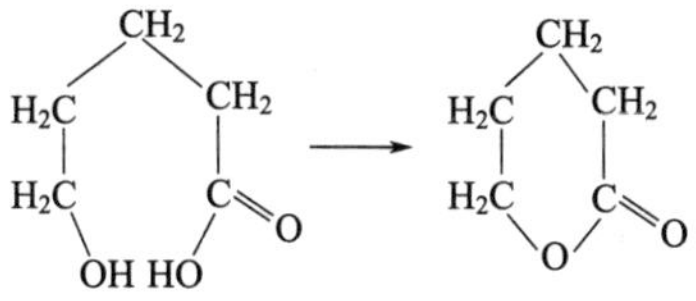

$\delta$-戊内酯

（3）醇酸的氧化反应

$\alpha$-羟基酸中的羟基比醇易被氧化，它甚至可以被弱氧化剂氧化，产物均为羰基酸。例如：

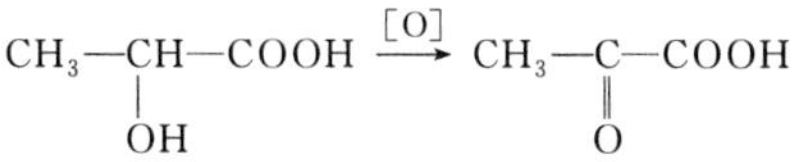

（4）酚酸的脱羧反应

酚酸具有酚的特征反应，可与氯化铁作用呈紫色。邻羟基苯甲酸（水杨酸）也可与溴水反应生成白色沉淀，这可作为水杨酸的定性鉴定方法。酚酸也可发生脱羧反应生成酚，例如，邻羟基苯甲酸脱羧后生成苯酚。

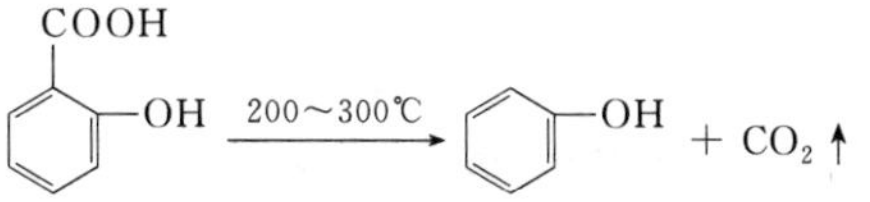

（5）α-醇酸的分解反应

α-醇酸与稀硫酸共热，羧基和α-碳原子之间的键断裂，分解生成醛或酮和甲酸，这是α-醇酸特有的反应。例如：

$$R—\underset{\underset{OH}{|}}{CH}—COOH \xrightarrow[\triangle]{稀\ H_2SO_4} R—CHO\ +\ H—COOH$$

---

**思考题 10-3**　如何由 $CH_3—CH_3$ 合成化合物 $CH_3—\overset{\overset{O}{||}}{C}—COOH$?

---

## 10.3.2　羰基酸

### 10.3.2.1　羰基酸的分类

分子中含有羰基的羧酸叫羰基酸（carbonyl acid，又称氧代酸）。羰基酸根据其分子中羰基是否在链端，可分为醛酸和酮酸；根据其分子中羰基与羧基的相对位置不同，可分为α-羰基酸、β-羰基酸和γ-羰基酸。

### 10.3.2.2　羰基酸的化学性质

羰基酸含有羰基和羧基，因此具有醛（或酮）和羧酸的性质。由于羰基和羧基共存，故其又有一些特殊性质。最简单的α-羰基酸是乙醛酸和丙酮酸。前者可由二氯乙酸水解或由草酸还原产生，未成熟的水果中也含有乙醛酸，随果实和糖分的增加，乙醛酸逐渐代谢消失。

（1）酸性

因为羰基为吸电子基团，故羰基酸的酸性大于同碳羧酸。又由于羰基的吸电子能力大于羟基，因此，其酸性大于相应的羟基酸。结构不同的羰基酸，其分子中羰基距羧基越近，酸性越强。例如：

$$CH_3\overset{\overset{O}{||}}{C}COOH\ >\ CH_3\overset{\overset{O}{||}}{C}CH_2COOH\ >\ CH_3\overset{\overset{O}{||}}{C}CH_2CH_2COOH$$

$$CH_3\overset{\overset{O}{||}}{C}COOH\ >\ CH_3\overset{\overset{OH}{|}}{CH}COOH\ >CH_3CH_2COOH$$

（2）脱羧反应

在稀酸或稀碱作用下，α-羰基酸和β-羰基酸可发生脱羧反应生成羰基化合物。例如：

$$CH_3—\overset{\overset{O}{||}}{C}—COOH \xrightarrow[\triangle]{稀硫酸} CH_3—CHO\ +\ CO_2\uparrow$$

$$CH_3—\overset{\overset{O}{||}}{C}—CH_2—COOH \xrightarrow[\triangle]{H^+} CH_3—\overset{\overset{O}{||}}{C}—CH_3\ +\ CO_2\uparrow$$

$$H—\overset{\overset{O}{||}}{C}—CH_2—COOH \xrightarrow[\triangle]{H^+} CH_3—CHO\ +\ CO_2\uparrow$$

乙酰乙酸是最简单的β-酮羰基酸，它也是脂肪酸在体内的代谢产物，与其脱羧产物丙酮一起出现在糖尿病患者的尿液中。乙酰乙酸是一个比较稳定的酸，它的酯是有机合成中最常用的试剂之一。

（3）氧化和还原反应

酮和羧酸都不易被氧化，但α-羰基酸较易被氧化，弱氧化剂如 Tollen 试剂、Fehling 试

剂也能氧化 α-羰基酸。α-羰基酸加氢还原成羟基酸。例如：

$$CH_3-\underset{\underset{O}{\|}}{C}-COOH \xrightarrow{\text{托伦试剂}} CH_3-COOH + CO_2\uparrow$$

$$CH_3-\underset{\underset{O}{\|}}{C}-COOH \xrightarrow[\text{[O]}]{\text{[H]}} CH_3-\underset{\underset{OH}{|}}{CH}-COOH$$

---

**思考题 10-4**　如何由 $CH_3-\underset{\underset{Cl}{|}}{CH}-CHO$ 合成化合物 $CH_3-COOH$?

---

### 10.3.2.3　乙酰乙酸乙酯的性质及应用

（1）互变异构现象

乙酰乙酸乙酯是有香味的液体，微溶于水，常温下蒸馏时有分解现象。

乙酰乙酸乙酯分子中，亚甲基（—$CH_2$—）上的氢原子由于受羰基和羧基两个吸电子基团的影响，比较活泼，可转移到羰基的氧原子上，形成烯醇式。室温下它是由 92.5% 的酮式和 7.5% 的烯醇式所组成的平衡体系。

$$CH_3-\underset{\underset{O}{\|}}{C}-\underset{\underset{H}{|}}{CH}-\underset{\underset{O}{\|}}{C}-OCH_2CH_3 \rightleftharpoons CH_3-\underset{\underset{OH}{|}}{C}=CH-\underset{\underset{O}{\|}}{C}-OCH_2CH_3$$

酮式（92.5%）　　　　　　　　　　烯醇式（7.5%）

乙酰乙酸乙酯的酮式与烯醇式是一种互变异构关系，这两个化合物均是实际存在的，互为构造异构体。无酸、碱催化剂存在时，二者互变的速率并不快，故利用适当的条件可以把它们分开。

乙酰乙酸乙酯的烯醇式能够稳定存在的另一个原因是烯醇式结构中羟基上的氢可以与羰基上氧形成氢键，从而形成了六元螯合环。

乙酰乙酸乙酯既可以和羟胺、苯肼等羰基试剂作用，也能和亚硫酸氢钠和氰化氢作用发生羰基上的加成反应，因此它具有酮式结构；同时，它还能和金属钠作用放出氢气，和五氯化磷作用生成氯代物，使溴的醇溶液褪色和使氯化铁水溶液显紫红色，故它又具有烯醇式结构。

与氯化铁的显色反应是所有具有烯醇式结构化合物的特征反应，产物是一种具有螯形环的配合物。该反应产物中烯醇氧和铁形成离子键，而羰基氧与铁形成配位键。

（2）乙酰乙酸乙酯的分解反应

① 酮式分解（成酮分解）

$$CH_3-\underset{\underset{O}{\|}}{C}-CH_2-\underset{\underset{O}{\|}}{C}-O-C_2H_5 \xrightarrow{\text{稀 NaOH}} CH_3-\underset{\underset{O}{\|}}{C}-CH_2-\underset{\underset{O}{\|}}{C}-O-Na \xrightarrow{H^+}$$

$$CH_3-\underset{\underset{O}{\|}}{C}-CH_2-\underset{\underset{O}{\|}}{C}-O-H \xrightarrow{\triangle} CH_3-\underset{\underset{O}{\|}}{C}-CH_3 + CO_2\uparrow$$

② 酸式分解（成酸分解）

$$CH_3-\overset{\overset{O}{\|}}{C}-CH_2-\overset{\overset{O}{\|}}{C}-O-C_2H_5 \xrightarrow{\text{浓 NaOH}} 2CH_3-\overset{\overset{O}{\|}}{C}-ONa + C_2H_5OH$$

$$\xrightarrow{H^+} 2CH_3-COOH$$

（3）乙酰乙酸乙酯在合成上的应用

乙酰乙酸乙酯可以用来合成甲基酮、一元羧酸。例如：

$$CH_3-\overset{\overset{O}{\|}}{C}-CH_2-\overset{\overset{O}{\|}}{C}-O-C_2H_5 \xrightarrow{C_2H_5ONa} [CH_3-\overset{\overset{O}{\|}}{C}-\overset{-}{C}H-\overset{\overset{O}{\|}}{C}-O-C_2H_5]Na^+ \xrightarrow{R-X}$$

$$CH_3-\overset{\overset{R}{|}}{\underset{\|}{C}H}-\overset{\overset{O}{\|}}{C}-O-C_2H_5 \begin{cases} \xrightarrow[\text{(酮式分解)}]{\text{稀NaOH}} CH_3-\overset{\overset{O}{\|}}{C}-CH_2-R \\ \xrightarrow[\text{(酸式分解)}]{\text{浓NaOH}} R-CH_2-\overset{\overset{O}{\|}}{C}-ONa \xrightarrow{H^+} R-CH_2-COOH \end{cases}$$

# 习 题

10-1 写出下列化合物的名称或结构式。

(1) $\overset{H_3C}{\underset{HOOC}{>}}C=C\overset{CH_3}{\underset{COOH}{<}}$

(2) HO—⟨benzene⟩—COOH

(3) 对甲氧基苯甲酸苄酯

(4) 对溴苯甲酰氯

10-2 将下列各组化合物按酸性增强次序排列。

(1) 乙酸　　甲酸　　氯乙酸　　二氯乙酸

(2) 2-氯丙酸　　3-氯丙酸　　丙酸　　2,2-二氯丙酸

10-3 用化学方法区别下列各组化合物。

(1) 甲酸　　乙酸　　乙二酸　　乙醛

(2) 苯酚　　苯甲酸　　水杨酸　　苯甲酰胺

10-4 写出下列反应的主要产物。

(1) $CH_3COOC_2H_5 + CH_3COOC_2H_5 \xrightarrow{C_2H_5ONa}$ ?

(2) $CH_3COCOOH \xrightarrow[\triangle]{\text{稀 } H_2SO_4}$ ?

(3) $CH_3CH(OH)COOH \xrightarrow{\triangle}$ ?

(4) $CH_3CH(OH)CH_2COOH \xrightarrow{\triangle}$ ?

10-5 完成下列转化。

(1) $CH_2=CH_2 \longrightarrow CH_3-\overset{\overset{O}{\|}}{C}-COOH$

(2) ⟨benzene⟩—$CH_2Br \longrightarrow$ ⟨benzene⟩—$CH_2-COOCH_2$—⟨benzene⟩

10-6 下列化合物中，哪些能产生互变异构现象？写出它们可能的互变异构体的结构式。

(1) $CH_3-\overset{\overset{OH}{|}}{C}=CH-\overset{\overset{O}{\|}}{C}-O-CH_3$

(2) $CH_3-\overset{\overset{O}{\|}}{C}-\underset{\overset{|}{O}H_2CH_3}{CH}-\overset{\overset{O}{\|}}{C}-O-C_2H_5$

(3) $CH_3-\overset{\overset{O}{\|}}{C}-CH_2-\overset{\overset{O}{\|}}{C}-CH_3$

(4) ⟨benzene⟩—$\overset{\overset{OH}{|}}{C}=CH-\overset{\overset{O}{\|}}{C}-CH_3$

10-7 化合物 A 的分子式为 $C_5H_{12}O$，氧化后得到 B，分子式为 $C_5H_{10}O$，B 能与 2,4-二硝基苯肼反应，B 也能发生碘仿反应，A 与浓硫酸共热后得到 C，分子式为 $C_5H_{10}$，C 经氧化后得到丙酮和乙酸。试推断 A、B、C 的结构式，并写出相关反应式。

10-8 化合物 A 的分子式为 $C_7H_{12}O_3$，能与苯肼反应生成苯腙，能与金属钠作用放出氢气，与氯化铁溶液发生呈色反应，能使溴的四氯化碳溶液褪色。将 A 与氢氧化钠溶液共热并酸化后得到 B 和异丙醇。B 的分子式为 $C_4H_6O_3$，B 容易发生脱羧反应，脱羧的产物 C 能发生碘仿反应。试写出 A、B、C 的结构式及相关的反应式。

10-9 分离、提纯己酸、己醇、对甲苯酚三种化合物。

# 11 含氮有机化合物

## 学习指导

熟练掌握胺、酰胺的结构、分类、命名和它们的化学性质，特别是重氮盐转化为酚类、苯甲腈等的反应以及 Hoffmann 反应的应用；掌握氨基甲酸酯类物质、偶氮化合物、重氮盐、季铵类物质的命名；了解硝基化合物的结构和性质。

含氮有机化合物（organic compound with nitrogen）通常是指有机分子中含有氮元素的有机物，它们可以看作是烃分子中的氢原子被含氮官能团所取代的产物。这些物质大多数是天然有机化合物，在自然界广泛存在。含氮有机化合物的种类很多，常见的含氮有机化合物类型见表 11-1。

表 11-1 常见的含氮有机化合物类型

| 化合物的类型 | 化合物的结构 | 官 能 团 | |
| --- | --- | --- | --- |
| 胺 | $R-NH_2$ | $-NH_2$ | 氨基 |
| | R<br>$\diagdown$<br>NH<br>$\diagup$<br>R | $\diagdown$<br>NH<br>$\diagup$ | 亚氨基 |
| | $R-N-R$<br>$\vert$<br>R | $-N-$<br>$\vert$ | 叔氨基 |
| 酰胺 | $R-\overset{O}{\overset{\Vert}{C}}-NH_2$ | $-\overset{O}{\overset{\Vert}{C}}-NH_2$ | 酰氨基 |
| 肼 | $R-NH-NH_2$ | $-NH-NH_2$ | 肼基 |
| 肟 | $R-CH=N-OH$ | | |
| | R<br>$\diagdown$<br>$C=N-OH$<br>$\diagup$<br>R | $\diagdown$<br>$C=N-OH$<br>$\diagup$ | 肟基 |
| 腈 | $R-CN$ | $-CN$ | 氰基 |
| 异腈 | $R-NC$ | $-N\equiv C$ | 异氰基 |
| 偶氮化合物 | $Ar-N=N-Ar$ | $-N=N-$ | 偶氮基 |
| 硝基化合物 | $R-NO_2$ | $-NO_2$ | 硝基 |
| 硝酸酯 | $R-ONO_2$ | $-ONO_2$ | 硝酸基 |
| 亚硝基化合物 | $R-NO$ | $-NO$ | 亚硝基 |
| 亚硝酸酯 | $R-ONO$ | $-ONO$ | 亚硝酸基 |

本章主要讨论胺和酰胺这两类含氮有机化合物，并对硝基化合物作简要介绍。

## 11.1 硝基化合物

### 11.1.1 硝基化合物的分类和命名

由硝酸和亚硝酸可以导出四类含氮有机化合物：硝酸酯、亚硝酸酯、硝基化合物和亚硝基化合物。

硝酸的酰基（硝酰基）习惯上称为硝基，亚硝酸的酰基（亚硝酰基）习惯上称为亚硝基。

$$HO-N\overset{O}{\underset{O}{\big|}} \qquad HO-N=O \qquad -N\overset{O}{\underset{O}{\big|}} \qquad -N=O$$

硝酸　　　　　　　　亚硝酸　　　　　　　硝基（硝酰基）　　　　亚硝基（亚硝酰基）

nitric acid　　　　　nitrous acid　　　　　nitro group　　　　　nitroso group

硝基中的氮原子与烃基中的碳原子直接相连的化合物称为硝基化合物 （nitro compound）。硝基化合物与相应的亚硝酸酯互为同分异构体。

$$R-N\overset{O}{\underset{O}{\big|}} \qquad\qquad R-O-N=O$$

硝基化合物　　　　　　　　亚硝酸酯

硝基化合物按照分子中烃基的不同，分为脂肪族硝基化合物和芳香族硝基化合物。

硝基化合物的命名与卤代烃相似：一般将硝基看成取代基，在相应物质名称前面加上"硝基"。例如：

$$CH_3CH_2NO_2 \qquad CH_3-\underset{NO_2}{\underset{|}{CH}}-CH_2-CH_3$$

硝基乙烷　　　　　　　2-硝基丁烷　　　　　　邻硝基苯酚　　　　　对硝基甲苯

nitro-ethane　　　　　2-nitro-butane　　　　o-nitro-phenol　　　p-nitro-methylbenzene

## 11.1.2　硝基化合物的结构

在硝基化合物中，一个氮原子和两个氧原子组成 p-π 共轭体系，由于电子的离域导致两个氮氧键的键长完全相等。

$$R-\overset{}{N}\overset{O}{\underset{\ddot{O}}{\big|}} \qquad\qquad R-\overset{+}{N}\overset{O^{1/2-}}{\underset{O^{1/2-}}{\big|}}$$

实验结果表明，在硝基中的氧、氮、氧三个原子处在一个共轭体系之中，氮原子带一个正电荷，而两个氧原子各带 1/2 负电荷，因而硝基化合物具有较大的极性。

## 11.1.3　硝基化合物的物理性质

硝基化合物由于具有较高的极性，分子间吸引力大。因此，硝基化合物的沸点比相应的卤代烃高。脂肪族硝基化合物是近于无色的高沸点液体。芳香族硝基化合物中除某些一硝基化合物为高沸点液体外，其他芳香族硝基化合物一般为结晶固体。多硝基化合物具有爆炸性，有的具有强烈的香味。例如，硝基苯 （$C_6H_5NO_2$） 有浓厚的杏仁气味。

许多芳香族硝基化合物有毒，它们能使血红蛋白变性而引起中毒。较多地吸入它们的蒸气或粉尘，或者长期与皮肤接触都能引起中毒，故使用时应注意安全。

## 11.1.4　硝基化合物的化学性质

（1）硝基化合物的还原

硝基化合物在强酸性溶液中用金属（如 Fe、Sn 等）还原或催化氢化（如 $H_2$ 和 Ni）能将硝基还原为氨基，生成相应的伯胺。例如：

$$RNO_2 + 3H_2 \xrightarrow{\text{Ni}} RNH_2 + 2H_2O$$

将芳香族硝基化合物还原成为芳香胺，在有机合成中极为重要。硝基化合物很容易直接硝化制备，当得到邻位和对位异构体的混合物时，一般可分离成两个纯的异构体。从这些硝基化合物还原得到的芳胺很容易转变成重氮盐，而重氮盐又可被很多其他基团取代（下一节中讨论）。例如：

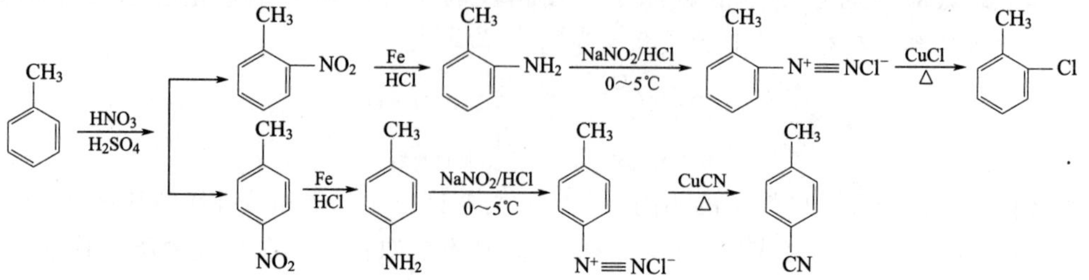

（2）硝基化合物的互变异构和酸性

脂肪族硝基化合物中的 $\alpha$-H 由于受硝基的吸电子诱导效应影响而很活泼，因而能建立下面假酸式和硝基式的互变异构平衡：

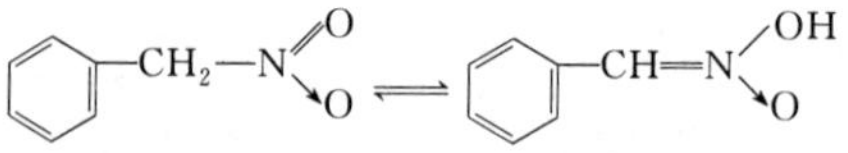

硝基式互变异构体　　　假酸式互变异构体

因此，$\alpha$-碳原子上有氢原子的硝基化合物（如 $RCH_2NO_2$、$R_2CHNO_2$ 等）可以与强碱作用生成盐而显弱酸性，从而溶解于碱中。例如：

$$R{-}CH_2{-}NO_2 + NaOH \longrightarrow [R{-}CH{-}NO_2]^- Na^+ + H_2O$$

## 11.2　胺

胺（amine）是一类很重要的含氮化合物，它在自然界分布很广，其中大多数是由氨基酸脱羧形成的。

### 11.2.1　胺的分类

分子中含有氨基（$-NH_2$）官能团的有机化合物叫作胺，胺可以看作是氨的烃基衍生物。氨分子中的一个、两个或三个氢原子被烃基取代而生成的化合物，分别称为第一胺（伯胺）、第二胺（仲胺）和第三胺（叔胺）。

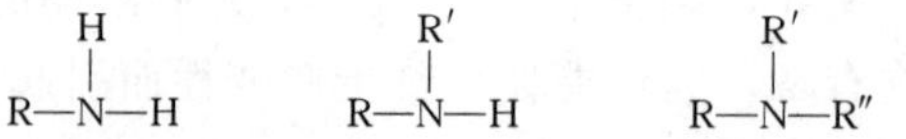

第一胺（伯胺）　　第二胺（仲胺）　　第三胺（叔胺）

$-NH_2$ 称为氨基，$-NH-$ 称为亚氨基，$-\overset{|}{N}-$ 称为叔氨基。

式中的 R、R′ 和 R″ 可以是相同的烃基，也可以是不同的。其中氮原子与脂肪烃基相连的称为脂肪胺，与芳烃基相连的称为芳香胺。按照分子中所含氨基数目的不同，可分为一元胺、二元胺和多元胺。

应当注意的是，伯、仲、叔胺的含义和伯、仲、叔醇是不同的。伯、仲、叔胺是指氮原子与一个、两个或三个烃基相连的胺而言；而伯、仲、叔醇是指羟基与伯、仲、叔碳原子相连的醇而言。例如：

$$CH_3$$
$$CH_3-C-NH_2$$
$$CH_3$$
伯胺(氮原子只与一个烃基相连)

$$CH_3$$
$$CH_3-C-OH$$
$$CH_3$$
叔醇(羟基直接与叔碳原子相连)

与无机铵类（$H_4N^+X^-$、$H_4N^+OH^-$）相似，四个相同或不同的烃基与氮原子相连的化合物称为季铵类化合物。其中，$R_4N^+X^-$ 称为季铵盐，$R_4N^+OH^-$ 称为季铵碱。

关于"氨"、"胺"及"铵"字的用法也应特别注意，在表示氨、氨基、亚氨基时，用"氨"字；表示 $NH_3$ 的烃基衍生物时，用"胺"；而季铵类化合物则用"铵"。

### 11.2.2 胺的结构

氮在元素周期表中位于第二周期 VA 族，氮原子的核外电子排布为 $1s^2 2s^2 2p^3$。在脂肪胺分子中，氮原子以不等性 $sp^3$ 杂化轨道成键。其中有三个未成对电子各占一个 $sp^3$ 杂化轨道与氢原子的 s 轨道或碳的杂化轨道重叠形成 σ 键，第四个

胺分子的结构

$sp^3$ 杂化轨道被一对孤电子对所占据，因而分子呈棱锥形结构。由于孤电子对的静电斥力，使氮的三个 σ 键的键角略小于 $109.5°$。例如，

图 11-1　甲烷、氨、三甲胺的分子结构比较

三甲胺分子中，C—N—C 键角为 $108°$［见图 11-1(c)］。

由于胺分子中氮原子上具有孤电子对，因而比较容易进入别的原子或离子的外层空轨道而形成配位键，并且也容易受电子密度较低的原子进攻，即具有亲核性，能与一些亲电性化合物如酸（$H^+$）、卤代烷等发生反应。对于季铵类化合物来说，氮上的四个 $sp^3$ 杂化轨道都被烃基占据，形成季铵离子。

在芳香胺中，氮原子上的孤电子对所处的轨道和苯环上的 π 电子所处的轨道有共轭关系，相互之间可以重叠 p-π 共轭体系。氮原子的杂化状态在 $sp^2$ 与 $sp^3$ 之间，孤电子对所处的轨道比氨有更多的 p 成分。例如，苯胺分子中，H—N—H 键角为 $113.9°$，H—N—H 平面与苯环平面之间的角度为 $39.4°$（见图 11-2）。

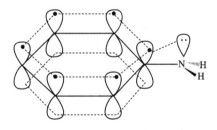

图 11-2　苯胺的分子结构

### 11.2.3 胺的物理性质

除少数几个低级脂肪胺如甲胺、二甲胺、三甲胺和乙胺在常温下为气体，有与氨相似的气味但刺激性比氨小外，其他低级胺为液体，多有难闻的臭味；高级胺多为固体，不易挥发，几乎没有气味；二元胺的臭味常很明显，例如蛋白质腐烂时能产生极臭而剧毒的腐肉胺和尸胺。

$$H_2NCH_2CH_2CH_2CH_2NH_2$$
1,4-丁二胺(腐肉胺)

$$H_2NCH_2CH_2CH_2CH_2CH_2NH_2$$
1,5-戊二胺(尸胺)

芳香胺一般为高沸点的液体或低熔点的固体，具有特殊气味，毒性较大，与皮肤接触或吸入其蒸气都会引起中毒。

胺和氨一样，是极性物质，除了叔胺外，都能形成分子间的氢键，所以伯胺和仲胺的沸

点比分子量相近的烃要高。但由于氮的电负性比氧小，胺的氢键弱于醇分子中的 O—H⋯O 氢键，故胺的沸点比相应的醇或羧酸的沸点低。叔胺的氮原子上没有氢，分子间不能形成氢键，因此叔胺的沸点比相应的仲胺或伯胺低。

伯、仲、叔胺都能与水分子通过氢键发生缔合，因此较低级的脂肪胺即使是叔胺，在水中的溶解度也是较大的；高级胺在水中的溶解度较小；溶解度的分界线在六个碳原子左右。芳胺则微溶于水。各类胺大多能溶于有机溶剂。

一些常见胺的物理常数见表 11-2。

### 表 11-2　一些常见胺的物理常数

| 名　称 | 结　构　式 | 熔点/℃ | 沸点/℃ | p$K_b$ |
|---|---|---|---|---|
| 甲胺 | $CH_3—NH_2$ | −93.5 | −6.3 | 3.35 |
| 二甲胺 | $CH_3—NH—CH_3$ | −96 | 7.4 | 3.27 |
| 三甲胺 | $(CH_3)_3N$ | −117 | 3 | 4.22 |
| 乙胺 | $CH_3—CH_2—NH_2$ | −81 | 17 | 3.29 |
| 二乙胺 | $CH_3CH_2NHCH_2CH_3$ | −48 | 56.3 | 3.00 |
| 三乙胺 | $(CH_3CH_2)_3N$ | −115 | 89 | 3.25 |
| 正丙胺 | $CH_3—CH_2—CH_2—NH_2$ | −83 | 47.8 | 3.39 |
| 正丁胺 | $CH_3—CH_2—CH_2—CH_2—NH_2$ | −49 | 77.8 | 3.32 |
| 正戊胺 | $CH_3—CH_2—CH_2—CH_2—CH_2—NH_2$ | −55 | 104 | |
| 乙二胺 | $H_2N—CH_2—CH_2—NH_2$ | 8.5 | 116.5 | 4.07 |
| 丁二胺 | $H_2N—(CH_2)_4—NH_2$ | 27 | 158 | |
| 己二胺 | $H_2N—(CH_2)_6—NH_2$ | 41～42 | 196 | |
| 苯胺 | ⬡—$NH_2$ | −6.2 | 184 | 9.28 |
| N-甲基苯胺 | ⬡—$NH—CH_3$ | −57 | 196 | 9.15 |
| N,N-二甲基苯胺 | ⬡—$N(CH_3)_2$ | 3 | 194 | 8.94 |
| 二苯胺 | ⬡—$NH$—⬡ | 54 | 302 | 13.2 |

## 11.2.4　胺的化学性质

### 11.2.4.1　胺的碱性

胺和氨相似，由于氮原子上存在一对未共用电子对，能接受质子，所以胺显碱性，是典型的有机碱。

$$\ddot{N}H_3 + H^+ \rightleftharpoons NH_4^+ \qquad R—\ddot{N}H_2 + H^+ \rightleftharpoons \left[ R—\overset{H}{\underset{H}{N}}—H \right]^+$$

胺的碱性强弱，可以用其解离常数（$K_b$）或解离常数的负对数（p$K_b$）来表示。

$$R—NH_2 + H_2O \rightleftharpoons RNH_3^+ + OH^-$$

$$K_b = \frac{[RNH_3^+][OH^-]}{[RNH_2]}$$

$$pK_b = -\lg K_b$$

胺的 $K_b$ 值越大或 $pK_b$ 值越小，则碱性越强。

在脂肪胺中，由于烷基能产生供电子效应，这种诱导效应的结果使氮原子上的电子云密度增加，从而增加了接受质子的能力。另外，烷基也使生成的铵离子（$RNH_3^+$）中的正电荷得到分散，从而得以稳定。

$$R \rightarrow \overset{..}{N} - H + H^+ \longrightarrow R - \overset{+}{N} - H$$

因此，铵正离子愈稳定，胺的碱性愈强，故脂肪胺的碱性比氨强。而且胺中烷基愈多，碱性愈强。但从脂肪胺的 $pK_b$ 值来看，叔胺的碱性反而要小。例如：

|  | $NH_3$ | $CH_3 \rightarrow NH_2$ | $CH_3 \rightarrow NH$ （$CH_3$） | $CH_3 \rightarrow N \leftarrow CH_3$ （$CH_3$） |
|---|---|---|---|---|
| $pK_b$ | 4.76 | 3.35 | 3.27 | 4.22 |

这是因为脂肪胺在水中的碱性强弱，不但与电子效应有关，而且与溶剂化效应和空间效应有关。从诱导效应来看，胺的氮原子上烷基取代逐渐增多，表明供电子基增多，碱性也就逐渐增强；而从溶剂化效应来看，烷基取代愈多，则胺的氮原子上的氢就愈少，溶剂化程度就愈低，取代铵离子就愈不稳定，碱性就愈弱；从空间效应来看，氮上取代烃基愈多，空间位阻愈大，愈不利于氮原子接受质子，胺的碱性也就愈弱。因此，胺的碱性强弱是由于上面几种效应综合作用的结果。一般情况下，脂肪族的伯、仲、叔胺在气态和非极性溶剂中的碱性强弱顺序是叔胺＞仲胺＞伯胺；而在水溶液中的碱性强弱顺序是仲胺＞伯胺＞叔胺。

芳香胺的碱性比氨弱。这是因为氮原子上的未共用电子对所在轨道与苯环的 π 轨道形成了共轭体系，通过共轭效应使氮原子上的未共用电子对离域到芳环上，使氮原子上的电子云密度降低，从而降低了其与质子结合的能力。从另一方面看，苯基是吸电子基团，不利于分散取代胺离子 $Ar—NH_3^+$ 中的正电荷，使它没有 $NH_4^+$ 稳定，故芳香胺的碱性比氨弱。芳香胺不能使红色石蕊试纸变蓝，而脂肪胺能使红色石蕊试纸变蓝。

$$\text{C}_6\text{H}_5-\overset{\frown}{\ddot{N}}H_2 + H^+ \rightleftharpoons \text{C}_6\text{H}_5-\overset{+}{N}-H$$

对于芳香胺，共轭效应、溶剂化效应与空间效应的影响与脂肪胺是一致的，因而芳香胺的碱性强弱顺序是：伯胺＞仲胺＞叔胺。例如：

$$NH_3 > \text{C}_6\text{H}_5-NH_2 > (\text{C}_6\text{H}_5)_2NH > (\text{C}_6\text{H}_5)_3N$$

| $pK_b$ | 4.76 | 9.28 | 13.2 | 近中性 |
|---|---|---|---|---|

由于胺类物质呈碱性，所以酸的水溶液很容易将胺类变成胺的盐，强碱的水溶液又很容易将胺的盐变成游离胺。

$$\left. \begin{array}{l} RNH_2 \\ R_2NH \\ R_3N \end{array} \right\} \quad \underset{OH^-}{\overset{H^+}{\rightleftharpoons}} \quad \left\{ \begin{array}{l} R\overset{+}{N}H_3（盐） \\ R_2\overset{+}{N}H_2（盐） \\ R_3\overset{+}{N}H（盐） \end{array} \right.$$

胺及其盐在溶解性上的差别既可用于鉴定胺，又可用于把胺与非碱性化合物分开。一个有机化合物不溶于水但溶于冷的稀酸，必定有一定的碱性，可能是胺。不溶于水的胺可形成盐而溶于稀酸中。把非碱性化合物分开后，将溶液碱化，胺就再生出来。

胺与酸所生成的盐有两种写法和名称。以苯胺和盐酸所生成的盐为例，说明如下：

$$\text{C}_6\text{H}_5-\text{NH}_2 + \text{HCl} \longrightarrow [\text{C}_6\text{H}_5-\text{NH}_3]^+ \text{Cl}^-$$

氯化苯胺

$$\text{C}_6\text{H}_5-\text{NH}_2 + \text{HCl} \longrightarrow \text{C}_6\text{H}_5-\text{NH}_2 \cdot \text{HCl}$$

苯胺盐酸盐（或盐酸苯胺）

### 11.2.4.2 烷基化反应

胺与氨一样，都是亲核试剂，能与卤代烷发生亲核取代反应生成铵盐，铵盐进一步与氨或胺作用，可以得到游离胺，从而在胺的氮原子上引入烷基，称为烷基化反应。例如，氨与卤代烷作用，可以生成伯胺、仲胺、叔胺和季铵盐：

$$\text{NH}_3 + \text{R}-\text{Br} \longrightarrow [\text{R}-\text{NH}_3]^+ \text{Br}^- \xrightarrow{\text{NH}_3} \text{RNH}_2 + \text{NH}_4\text{Br}$$

$$\text{RNH}_2 + \text{R}-\text{Br} \longrightarrow [\text{R}_2\text{NH}_2]^+ \text{Br}^- \xrightarrow[\text{(或 NH}_3\text{)}]{\text{R}-\text{NH}_2} \text{R}_2\text{NH} + [\text{RNH}_3]^+ \text{Br}^-$$

$$\text{(或 NH}_4\text{Br)}$$

$$\text{R}_2\text{NH} + \text{R}-\text{Br} \longrightarrow [\text{R}_3\text{NH}]^+ \text{Br}^- \xrightarrow[\text{(或 NH}_3\text{)}]{\text{R}-\text{NH}_2} \text{R}_3\text{N} + [\text{RNH}_3]^+ \text{Br}^-$$

$$\text{(或 NH}_4\text{Br)}$$

$$\text{R}_3\text{N} + \text{R}-\text{Br} \longrightarrow [\text{R}_4\text{N}]^+ \text{Br}^-$$

季铵盐与无机铵盐相似，是离子化合物，能溶于水。季铵盐用 $\text{Ag}_2\text{O}$ 处理后，可生成季铵碱，并产生卤化银沉淀。

$$[\text{R}_4\text{N}]^+ \text{Br}^- \xrightarrow[\text{H}_2\text{O}]{\text{Ag}_2\text{O}} [\text{R}_4\text{N}]^+ \text{OH}^- + \text{AgBr} \downarrow$$

季铵碱也是离子化合物，在水溶液中全部电离，是一种与氢氧化钠碱性相当的强碱。其性质也与无机强碱相似，例如它有吸湿性，能吸收 $\text{CO}_2$；受热时会分解；其溶液能腐蚀玻璃等。

氨和胺的烷基化反应，可用于合成多种有机化合物。例如：

$$\text{CH}_3\text{CH}_2\text{Cl} \xrightarrow{\text{NH}_3} \text{CH}_3\text{CH}_2\text{NH}_2 \xrightarrow{\text{CH}_3\text{Cl}} \text{CH}_3\text{CH}_2-\overset{\text{H}}{\underset{|}{\text{N}}}-\text{CH}_3$$

$$\text{CH}_2=\text{CH}_2 \xrightarrow{\text{Cl}_2} \text{ClCH}_2\text{CH}_2\text{Cl} \xrightarrow{2\text{NH}_3} \text{H}_2\text{NCH}_2\text{CH}_2\text{NH}_2$$

$$\text{C}_6\text{H}_5-\text{NH}_2 \xrightarrow{\text{CH}_3\text{I}} \text{C}_6\text{H}_5-\text{NHCH}_3$$

### 11.2.4.3 酰基化反应

脂肪族或芳香族伯胺和仲胺能与酰卤或酸酐等酰基化试剂反应，生成 $N$-取代或 $N,N$-二取代酰胺。叔胺氮原子上由于没有氢原子，故不发生此酰基化反应。例如：

$$\text{C}_6\text{H}_5-\text{NH}_2 \xrightarrow[\text{或(CH}_3\text{CO)}_2\text{O}]{\text{CH}_3\text{COCl}} \text{C}_6\text{H}_5-\overset{\text{O}}{\overset{\|}{\text{NH}-\text{C}}}-\text{CH}_3$$

乙酰苯胺（$N$-苯基乙酰胺）

$$\text{CH}_3\text{CH}_2-\text{NH}-\text{CH}_3 \xrightarrow[\text{或(CH}_3\text{CO)}_2\text{O}]{\text{CH}_3\text{COCl}} \overset{\text{H}_5\text{C}_2}{\underset{\text{H}_3\text{C}}{>}}\text{N}-\overset{\text{O}}{\overset{\|}{\text{C}}}-\text{CH}_3$$

$N$-甲基-$N$-乙基乙酰胺

由于氨基比较活泼，又容易被氧化，而酰胺比较稳定，所以酰基化反应在有机合成中常用来保护氨基。酰胺在酸、碱性条件下，可以水解得到原来的胺，例如：

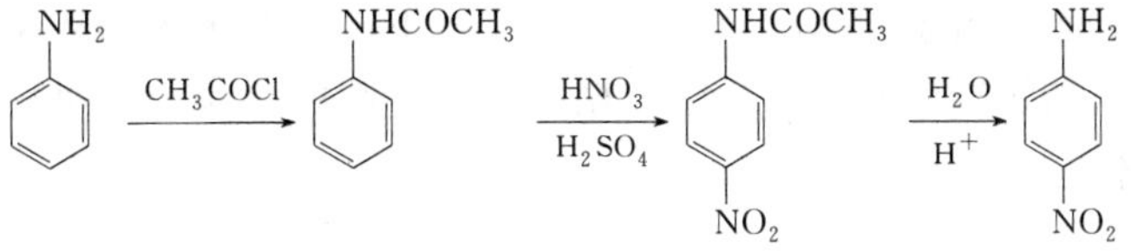

苯胺　　　　　　乙酰苯胺　　　　　对硝基乙酰苯胺　　　对硝基苯胺

脂肪族或芳香族的伯胺和仲胺在强碱性（如 NaOH、KOH）溶液中均能与苯磺酰氯或对甲苯磺酰氯反应，生成相应的磺酰胺。伯胺反应后生成的苯磺酰胺氮原子上还有一个氢，由于受到苯磺酰基影响具有一定的酸性，能与氢氧化钠作用，生成溶于水的钠盐；仲胺生成的苯磺酰胺中氮原子上已经没有氢原子，不能与碱作用成盐，因而不能溶于碱，而呈固体析出；叔胺的氮原子上没有氢原子，因此叔胺不能被磺酰化，通常将残液用简单蒸馏的方法将叔胺分离出来。利用这个性质可以鉴别和分离伯胺、仲胺及叔胺。这个反应称为兴斯堡（Hinsberg）反应。例如：

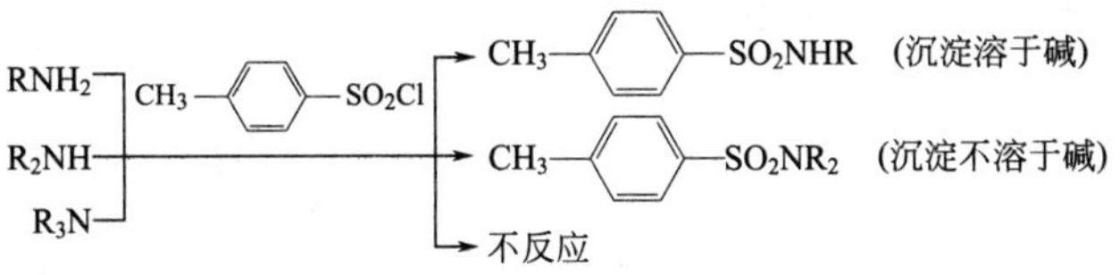

### 11.2.4.4 与亚硝酸的反应

亚硝酸不稳定，一般是在反应过程中由亚硝酸钠和盐酸或硫酸作用产生。不同的胺反应情况不同。

伯胺与亚硝酸作用，定量地放出氮气，从气泡的产生可以区别伯胺，从释出氮气的量可以定量地测定伯胺。

仲胺与亚硝酸作用不放出氮气，而是生成黄色油状物或固体的 $N$-亚硝基胺，此类物质是可以引起癌变的物质。脂肪族 $N$-亚硝基胺与稀酸共热时，又可分解为原来的仲胺。因而可利用此反应来鉴定或分离和提纯仲胺。

脂肪叔胺一般只能与亚硝酸作用形成不稳定的亚硝酸盐而溶于水中。

$$R-NH_2 + HNO_2 \longrightarrow R-OH + N_2 \uparrow + H_2O$$

$$ArNH_2 + HNO_2 \xrightarrow{>5℃} ArOH + N_2 \uparrow + H_2O$$

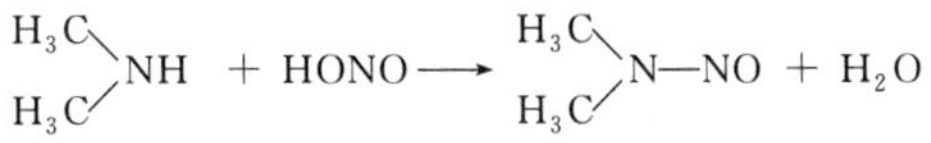

$N$-亚硝基二甲胺（黄色油状）

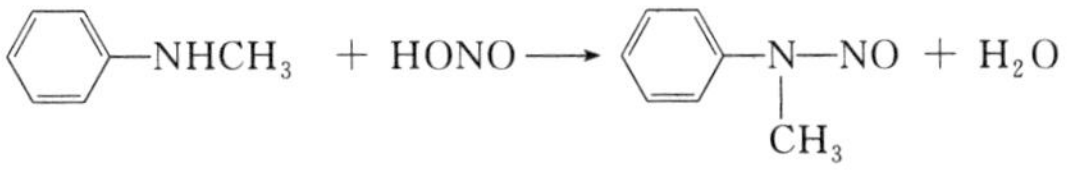

$N$-亚硝基-$N$-甲基苯胺（黄色油状）

$$R_3N + HNO_2 \longrightarrow R_3N \cdot HNO_2$$

芳香叔胺与亚硝酸反应时，则发生环上的亲电取代反应——亚硝化反应。例如：

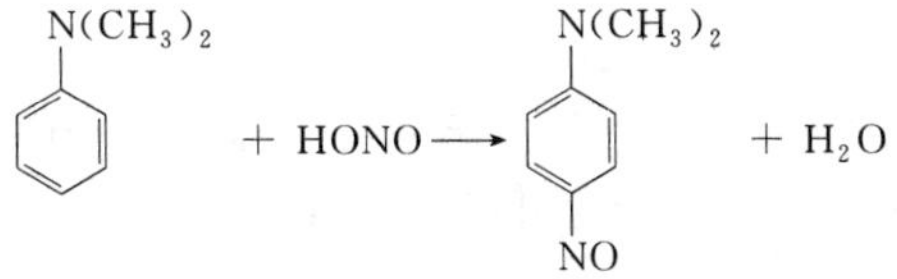

对亚硝基-$N$,$N$-二甲苯胺（绿色）

亚硝基化合物毒性很强，现已完全证实它是一个很强的致癌物质。以前在罐头食品及腌肉时常常加入硝酸盐和亚硝酸盐用作防腐剂并保持肉的鲜红颜色，但亚硝酸盐也是一种能引起癌变的物质，这可能是由于亚硝酸盐在胃酸的作用下产生亚硝酸，从而使体内的氨基发生亚硝化反应而产生亚硝胺所引起的。由于亚硝酸与各类胺的反应现象明显不同，因此也常用此反应来鉴别伯、仲、叔胺。

---

**思考题 11-1**    如何区别苯胺、N-甲基苯胺和N,N-二甲基苯胺？

**思考题 11-2**    如何提纯含有少量乙胺和二乙胺的三乙胺？

---

### 11.2.4.5　芳胺的取代与氧化

（1）卤代反应

氨基是能使苯环活化的邻对位定位基，所以芳胺很容易发生亲电取代反应。例如，在苯胺的水溶液中滴加溴水，立即生成 2,4,6-三溴苯胺白色沉淀，该反应很难停留在一元取代阶段。此反应可用于苯胺的定性和定量分析。

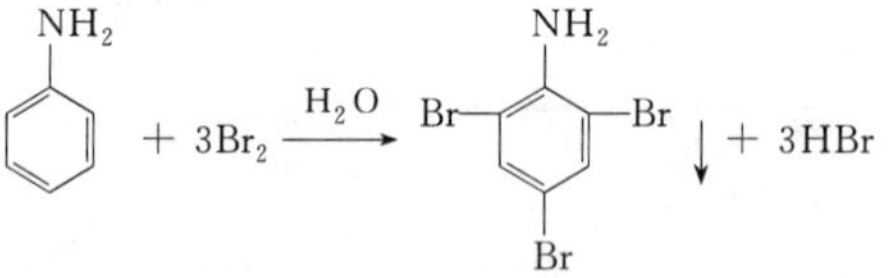

如果要制取一溴苯胺，可采用酰基化反应先将氨基保护起来，以降低氨基的活性。而且酰氨基体积较大（空间效应较大），从而主要得到对位取代产物（一元取代）；当溴化完毕再在碱性或酸性条件下水解将乙酰基除去。例如：

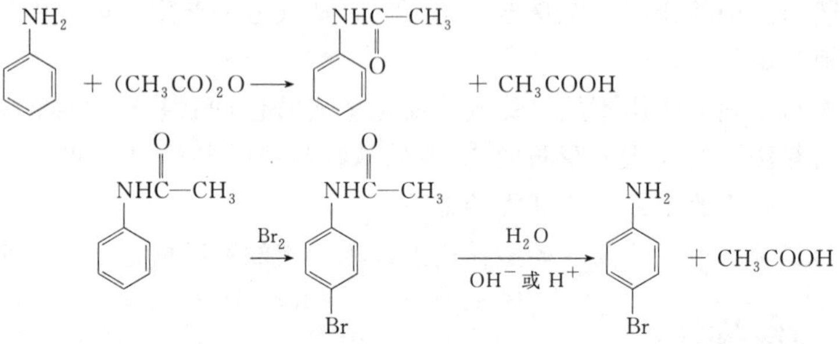

（2）氧化反应

芳胺很容易被氧化，在贮藏中就逐渐被空气中的氧所氧化，致使颜色变深。例如，新的纯苯胺是无色的，但暴露在空气中很快就变成黄色至红棕色。用氧化剂处理时，生成复杂的混合物。例如，用二氧化锰和硫酸（或重铬酸钾和硫酸）氧化苯胺，反应的主要产物是对苯醌：

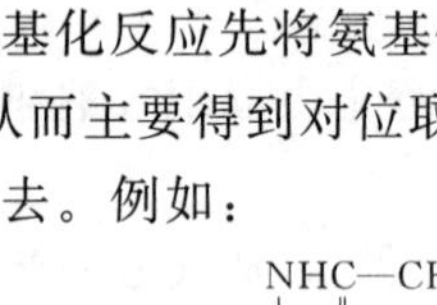

芳胺的盐较难氧化，因此，在实际中常常将芳胺变成盐后（一般为其盐酸盐）贮存。

### 11.2.4.6　重氮盐与偶合反应

芳香族伯胺，在低温（一般为 $0 \sim 5\,℃$）和强酸（通常为盐酸和硫酸）溶液中能与亚硝酸钠作用，生成重氮盐，该反应称为重氮化反应。和铵离子（$NH_4^+$）中的氮原子相似，重氮基（$-\overset{+}{N}\equiv N$）中间的氮原子具有四个价键，带有正电荷。例如：

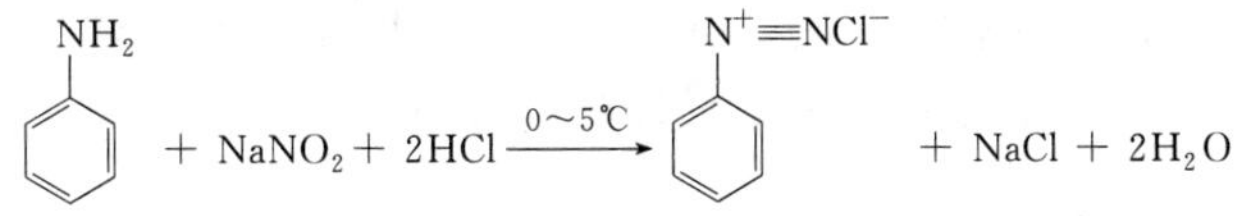

氯化重氮苯

重氮盐极不稳定，在干燥状态时受热或震动易发生爆炸，而在低温的水溶液中则比较稳定。但许多重氮盐即使保持在 0℃ 的水溶液中也会缓慢地分解，温度升高，分解速率加快。因此重氮盐制备后通常保持在低温的水溶液中，而且应尽快使用。

重氮盐的化学性质很活泼，其重氮基易被 —OH、—X、—CN、—H 等取代，生成相应的芳香族化合物。因此通过重氮盐可以制备许多芳香族化合物。例如：

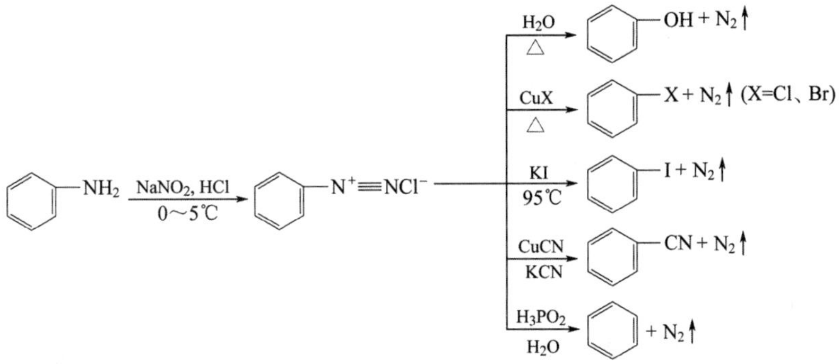

重氮盐在弱酸性、中性或弱碱性溶液中与芳胺或酚类作用，生成含有偶氮基（—N＝N—）的化合物即偶氮化合物，这种反应称为偶联反应或偶合反应。偶联反应是亲电取代反应。由于重氮盐的亲电能力较弱，所以它只能与芳环上电子云密度较大的酚和芳胺进行反应，且反应一般发生在电子云密度较高的对位和邻位上。如果对位上已被其他取代基占据，则发生在其邻位，但绝不发生在间位。例如：

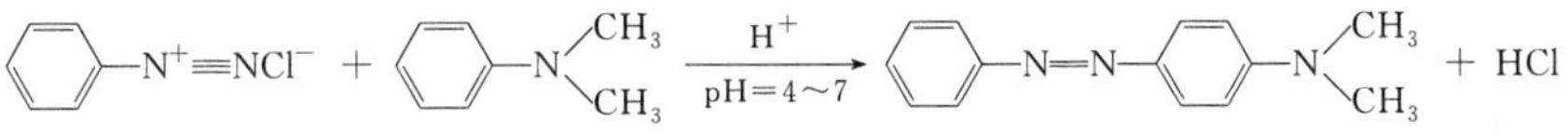

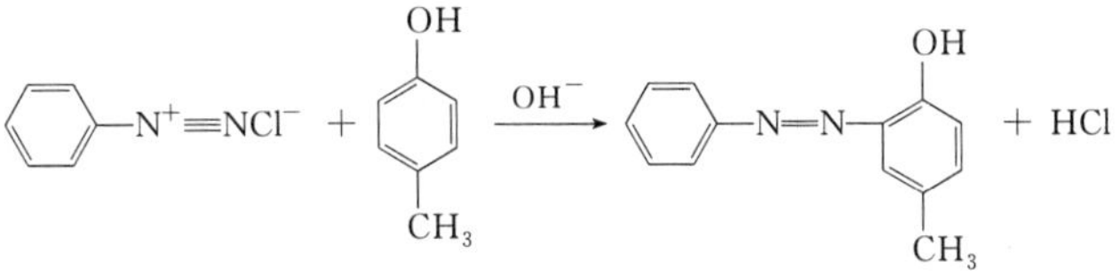

在偶氮化合物中，偶氮基（—N＝N—）分别与烃基相连。偶氮化合物多有鲜艳的颜色，许多偶氮化合物可用作染料，特称偶氮染料。

---

**思考题 11-3** 用反应式表示下列化合物的合成路线。

(1) 由对溴苯胺和乙酰氯合成 4-溴-2-硝基苯甲腈。

(2) 由对甲苯胺和乙酸酐合成对氨基苯甲酸。

---

偶氮染料除用来染色天然纤维、合成纤维纺织品、胶片、食品等外，还有许多其他用途。例如：有的能使细菌着色，可用于染制切片；有的具有杀菌作用，可用于医药；有的在不同的 pH 条件下，由于结构的变化而呈现出不同的颜色，从而用作分析化学中的指示剂。甲基橙的制备是将对氨基苯磺酸的重氮盐与 $N,N$-二甲基苯胺进行偶联反应得到的。反应如下：

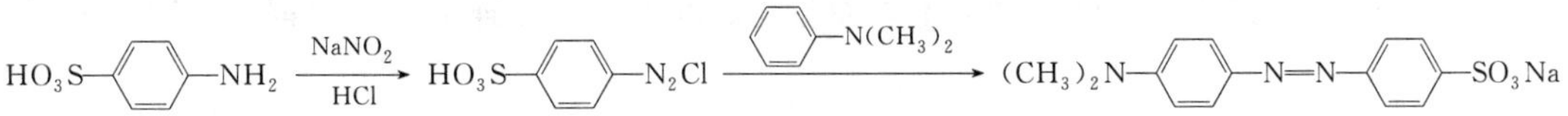

甲基橙

甲基橙在不同 pH 下呈现不同颜色，所以它的主要用途是作酸碱滴定中的指示剂。它在中性或碱性介质中呈黄色，在酸性介质中呈红色，变色范围的 pH 为 3.1～4.4。

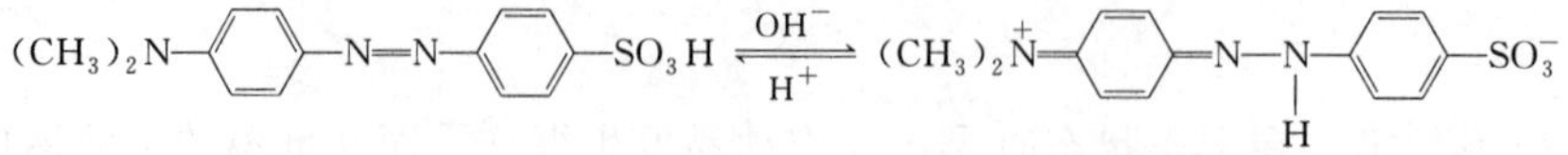

$$(CH_3)_2N\text{—}\underset{}{\bigcirc}\text{—}N\text{=}N\text{—}\underset{}{\bigcirc}\text{—}SO_3H \underset{H^+}{\overset{OH^-}{\rightleftharpoons}} (CH_3)_2\overset{+}{N}\text{=}\underset{}{\bigcirc}\text{=}N\text{—}\underset{\underset{H}{|}}{N}\text{—}\underset{}{\bigcirc}\text{—}SO_3^-$$

（黄色）                          （红色）

在酚酞分子中，三个苯环与一个饱和碳原子（$sp^3$）相连，三个苯环间无共轭关系，因此是无色的。遇碱后，内酯开环成二钠盐，中心饱和碳原子（$sp^3$）转化为 $sp^2$ 杂化状态，与三个苯环形成一个共轭体系，因而呈红色。酚酞是酸碱滴定中常用的指示剂，变色范围的 pH 为 8.2～10.0。

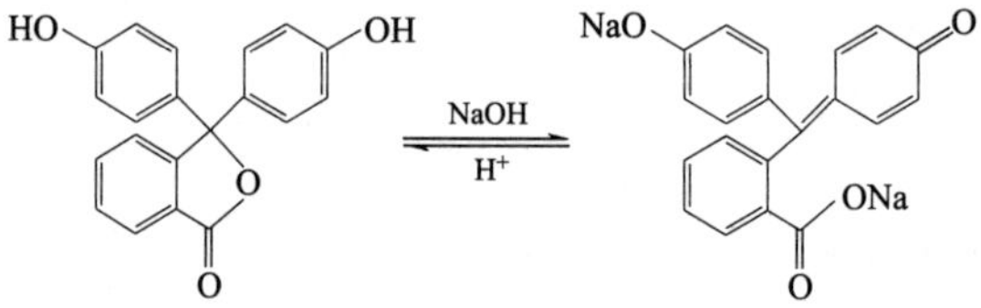

酚酞(无色)                          酚酞(红色)

亚甲基蓝也叫碱性湖蓝 BB，分子中有一个含硫及氮的杂环。亚甲基蓝可用于染色棉、麻、纸张等，也可用于染色生物切片和指示剂；在医药上可用于治疗磺胺类药物产生的紫绀症，并能作为氰化物或硝酸盐中毒的解毒剂。亚甲基蓝结构如下：

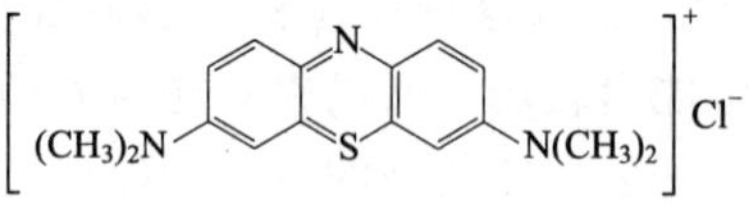

亚甲基蓝

# 11.3 酰胺

酰胺（amide）是一类含有酰氨基的化合物。

## 11.3.1 酰胺的分类

酰胺的分类一般按照酰氨基的氮原子上是否有烃基及烃基的多少，可分为未取代酰胺、一元取代酰胺、二元取代酰胺。

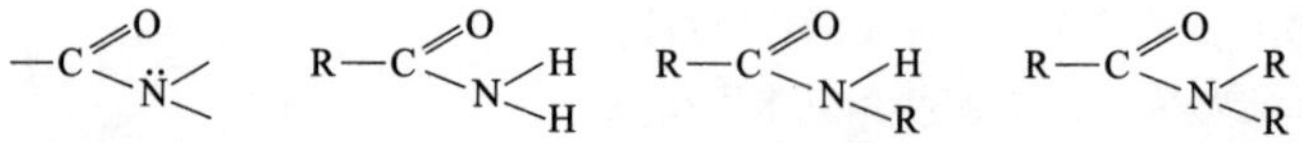

酰氨基            酰胺            N-一元取代酰胺            N,N-二元取代酰胺

## 11.3.2 酰胺的结构

酰氨基中的碳原子和氮原子都是 $sp^2$ 杂化的，羰基的 π 电子与氮原子上的孤电子对占据的 p 轨道形成 p-π 共轭，氮原子上的电子云向羰基偏移，导致单键和双键的键长趋向平均化。不仅是碳、氧和氮处在同一平面上，而且与碳和氮直接相连的原子也都处在同一平面上（见图 11-3）。

酰胺键的这种平面构型，是蛋白质空间构象的基础。

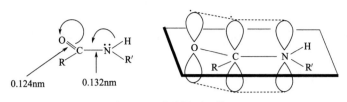

图 11-3 酰胺键平面构型

## 11.3.3 酰胺的物理性质

酰胺分子之间由于较强氢键的高度缔合作用,因此酰胺的沸点和熔点都比较高。

酰氨基中氮原子上的氢原子被烃基取代后,由于缔合程度减小,其沸点、熔点都将降低。除甲酰胺外,绝大多数酰胺都是良好的晶体,容易准确测定其熔点。$N,N$-二元取代酰胺的分子间不能形成氢键,因此,低分子量的 $N,N$-二元取代酰胺通常是液体。

由于酰胺分子中的 N—H 键可与水分子通过氢键缔合,所以低分子量的脂肪族酰胺易溶于水,而芳香族酰胺则仅微溶于或难溶于水。

一些酰胺的物理常数见表 11-3。从表中可见,甲酰胺的沸点比乙醇、甲酸的沸点都要高。

表 11-3 一些酰胺的物理常数

| 名　　称 | 沸点/℃ | 熔点/℃ | 相对密度($d_4^{20}$) |
|---|---|---|---|
| 甲酰胺 | 192 | 2 | 1.139 |
| 乙酰胺 | 222 | 82 | 1.159 |
| 丙酰胺 | 213 | 80 | 1.042 |
| 丁酰胺 | 216 | 116 | 1.032 |
| 苯甲酰胺 | 290 | 130 | 1.341 |
| 乙酰苯胺 | 305 | 114 | 1.210 |

## 11.3.4 酰胺的化学性质

### 11.3.4.1 酰胺的酸碱性

在酰胺分子中,由于羰基中的 π 电子与氮原子上的未共用电子对占据的 p 轨道形成了 p-π 共轭体系,使得氮原子上的电子云密度降低,因而减弱了它接受质子的能力,即氨基的碱性减弱。同时也导致 N—H 键的极性增强,氢原子变得较活泼,而较易质子化,表现出微弱的酸性。因此,酰胺一般是中性或近乎中性的,因此它不能使石蕊变色。

酰胺在一定条件下也显出很弱的碱性或很弱的酸性。例如,将氯化氢气体通入到乙酰胺的乙醚溶液中,则生成不溶于乙醚的盐。

$$CH_3C\overset{O}{\underset{NH_2}{\big\langle}} + HCl \xrightarrow{\text{乙醚}} CH_3C\overset{O}{\underset{NH_2 \cdot HCl}{\big\langle}} \downarrow$$

形成的盐不稳定，遇水即分解为乙酰胺和盐酸，这说明酰胺的碱性非常弱，不能和酸溶液形成稳定的盐。

若将乙酰胺与金属钠在乙醚溶液中作用，生成不稳定的钠盐，它遇水即分解，这说明酰胺具有极弱的酸性。例如：

$$CH_3C\overset{O}{\underset{NH_2}{\big\langle}} + Na \xrightarrow{\text{乙醚}} CH_3C\overset{O}{\underset{NHNa}{\big\langle}} + \frac{1}{2}H_2\uparrow$$

如果氨分子中有两个氢原子被两个酰基取代，则生成亚氨基化合物，亚氨基上的 N—H 键受两个酰基的影响而易于失去质子，因而酰亚胺的酸性较酰胺强，可与强碱作用生成盐，且其盐也较稳定。例如：

邻苯二甲酰亚胺　　　　　　邻苯二甲酰亚胺钠

### 11.3.4.2　水解反应

酰胺不容易水解，一般要与酸或碱一起加热才可发生水解。例如：

$$CH_3CH_2CH_2C\overset{O}{\underset{NH_2}{\big\langle}} \xrightarrow[H_2O]{HCl} CH_3CH_2CH_2C\overset{O}{\underset{OH}{\big\langle}} + NH_4Cl$$

丁酰胺　　　　　　　　　　丁酸

$$CH_3CH_2C\overset{O}{\underset{NHCH_3}{\big\langle}} \xrightarrow[H_2O]{HCl} CH_3CH_2C\overset{O}{\underset{OH}{\big\langle}} + [CH_3NH_3]^+Cl^-$$

N-甲基丙酰胺　　　　　　丙酸

酰胺在碱性条件下水解，生成羧酸盐和氨（或胺）。例如：

$$C_6H_5C\overset{O}{\underset{NH_2}{\big\langle}} \xrightarrow[H_2O]{NaOH} C_6H_5C\overset{O}{\underset{ONa}{\big\langle}} + NH_3$$

苯甲酰胺　　　　　　　　苯甲酸钠

$$CH_3C\overset{O}{\underset{NH(CH_2)_4CH_3}{\big\langle}} \xrightarrow[H_2O]{NaOH} CH_3C\overset{O}{\underset{ONa}{\big\langle}} + CH_3(CH_2)_4NH_2$$

N-正戊基乙酰胺　　　　　乙酸钠

伯酰胺、低级一元与二元取代酰胺的碱性水解能放出氨或胺，能使石蕊试纸变蓝（气室法），故可用于鉴别酰胺。

### 11.3.4.3　与亚硝酸的反应

酰胺中的氨基也能与亚硝酸反应而释放出氮气，例如：

$$R-C\overset{O}{\underset{NH_2}{\big\langle}} + HONO \longrightarrow R-C\overset{O}{\underset{OH}{\big\langle}} + H_2O + N_2\uparrow$$

### 11.3.4.4　霍夫曼降解反应

酰胺与溴或氯的碱溶液作用，脱去羰基生成伯胺，使碳链减少一个碳原子的反应，通常称为霍夫曼（Hoffmann）降解反应。例如：

$$CH_3CH_2C\overset{O}{\underset{NH_2}{\big\langle}} \xrightarrow[Br_2]{NaOH} CH_3CH_2-NH_2$$

丙酰胺　　　　　　　　　乙胺

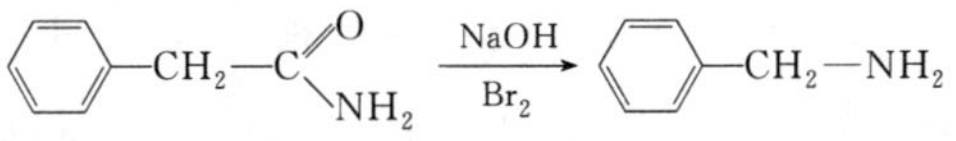

$$\text{苯乙酰胺} \quad \xrightarrow[\text{Br}_2]{\text{NaOH}} \quad \text{苄胺}$$

霍夫曼降解反应不但可用于制取伯胺，也是从碳链上减少一个碳原子的有效方法。

---

**思考题 11-4** 试总结羧酸、酰卤、酸酐、酯、酰胺之间的相互转变关系。

**思考题 11-5** 用反应式表示下列化合物的合成路线。

(1) $RCN \longrightarrow RNH_2$      (2) 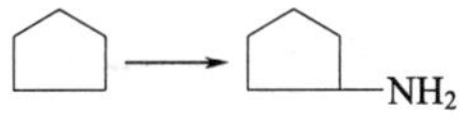 （环戊烷 → 环戊基-NH$_2$）

---

## 11.3.5 典型化合物

### (1) 碳酸的酰胺

碳酸分子有两个羟基，可形成两种酰胺，即氨基甲酸和尿素。其结构分别如下：

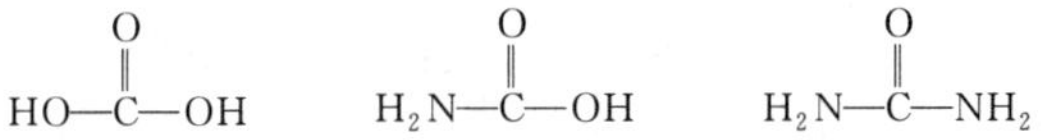

$$\underset{\text{碳酸}}{HO-\overset{O}{\overset{\|}{C}}-OH} \qquad \underset{\text{氨基甲酸}}{H_2N-\overset{O}{\overset{\|}{C}}-OH} \qquad \underset{\text{尿素}}{H_2N-\overset{O}{\overset{\|}{C}}-NH_2}$$

① 氨基甲酸酯　氨基甲酸不稳定，在一般情况下，它立即分解成 $CO_2$ 和 $NH_3$。

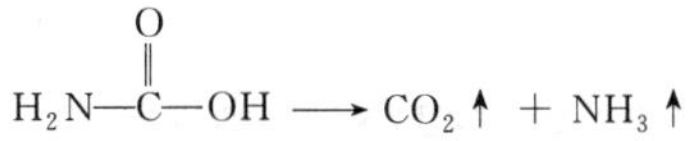

$$H_2N-\overset{O}{\overset{\|}{C}}-OH \longrightarrow CO_2\uparrow + NH_3\uparrow$$

但氨基甲酸酯却比较稳定，在农业和医药上有广泛的用途。例如西维因（sevin），化学名称为 N-甲基氨基甲酸-1-萘酯，为白色晶体，熔点为 142℃，难溶于水及醇等。其结构式如下：

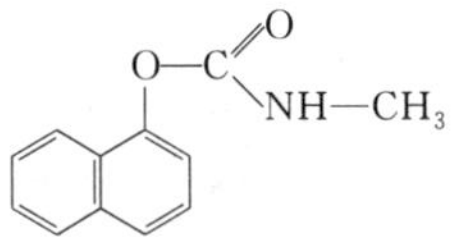

西维因

西维因能杀灭多种农业害虫，而对人畜毒性很低，也不易在体内积累，故比许多有机氯农药和有机磷农药优越。

除西维因外，还有许多氨基甲酸酯类农药，有的是杀虫剂，还有的是杀菌剂和除草剂。例如：

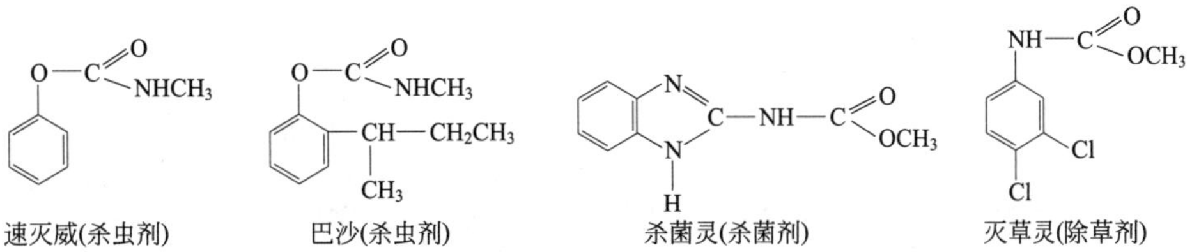

速灭威(杀虫剂)　　巴沙(杀虫剂)　　杀菌灵(杀菌剂)　　灭草灵(除草剂)

② 尿素　尿素（carbamide）亦称脲，它是人类和哺乳动物体内蛋白质代谢的最后产物之一，主要存在于尿中，是重要的高效有机氮肥。工业上由氨和二氧化碳在高温高压下制得。

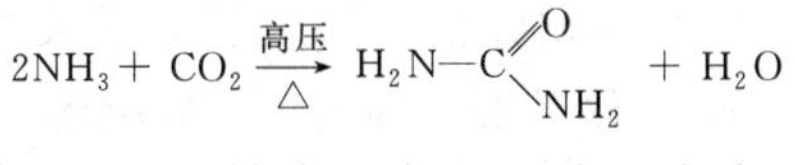

$$2NH_3 + CO_2 \xrightarrow[\triangle]{\text{高压}} H_2N-\overset{O}{\overset{\|}{C}}-NH_2 + H_2O$$

尿素为白色晶体，熔点为 132℃，易溶于水和乙醇，难溶于乙醚等有机溶剂。尿素分子中有两个氨基，它的碱性比一般酰胺强，可以与强酸形成盐。例如，在尿素的浓溶液中加入浓硝酸或草酸，可以得到硝酸脲或草酸脲沉淀，利用此性质，可以从尿中提取尿素。

$$H_2N-\overset{O}{\underset{NH_2}{C}} + HNO_3 \longrightarrow H_2N-\overset{O}{\underset{NH_2 \cdot HNO_3}{C}} \downarrow$$

硝酸脲(白色)

与酰胺一样，尿素与酸、碱溶液加热或在脲酶作用下都可以水解。

$$H_2N-\overset{O}{\underset{NH_2}{C}} + H_2O \longrightarrow \begin{cases} \overset{H^+}{\longrightarrow} NH_4^+ + CO_2 \uparrow \\ \overset{OH^-}{\longrightarrow} NH_3 + CO_3^{2-} \\ \overset{脲酶}{\longrightarrow} NH_3 + CO_2 \uparrow \end{cases}$$

在土壤中的尿素逐渐水解生成铵离子，使尿素被植物根系吸收利用。尿素为优良的氮肥，其含氮量为 46.7%，肥效比其他无机氮肥持久，又比粪便土杂肥等见效快。在工业上，尿素大量地用于合成脲醛树脂，也可用于其他纤维工业。

尿素与亚硝酸作用也放出氮气，并可根据释放出的氮量进行尿素的定量测定。

将尿素晶体缓慢加热，则两分子尿素间脱去一分子氨缩合成缩二脲。

$$H_2N-\overset{O}{\underset{NH_2}{C}} + H + N-\overset{O}{\underset{NH_2}{C}} \overset{\triangle}{\longrightarrow} H_2N-\overset{O}{C}-\overset{H}{N}-\overset{O}{C}-NH_2 + NH_3 \uparrow$$

缩二脲

缩二脲在碱性溶液中能与稀硫酸铜反应，生成紫红色化合物，这个反应称为缩二脲反应。凡分子中有两个以上酰胺链段 $\left(\overset{O\ H}{\underset{-C-N-}{}}\right)$ 的化合物（如多肽、蛋白质等）都有这个反应。

（2）苯磺酰胺

在苯磺酰胺分子中，磺酰基具有强烈的吸电子能力，通过诱导效应使 N—H 键的极性增强，容易电离出 $H^+$，因此苯磺酰胺具有明显的酸性。

$$\underset{O}{\overset{O}{\underset{\|}{\phi-S}}} \overset{\delta^-}{\underset{\delta^+}{\leftarrow}} N-H \rightleftharpoons \phi-SO_2\overline{N}H + H^+$$

对氨基苯磺酰胺是苯磺酰胺的一个重要衍生物。在对氨基苯磺酰胺分子中，既有酸性的磺酰氨基，又有碱性的伯氨基，所以它是一个两性物质，既能与碱作用，亦能与酸作用。例如：

$$H_2N-\bigcirc-SO_2NH_2 + NaOH \longrightarrow H_2N-\bigcirc-SO_2NHNa + H_2O$$

对氨基苯磺酰胺钠

$$H_2N-\bigcirc-SO_2NH_2 + HCl \longrightarrow \overset{+}{H_3N}-\bigcirc-SO_2NH_2$$
$$\underset{Cl^-}{}$$

对氨基苯磺酰胺盐酸盐

对氨基苯磺酰胺简称磺胺，为白色结晶，难溶于冷水。磺胺有较强的杀菌能力，对链球菌和葡萄球菌有明显抑制作用，多用于伤口的消毒，商品名为消炎粉、消发灭定等，简称 SN。现已合成出许多杀菌功能更好的磺胺衍生物，统称磺胺类药物。有些磺胺类药物也在兽药中应用，例如磺胺嘧啶（SD）、磺胺胍（SG）、磺胺噻唑（ST）等，它们常具有如下的通式：

$$H-N \underset{R^2}{\overset{}{\vert}} -\!\!\!\!\!\!\!\!\bigcirc\!\!\!\!\!\!\!\!- \overset{O}{\underset{O}{\overset{\uparrow}{\underset{\downarrow}{S}}}} -NH-R^1$$

其中，$R^1$ 常是杂环基、胍基 $\left(-NH-C\!\!\begin{array}{c}\nwarrow NH_2\\\swarrow NH\end{array}\right)$ 或脒基 $\left(-C\!\!\begin{array}{c}\nwarrow NH\\\swarrow NH_2\end{array}\right)$ 等；$R^2$ 通常是 H，在有些药物中是其他基团（如酰基）。

# 习　题

**11-1** 写出下列化合物的名称。

(1) $\bigcirc\!\!\!-CON(CH_3)_2$    (2) （结构式：甲基、$NH_2$、Br 取代的苯）    (3) $C_2H_5CH(NH_2)CH_3$

**11-2** 按碱性大小顺序排列下列化合物。

$CH_3NH_2$　　　$NH_3$　　　$(CH_3)_2NH$　　　$CH_3CONH_2$

**11-3** 完成下列反应式。

(1) （甲苯）$\overset{(\ \ \ )}{\longrightarrow}$ （对硝基甲苯）$\overset{Fe+HCl}{\longrightarrow}$ (　　) $\overset{(CH_3CO)_2O}{\longrightarrow}$ (　　)

(2) $(C_2H_5)_3N + CH_3\underset{Br}{\overset{}{\underset{\vert}{C}}HCH_3 \longrightarrow}$ (　　)

(3) （苯—$NO_2$）$\overset{(\ \ )}{\longrightarrow}$ （苯—$NH_2$）$\overset{(\ \ )}{\longrightarrow}$ （苯—$\overset{+}{N}\!\!\equiv\!\!N\ Cl^-$）$\overset{（N,N-甲乙苯胺）}{\longrightarrow}$ (　　)

(4) $CH_3CH_2CONH_2 \overset{NaOH}{\underset{Br_2}{\longrightarrow}}$ (　　)

(5) （苯—$NH_2$）$\overset{CH_3COCl}{\longrightarrow}$ (　　) $\overset{HNO_3}{\underset{H_2SO_4}{\longrightarrow}}$ (　　) $\overset{H_2O}{\underset{H^+}{\longrightarrow}}$ (　　)

**11-4** 分离提纯。

(1) 苯胺、甲苯

(2) 正丁胺、二乙胺、二甲乙胺

**11-5** 用化学方法区别下列各组化合物：

(1) 正丁胺、二乙胺、二甲乙胺

(2) 乙醇、乙醛、乙酸、正丙胺

**11-6** 由指定的原料合成目标产物，其他无机试剂任选。

(1) $CH_3CH_2CH_2CH_2Br \longrightarrow CH_3CH_2\underset{NH_2}{\overset{}{\underset{\vert}{C}}HCH_3}$

(2) $\bigcirc \longrightarrow$ （苯—$C\overset{O}{\underset{}{\diagdown}}NH_2$）

(3) $\bigcirc\!\!\!-CH_3 \longrightarrow$ （Br、CN、$CH_3$ 取代的苯）

**11-7** 某化合物 A 的分子式为 $C_7H_{17}N$，与亚硝酸反应放出氮气并生成 B；B 不与重铬酸钾的酸性溶液反应，B 与浓硫酸反应生成 C；C 与高锰酸钾的酸性溶液反应后生成乙酸和 3-戊酮。写出 A、B、C 的结构式和名称，并写出相关反应式。

11-8　分子式为 $C_6H_{15}N$ 的化合物 A，能溶于稀盐酸，与亚硝酸反应放出氮气并生成 B；B 能发生碘仿反应，且能与浓硫酸加热得到 C；C 与酸性高锰酸钾溶液反应后生成乙酸和二甲基丙酸。试推断 A、B、C 的结构式和名称，并写出相关反应式。

11-9　化合物 A 的分子式为 $C_4H_{10}N_2O$，具有旋光性，与亚硝酸反应放出氮气并生成 B（分子式为 $C_4H_8O_3$）；B 仍有旋光性，受热后生成 C（分子式为 $C_4H_6O_2$）；C 与酸性高锰酸钾溶液反应后可生成乙酸、二氧化碳和水。试推断 A、B、C 的结构式，并写出相关反应式。

# 12  含硫、含磷有机化合物

## 学习指导

　　掌握含硫和含磷有机化合物的类型，硫醇、硫酚、硫醚在性质上的主要特点；了解有机磷农药的结构、分类和命名。

　　含硫、含磷的有机化合物在自然界中广泛存在。其中有些化合物是蛋白质、核酸或磷脂等的重要组成成分，它们在生理上起着极为重要的作用。另外，这些化合物在农药和医药的研究与应用等方面也具有重要意义。

　　在元素周期表中，氧与硫、氮与磷分别为不同周期的同一主族元素，它们的价电子层结构类似。因此，它们不仅能形成相似的无机化合物（如 $H_2O$ 与 $H_2S$、$NH_3$ 与 $PH_3$ 等），还能形成一系列结构相似的有机化合物（如 R—OH 与 R—SH、$C_6H_5OH$ 与 $C_6H_5SH$、R—O—R 与 R—S—R、R—$NH_2$ 与 R—$PH_2$ 等）。然而，因为它们所处的周期不同，相应化合物的结构和性质又存在着明显的差异。

## 12.1  含硫有机化合物

### 12.1.1  含硫有机化合物的分类

　　氧与硫是同族元素，其最外层价电子构型相同，均为 $ns^2np^4$。它们的原子核外电子排布式分别为：

$$O \ 1s^2 2s^2 2p^4 \qquad\qquad S \ 1s^2 2s^2 2p^6 3s^2 3p^4 3d^0$$

　　由于硫还有 3d 空轨道，其中 3s、3p、3d 轨道的能量差较小，故 3s 或 3p 轨道的电子激发后还可以进入 3d 轨道，因而硫除能形成两价的化合物外，还可以形成四价或六价的高价化合物。有机硫化物（sulfurated organic compound）一般按有无对应氧化物进行分类，可分为以下两大类。

　　（1）有对应氧化物的硫化物

　　这类硫化物中的硫与氧一样，化合价均为二价。它们的命名只需在相应的含氧有机化合物的名称前加"硫"字。例如：

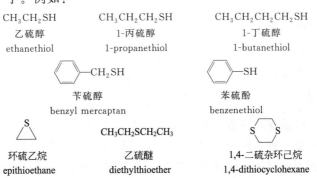

在复杂的硫化物中，—SH(巯基)、—SR(烃硫基) 可作为取代基。例如：

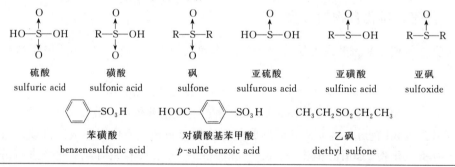

| 2-巯基苯甲酸 | 2,3-二巯基丁二酸 | 1,2-二甲硫基乙烷 |
| 2-mercaptobenzoic acid | 2,3-dimercaptosuccinic acid | 1,2-bismethylthioethane |

表 12-1 列有某些含氧有机物与其相应的含硫有机物。

**表 12-1　某些含氧有机物与其相应的含硫有机物**

| 含 氧 有 机 化 合 物 | | 含 硫 有 机 化 合 物 | |
|---|---|---|---|
| 醇 | R—OH | 硫醇 | R—SH |
| 酚 | Ar—OH | 硫酚 | Ar—SH |
| 醚 | R—O—R | 硫醚 | R—S—R |
| 醛、酮 | $\overset{R}{\underset{(H)R'}{}}C=O$ | (硫)醛、酮 | $\overset{R}{\underset{(H)R'}{}}C=S$ |
| 羧酸 | $\overset{O}{R-C-OH}$ | 硫代羧酸 | $\overset{S}{R-C-OH} \rightleftharpoons \overset{O}{R-C-SH}$ |
| | | 硫代二羧酸 | $\overset{S}{R-C-SH}$ |

从表 12-1 可见，几乎所有含氧有机物中的氧都可以被硫取代，形成相应的含硫有机物。

**（2）无对应氧化物的硫化物**

这类硫化物中的硫化合价为六价、四价，可以看作是硫酸或亚硫酸的衍生物。它们一般用磺酸、砜、亚磺酸、亚砜等来命名。例如：

| $\overset{O}{\underset{O}{HO-S-OH}}$ | $\overset{O}{\underset{O}{R-S-OH}}$ | $\overset{O}{\underset{O}{R-S-R}}$ | $\overset{O}{HO-S-OH}$ | $\overset{O}{R-S-OH}$ | $\overset{O}{R-S-R}$ |
|---|---|---|---|---|---|
| 硫酸 | 磺酸 | 砜 | 亚硫酸 | 亚磺酸 | 亚砜 |
| sulfuric acid | sulfonic acid | sulfone | sulfurous acid | sulfinic acid | sulfoxide |

| ⌬—SO₃H | HOOC—⌬—SO₃H | CH₃CH₂SO₂CH₂CH₃ |
|---|---|---|
| 苯磺酸 | 对磺酸基苯甲酸 | 乙砜 |
| benzenesulfonic acid | p-sulfobenzoic acid | diethyl sulfone |

| $\langle$ SO₃H 苯磺酸 |
|---|

---

**思考题 12-1**　写出分子式为 $C_4H_{10}S$ 的可能结构式，并加以命名。

**思考题 12-2**　写出下列化合物的类别和名称。

(1) ⬡—SH　　(2) ⬡—SH　　(3) ⬡—SCH₃　　(4) ⬡—SO₂C₆H₅

---

## 12.1.2　硫醇和硫酚

硫醇（thiol）和硫酚（thiophenol）的官能团是巯基（—SH）。它们在结构上分别与醇和酚相似，在性质上有相似之处，但也存在着显著的区别。

### 12.1.2.1　物理性质

多数硫醇为挥发性液体，有毒，有恶臭味，空气中有 $10^{-11}\,\text{g}\cdot\text{L}^{-1}$ 的乙硫醇时即能为人所感觉，因此硫醇是一种臭味剂，将它加入煤气中可以检查管道是否漏气。硫醇的臭味随着其分子量的增加而逐渐减弱。硫酚与硫醇近似，气味也很难闻。

硫醇和硫酚的分子量比含碳数相同的醇或酚高，但沸点却比相应的醇或酚低。例如，乙硫醇的沸点为 37℃，乙醇的沸点则是 78℃；苯硫酚的沸点为 168℃，苯酚的沸点则是181℃。这是因为硫的电负性比氧小，原子半径比氧大，所以硫醇和硫酚的巯基之间相互作用弱，难形成氢键。同时，巯基也难与水分子形成氢键，在水中的溶解度较低。例如，乙醇能与水以任何比例混溶，而乙硫醇在水中溶解度仅为 1.5g。

### 12.1.2.2 化学性质

（1）酸性

因为硫原子的半径比氧大，较易极化，所以巯基上的氢原子容易解离而显酸性，且酸性比相应的醇、酚强很多。例如，乙醇的 $pK_a$ 为 17，乙硫醇的 $pK_a$ 为 9.5；苯酚的 $pK_a$ 为10，苯硫酚的 $pK_a$ 为 7.8。它们都能与碱作用生成相应的盐。

$$RSH + NaOH \longrightarrow RSNa + H_2O$$

$$ArSH + NaHCO_3 \longrightarrow ArSNa + H_2O + CO_2 \uparrow$$

硫醇钠比醇钠在水中稳定，石油工业上就利用此性质，用碱水来洗去石油中的硫醇，以达到除硫的目的。

巯基化合物能与重金属离子生成沉淀：

$$2RSH + HgO \longrightarrow (RS)_2Hg + H_2O$$

$$2CH_3CH_2SH + (CH_3COO)_2Pb \longrightarrow Pb(SCH_2CH_3)_2\downarrow + 2CH_3COOH$$

所谓重金属中毒，即是体内酶上的巯基与铅或汞等重金属离子发生了上述反应，导致酶失去活性而显示中毒症状。临床上常用的汞、铅中毒解毒剂，如二巯基丙醇（俗称 BAL）就为含巯基的化合物，它与汞离子发生下述反应：

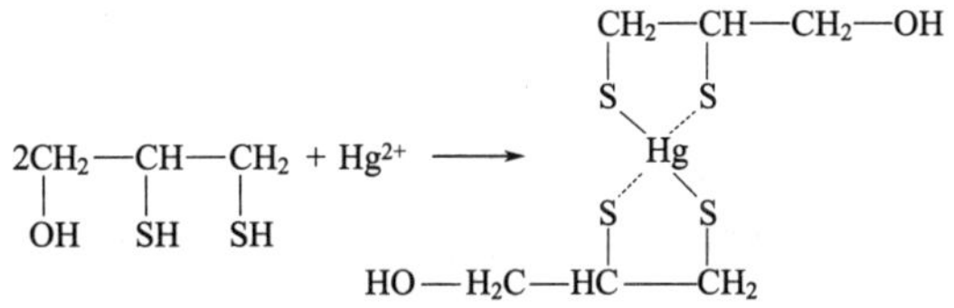

汞离子因被螯合由尿中排出体外，故能解毒。

（2）氧化反应

硫氢键易断裂，因此硫醇比醇易被氧化。在低温下，空气即可将其氧化成二硫化合物［含二硫键（—S—S—）］。例如：

$$2RSH + \frac{1}{2}O_2 \longrightarrow RSSR + H_2O$$

实验室中常用碘作氧化剂，将硫醇氧化成二硫化合物。

$$2RSH + I_2 \xrightarrow[25℃]{C_2H_5OH/H_2O} RSSR + 2HI$$

这种在温和条件下把硫醇氧化成二硫化合物的反应在蛋白质化学中很重要。一些多肽本身含有巯基，它可以在体内通过氧化形成含二硫键的蛋白质。

硫醇和硫酚与硝酸、高锰酸钾等强氧化剂作用时，则氧化成磺酸。

$$RSH \xrightarrow{\text{浓 } HNO_3} RSO_3H$$

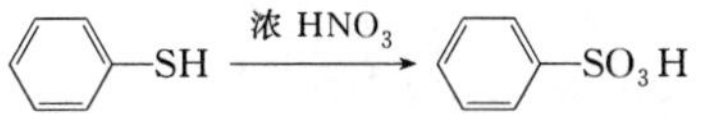

磺酸为强酸性固体，吸湿性很强，易溶于水，难溶于有机溶剂。烷基化的苯磺酸钠是常用合成洗涤剂的主要成分，如十二烷基苯磺酸钠。各种磺胺类药物也是磺酸的衍生物，例如

磺胺嘧啶是治疗脑膜炎的有效药物。又如，糖精是磺酰亚胺类化合物，其化学名称为邻磺酰苯甲酰亚胺，它比蔗糖要甜 500 倍，难溶于水，商品糖精为其钠盐。

磺胺嘧啶和糖精的结构式如下：

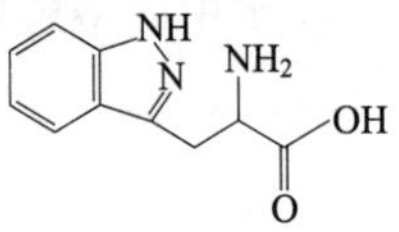

磺胺嘧啶 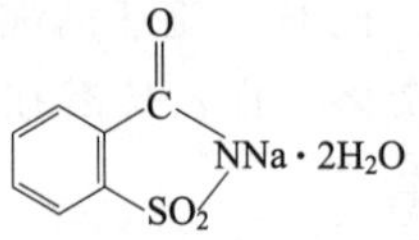　　　　　　　　　　　糖精(邻磺酰苯甲酰亚胺)

> **思考题 12-3** 试比较丙醇和丙硫醇的如下性质。
> (1) 缔合能力　　　(2) 水溶性　　　(3) 酸性　　　(4) 与氧化剂的反应

## 12. 1. 3　硫醚

通常状态下，硫醚（thioether）为溶于水且具有不愉快臭味的液体，其沸点比相应的醚高，如甲硫醚的沸点为 37.6℃，而甲醚的沸点为 −23.6℃，可溶于醇和醚。

硫醚具有如下不同于醚的化学性质。

（1）亲核反应

由于硫的原子半径比氧原子的大，价电子层离原子核较远，受核的束缚力小，容易极化。因此硫醚中硫原子给电子的能力比醚中的氧原子强，也就是说，硫醚有较强的亲核性。例如，硫醚可与卤代烷形成相当稳定的锍盐，而醚的𨦪盐则不够稳定。

$$RSR + RX \longrightarrow \left[ R\overset{\overset{\displaystyle R}{|}}{-}S-R \right]^{+} X^{-}$$

（2）氧化反应

由于硫原子具有空 d 轨道，能接受外界电子，因此，硫醚能被氧化剂氧化，生成亚砜或砜。例如，在室温下，硫醚可以被硝酸、三氧化铬或过氧化氢等氧化剂氧化成亚砜。

$$RSR \xrightarrow{[O]} R\overset{\overset{\displaystyle O}{\uparrow}}{-}S-R$$
亚砜

如果在高温下用发烟硝酸或高锰酸钾等强氧化剂，则硫醚被氧化成砜。

$$RSR \xrightarrow{[O]} R\overset{\overset{\displaystyle O}{\uparrow}}{\underset{\underset{\displaystyle O}{\downarrow}}{-}}S-R$$
砜

亚砜与砜多为无色固体，本身都较稳定。然而二甲亚砜（dimethyl sulfoxide，简称 DMSO）是一种无色的液体，它既能溶解有机物，又能溶解无机物，而且还有较强的穿透能力，当药物溶于 DMSO 中，可促进药物渗入皮肤，因此它是在透皮吸收药物中常用的促渗剂，也是一种极有用的有机溶剂。

## 12. 1. 4　有机硫杀菌剂

常见的有机硫杀菌剂（organosulfur fungicide）有以下几类。

（1）大蒜素

大蒜素（garlicin）是一种无色的油状液体，又名蒜素，存在于大蒜、韭菜、葱等植物中。它具有大蒜的异臭；微溶于水，溶于乙醇等有机溶剂；对热和碱不稳定，对酸稳定；对皮肤有刺激性；对许多革兰阳性和阴性细菌以及某些真菌具有很强的抑制作用，在医药、农业上可用作杀虫剂、杀菌剂。大蒜素的结构为：

$$H_2C=CH-CH_2-S-S-CH_2-CH=CH_2$$
$$\qquad\qquad\qquad\ \ \underset{O}{\parallel}$$

近年来已用人工合成方法制备得到大蒜素的类似物，例如乙蒜素。它是一种广谱性杀菌剂，主要用于种子处理，可有效地防治棉花苗期病害、甘薯黑斑病、水稻烂秧和大麦条纹病等。乙蒜素学名为 $S$-乙基-硫代磺酸乙酯，为无色或微黄色油状体，也具有大蒜臭味，其工业品为微黄色油状液体。其结构为：

$$C_2H_5-\underset{\underset{O}{\parallel}}{\overset{\overset{O}{\uparrow}}{S}}-S-C_2H_5$$

（2）代森类杀菌剂

代森（dithane）类（1,2-亚乙基双二硫代氨基甲酸盐类）杀菌剂是应用较多的广谱性杀菌剂，常用的有代森铵、代森锌等。代森铵为无色结晶，熔点为 72.5～72.8 ℃，易溶于水，化学性质较稳定，是一种具有保护和治疗作用的杀菌剂。代森锌为白色粉末，难溶于水，能溶于吡啶，遇热、碱性物质易分解。它们能用于防治蔬菜和果树的多种病害。它们的结构如下：

$$\begin{array}{ll} CH_2-NH-\overset{\overset{S}{\parallel}}{C}-SNH_4 \\ | \\ CH_2-NH-\underset{\underset{S}{\parallel}}{C}-SNH_4 \end{array} \qquad \begin{array}{l} CH_2-NH-\overset{\overset{S}{\parallel}}{C}-S \\ | \qquad\qquad\qquad\quad Zn \\ CH_2-NH-\underset{\underset{S}{\parallel}}{C}-S \end{array}$$

代森铵　　　　　　　　　代森锌

（3）福美双类杀菌剂

福美双（thiram）类杀菌剂属于二硫代氨基甲酸类杀菌剂，为白色无味结晶（工业品有鱼腥味），熔点为 155～156℃，微溶于水，溶于氯仿、丙酮、乙醇等有机溶剂，遇酸易分解。它是一种有保护作用的广谱性杀菌剂，在农业上用于处理种子和土壤，防治禾谷类黑穗病及一些作物的立枯病，也可用于防治果树和蔬菜的一些病害。

# 12.2　含磷有机化合物

## 12.2.1　含磷有机化合物的分类和命名

磷和氮的关系如同硫和氧一样，它们也可以形成结构相似的化合物。表 12-2 列出了一些氨、膦衍生物及它们的中英文名称。

**表 12-2　氨、膦衍生物**

| N 或 P 的价态 | 含氮有机化合物 | | 含磷有机化合物 | | |
| --- | --- | --- | --- | --- | --- |
| | 构造式 | 中文名称 | 构造式 | 中文名称 | 英文名称 |
| 三价 | $NH_3$ | 氨 | $PH_3$ | 膦（磷化氢） | phosphine |
| | $CH_3NH_2$ | 甲胺 | $CH_3PH_2$ | 甲膦 | methyl phosphine |
| | $(CH_3)_2NH$ | 二甲胺 | $(CH_3)_2PH$ | 二甲膦 | dimethyl phosphine |
| | $(CH_3)_3N$ | 三甲胺 | $(CH_3)_3P$ | 三甲膦 | trimethyl phosphine |
| 五价 | $(C_2H_5)_4N^+Cl^-$ | 氯化四乙基铵 | $(C_2H_5)_4P^+Cl^-$ | 氯化四乙基甲膦 | tetraethyl phosphinium chloride |

由于磷位于第三周期，最外电子层具有 3d 空轨道，能形成五价磷的化合物。例如：

$$
\begin{array}{ccc}
\underset{\substack{\text{磷酸}\\ \text{phosphoric acid}}}{\overset{\text{HO}}{\underset{\text{HO}}{\text{HO}}}\!-\!P\!=\!O} &
\underset{\substack{\text{膦酸}\\ \text{phosphonic acid}}}{\overset{\text{R}}{\underset{\text{HO}}{\text{HO}}}\!-\!P\!=\!O} &
\underset{\substack{\text{次膦酸}\\ \text{phosphinic acid}}}{\overset{\text{R}}{\underset{\text{HO}}{\text{R}}}\!-\!P\!=\!O}
\end{array}
$$

$$
\begin{array}{ccc}
\underset{\substack{\text{磷酸一烃基酯}\\ \text{R-phosphate}}}{\overset{\text{RO}}{\underset{\text{HO}}{\text{HO}}}\!-\!P\!=\!O} &
\underset{\substack{\text{磷酸二烃基酯}\\ \text{R}_2\text{-phosphate}}}{\overset{\text{RO}}{\underset{\text{HO}}{\text{RO}}}\!-\!P\!=\!O} &
\underset{\substack{\text{磷酸三烃基酯}\\ \text{R}_3\text{-phosphate}}}{\overset{\text{RO}}{\underset{\text{RO}}{\text{RO}}}\!-\!P\!=\!O}
\end{array}
$$

膦酸和次膦酸可看作是磷酸分子的羟基被烃基取代后的产物。

下面介绍含磷有机化合物（phosphorated organic compound）的命名。

① 膦和膦酸类的命名在相应的名称前加上烃基的名称。例如：

$$
\underset{\substack{\text{甲膦}\\ \text{methyl phosphine}}}{CH_3PH_2} \qquad
\underset{\substack{\text{三苯基膦}\\ \text{triphenyl phosphine}}}{(C_6H_5)_3P} \qquad
\underset{\substack{\text{苯基膦酸}\\ \text{phenyl phosphonic acid}}}{C_6H_5\overset{\overset{\text{O}}{\|}}{P}(OH)_2}
$$

② 磷酸酯或膦酸酯（phosphonate）类凡含氧酯基都用前缀"$O$-烃基"表示。例如：

$$
\underset{\substack{O,O\text{-二乙基磷酸酯}\\ O,O\text{-diethyl phosphate}}}{\overset{C_2H_5O}{\underset{C_2H_5O}{}}\!\!\overset{\overset{\text{O}}{\|}}{P}\!\!-\!OH} \qquad\qquad
\underset{\substack{O,O\text{-二乙基苯基膦酸酯}\\ O,O\text{-diethyl phenyl phosphonate}}}{\overset{C_2H_5O}{\underset{C_2H_5O}{}}\!\!\overset{\overset{\text{O}}{\|}}{P}\!\!-\!C_6H_5}
$$

在农业上，含磷有机化合物应用广泛，常用作杀虫剂、杀菌剂和植物生长调节剂等，它们是一类极为重要的农药。

## 12.2.2　膦酸和膦酸酯类化合物

（1）乙烯利

乙烯利（ethephon）的化学名称为 2-氯乙基膦酸，其纯品为白色针状结晶，熔点为 74～75℃，易溶于水和乙醇。配成溶液后，在 pH＞4 时，可缓慢分解放出乙烯。

$$
\underset{\substack{|\\ \text{Cl}}}{CH_2}\!-\!CH_2\!-\!\overset{\overset{\text{O}}{\|}}{\underset{\underset{\text{OH}}{|}}{P}}\!-\!OH + H_2O \xrightarrow{pH>4} H_2C\!=\!CH_2\uparrow + H_3PO_4 + HCl
$$

乙烯利为低毒、优质、高效的植物生长调节剂。乙烯利进入植物体内，即释放出乙烯。乙烯能促进植物叶片和果实的脱落，还能促进雌花生长和果实成熟。在香蕉等水果催熟上普遍使用乙烯利。

（2）敌百虫

敌百虫（dipterex）的化学名称为 1-羟基-2,2,2-三氯乙基膦酸二甲酯，或称 $O,O$-二甲基-(1-羟基-2,2,2-三氯乙基)膦酸酯。其结构如下：

$$
\underset{}{\overset{CH_3O}{\underset{CH_3O}{}}\!\!\overset{\overset{\text{O}}{\|}}{P}\!\!-\!\underset{\underset{\text{OH}}{|}}{CH}\!-\!CCl_3}
$$

敌百虫为白色结晶粉末，熔点为 $83\sim84℃$，可溶于水和多种有机溶剂，在中性和酸性溶液中较稳定，在碱性溶液中水解失效。敌百虫是一种低毒广谱性有机磷杀虫剂，在农业上也有着广泛应用，可用来防治多种害虫，也可用来杀灭蚊蝇。

### 12.2.3　磷酸酯和硫代磷酸酯

磷酸酯（phosphate）和硫代磷酸酯（thiophosphate）也是一类有机磷杀虫剂，其主要类型有：

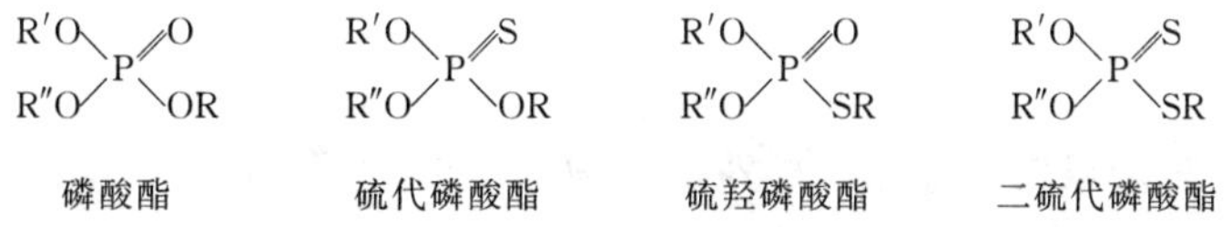

|磷酸酯|硫代磷酸酯|硫羟磷酸酯|二硫代磷酸酯|

由于它们都是酯类，因此都可以水解，在碱性条件下反应会更易进行。

（1）久效磷

久效磷（monocrotophos）的化学名称为 $O,O$-二甲基-$O$-[1-甲基-2-（甲氨基甲酰）]乙烯基磷酸酯。其结构如下：

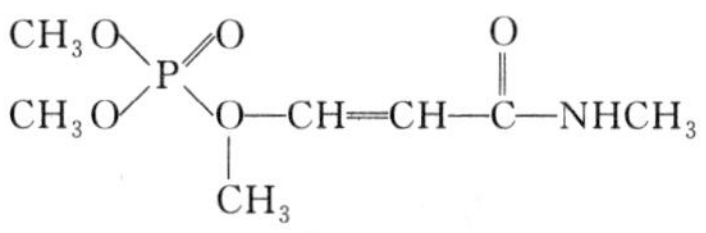

久效磷为无色结晶，熔点为 $54\sim55℃$。工业品为红棕色黏稠液体，易溶于水，是一种高效、广谱的内吸收性有机磷杀虫剂，速效性好，但残效期长，它能有效地防治棉花、水稻、大豆等农作物的多种害虫。

（2）甲胺磷

甲胺磷（methamidophos）的化学名称为 $O,S$-二甲基-氨基硫代磷酸酯。其结构如下：

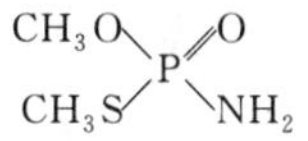

（3）乐果

乐果（dimethoate）的化学名称为 $O,O$-二甲基-$S$-（$N$-甲基氨基甲酰甲基）二硫代磷酸酯。其结构如下：

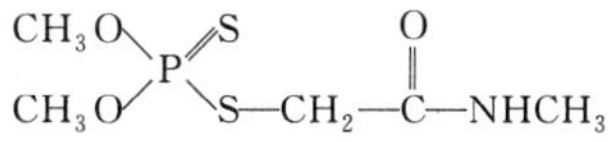

乐果是一种很好的内吸收性有机磷杀虫剂，它在植物体内能被氧化成毒性更强烈的氧化乐果，而在人体或牛胃内则变成毒性较小的去甲基乐果或乐果酸，故它属于高效低毒的杀虫剂。

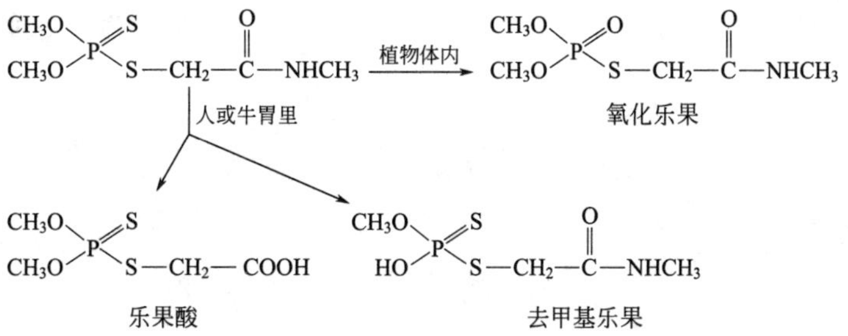

乐果在碱性介质中会迅速水解而失效。

$$CH_3O \diagdown \overset{S}{\underset{P}{\parallel}} — S — CH_2 — \overset{O}{\underset{\parallel}{C}} — NHCH_3 \xrightarrow[OH^-]{H_2O}$$

$$CH_3O \diagdown \overset{S}{\underset{P}{\parallel}} — OH \quad + \quad H_2 \overset{O}{\underset{SH}{\underset{C}{\overset{\parallel}{—}}}} C — OH + CH_3NH_2$$

$$OH^- \Big\downarrow H_2O$$

$$H_2S + H_3PO_4 \xleftarrow{H_2O} \quad HO \diagdown \overset{S}{\underset{P}{\parallel}} \diagup OH \quad + CH_3OH$$

乐果主要用于防治果树、蔬菜、棉花等作物的害虫。乐果在作物上的药效仅能维持一周左右。

其他有机磷农药，例如对硫磷、马拉硫磷、敌敌畏、二嗪磷、辛硫磷、喹硫磷等也是很好的杀虫剂，在工农业生产等过程中广泛使用。但是有机磷农药都对人畜有毒，中毒症状险恶，发病迅速，常可致人畜于死命。因此在生产和使用这类农药时，千万要小心，切不可麻痹大意。

## 磺胺类药物

在青霉素问世之前，磺胺类药物（sulfa drugs）是最广泛使用的抗菌药。磺胺药都具有对氨基苯磺酰胺的基本骨架，它们的抗菌作用是由于对氨基苯磺酰胺干扰了细菌生长所必需的叶酸（folic acid）的合成所致。细菌合成叶酸时需要吸收对氨基苯甲酸，而对氨基苯磺酰胺在分子的大小、形状及某些性质上与对氨基苯甲酸十分相似，导致细菌误食。但氨基苯磺酰胺不是叶酸中的组成部分，所以叶酸的合成受阻，从而使细菌因缺乏叶酸而停止生长。

$$H_2N—\!\!\!\!\bigcirc\!\!\!\!—\overset{O}{\underset{\parallel}{C}}—OH \qquad\qquad H_2N—\!\!\!\!\bigcirc\!\!\!\!—\overset{O}{\underset{O}{\overset{\parallel}{\underset{\parallel}{S}}}}—NH_2$$

　　　　对氨基苯甲酸　　　　　　　　　对氨基苯磺酰胺

对氨基苯甲酸
对氨基苯磺酰胺

叶酸

叶酸对于人也是一种必需的维生素，但它不是在体内合成的，而是从食物中摄取的，所以服用磺胺药物对人不会造成叶酸缺乏症。

## 习　　题

12-1　命名下列化合物。

(1) ⬡—SH　　　　　　　　　(2) $CH_3—S—S—CH_3$

(3) $H_3C-\!\!\!\!\bigcirc\!\!\!\!-SH$ 　　(4) $CH_3CH_2-S-\underset{\underset{CH_3}{|}}{CH}CH_3$

(5) $HOCH_2CH_2CH_2SH$ 　　(6) $CH_3CH_2SO_2OH$

(7) $\underset{CH_3O}{\overset{CH_3O}{>}}P\overset{O}{\underset{OCH_3}{<}}$ 　　(8) $\underset{CH_3O}{\overset{CH_3O}{>}}P\overset{S}{\underset{OCH_3}{<}}$

(9) $\underset{CH_3O}{\overset{CH_3O}{>}}P\overset{S}{\underset{SCH_3}{<}}$ 　　(10) $\underset{CH_3O}{\overset{CH_3O}{>}}P\overset{S}{\underset{CH_2CH_3}{<}}$

**12-2** 将下列化合物按酸性由弱到强的次序排列。

(1) $\bigcirc\!\!\!-SO_3H$　　$\bigcirc\!\!\!-SH$　　$\bigcirc\!\!\!-SH$　　$\overset{CH_3}{\bigcirc\!\!\!-OH}$

(2) $CH_3CH_2SO_2NHCH_3$ 　　$CH_3CH_2SO_2OH$ 　　$CH_3OSO_2OCH_3$

**12-3** 将下列化合物按沸点由高到低的次序排列。

(1) 乙硫醇　甲硫醇　乙醇

(2) 正丁醇　正丁硫醇　异丁醇　异丁硫醇

**12-4** 完成下列反应式。

(1) $CH_3CH_2SH + NaOH \longrightarrow ?$

(2) $CH_3CH_2SH \xrightarrow{\text{浓 } HNO_3} ?$

(3) $\bigcirc\!\!\!-SH + NaHCO_3 \longrightarrow$

(4) $CH_3CH_2S-SCH_2CH_3 \xrightarrow{Zn/HCl} ?$

(5) $\bigcirc\!\!\!-S-S-\!\!\!\bigcirc \xrightarrow{\text{浓 } HNO_3} ?$

(6) $Cl-\!\!\!\!\overset{Cl}{\bigcirc}\!\!\!\!-\underset{\underset{CCl_3}{|}}{CH}-O-\overset{O}{\overset{||}{C}}-CH_3 + NaOH \longrightarrow ?$

**12-5** 用化学方法区别下列化合物。

对甲苯酚　　苄醇　　苯甲硫醇　　环己醇

**12-6** 写出下列有机磷农药的化学名称，并解释它们在碱性溶液中分解失效的原因。

(1) $\underset{C_2H_5O}{\overset{C_2H_5O}{>}}P\overset{O}{\underset{S-CH_2-\bigcirc}{<}}$ 　　(2) $\underset{C_2H_5O}{\overset{C_2H_5O}{>}}P\overset{O}{\underset{NH-\overset{O}{\overset{||}{C}}-CH_3}{<}}$

**12-7** 写出下列农药的化学名称。

(1) $NC-\overset{Cl}{\underset{Cl}{\bigcirc}}\overset{CN}{\underset{CN}{-Cl}}$ 　　(2) $\underset{\bigcirc\!\!-S}{\overset{C_2H_5O}{>}}P\overset{O}{\underset{S-\bigcirc}{<}}$ 　　(3) $\overset{CH_3}{\underset{\overset{||}{O}}{\bigcirc\!\!\!-\overset{||}{C}-NH-\bigcirc}}$

# 13　杂环化合物和生物碱

**学习指导**

　　掌握杂环化合物的分类、命名，以及呋喃、噻吩和吡咯、吡啶的化学性质；了解常见的生物碱和杂环衍生物。

　　杂环化合物（heterocyclic compound）是由碳原子和非碳原子共同组成环状骨架结构的一类化合物。这些非碳原子统称为杂原子，常见的杂原子为氮、氧、硫等。前面学习过的环醚、内酯、内酐和内酰胺等都含有杂原子，但它们容易开环，性质上又与开链化合物相似，所以不把它们放在杂环化合物中讨论。本章主要介绍的是环系比较稳定、具有一定程度芳香性的杂环化合物，即芳杂环化合物。

　　杂环化合物种类繁多，在自然界中分布很广。具有生物活性的天然杂环化合物对生物体的生长、发育、遗传和衰亡过程都起着关键性作用。例如：在动植物体内起着重要生理作用的血红素、叶绿素、核酸的碱基、中草药的有效成分——生物碱（alkaloid）等都是含氮杂环化合物；一部分维生素、抗生素、植物色素、许多人工合成的药物及合成染料也含有杂环。杂环化合物的应用范围极其广泛，涉及医药、农药、染料、生物膜材料、超导材料、分子器件、贮能材料等，尤其在生物界，杂环化合物随处可见。

## 13.1　杂环化合物

　　分子中由碳原子和氧、硫、氮等其他原子形成的比较稳定的环状结构的化合物称为杂环化合物。杂环中除碳原子以外的其他原子称为杂原子。最常见的杂原子有氧、硫、氮等。例如：

| 呋喃 | 噻吩 | 吡咯 | 吡啶 | 嘧啶 |
| --- | --- | --- | --- | --- |
| furan | thiophene | pyrrole | pyridine | pyrimidine |

杂环化合物可以含一个或多个相同的或不相同的杂原子，环的数目也可以是一个或多个。

### 13.1.1　杂环化合物的分类

　　按照杂环的结构，杂环化合物大致可分为单杂环和稠杂环两大类。单杂环中最常见的为五元杂环和六元杂环；稠杂环中普遍存在的是苯环与单杂环稠合和杂环与杂环稠合。根据所含杂原子的种类和数目，单杂环和稠杂环又可分为多种。

　　常见杂环化合物的分类和名称见表 2-2。

### 13.1.2　杂环化合物的结构与芳香性

　　（1）五元单杂环

　　五元单杂环如呋喃、吡咯、噻吩，在结构上都是平面型闭合的共轭体系，符合休克尔的 $4n+2$ 规则。环上四个碳原子和杂原子均为 $sp^2$ 杂化，环上相邻的两个原子间均以 $sp^2$ 杂化轨道相互重叠形成 σ 键，组成一个五元环状平面结构。环上的每个原子还剩下一个未参与杂化的 p 轨道，碳原子的 p 轨道各有一个 p 电子，而杂原子的 p 轨道有两个 p 电子，这五个 p 轨道都垂直于环的平面，以"肩并肩"的形式重叠形成大 π 键，组成一个含有五个原子六个 π 电子的环状闭合共轭体系，符合休克尔规则，具有芳香性，属于芳香杂环化合物。如图 13-1 所示。

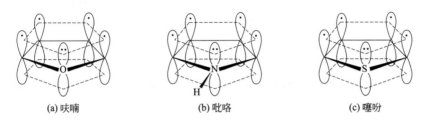

(a) 呋喃　　　　　　　　　(b) 吡咯　　　　　　　　　(c) 噻吩

图 13-1　呋喃、吡咯、噻吩分子中 p 轨道重叠示意图

　　它们分子中的键长数据如图 13-2 所示。

　　已知典型的键长数据为：C—C，0.154nm；C—O，0.143nm；C—N，0.147nm；C—S，0.182nm；C＝C，0.134nm；C＝O，0.122nm；C＝N，0.128nm；C＝S，0.160nm。

(a) 呋喃　　　(b) 吡咯　　　(c) 噻吩

图 13-2　呋喃、吡咯、噻吩分子中的键长

　　由此可以得出以下结论。

　　① 五元杂环分子中的键长有一定程度的平均化，但不像苯那样完全平均化；此外，由于杂原子的电负性比碳原子大，它们的电子云密度比碳高，即环上电子云分布不像苯环那样完全平均化。因此五元单杂环的芳香性和稳定性比苯差，表现出某些共轭二烯烃的性质，例如，能发生加氢反应生成饱和化合物，也可以像共轭二烯烃那样发生 Diels-Alder 反应等。五元单杂环的芳香性随着杂原子电负性的增加而减小，由于杂原子的电负性为 O＞N＞S，所以芳香性的大小次序为：苯＞噻吩＞吡咯＞呋喃。

　　② 五元杂环分子中由于杂原子上的孤电子对参与了环的共轭，这些杂环中的杂原子相当于取代苯中的致活基团，使环上碳原子的电子云密度比苯环上碳原子的电子云密度大，所以属富电子杂环，它们在亲电取代反应中的活性比苯大，亲电取代反应的活性次序为：吡咯＞呋喃＞噻吩＞苯。在呋喃、吡咯、噻吩的闭合共轭体系中，杂原子的两个 α-碳原子上的电子云密度要比两个 β-碳原子上的相对高些，所以它们的亲电取代反应主要发生在 α-碳原子上。

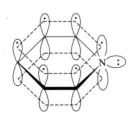

图 13-3　吡啶分子中 p 轨道重叠示意图

**（2）六元单杂环**

　　六元单杂环的典型结构可以吡啶来说明。吡啶的结构与苯很相似，相当于苯中的一个碳原子被氮原子代替。在吡啶分子中，碳原子为 $sp^2$ 杂化，氮原子为不等性 $sp^2$ 杂化，氮原子的孤电子对在 $sp^2$ 杂化轨道上。环上所有原子的 p 轨道各有一个电子，所有 p 轨道相互平行且垂直于环的平面（见图 13-3），形成有六个 π 电子的环状、平面、闭合的共轭体系，所以吡啶环也有芳香性。

　　由于吡啶分子中氮原子上的孤电子对不参与共轭，而氮原子的电负性大于碳原子，氮原子类似于苯环上的硝基等吸电子基团，其吸电子的诱导效应使吡啶环中碳原子的电子云密度降低，尤其 $\alpha$、$\gamma$ 位更甚，所以吡啶的亲电取代反应比苯困难，且主要进入 $\beta$ 位。但吡啶可以发生亲核取代反应，主要进入 $\alpha$ 及 $\gamma$ 位。

### 13.1.3 杂环化合物的化学性质

#### 13.1.3.1 亲电取代反应

五元杂环属于富电子体系，亲电取代反应容易进行。一般在较缓和的条件下，弱的亲电试剂就可以取代环上的氢原子。而六元杂环吡啶是缺电子体系，较难发生亲电取代反应，一般要在较强烈的条件下才能发生反应。

（1）卤代反应

五元杂环化合物可以直接发生卤代反应，卤原子主要取代 $\alpha$ 位上的氢。例如：

$$\text{（呋喃）} + \text{Cl}_2 \xrightarrow{-40℃} \text{（2-氯呋喃）} + \text{HCl}$$

吡咯极易发生卤代，如在碱性介质中与碘作用，生成的不是一元产物，而是四碘吡咯。

$$\text{（吡咯）} + 4\text{I}_2 \xrightarrow{\text{NaOH}} \text{（四碘吡咯）} + 4\text{NaI} + \text{H}_2\text{O}$$

吡啶的卤代反应不但需要催化剂，而且要在较高的温度下才能进行。

$$\text{（吡啶）} + \text{Cl}_2 \xrightarrow[100℃]{\text{AlCl}_3} \text{（3-氯吡啶）} + \text{HCl}$$

（2）硝化反应

五元杂环的硝化反应一般不用硝酸作硝化剂（吡咯、呋喃在酸性条件下易氧化，导致环的破裂或聚合物的生成），而是用温和的硝化剂（乙酰基硝酸酯）在低温下进行。例如：

$$\text{（噻吩）} + \text{CH}_3\text{COONO}_2 \xrightarrow[-10℃]{(\text{CH}_3\text{CO})_2\text{O}} \text{（2-硝基噻吩）} + \text{CH}_3\text{COOH}$$

吡啶的硝化反应要在浓酸和高温条件下才能进行。

$$\text{（吡啶）} + \text{HNO}_3 \xrightarrow[300℃]{\text{浓 H}_2\text{SO}_4} \text{（3-硝基吡啶）} + \text{H}_2\text{O}$$

（3）磺化反应

由于吡咯、呋喃在酸性条件下易氧化，导致环的破裂或聚合物的生成，所以不能直接用硫酸进行磺化，一般采用吡啶与三氧化硫的加合物作磺化剂。

$$\text{（呋喃）} + \text{（吡啶}\cdot\text{N}^+\text{—SO}_3^-\text{）} \longrightarrow \text{（呋喃-SO}_3\text{H）} + \text{（吡啶）}$$

噻吩对酸比较稳定，在室温时能与浓硫酸发生磺化反应。

$$\text{（噻吩）} + \text{H}_2\text{SO}_4\text{（浓）} \rightleftharpoons \text{（噻吩-SO}_3\text{H）} + \text{H}_2\text{O}$$

吡啶在催化剂和加热条件下才能发生磺化反应。

$$\text{（吡啶）} + \text{H}_2\text{SO}_4\text{（浓）} \xrightarrow[220℃]{\text{HgSO}_4} \text{（3-磺酸吡啶）} + \text{H}_2\text{O}$$

（4）傅-克酰基化反应

五元杂环化合物都可以发生傅-克酰基化反应，而吡啶一般不反应。例如：

$$\text{（furan）} + (CH_3CO)_2O \xrightarrow{BF_3} \text{（furan-COCH}_3\text{）} + CH_3COOH$$

### 13. 1. 3. 2　加成反应

富电子或缺电子的杂环化合物都比苯容易发生加成反应。例如，它们都可以进行催化氢化反应：

$$\text{（furan）} + 2H_2 \xrightarrow{Ni} \text{（tetrahydrofuran）}$$

### 13. 1. 3. 3　吡咯和吡啶的酸碱性

吡咯由于其氮原子上的孤电子对参与共轭，使氮原子的电子云密度降低，N—H 键的极性增强，所以它的碱性（$pK_b=13.6$）不但比苯胺（$pK_b=9.4$）弱得多，而且显微弱的酸性（$pK_a=15$），能与氢氧化钾作用生成吡咯钾盐。

$$\text{（pyrrole, N—H）} + KOH(\text{固}) \longrightarrow \text{（pyrrole, N}^-K^+\text{）} + H_2O$$

吡啶显弱碱性（$pK_b=8.64$），能与各种酸形成盐。例如：

$$\text{（pyridine）} + HCl \longrightarrow \text{（pyridine·HCl）}$$

## 13. 1. 4　杂环化合物及其衍生物选述

### 13. 1. 4. 1　呋喃及其衍生物

呋喃存在于松木焦油中，为无色而有特殊气味的气体，沸点为 32℃，不溶于水，溶于乙醇、乙醚等有机溶剂。它遇盐酸浸湿的松木片呈绿色，称为松木片反应。用此反应可用于检验呋喃的存在。

（1）α-呋喃甲醛

α-呋喃甲醛又称糠醛，通常利用含有多缩戊糖的农副产品如米糠、玉米芯、高粱秆、花生壳等作原料来制取。

$$(C_5H_8O_4)_n + nH_2O \xrightarrow[\triangle]{\text{稀 }H^+} \begin{array}{c} HO-HC-CH-OH \\ | \quad\quad | \\ H-HC \quad\quad C-H \\ | \quad\quad | \\ HO \ OH \ CHO \end{array} \xrightarrow[-3nH_2O]{\text{稀 }H^+} \text{（furan-CHO）}$$

多缩戊糖　　　　　　　　戊醛糖　　　　　　　糠醛

纯的糠醛是无色而有特殊气味的液体，沸点为 162℃，微溶于水，易溶于乙醚和乙醇等有机溶剂。在光、热条件下及空气中被氧化聚合呈黄色、棕色以至黑褐色。糠醛与苯胺在乙酸存在下能生成一种亮红色的物质，可用于糠醛与戊糖的鉴别。

糠醛是一个不含 α-氢原子的不饱和醛，化学性质与苯甲醛相似，容易发生氧化、还原、歧化和聚合等反应，是一种重要的有机合成原料，广泛应用于涂料、树脂、医药和农药等工业。

（2）呋喃类药物

呋喃坦丁、呋喃唑酮和呋喃西林都是人工合成的广谱抗菌药物，它们是一类 5-硝基呋喃甲醛的衍生物，其结构式如下：

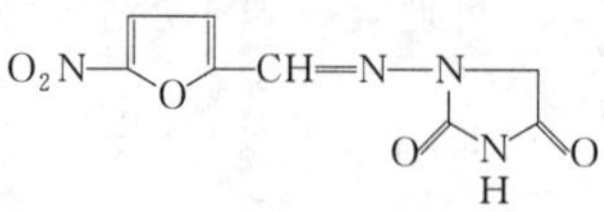

呋喃坦丁 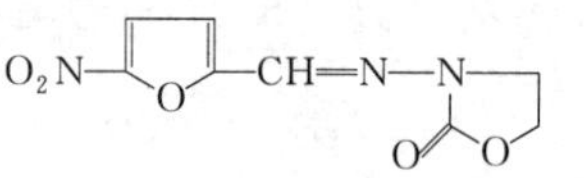　　　　　　　　呋喃唑酮

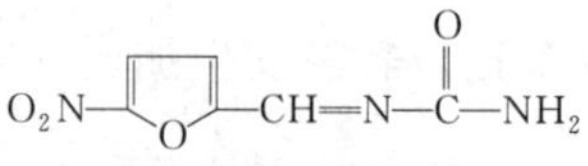

呋喃西林

① 呋喃坦丁　又名呋喃妥因，它是鲜黄色晶体，味苦，熔点约为258℃（分解），难溶于水及有机溶剂，可溶于 $N,N$-二甲基甲酰胺（DMF）中。由于分子中含有酰亚胺结构，故显弱酸性，能与碱生成盐。主要用于抑制和杀灭大肠杆菌、金黄色葡萄球菌、化脓性链球菌和伤寒杆菌等，常用于治疗泌尿系统的炎症。

② 呋喃唑酮　又名痢特灵，它是黄色粉末，熔点为254～258℃（分解），难溶于水及有机溶剂，呈弱酸性。它主要用于抑制和杀灭大肠杆菌、炭疽杆菌、痢疾杆菌和伤寒杆菌等，常用于治疗肠道感染和菌痢等。

③ 呋喃西林　又名呋喃新，它是柠檬黄色结晶粉末，难溶于水及醇。它主要用于抑制和灭杀葡萄球菌、痢疾杆菌和枯草杆菌等。由于它的毒性较大，多作为外用消炎药。

### 13.1.4.2　吡咯及其衍生物

吡咯存在于煤焦油和骨焦油中，是无色油状液体，沸点为131℃，难溶于水，易溶于乙醇、乙醚和苯等有机溶剂。在空气中它被逐渐氧化呈褐色并发生树脂化。

吡咯蒸气遇盐酸浸过的松木片显红色，这个特性反应可用来检验吡咯及其低级同系物。

吡咯的衍生物广泛分布在自然界中，其中最重要的是卟啉化合物（含有卟吩环结构的化合物叫卟啉化合物，重要的天然色素如叶绿素、血红素等都含有卟吩环）。这类化合物是由四个吡咯和四个次甲基交替相连而成的复杂大环，环上的原子都在一个平面上，形成了共轭体系，具有芳香性。

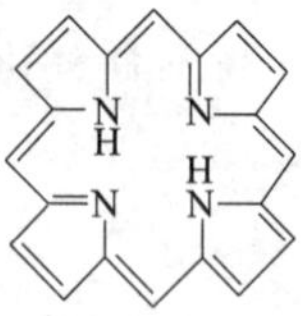

卟吩 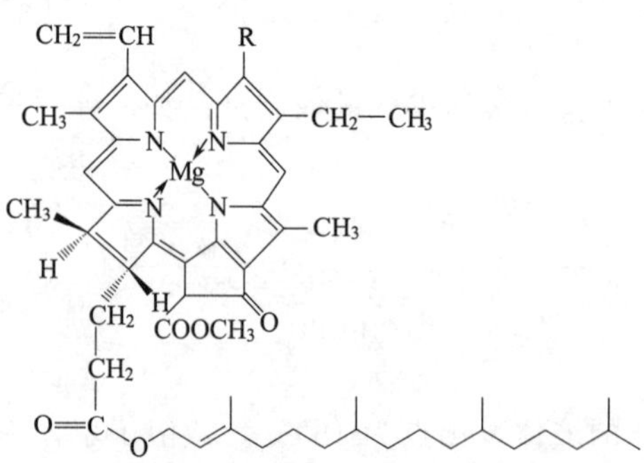　　　　　　　　　　叶绿素　　　　　　　　　　血红素

（叶绿素a，R为CH₃；叶绿素b，R为CHO）

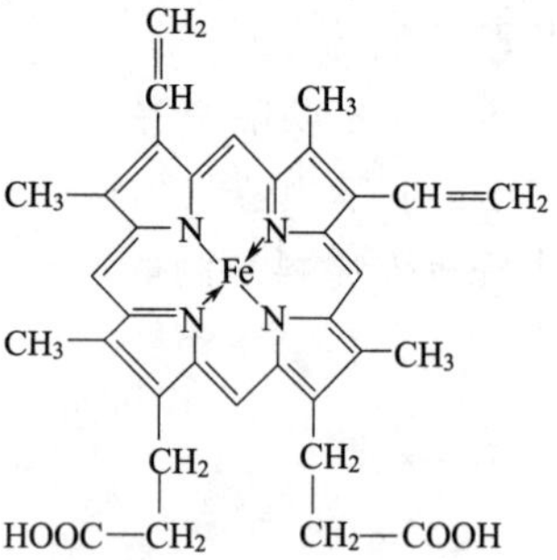

（1）叶绿素

叶绿素存在于植物的叶和绿色的茎中。植物在进行光合作用时，通过叶绿素将太阳能转变为化学能而贮藏在形成的有机化合物中。叶绿素在植物体内具有重要的生理意义。

叶绿素有多种，最重要的是叶绿素 a 和叶绿素 b，可以用色谱法把它们分开。在大多数植物中，它们的比例为 3∶1。叶绿素 a 比叶绿素 b 更为重要。叶绿素 a 与叶绿素 b 的结构基本相同，只是在 II 环 3 位上叶绿素 a 是甲基（—$CH_3$），而叶绿素 b 则是醛基（—CHO）。

叶绿素 a 和叶绿素 b 在物理性质方面有所不同。叶绿素 a 为蓝黑色粉末，分子式为 $C_{55}H_{72}O_5N_4Mg$，熔点为 117～120℃，其乙醇溶液是蓝绿色，并有深红色荧光；叶绿素 b 为黄绿色粉末，分子式为 $C_{55}H_{70}O_6N_4Mg$，熔点为 120～130℃，其乙醇溶液显绿色或黄绿色，有红色荧光。它们都易溶于乙醇、乙醚、丙酮、氯仿等，难溶于石油醚。

叶绿素具有旋光性。由于分子中有两个酯键，能水解生成相应的酸和醇。若用硫酸铜的酸性溶液小心处理叶绿素，则铜可取代镁，其他部分的结构不变，仍显绿色，但比原来的绿色更稳定。因此常用来浸制植物标本。

（2）血红素

血红素存在于高等动物体内，是重要的色素之一。它能与蛋白质结合形成血红蛋白，存在于红细胞中。血红蛋白在高等动物体内起着输送氧气和二氧化碳的作用。

血红蛋白可与氧气配位结合，形成鲜红色的氧合血红蛋白。血红蛋白与氧结合并不稳定，在缺氧的地方可以放出氧气。由于这一特性，血液可在肺中吸收氧气，由动脉输送到体内各部分，在体内微血管中，氧的分压低而释放出氧，为组织吸收。由于一氧化碳与血红蛋白配合的能力比氧大 200 倍，因此在一氧化碳存在时，血红蛋白失去了输送氧气的能力，这就是一氧化碳使人中毒的原因之一。对血红素的研究，使人们进一步地了解了卟啉族色素以及生命现象中最重要的呼吸作用。

### 13. 1. 4. 3　噻吩衍生物

生物素和先锋霉素是噻吩的重要衍生物，其结构如下：

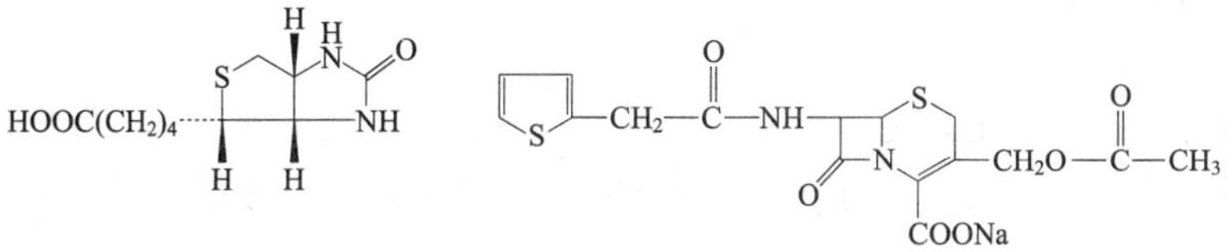

生物素　　　　　　　　　　　先锋霉素 I

① 生物素　又名维生素 H，是人体必需的维生素之一，广泛存在于谷物、蔬菜和肉类等动植物体中。生物素是无色针状晶体，熔点为 232～233℃，溶于水和乙醇。在中性或酸性条件下稳定，遇强碱或氧化剂易分解。在动物的生理过程中参与 $CO_2$ 的固定及羧化过程。人体缺乏它会导致身体疲乏，食欲不振，贫血和皮肤发炎、脱屑等。

② 先锋霉素　是由孢头菌素 C 合成的一类广谱抗生素。目前人工合成的先锋霉素类药物有十余种，其中先锋霉素 I 又叫头孢金素，是白色结晶粉末，味苦，易溶于水，难溶于有机溶剂。它是一种广谱类抗菌药物，主要用于对青霉素耐药的金黄色葡萄球菌和一些革兰阴性杆菌引起的严重感染，如尿道和肺部的感染、败血症、脑膜炎及腹膜炎等疾病。

### 13. 1. 4. 4　咪唑、吡唑和噻唑

咪唑、吡唑和噻唑都是含两个杂原子的五元环，它们的结构式如下：

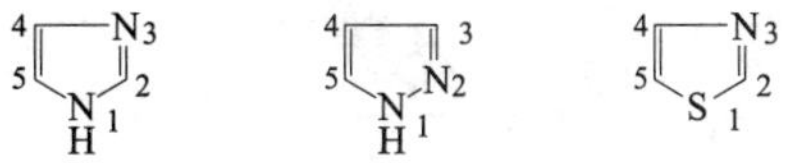

咪唑　　　　　　吡唑　　　　　　噻唑

这些化合物与吡咯、吡啶相似，具有闭合的六个 π 电子的共轭体系，π 电子数符合休克

尔规则，都是非苯芳香环。咪唑、吡唑是无色晶体，易溶于水和乙醇。咪唑的熔点为88～89℃，沸点为255℃。吡唑的熔点为70℃，沸点为188℃。噻唑是无色液体，沸点为117℃。

咪唑和吡唑环上都有两个氮原子，其中只有一个氮原子上有氢原子，这个氢原子能快速地在两个氮原子之间移动，故有互变异构现象。例如：

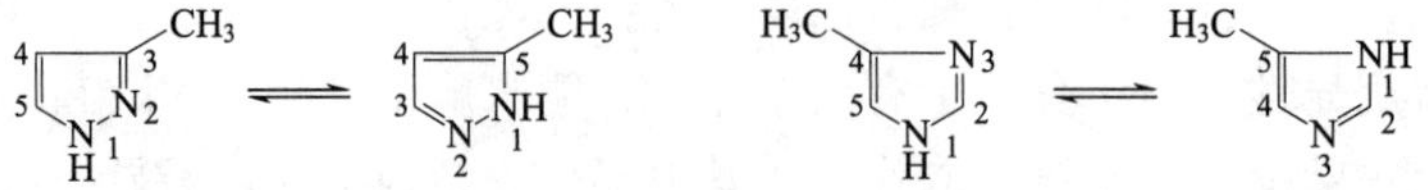

3-甲基吡唑　　5-甲基吡唑　　4-甲基咪唑　　5-甲基咪唑

在吡唑中3位和5位的取代物实际上是一种，在咪唑中4位和5位的取代物实际上也是一种。若这两个杂环氮原子上的氢被其他基团取代后，上述互变异构现象就消失了。

下面就咪唑、吡唑和噻唑三者的酸碱性、环的稳定性及亲电取代反应等三方面作简要介绍。

（1）酸碱性

吡唑与吡咯在酸碱性方面有着明显的不同，吡咯显弱酸性，而吡唑则显弱碱性。这是因为在吡唑分子中除含有亚氨基（—NH—）外，还有一个叔胺结构的氮原子（—N═）。咪唑的碱性（$K_b=1.2\times10^{-7}$）较其同系物吡唑（$K_b=3.0\times10^{-12}$）为强。吡唑能与硫酸、盐酸、硝酸等反应生成盐，但在水中很易水解。而咪唑由于碱性较强，故可与酸生成稳定的盐。咪唑、吡唑与吡咯一样，与氮相连的氢原子可以被钾取代生成钾盐。

噻唑的碱性很弱，水溶液呈中性，与酸作用生成稳定的盐。这是由于氮上未共用电子对能接受质子的缘故。

（2）环的稳定性

吡唑、咪唑对酸较稳定，可用硝酸、硫酸进行硝化、磺化；对氧化剂相当稳定，不被高锰酸钾溶液所氧化，但是当环上有支链时可被氧化为羧基而环系不受影响。例如：

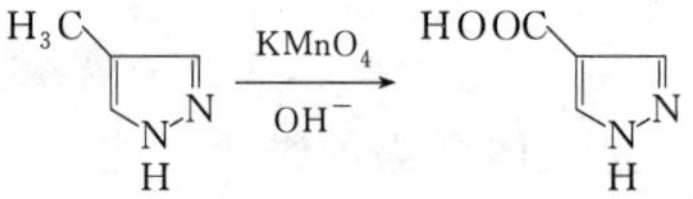

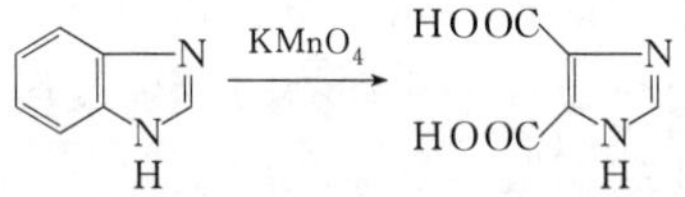

噻唑的化学性质比较稳定，在一定条件下，它与酸不起作用，也不受还原剂的影响。

（3）亲电取代反应

咪唑、吡唑可以发生硝化、磺化等亲电取代反应，但需较剧烈的条件，取代基进入4位：

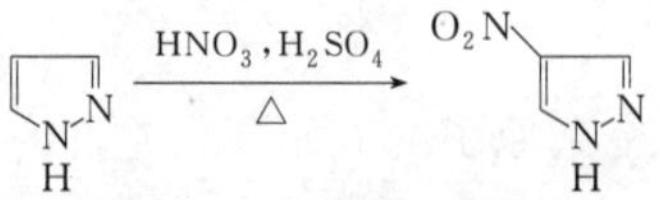

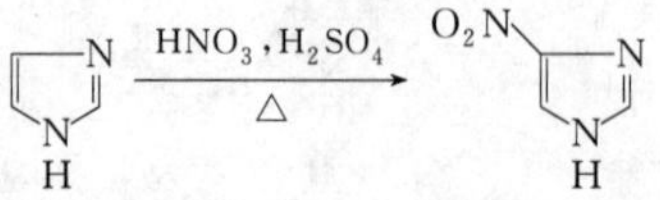

噻唑的亲电取代反应更难发生，往往需要在更剧烈的条件下才能进行。例如：

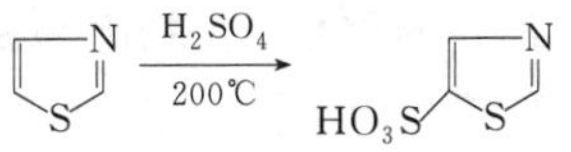

$$\text{(噻唑)} \xrightarrow[200℃]{H_2SO_4} \text{(5-磺酸噻唑)}$$

综上所述，吡唑、咪唑都具有芳香性，同时环中氮原子的存在，通过吸电子的诱导效应降低了环上的电子云密度，使环较稳定。

### 13.1.4.5 吡啶及其衍生物

吡啶最初发现于骨焦油中，在煤焦油中含量较多。它是具有特殊臭味的无色液体，沸点为 115.3℃，能与水混溶，又能溶于乙醇、乙醚、苯、石油醚等有机溶剂中，并能溶解氯化铜、氯化锌、氯化汞、硝酸银等许多无机盐。吡啶是一种叔胺，所以显弱碱性。工业上用稀硫酸提取煤焦油的轻馏分，然后用氢氧化钠中和，使吡啶等碱性物质游离，再进行分馏提纯。吡啶是有机合成的重要原料和优良溶剂。

吡啶的衍生物在自然界中分布广泛，如维生素 PP、维生素 $B_6$、辅酶 I 及辅酶 II 等都含有吡啶环。

（1）维生素 PP

维生素 PP 属于 B 族维生素，也叫抗癞皮维生素，因为体内缺乏它时会引起癞皮病。它包括 $\beta$-吡啶甲酸及 $\beta$-吡啶甲酰胺两种。广泛存在于肝脏、肉类、谷物、米糠、花生、酵母、蛋黄、鱼、番茄等动植物体内。其结构如下：

$\beta$-吡啶甲酸(烟酸,尼克酸)
(熔点为 230～237℃)

$\beta$-吡啶甲酰胺(烟酰胺)
(熔点为 128～131℃)

维生素 PP 是白色结晶，对酸、碱等都比较稳定。$\beta$-吡啶甲酰胺加氢氧化钠溶液与之共煮，则产生氨气，而 $\beta$-吡啶甲酸无此反应。二者生理作用相同，能参与生物机体的氧化还原过程，促进组织代谢，降低血液中胆固醇的含量。

（2）维生素 $B_6$

维生素 $B_6$ 也是吡啶的衍生物，广泛存在于蔬菜、鱼、肉、蛋类、豆类、谷物等动植物体中。它由下列三种物质组成：

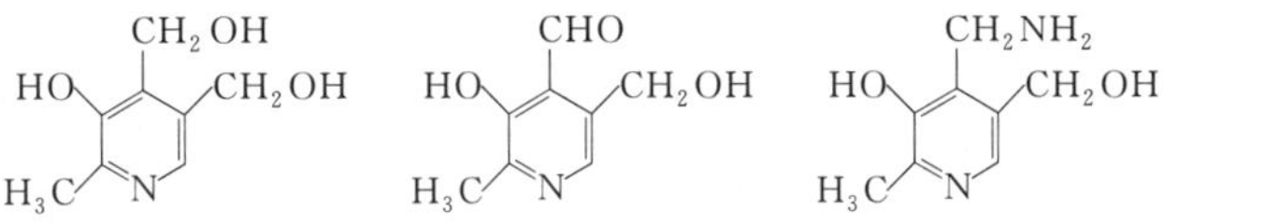

吡哆醇          吡哆醛          吡哆胺

维生素 $B_6$ 为白色结晶，溶于水及乙醇。耐热，在酸和碱中较稳定，但易被光所破坏。动物机体中缺乏维生素 $B_6$ 时，蛋白质代谢就不能正常进行。

### 13.1.4.6 嘧啶及其衍生物

嘧啶又称 1,3-二氮苯，很少存在于自然界，为无色晶体，熔点为 22℃，沸点为 124℃，易溶于水，它的碱性比吡啶还弱。

由于氮原子具有吸电子效应，能使另一个氮原子上的电子云密度降低，因此碱性也随之减弱（即结合质子的能力减弱）。嘧啶的亲电取代反应比吡啶困难，而亲核取代反应则比吡啶容易。嘧啶能分别与酸或碱形成盐。

（1）胞嘧啶、尿嘧啶、胸腺嘧啶

虽然嘧啶很少存在于自然界中，但它的重要衍生物胞嘧啶、尿嘧啶和胸腺嘧啶普遍存在于动植物中，都是核酸的组成部分。这三种嘧啶衍生物都存在烯醇式和酮式的互变异构现象。

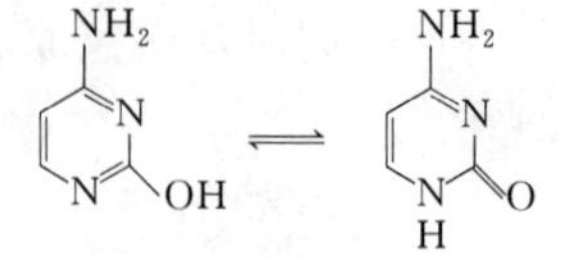

胞嘧啶（4-氨基-2-羟基嘧啶；cytosine，简写为 C）

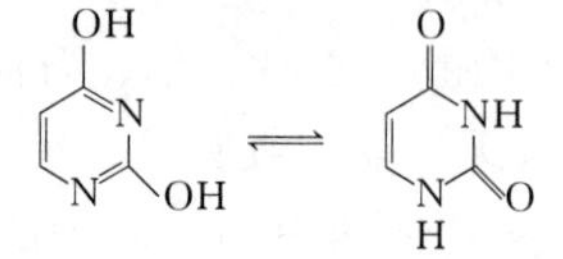

尿嘧啶（2,4-二羟基嘧啶；uracil，简写为 U）

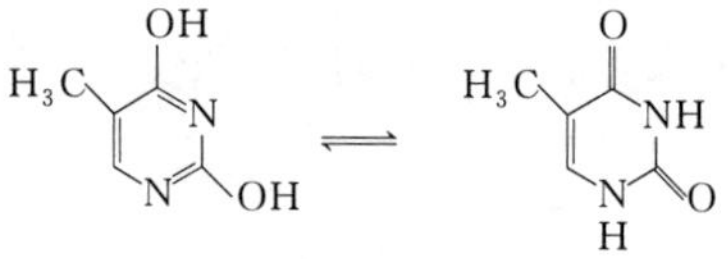

胸腺嘧啶（5-甲基-2,4-二羟基嘧啶；thymine，简写为 T）

在生物体中哪一种异构体占优势主要取决于体系的 pH。在生物体中嘧啶碱主要以酮式异构体存在。

（2）维生素 $B_1$

维生素 $B_1$ 又名硫胺素。它存在于米糠、麸皮、酵母、花生和豆类中。药用硫胺素是其盐酸盐，结构式为：

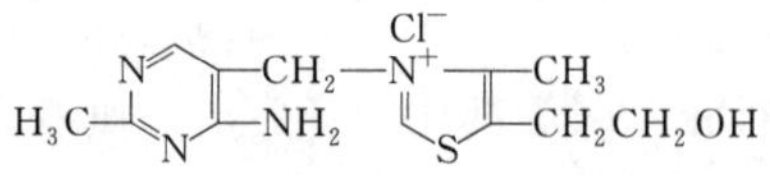

盐酸硫胺素是白色晶体，味微苦，熔点为 248℃（分解），易溶于水。对酸稳定，热或碱能使其分解。维生素 $B_1$ 能维持心脏、神经和消化系统的正常功能，促进糖类代谢。缺乏维生素 $B_1$ 能导致脚气病、多发性神经炎、食欲不振和消化不良等。

### 13.1.4.7  嘌呤及其衍生物

嘌呤是嘧啶和咪唑稠合而成的化合物，又名 1,3,7,9-四氮茚。嘌呤有两种互变异构体：

9-氢嘌呤              7-氢嘌呤

嘌呤为无色晶体，熔点为 216℃，易溶于水，溶液呈中性，但它却能与酸或碱作用生成盐。嘌呤本身很少存在于自然界中，可它的羟基和氨基衍生物却广泛存在。其中，重要的衍生物有黄嘌呤和尿酸，它们存在于有机体中，并且有显著的生理作用。

嘌呤衍生物中还有腺嘌呤和鸟嘌呤，它们也是核酸的组成部分。鸟嘌呤又称 2-氨基-6-羟基嘌呤，也存在着烯醇式和酮式两种互变异构体。

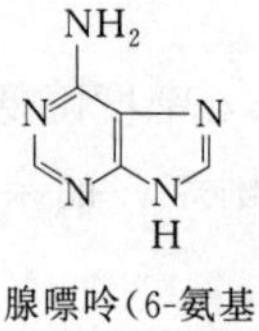

腺嘌呤（6-氨基嘌呤；
adenine，简写为 A）

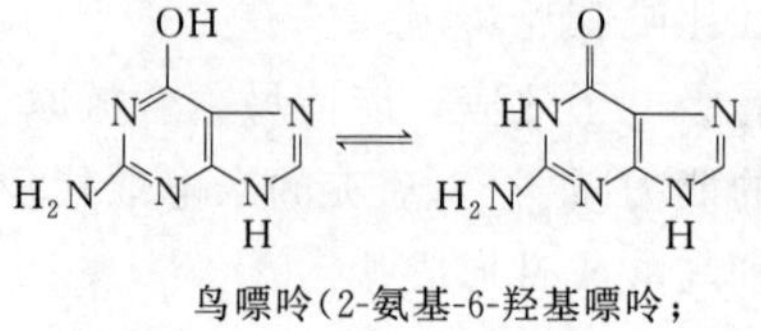

鸟嘌呤（2-氨基-6-羟基嘌呤；
guanine，简写为 G）

#### 13.1.4.8 吲哚及其衍生物

吲哚存在于煤焦油中，某些植物的花中也含有吲哚。蛋白质腐烂时生成吲哚和 $\beta$-甲基吲哚，因此粪便的恶臭就是由于它们的存在而产生的。但吲哚的稀溶液很香，是化妆品常用的香料。

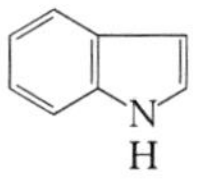

吲哚　　　　　　　　　　$\beta$-甲基吲哚

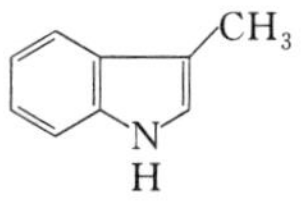

吲哚是苯环和吡咯环稠合而成的杂环化合物，具有闭合的共轭体系。它是一种无色片状结晶，熔点为 52℃，沸点为 254℃，微溶于冷水，而溶于有机溶剂和热水。其化学性质与吡咯相似，但比吡咯的稳定性强，与温和的氧化剂不发生作用，而高锰酸钾可以引起环系破裂。吲哚的碱性极弱，在空气中颜色变深，并逐渐变成树脂状物质。它很容易发生亲电取代反应，但只得到 $\beta$-取代物。吲哚的松木片反应呈红色。

吲哚的衍生物在自然界中分布很广，如 $\beta$-吲哚乙酸、色氨酸、5-羟色胺、靛蓝等。$\beta$-吲哚乙酸是一种植物生长调节剂，用来刺激植物的插枝生长及促进无子果实的形成。色氨酸是蛋白质的组分。5-羟色胺存在于人和哺乳动物的脑中，是保持思维正常活动不可缺少的物质。靛蓝是人类最早使用的天然染料之一。

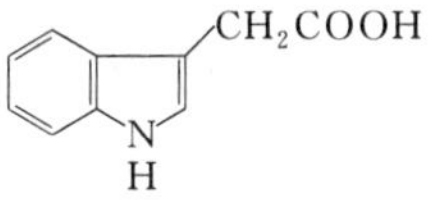

$\beta$-吲哚乙酸 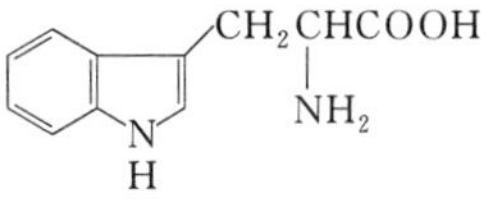　　　　　　　　　　色氨酸

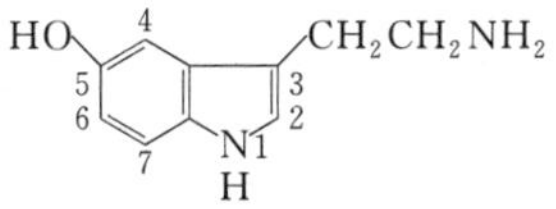

5-羟色胺 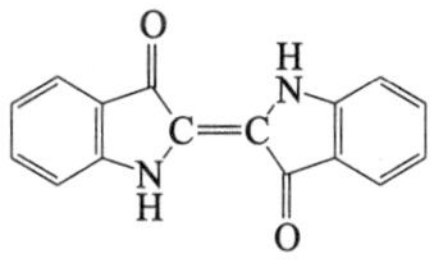　　　　　　　　　　靛蓝

#### 13.1.4.9 苯并吡喃及其衍生物

苯并吡喃是苯环与吡喃环稠合而成的杂环化合物，广泛存在于天然产物中。许多天然色素是它的衍生物，有些中草药的有效成分以它为基本结构。

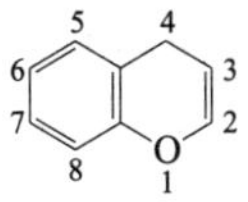

苯并吡喃 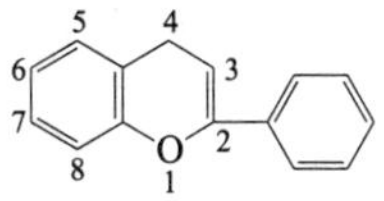　　　　　　　2-苯基苯并吡喃(花色素母体)

\*（1）花色素

植物的花果之所以具有五颜六色，主要是由花色素引起的。花色素常与糖结合成苷，这种苷称为花色苷。花色苷与酸一起加热时，水解而生成糖和花色素的𬭼盐。研究各种植物中的花色素后发现，花色素具有 2-苯基苯并吡喃的骨架，在 3-，5-，7-，3′、4′、5′-等处常带有羟基，由于苯环上羟基的位置与数目以及与之成苷的糖不同，形成不同的花色苷。植物界最常见的是天竺葵素、青芙蓉素、飞燕草素三种，它们在苯环上的羟基数目不同。其结构如下：

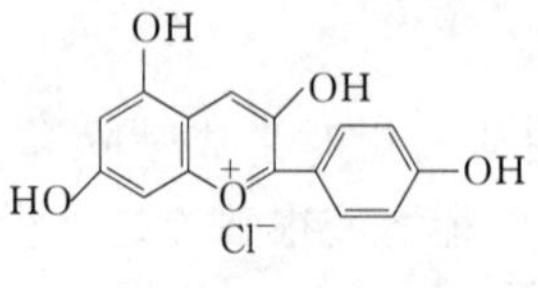

氯化天竺葵素 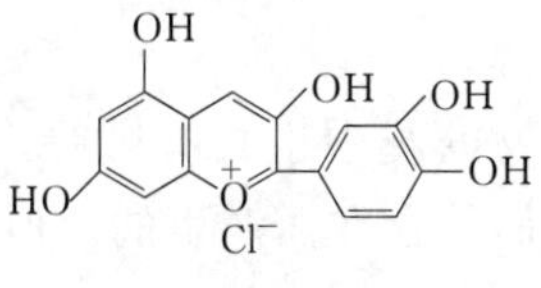　　　　　氯化青芙蓉素 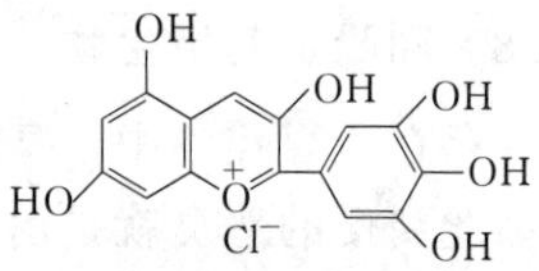　　　　　氯化飞燕草素

花色苷的一种极为有趣的现象是颜色与介质的 pH 密切相关。同一种花色苷，在不同的 pH 中能显示不同颜色。例如，青芙蓉素二葡萄糖苷在 pH＝7～8 时呈淡紫色，当 pH＜3 时呈红色，pH＞11 时则呈蓝色。故同一种花由于种植的土壤酸碱性不同，或是同一种花由于本身的汁液不同，而呈现不同的颜色。

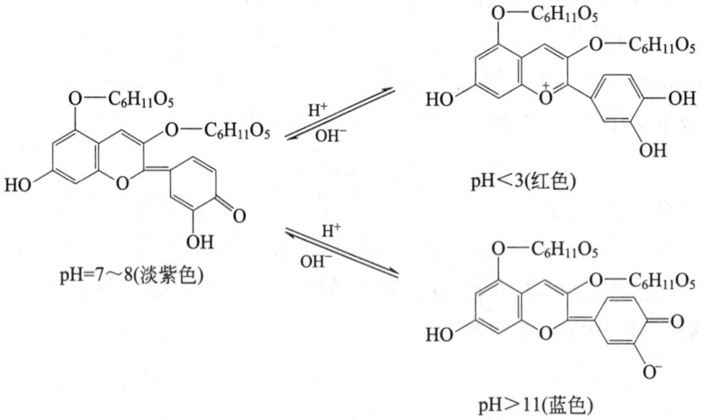

青芙蓉素二葡萄糖

（2）黄酮色素

苯并-$\gamma$-吡喃酮，又称色酮，为白色固体。2-苯基苯并-$\gamma$-吡喃酮则称为黄酮，是黄酮色素母体。

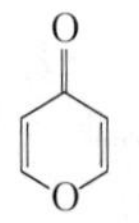

$\gamma$-吡喃酮 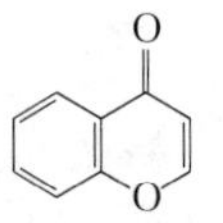　　　　色酮 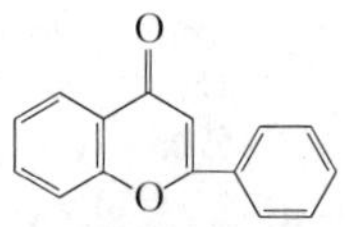　　　　黄酮

黄酮的多羟基衍生物统称黄酮色素，是存在于植物的根、茎、叶和花中的黄色或棕色色素。例如，茶树等植物中的槲皮素，就是黄酮的五羟基衍生物。黄酮的许多衍生物都可以入药，在中草药上也有着广泛应用。

### 13.1.4.10　喹啉

喹啉为苯环与吡啶环稠合而成的化合物，存在于煤焦油中，它也可用合成方法制得，有些生物碱中亦含有喹啉环。

喹啉为无色油状液体，放置一段时间逐渐变黄。其沸点为 238℃，熔点为－15℃，易与水蒸气一同挥发，具有特殊气味。微溶于水，易溶于乙醇、乙醚、氯仿等有机溶剂。喹啉是一种高沸点溶剂。

喹啉具有闭合的共轭体系，由于氮原子上还有一对 p 电子未参与环上共轭体系，所以喹啉与吡啶相似，具有弱碱性，但碱性比吡啶弱。它可以与无机酸成盐，也可以与碘甲烷生成季铵盐。

喹啉环中含有氮原子的吡啶环的电子云密度低于相并联的苯环，因此喹啉发生亲电取代时，反应在苯环的 5 位或 8 位上进行。例如：

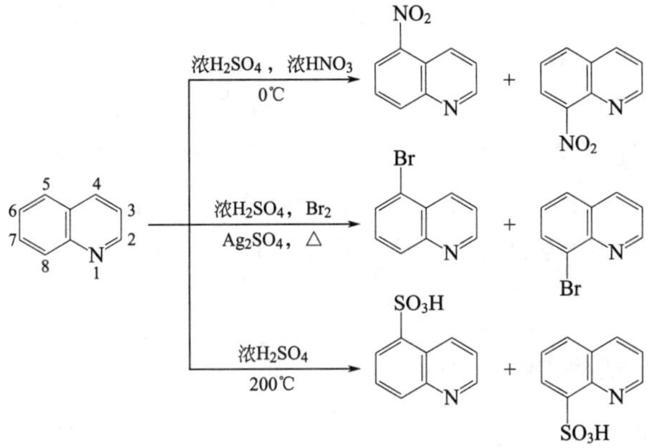

但是，当喹啉进行亲核取代反应时，取代基则进入吡啶环中氮原子的邻位或对位（2 位或 4 位）。例如：

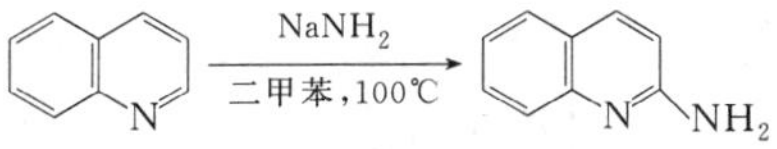

当喹啉被高锰酸钾氧化时，因苯环破裂而生成 2,3-吡啶二甲酸。若反应条件强烈，此二元羧酸则脱羧生成烟酸。

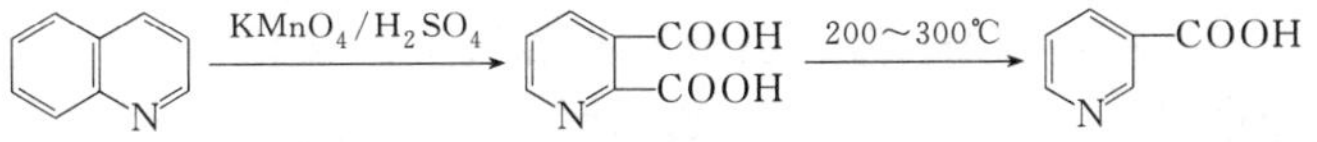

喹啉          2,3-吡啶二甲酸          烟酸

喹啉与还原剂（如锡和盐酸、钠和乙醇等）作用或催化加氢可生成四氢喹啉（吡啶环被还原），后者是比喹啉更强的碱，具有芳香仲胺的性质。若在更强烈的条件下（如铂催化加氢或氢碘酸等）苯环可再加氢，生成强碱性的十氢喹啉。

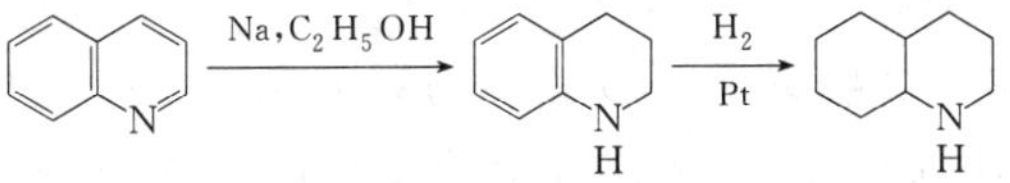

喹啉在工业上用于制造药物、染料和试剂，还用于保护解剖标本等。由于喹啉有着极其广泛的应用，在工业上还可用人工方法来合成。其反应式为：

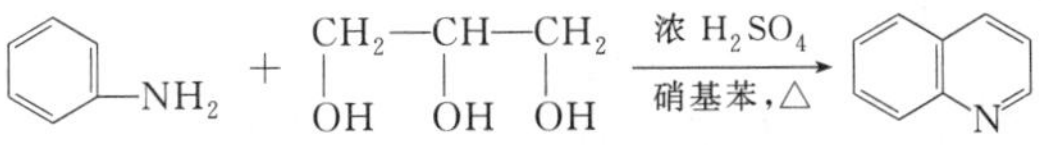

## 13.2 生物碱

### 13.2.1 生物碱概述

生物碱（alkaloid）是指一类含氮的碱性有机化合物。由于是从生物体（主要是植物）内取得，所以称为生物碱。它们多是含氮杂环衍生物，但也有少数非杂环的生物碱。

生物碱在植物界分布很广，动物体中的含量则很少。不同的植物所含生物碱差异也很大。在双子叶植物的罂粟科、茄科、毛茛科、豆科中含量比较丰富，而在裸子植物、蔷薇植物、隐花植物中的含量则极少。生物碱大都与有机酸（如苹果酸、柠檬酸、草酸、琥珀酸、醋酸、乳酸等）或无机酸（如磷酸、硫酸、盐酸）结合成盐存在于植物体内，但也有少数以游离碱、苷或酯的形式存在。

生物碱对植物本身有什么作用当前还不清楚，但许多生物碱对人和动物有强烈的生理作用。例如，当归、甘草、贝母、黄麻、黄连等许多药物中的有效成分都是生物碱。

有关生物碱的研究已有约两个世纪的历史，并从各种植物中分离提取了几千个品种，且大多数生物碱的结构已经测定，并用人工合成加以证实。目前，中草药的研究和生物碱的研究正相得益彰，既促进了中药的发展，又促进了有机合成药物的发展，为生命科学开拓了广阔的前景。

## 13.2.2　生物碱的一般性质

（1）生物碱的物理性质

生物碱大多数是无色结晶固体，少数为非结晶体和液体。一般都有苦味，有些极苦而辛辣，还有些能刺激唇舌，使之有焦灼感。大多数生物碱分子中含有手性碳原子，具有旋光性。大多数生物碱不溶或难溶于水，能溶于乙醇、乙醚、丙酮、氯仿和苯等有机溶剂。但也有例外，如麻黄碱、烟碱、咖啡因等可溶于水。

（2）生物碱的化学性质

生物碱一般呈碱性，能与无机酸或有机酸结合成盐，这种盐一般易溶于水。

① 生物碱的沉淀反应　一般生物碱的中性或酸性水溶液均可与数种或某种沉淀试剂反应，生成沉淀。沉淀试剂的种类很多，大多数为重金属盐类或分子较大的复盐，如碘化汞钾（$K_2HgI_4$）、碘化铋钾（$BiI_3 \cdot KI$）、磷钨酸（$H_3PO_4 \cdot 12WO_3 \cdot 2H_2O$）、磷钼酸（$H_3PO_4 \cdot 12MoO_3$）、硅钨酸（$12WO_3 \cdot SiO_2 \cdot 4H_2O$）、碘-碘化钾、鞣酸、氯化汞（$HgCl_2$）、10%苦味酸、$AuCl_3$ 盐酸溶液、$PtCl_4$ 盐酸溶液等，其中最灵敏的是碘化汞钾和碘化铋钾。利用生物碱的沉淀反应，可以检验生物碱的存在。

② 生物碱的颜色反应　生物碱还可以和生物碱显色剂发生显色反应。显色剂的种类也很多，随生物碱的结构不同而有所区别。常用的显色剂有钒酸-硫酸试剂、钼酸-硫酸试剂、甲醛-硫酸试剂、钼酸钾、纯硝酸、浓盐酸和氯化镁等。

## 13.2.3　生物碱的一般提取方法

从植物中提取生物碱，一般有下面三种方法。

① 加酸-碱提取法　首先将含有较丰富生物碱的植物用水清洗干净，沥干研碎，再用适量的稀盐酸或稀硫酸处理，使生物碱成为无机酸盐而溶于水中，然后往此溶液中加入适量的氢氧化钠使生物碱游离出来，最后用有机溶剂萃取游离的生物碱，蒸去有机溶剂便可得到较纯的生物碱。

② 加碱提取法　在某些情况下，可把研碎的植物直接用氢氧化钠处理，使原来与生物碱结合的有机酸与加入的氢氧化钠作用，生物碱就会游离出来，最后用溶剂萃取。

③ 蒸馏法　有些生物碱（如烟碱）可随水蒸气挥发，则可用水蒸气蒸馏法提取。

## 13. 2. 4  典型化合物

*（1）烟碱

烟碱又称尼古丁（nicotine），是烟草所含的十二种生物碱中含量最多的一种（生烟叶中含量为 2%～8%）。它在烟叶中以苹果酸盐或柠檬酸盐的形式存在。烟碱由吡啶环与四氢吡咯环所组成，其结构如下：

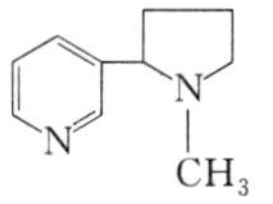

烟碱[N-甲基-2-(3-吡啶基)四氢吡咯]

烟碱是无色油状液体，味辛辣，沸点为 247℃，呈左旋性，能溶于水、乙醇、乙醚等溶剂。它能随水蒸气挥发而不分解。

强氧化剂（如 $HNO_3$）与烟碱作用，其分子中的四氢吡咯环被破坏，生成烟酸。

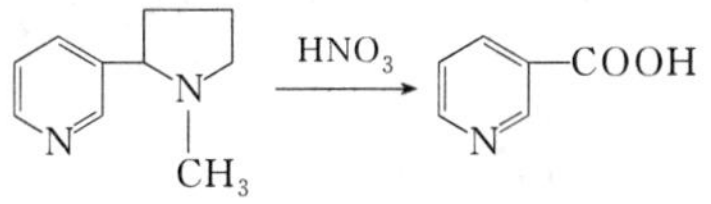

烟碱    烟酸

烟碱有剧毒，它能引起头痛、呕吐，吸入量达 40mg 能致死，可用作农用杀虫剂。

（2）麻黄碱

麻黄碱（麻黄素）存在于中草药麻黄中。在结构上它是一个非杂环生物碱，也是芳香族的醇胺，化学名称为 1-苯基-2-甲氨基-1-丙醇。其结构如下：

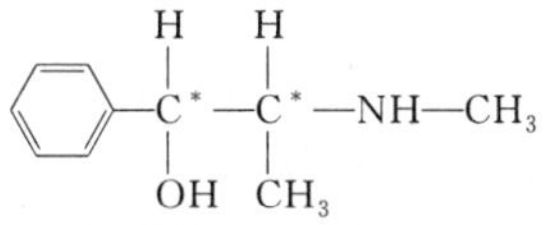

麻黄碱分子中含有两个不同的手性碳原子，有两对对映异构体，其中左旋麻黄碱有生理作用。

麻黄碱是无色晶体，熔点为 38.1℃，易溶于水、乙醇，可溶于氯仿、乙醚、苯和甲苯。麻黄碱可以兴奋交感神经，增高血压，扩张气管，用于治疗支气管哮喘症。

（3）茶碱、可可碱和咖啡因

茶碱、可可碱和咖啡因分别存在于茶叶、可可豆和咖啡中，也可以用人工合成。它们的结构如下：

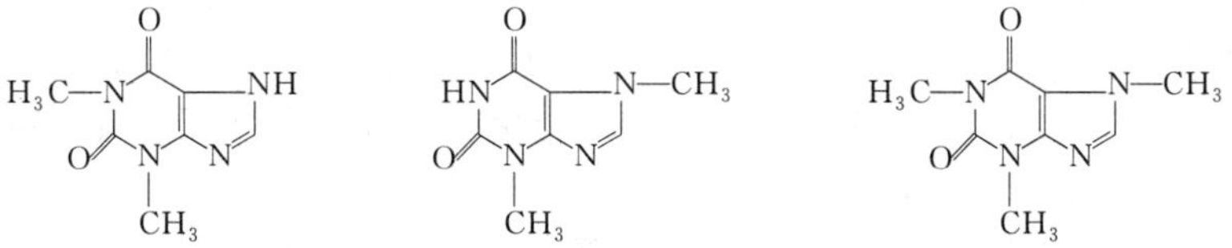

| 茶碱 | 可可碱 | 咖啡因 |
|---|---|---|
| (1,3-二甲基黄嘌呤) | (3,7-二甲基黄嘌呤) | (1,3,7-三甲基黄嘌呤) |

它们是无色针状结晶，有苦味，易溶于热水，难溶于冷水。茶碱的熔点为 270～272℃，可可碱的熔点为 357℃，咖啡因的熔点为 235℃。

茶碱、可可碱和咖啡因都是黄嘌呤的衍生物。黄嘌呤的化学名称为 2,6-二羟基嘌呤，存在于动物的血液、肝脏和尿中。它有酮式-烯醇式的互变异构体。

茶碱有利尿作用和松弛平滑肌作用。咖啡因又称咖啡碱，有兴奋中枢神经、止痛、利尿作用。可可碱能抑制胃小管再吸收，还有利尿作用。

（4）金鸡纳碱

金鸡纳碱又称奎宁（quinine），在金鸡纳树皮中含量达 15%。其分子中含有喹啉环，属喹啉族生物碱。其结构如下：

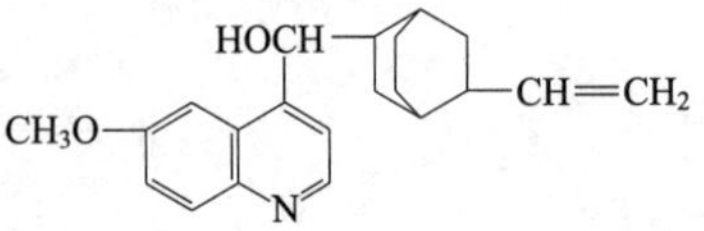

奎宁是无色针状晶体，无水物熔点为 172.8℃，味极苦，微溶于水，易溶于乙醇、乙醚等有机溶剂。奎宁可以用于治疗和预防各种疟疾，并有退热作用。

（5）吗啡

吗啡（morphine）是罂粟科植物鸦片中含量最多的一种生物碱，在鸦片中的含量达 10%。

吗啡属于异喹啉生物碱，它的基本结构可看作是与异喹啉稠合在一起的菲。分子式为 $C_{17}H_{19}O_3N \cdot H_2O$。其结构如下：

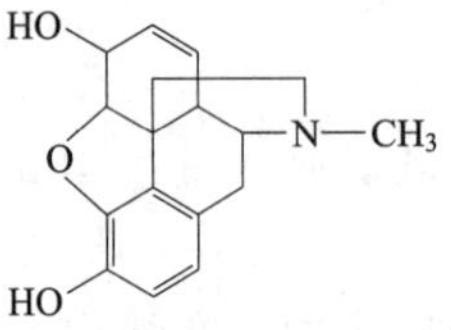

吗啡是白色结晶，熔点为 254℃，微溶于水，水溶液有苦味。它对中枢神经有麻痹作用，有显著的止咳、镇痛、抑制肠蠕动的作用，但连续使用会成瘾。由于吗啡有毒，中毒后精神萎靡不振，瞳孔缩小，呼吸缓慢，逐渐呼吸困难而死亡，因此，使用时须十分慎重。

*（6）秋水仙碱

秋水仙碱除了可有效地诱发染色体的加倍，在农业上用于多倍体育种外，还可以治疗风痛等疾病。特别是近年来发现它有一定的抗癌作用，能制止癌细胞的增长，对乳腺癌、皮肤癌等有很好的疗效。其结构如下：

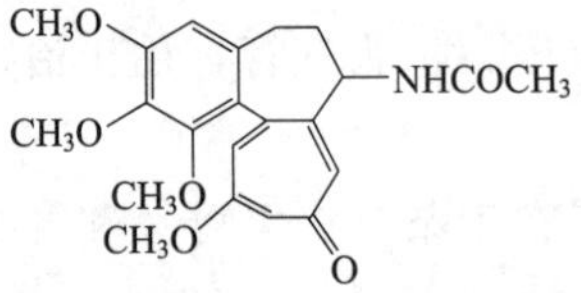

秋水仙碱存在于植物秋水仙的球茎和种子中，我国云南的山慈菇中含量也较多。秋水仙碱是黄灰色针状结晶，熔点为 155～157℃，能溶于水或稀乙醇溶液，易溶于氯仿，但不溶于无水乙醚和石油醚。秋水仙碱是环庚三烯酮的衍生物，分子中有两个稠合的七碳环，氮在侧链上成酰胺，因此呈中性。

# 鸦片和海洛因

鸦片，学名阿片，在医药上有着重要的位置，是一种很好的麻醉镇痛药。阿片一词是由希腊文"浆汁"引申而来，确确实实它是从植物罂粟的切口流出的浆汁经自然干燥而制得，色褐、味苦、异臭、可溶于水。其主要成分是吗啡（占10%），其次是可待因与罂粟碱，具有成瘾性、耐受性、欣快性、等级性四大药理特点。所谓等级性是指越是高级神经中枢，作用就越强。

令人遗憾的是，世界上生产的阿片仅一小部分用在医疗上，绝大部分被非法买卖，为"瘾君子"所用。阿片能使人慢性中毒，服用阿片半个月会出现瞳孔缩小，精神欣快，一旦停药会产生戒断综合征：流鼻涕、流眼泪、打哈欠、恶心呕吐、心烦意乱、软弱无力、精神萎靡。此时再服用阿片，戒断综合征立即消除。长此下去，成瘾者意志消沉，消瘦乏力，丧失生活及工作信心。为避免出现戒断综合征和获得欣快感，便会丧失理智地谋取阿片，即"强迫性求药行为"，导致严重的家庭与社会问题。

阿片的主要成分是吗啡，吗啡是镇痛的王牌药，又能提高胃肠平滑肌与括约肌的张力，减少蠕动，故可止泻固精，对此《本草纲目》曾有记载。吗啡一词来源于希腊文"梦神"，服用后会产生幻觉。阿片的另一成分是可待因，有中枢性镇咳作用及轻度镇痛作用。另外，阿片中所含的罂粟碱，具有松弛平滑肌作用和血管扩张作用，这一点与吗啡恰好相反。

阿片的近亲有印度大麻及其他人工合成品海洛因、杜冷丁、乙基吗啡。印度大麻曾作为麻醉药品使用过，但作为镇痛药已被否定，无明显成瘾性。海洛因即盐酸二乙基吗啡，为白色粉末，味苦，易溶于水，进入机体后水解成吗啡产生类吗啡作用。它比吗啡的镇痛作用大7倍，抑制呼吸中枢作用大4倍。它最大的危险性是：只服小剂量，短时间就可成瘾，并难以戒除，易复发。

治疗瘾君子的药物与方法较多，用非那酮替代是其中一种，这是由于非那酮所产生的戒断综合征较阿片为轻，通过迅速减量至停用以达到戒除的目的。

# 习　题

13-1　命名下列化合物或写出结构式。

(1) 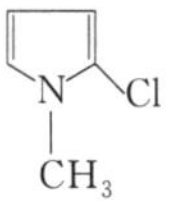 　(2) 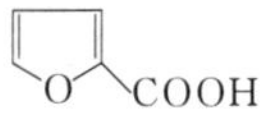 　(3) 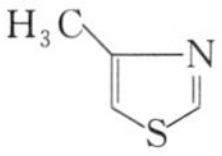 　(4)

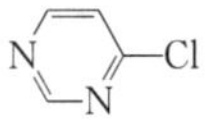

(5) 2,5-二甲基喹啉　(6) 4-喹啉甲醛　(7) 糠醛　(8) 1-甲基-5-溴-2-吡咯甲酸

13-2　从电子效应说明为什么吡啶比苯难于发生亲电取代反应，而吡咯比苯易于发生亲电取代反应。

13-3　甲基喹啉氧化得到一种三元羧酸，该酸脱水时可得到两种酸酐的混合物，确定甲基在喹啉中的位置。

13-4　完成下列反应。

(1)

(2)

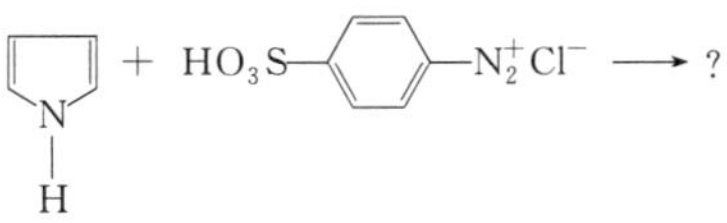

(3)

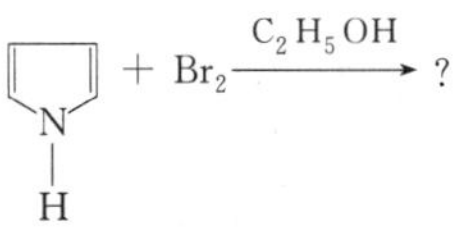

(4)

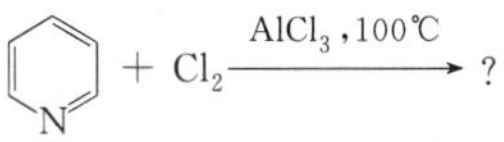

(5) 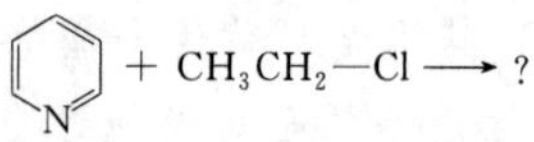 + CH$_3$CH$_2$—Cl ⟶ ?

(6) 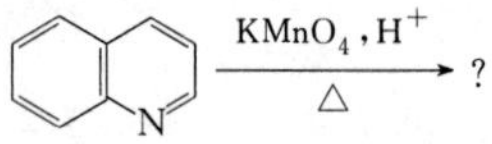 $\xrightarrow[\triangle]{\text{KMnO}_4,\text{H}^+}$ ?

(7) 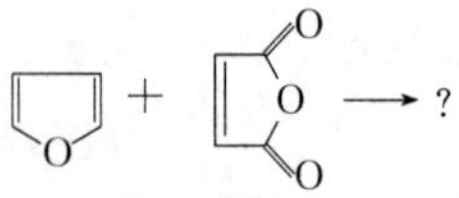 + ⟶ ?

13-5　写出下列反应中 A、B、C、D 的结构。

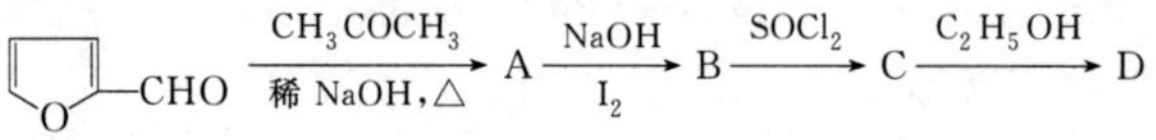

$$\text{—CHO} \xrightarrow[\text{稀 NaOH,}\triangle]{\text{CH}_3\text{COCH}_3} A \xrightarrow[\text{I}_2]{\text{NaOH}} B \xrightarrow{\text{SOCl}_2} C \xrightarrow{\text{C}_2\text{H}_5\text{OH}} D$$

13-6　按碱性由大到小的顺序排列下列化合物。

(1) 苄胺　苯胺　吡咯　吡啶　氨

(2) 吡咯　吡啶　四氢吡咯

13-7　用化学方法除去下列化合物中的杂质。

(1) 甲苯中的少量吡啶　　　　　　(2) 苯中的少量噻吩

# 14 氨基酸、蛋白质、核酸、萜类和甾类化合物

学习指导

掌握氨基酸的结构与化学性质、肽的结构、蛋白质的理化性质；了解萜类和甾类化合物。

## 14.1 氨基酸

### 14.1.1 氨基酸的分类和结构

氨基酸（amino acid）是羧酸碳链上的氢原子被氨基取代后的化合物，分子中含有氨基和羧基两种官能团。根据氨基和羧基所连接的碳原子类型，可分为脂肪族氨基酸和芳香族氨基酸。例如：

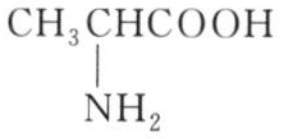

$$CH_3CHCOOH \quad\quad CH_2CH_2COOH \quad\quad CH_2CH_2CH_2COOH$$
$$\;\;\;|\quad\quad\quad\quad\quad\quad |\quad\quad\quad\quad\quad\quad\quad\quad |$$
$$\;\;NH_2\quad\quad\quad\quad\quad\quad NH_2\quad\quad\quad\quad\quad\quad\quad NH_2$$

α-氨基丙酸 　　　　β-氨基丙酸 　　　　　γ-氨基丁酸 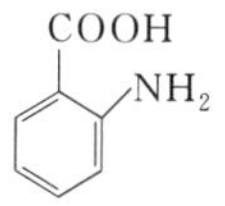　　　　邻氨基苯甲酸

脂肪族氨基酸根据分子中氨基与羧基的相对位置，分为 α-氨基酸、β-氨基酸、γ-氨基酸等。已经发现自然界中存在的氨基酸有 1000 余种，其中主要是 α-氨基酸，以及少量的 β-氨基酸和 γ-氨基酸。组成蛋白质的 20 种氨基酸，除脯氨酸为 α-亚氨基酸外，均属 α-氨基酸，其结构通式如下（式中 R 代表不同的侧链基团）：

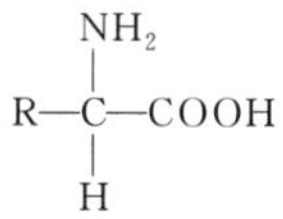

$$
\begin{array}{c}
NH_2\\
|\\
R-C-COOH\\
|\\
H
\end{array}
$$

α-氨基酸分子中同时存在酸性基团（—COOH）和碱性基团（—NH$_2$），它们可相互作用形成内盐。红外光谱显示，氨基酸在固态只有羧酸根负离子（—COO$^-$）的吸收峰；X 射线衍射也表明固态氨基酸分子中的羧基和氨基均呈离子状态。这些科学事实证实了固态氨基酸的偶极离子（dipolar ion）结构。

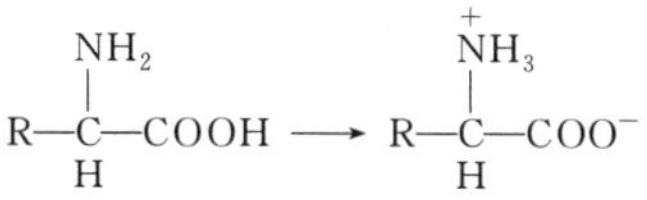

$$
\begin{array}{ccc}
NH_2 & & \overset{+}{N}H_3\\
| & & |\\
R-C-COOH & \longrightarrow & R-C-COO^-\\
| & & |\\
H & & H
\end{array}
$$

除氨基乙酸外，由蛋白质获得的氨基酸分子均具有旋光性，α-碳原子是手性碳原子，构型属于 L 型。若用 $R/S$ 标记法，α-碳原子除半胱氨酸为 R 型外，其余均为 S 型。例如：

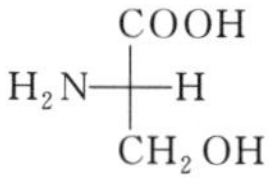

$$
\begin{array}{ccc}
COOH & COOH & COOH\\
H_2N-\!\!\!-\!\!\!-H & H_2N-\!\!\!-\!\!\!-H & H_2N-\!\!\!-\!\!\!-H\\
CH_2OH & CH_3 & H-\!\!\!-\!\!\!-OH\\
& & CH_3
\end{array}
$$

L-丝氨酸　　　　　L-丙氨酸　　　　　L-苏氨酸

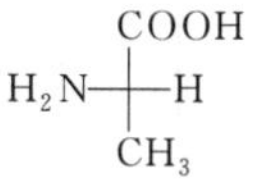

(S)-丝氨酸　　　　(S)-丙氨酸　　　　(S)-苏氨酸

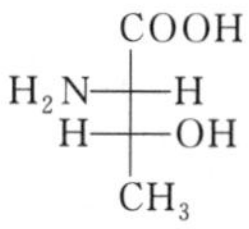

天然氨基酸常常根据分子中所含氨基和羧基的数目分为中性、酸性和碱性氨基酸，也可根据氨基酸的来源或某些特性而采用俗名。存在于蛋白质中的二十种常见氨基酸的名称、结构及中英文缩写见表 14-1。

**表 14-1　蛋白质中存在的常见氨基酸**

| 名　称 | 缩写 | 结构式 | 等电点 |
|---|---|---|---|
| 甘氨酸(glycine) | Gly(G) | $CH_2COOH$ \ $NH_2$ | 5.97 |
| 丙氨酸(alanine) | Ala(A) | $CH_3CHCOOH$ \ $NH_2$ | 6.02 |
| 亮氨酸(leucine)* | Leu(L) | $(CH_3)_2CHCH_2CHCOOH$ \ $NH_2$ | 5.98 |
| 异亮氨酸(isoleucine)* | Ile(I) | $CH_3CH_2CH(CH_3)CHCOOH$ \ $NH_2$ | 6.02 |
| 缬氨酸(valine)* | Val(V) | $(CH_3)_2CHCHCOOH$ \ $NH_2$ | 5.97 |
| 脯氨酸(proline) | Pro(P) | 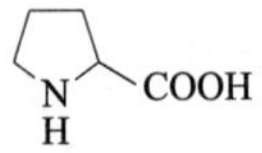 结构式 | 6.48 |
| 苯丙氨酸(phenylalanine)* | Phe(F) | $C_6H_5CH_2CHCOOH$ \ $NH_2$ | 5.48 |
| 甲硫氨酸(methionine)* | Met(M) | $CH_3SCH_2CH_2CHCOOH$ \ $NH_2$ | 5.75 |
| 丝氨酸(serine) | Ser(S) | $HOCH_2CHCOOH$ \ $NH_2$ | 5.68 |
| 谷氨酰胺(glutamine) | Gln(Q) | $H_2NCOCH_2CH_2CHCOOH$ \ $NH_2$ | 5.65 |
| 苏氨酸(threonine)* | Thr(T) | $CH_3CH(OH)CHCOOH$ \ $NH_2$ | 5.60 |
| 半胱氨酸(cysteine) | Cys(C) | $HSCH_2CHCOOH$ \ $NH_2$ | 5.07 |
| 天冬酰胺(asparagine) | Asn(N) | $H_2NCOCH_2CHCOOH$ \ $NH_2$ | 5.41 |
| 酪氨酸(tyrosine) | Tyr(Y) | 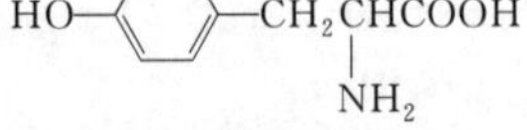 $HO-C_6H_4-CH_2CHCOOH$ \ $NH_2$ | 5.66 |
| 色氨酸(tryptophan)* | Trp(W) | 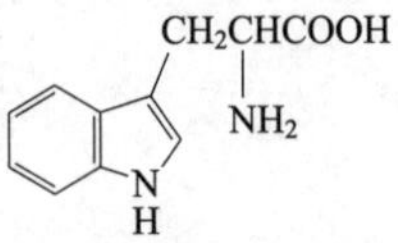 $CH_2CHCOOH$ \ $NH_2$ | 5.89 |

续表

| 名　称 | 缩写 | 结构式 | 等电点 |
|---|---|---|---|
| 天冬氨酸（aspartic acid） | Asp(D) | HOOCCH$_2$CHCOOH<br>　　　　\|<br>　　　　NH$_2$ | 2.98 |
| 谷氨酸（glutamic acid） | Glu(E) | HOOCCH$_2$CH$_2$CHCOOH<br>　　　　　　\|<br>　　　　　　NH$_2$ | 3.22 |
| 赖氨酸（lysine）* | Lys(K) | H$_2$NCH$_2$CH$_2$CH$_2$CH$_2$CHCOOH<br>　　　　　　　　　\|<br>　　　　　　　　　NH$_2$ | 9.74 |
| 精氨酸（arginine） | Arg(R) | H$_2$NCNHCH$_2$CH$_2$CH$_2$CHCOOH<br>　　\|　　　　　　　\|<br>　　NH　　　　　　NH$_2$ | 10.76 |
| 组氨酸（histidine） | His(H) | CH$_2$CHCOOH<br>　　　\|<br>　　　NH$_2$ | 7.59 |

注：表中标有"*"的氨基酸动物一般不能自身合成，必须从食物中摄取。这些氨基酸称为必需氨基酸。如果动物的食物中缺少这些氨基酸，就会影响其生长和发育。

## 14.1.2　氨基酸的物理性质

氨基酸是没有挥发性的无色黏稠液体或结晶固体，易溶于水而难溶于乙醚、丙酮和氯仿等非极性有机溶剂。固体氨基酸加热至熔点（一般在 200℃以上）则分解，如氨基乙酸在 292℃熔化并分解，而乙酸的熔点是 16.6℃，这些性质与一般有机化合物相比具有很大差别。

## 14.1.3　氨基酸的化学性质

氨基酸具有氨基和羧基的典型性质，如氨基可以发生烷基化、酰基化和重氮化反应等；羧基可以形成酯、酰氯或酰胺等。某些氨基酸分子中含有羟基、巯基等官能团，可以发生它们所特有的反应。此外，分子中还具有氨基和羧基相互影响而产生的一些特殊性质。

（1）两性和等电点

氨基酸分子中既含有氨基，又含有羧基，所以氨基酸与强酸、强碱都能成盐，是两性化合物。分子中的氨基和羧基本身就形成内盐（inner salt），亦称两性离子（zwitter ion）或偶极离子（dipolar ion）。它与酸、碱的反应可表示如下：

$$
\begin{array}{ccccc}
\text{H} & & \text{H} & & \text{H} \\
\text{R—C—COO}^- & \underset{\text{OH}^-}{\overset{\text{H}^+}{\rightleftharpoons}} & \text{R—C—COO}^- & \underset{\text{OH}^-}{\overset{\text{H}^+}{\rightleftharpoons}} & \text{R—C—COOH} \\
\text{NH}_2 & & \text{}^+\text{NH}_3 & & \text{}^+\text{NH}_3 \\
\text{阴离子} & & \text{偶极离子} & & \text{阳离子}
\end{array}
$$

由于氨基酸分子中—COO$^-$结合质子的能力与—NH$_3^+$给出质子的能力并不完全相同，也就是阴离子和阳离子的量是不相等的，因此中性氨基酸水溶液的 pH 并不等于 7，一般略小于 7。当溶液为某一 pH 时，阴离子和阳离子浓度相等，净电荷为零，此时溶液的 pH 称为该氨基酸的等电点（用 p$I$ 表示）。不同的氨基酸具有不同的等电点（见表 14-1），在等电点时，偶极离子的浓度最大，氨基酸在水中的溶解度最小，因而可以采用调节等电点的方法，分离氨基酸的混合物。

在电场中，偶极离子不向任一电极移动，而带净电荷的氨基酸则向某一电极移动。可以利用移动的方向和速度来分离和鉴别氨基酸。

（2）羧基的反应

$\alpha$-氨基酸分子中的羧基具有典型羧基的性质，如能与碱、五氯化磷、胺、醇、氢化铝锂等反应，还可以发生脱羧反应。例如：

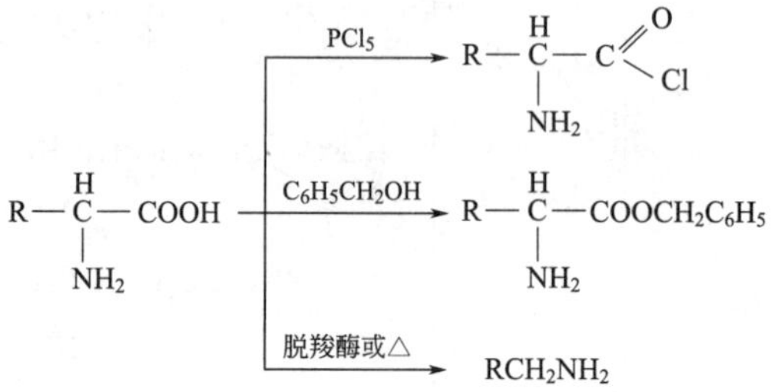

其中，酰氯化反应在肽合成中可以用来活化羧基；苄酯化反应可以用来保护羧基；酶催化脱羧反应可以用于制备各种胺类化合物。

（3）氨基的反应

$\alpha$-氨基酸分子中的氨基具有典型氨基的性质，如能与酸、亚硝酸、烷基化试剂、酰基化试剂、甲醛等反应。例如：

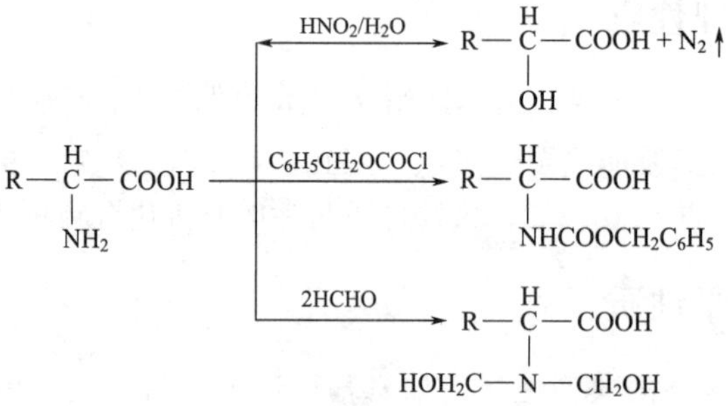

其中，重氮化反应可以用于测定含有伯氨基的氨基酸；氨甲酰苄酯化反应可在肽合成中用来保护氨基；亚胺化反应可使氨基酸的碱性消失，用于测定分子中羧基的含量；酶催化脱胺脱羧反应可用于制备各种醇类化合物。

（4）与水合茚三酮的反应

$\alpha$-氨基酸的水溶液与水合茚三酮（ninhydrin）共热，生成蓝紫色物质。这是 $\alpha$-氨基酸特有的反应，广泛应用于定性或定量测定 $\alpha$-氨基酸的浓度。但只具有仲氨基的脯氨酸，不与茚三酮发生作用。

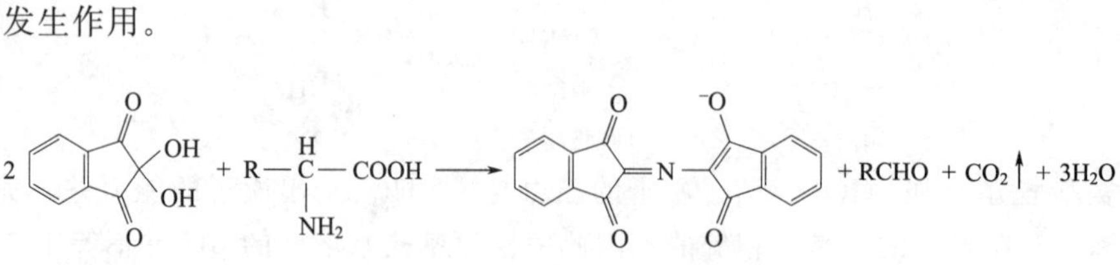

水合茚三酮　　　　　　　　　　　　（紫色）

（5）受热反应

氨基酸分子中氨基和羧基的相对位置不同时，在加热情况下生成不同结构的产物：$\alpha$-氨基酸受热发生两分子失水形成哌嗪二酮衍生物；$\beta$-氨基酸受热脱去氨分子，形成 $\alpha,\beta$-不饱和酸；$\gamma$-氨基酸受热则分子内失水形成酰胺；当氨基和羧基距离较远时，受热则发生多分子间失水形成聚酰胺。例如：

$$H_3C-\underset{\underset{NH_2}{|}}{\overset{\overset{O}{||}}{C}}-OH \ + \ H_2N-\underset{\underset{COOH}{|}}{\overset{|}{C}}-CH_3 \ \xrightarrow{\triangle} \ $$

$$R-\underset{\underset{NH_2}{|}}{\overset{\overset{H}{|}}{C}}-CH_2COOH \ \xrightarrow{\triangle} \ R-\overset{H}{\underset{}{C}}=CHCOOH$$

$$R-\underset{\underset{NH_2}{|}}{\overset{\overset{H}{|}}{C}}-CH_2CH_2COOH \ \xrightarrow{\triangle} \ $$

$$nH_2N-(CH_2)_m-COOH \ \xrightarrow{\triangle} \ H_2N-(CH_2)_m-\overset{O}{\underset{}{C}}\left[NH-(CH_2)_m-\overset{O}{\underset{}{C}}\right]_{n-2}HN-(CH_2)_m-\overset{O}{\underset{}{C}}-OH$$

（6）配合反应

氨基酸中的羧基可以与金属成盐，同时氨基的氮原子也可以与某些金属离子形成配位键，因此氨基酸能与某些金属离子形成稳定的配合物。如 $\alpha$-氨基酸与 $Cu^{2+}$ 形成蓝色配合物结晶，可用于分离或提纯氨基酸。

（7）肽的形成

一分子氨基酸的氨基与另一分子氨基酸的羧基可以发生分子间的脱水缩合，并通过肽键（peptide bond）结合成肽。

$$R-\underset{\underset{NH_2}{|}}{\overset{\overset{H}{|}}{C}}-COOH \ + \ H_2N-\underset{\underset{R'}{|}}{\overset{\overset{H}{|}}{C}}-COOH \ \longrightarrow \ R-\underset{\underset{NH_2}{|}}{\overset{\overset{H}{|}}{C}}-\overset{O}{\underset{}{C}}-\underset{H}{N}-\underset{\underset{R'}{|}}{\overset{\overset{H}{|}}{C}}-COOH \ + \ H_2O$$

肽键实际上是一种酰胺键。由两个氨基酸缩合而成的肽称为二肽（dipeptide）；由三个氨基酸缩合而成的称为三肽；由多个氨基酸缩合而成的称为多肽（polypeptide）。

多肽链中含有游离氨基的一端以"N"端表示；含有游离羧基的一端，以"C"端表示，而且，一般将 N-端放在左边，C-端放在右边。例如：

$$H_2N-\underset{\underset{R^1}{|}}{\overset{\overset{H}{|}}{C}}-\overset{O}{\underset{}{C}}-\underset{H}{N}-\underset{\underset{R^2}{|}}{\overset{\overset{H}{|}}{C}}-\overset{O}{\underset{}{C}}-\underset{H}{N}-\underset{\underset{R^3}{|}}{\overset{\overset{H}{|}}{C}}-\overset{O}{\underset{}{C}}-\underset{H}{N}-\underset{\underset{R^4}{|}}{\overset{\overset{H}{|}}{C}}-COOH$$

多肽的命名，以含 C-端的氨基酸为母体，把肽链中其他氨基酸名称中的"酸"字改为"酰"字，把它们在链中的排列顺序依次写在母体名称之前。例如：

$$H_2N-\underset{\underset{COOH}{|}}{\overset{}{CH}}-CH_2-CH_2-\overset{O}{\underset{}{C}}-NH-\underset{\underset{\underset{SH}{|}}{\overset{|}{CH_2}}}{\overset{}{CH}}-\overset{O}{\underset{}{C}}-NH-CH_2-COOH$$

谷氨酰半光氨酰甘氨酸［简称谷胱甘肽（glutathione-SH，GSH）］

多肽类物质在自然界存在很多，它们在生物体中起着各种不同的作用。例如：

$$Cys—Tyr—Ile—Glu—Arg—Cys—Pro—Leu—Gly \cdot NH_2$$

$$\overset{|}{S} \underline{\hspace{8cm}} \overset{|}{S}$$

牛催产素（bovine oxytocin）

牛催产素中最右面的 $NH_2$ 表示为甘氨酸的 —COOH 被转化为 —$CONH_2$，牛催产素中的两个半胱氨酸的巯基，形成了二硫键。二硫键在多肽链中比较常见，它是维持多肽和蛋白质特定构象的一种重要的作用力。

---

**思考题 14-1**    一个三肽的结构如下：

$$H_2N—(CH_2)_4—\overset{\displaystyle H}{\underset{\displaystyle NH_2}{C}}—\overset{\displaystyle O}{C}—\overset{\displaystyle H}{N}—\overset{\displaystyle O}{\underset{\displaystyle CH_3}{C}}—\overset{\displaystyle H}{N}—\overset{\displaystyle H}{\underset{\displaystyle CH_2Ph}{C}}—COOH$$

(1) 写出此三肽的名称。

(2) 要使其达到等电点，应如何调节其溶液的 pH?

(3) 完全水解时，能生成哪些氨基酸?

---

# 14.2   蛋白质

蛋白质（protein）存在于一切细胞中，是由各种 L-$\alpha$-氨基酸通过酰胺键形成的含氮生物高分子化合物，在机体中承担着各种各样的生理作用与机械功能。例如肌肉、毛发、指甲、某些激素、酶、血红蛋白等都是由不同的蛋白质组成的。它们供给机体营养，执行保护功能，负责机械运动，防御病菌侵袭，传递遗传信息等，在生命现象中起着决定性作用。

## 14.2.1   蛋白质的组成和分类

蛋白质是由氨基酸通过酰胺键形成的高分子化合物，从这一点上来说，它与多肽没有区别，但是一般将分子量在 10000 以上（实际上没有严格界限）的叫作蛋白质。蛋白质水解后的最终产物都是氨基酸，因此氨基酸是组成蛋白质的基本单位。

元素分析测试表明，蛋白质组成中含有碳、氢、氧、氮及少量硫，部分还含有微量磷、铁、锌、钼等元素。一般干燥蛋白质的元素含量（质量分数）为：碳 50%～55%，氧 20%～23%，氢 6%～7%，氮 15%～17%，硫 0.3%～2.5%。

根据蛋白质的形状、溶解度和化学组成，可将其分为纤维蛋白、球蛋白和结合蛋白三类。纤维蛋白分子为细长形，不溶于水，如蚕丝、毛发、角、蹄等；球蛋白呈球形或椭球形，一般能溶于水，如酶、蛋白激素等；结合蛋白由蛋白质与辅基结合而成，辅基为非氨基酸物质，可以是糖类、脂类、核酸等，如核蛋白中的辅基为核酸，血红蛋白中的辅基为血红素分子。

## 14.2.2   蛋白质的结构

蛋白质在结构上最显著的特征是在天然状态下均具有独特而稳定的构象。蛋白质的特殊功能和活性不仅取决于氨基酸的组成、数目及排列顺序，还与其特定的空间构象密切相关。为了表示蛋白质分子不同层次的结构，常将蛋白质结构分为一级结构、二级结构、三级结构和四级结构。

① 蛋白质的一级结构　是指多肽链中氨基酸的排列顺序。肽键是一级结构中连接氨基酸残基的主要化学键。任何特定的蛋白质都有其特定的氨基酸排列顺序。

② 蛋白质的二级结构　是指肽链中由于氢键作用所形成的 $\alpha$-螺旋和 $\beta$-折叠。$\alpha$-螺旋是一条肽链中的酰胺键上的氧原子与另一酰胺键中氨基上的氢原子形成氢键，而绕成螺旋形（见图 14-1）；$\beta$-折叠是由链间氢键将肽链拉在一起形成的片状结构（见图 14-2）。

图 14-1　$\alpha$-螺旋　　　　　　　　　　　图 14-2　$\beta$-折叠

③ 蛋白质的三级结构　是指肽链中含有的羟基、巯基、烃基、游离氨基和羧基等其他基团，借助静电引力、氢键、二硫键及范德华力等将肽链或链中的某些部分联系在一起，使得蛋白质在二级结构的基础上进一步卷曲折叠，而以一定形态的紧密结构存在，形成蛋白质的三级结构。图 14-3 表示的是肌红蛋白的三级结构。

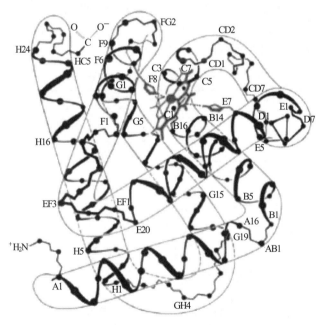

图 14-3　肌红蛋白的三级结构

④ 蛋白质的四级结构　涉及整个分子中亚基的聚集状态，以及保持亚基在一起的静电引力。亚基是指分子中不止含有一条肽链时，其中的每一条多肽链可认为是一个亚单位或亚基。例如，血红蛋白由四个亚基组成，其中有两对多肽链，共 574 个氨基酸，每条链与一个

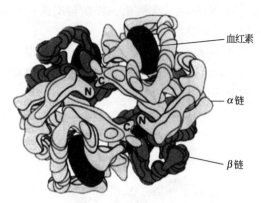

图 14-4 血红蛋白的四级结构

血红素分子结合，整个分子中的四条链连接在一起形成一个紧密的结构。图 14-4 表示的是血红蛋白的四级结构。

### 14.2.3 蛋白质的理化性质

蛋白质分子结构复杂，分子量大，分子中含有多个极性基团，且某些基团还带有电荷，因此它们表现出一系列特有的物理和化学性质。

（1）溶液性质

蛋白质因含有—$NH_3^+$、—$COO^-$、—CONH—、—OH、—SH 等极性基团而具有高度的亲水性，其水溶液是一种稳定的亲水性胶体。蛋白质在水溶液中，由于分子量大而不能透过半透膜。人们可利用这种性质，将蛋白质和低分子量化合物或无机盐通过透析法分离开，达到纯化的目的。

（2）盐析

在蛋白质溶液中加入无机盐〔如（$NH_4$）$_2SO_4$、$MgSO_4$、NaCl 等〕溶液后，蛋白质便从溶液中析出，这种作用称为盐析。盐析是一个可逆的过程，析出的蛋白质可再溶于水而不影响其性质。但不同的蛋白质盐析时，盐的最低浓度是不同的，可利用这个性质分离不同的蛋白质。值得注意的是，重金属离子 $Hg^{2+}$、$Pb^{2+}$ 等通常形成不溶性蛋白质，是不可逆过程。

（3）两性和等电点

与氨基酸相似，蛋白质也是两性物质。它能与强酸或强碱成盐，存在等电点（见表 14-2）。在等电点时，蛋白质分子在电场中不发生迁移，这时的蛋白质溶解度最小。通过调节蛋白质溶液的 pH 至等电点，可使蛋白质从溶液中析出。

表 14-2 一些蛋白质的等电点

| 蛋白质 | p$I$ | 蛋白质 | p$I$ |
|---|---|---|---|
| 胃蛋白酶 | 1.1 | 胰岛素 | 5.3 |
| 酪蛋白 | 3.7 | 血红蛋白 | 6.8 |
| 卵白蛋白 | 4.7 | 核糖核酸酶 | 9.5 |
| 血清白蛋白 | 4.8 | 溶菌酶 | 11.0 |

（4）变性

蛋白质在受热、紫外照射或化学试剂作用时，性质会发生改变，溶解度降低甚至凝固，这种现象称为蛋白质的变性。变性作用主要是由蛋白质分子内部结构发生变化所致。蛋白质变性后，不仅丧失了原有的水溶性，而且也失去了原有的生理功能。硝酸、单宁酸、苦味酸、重金属盐和丙酮等都能使蛋白质变性。

（5）显色

蛋白质中含有不同的氨基酸，可以和不同的试剂发生特殊的颜色变化，利用这些反应可以鉴别蛋白质。例如：蛋白质具有的—CHNHCO—结构可以和茚三酮生成蓝紫色物质；蛋白质具有的—HNCONHCONH—结构可以和 $CuSO_4$ 溶液作用发生缩二脲反应呈现出紫色或粉红色；蛋白质具有的苯环氨基酸结构可以和浓硝酸作用呈现出黄色等。

思考题 14-2　为什么蛋白质有两性性质和等电点？它对生物体有何重要意义？

### 14. 2. 4  典型化合物

（1）半胱氨酸和胱氨酸

半胱氨酸（cysteine）是一种具有生理功能的氨基酸，是组成蛋白质的 20 多种氨基酸中唯一具有还原性基团巯基（—SH）的氨基酸，多存在于蛋白性的动物保护组织中，如毛、角、指甲等。半胱氨酸和胱氨酸（cystine）可通过氧化还原而互相进行转化。

$$\underset{\underset{NH_2}{|}}{HSCH_2CHCOOH} \; \underset{+2H}{\overset{-2H}{\rightleftharpoons}} \; \begin{array}{c} \overset{NH_2}{\underset{}{|}} \\ SCH_2CHCOOH \\ | \\ SCH_2CHCOOH \\ \underset{NH_2}{|} \end{array}$$

在医药上，半胱氨酸可用于治疗肝炎、锑中毒和放射性药物中毒。胱氨酸能够促进机体细胞氧化还原性能增强，增加白细胞和阻止病原菌发育等作用，也可用于辅助治疗脱发、脂溢性皮炎和指甲变脆等病症。

（2）人血清白蛋白

人血清白蛋白（human serum albumin，HSA）是人血浆中的蛋白质，其非糖基化的单链多肽包含 585 个氨基酸，分子量为 66kD。在血浆中浓度为 42g/L，约占血浆总蛋白的 60%。在体液中人血清白蛋白可以运输脂肪酸、胆色素、氨基酸、类固醇激素、金属离子和许多治疗分子等，同时维持血液正常的渗透压。在临床上人血清白蛋白可用于治疗休克与烧伤，用于补充

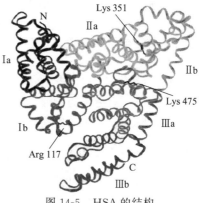

图 14-5  HSA 的结构

因手术、意外事故或大出血所致的血液丢失，也可以作为血浆增容剂等。图 14-5 为 HSA 的结构。

（3）$NAD^+$ 和 $NADP^+$

NAD 和 NADP 分别为尼克烟酰胺腺嘌呤二核苷酸和尼克烟酰胺腺嘌呤二核苷酸磷酸酯的缩写。其氧化型分别为 $NAD^+$ 和 $NADP^+$，还原型分别为 NADH 和 NADPH。其结构如下：

R=—H, $NAD^+$
R=—$PO_3^{2-}$, NADP

R=—H, NADH
R=—$PO_3^{2-}$, NADPH

从其结构式可以看出，$NAD^+$ 是由尼克烟酰胺核苷-5′磷酸与腺苷-5′-磷酸通过磷酸酐键

连接的二核苷酸，NADP⁺ 结构与 NAD⁺ 唯一的差别是腺苷结构的核糖上 C2′ 的—OH 被磷酸酯化；NADH 吡啶环上的氮不带电荷，且 C4 为饱和碳，NADPH 的核糖上 C2′ 的—OH 也被磷酸酯化。无论 NAD⁺（NADH）还是 NADP⁺（NADPH），都是吡啶环作为直接参与酶促反应的部位，分子中的其余部分只作为与酶蛋白结合时起识别分子的作用。

NAD⁺ 是人们发现的第一个辅酶，是许多脱氢反应中极其重要的辅酶，其中吡啶环起到电子接受体的作用。例如，在苹果酸脱氢酶作用下，苹果酸脱氢生成草酰乙酸的反应，必须要有 NAD⁺ 参与反应接受脱下的氢，从而 NAD⁺ 被还原生成 NADH。

$$\begin{array}{c} \text{COO}^- \\ \text{HO}{-}\text{H} \\ \text{CH}_2\text{COO}^- \end{array} \quad \underset{}{\overset{\text{NAD}^+ \quad \text{NADH}+\text{H}^+}{\rightleftharpoons}} \quad \begin{array}{c} \text{COO}^- \\ \text{O}{=} \\ \text{CH}_2\text{COO}^- \end{array}$$

生物体内有许多上述这种类型的脱氢酶，每一种都有其专一性的底物。它们有些以 NAD⁺ 为辅酶，有些则以 NADP⁺ 为辅酶。多数脱氢酶与 NAD⁺ 或 NADP⁺ 结合是松散的。

## 14.3 核酸

核酸（nucleic acid）于 1869 年由瑞士生物学家 Miescher 首次从细胞核中分离得到，当时被称为核质，后更名为核酸。核酸的发现为人类提供了揭示生命之谜的金钥匙。核酸参与生物体的新陈代谢，参与生物体内蛋白质的合成，与生物的遗传也有着密切的关系。

### 14.3.1 核酸的组成

核酸是由核苷酸（nucleotide）聚合形成的高分子化合物。核酸分为核糖核酸（ribonucleic acid，RNA）和脱氧核糖核酸（deoxyribonucleic acid，DNA）两大类。RNA 主要存在于细胞质中，而 DNA 存在于细胞核中。DNA 和 RNA 中所含的嘌呤碱相同，都含有腺嘌呤和鸟嘌呤；但所含的嘧啶碱不同，两者都含有胞嘧啶，RNA 中含有尿嘧啶无胸腺嘧啶，DNA 中含有胸腺嘧啶无尿嘧啶。

| 尿嘧啶<br>uracil, U | 胞嘧啶<br>cytosine, C | 胸腺嘧啶<br>thymine, T | 腺嘌呤<br>adenine, A | 鸟嘌呤<br>guanine, G |

核酸中的戊糖有两类，即 D-核糖和 D-2-脱氧核糖，二者都为 β-构型。

β-D-核糖　　　　β-D-2-脱氧核糖

核酸用稀酸控制水解，得到核苷酸；核苷酸继续水解，得到核苷和磷酸；核苷再继续水解，则生成戊糖和杂环生物碱。

### 14.3.2 核苷

核苷（nucleoside）由杂环生物碱和戊糖组成。RNA 的核苷是胞嘧啶核苷（胞苷）、尿嘧啶核苷（尿苷）、腺嘌呤核苷（腺苷）和鸟嘌呤核苷（鸟苷），它们分别由核糖和胞嘧啶、尿嘧啶、腺嘌呤、鸟嘌呤构成，是由糖分子 1′ 位上的羟基同嘧啶环 1 位或嘌呤环 9 位氮原子上的氢脱水而成，是 $\beta$-苷。DNA 的核苷是相应的 2-脱氧核糖的类似物，只是没有尿嘧啶脱氧核苷而有胸腺嘧啶-2-脱氧核苷。

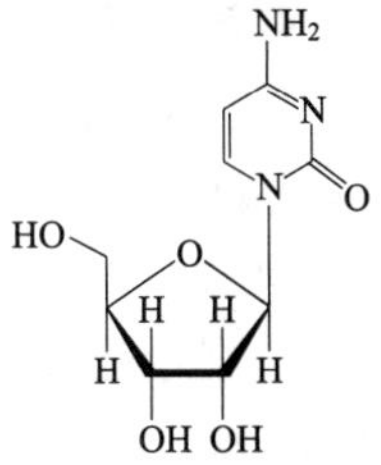

胞嘧啶核苷 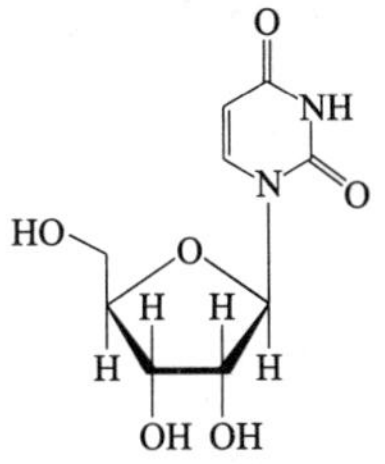　　　　尿嘧啶核苷 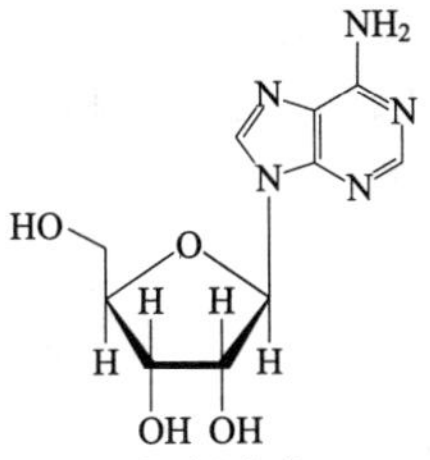　　　　腺嘌呤核苷 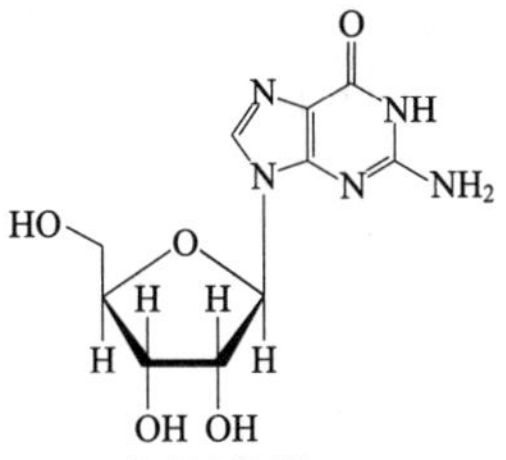　　　　鸟嘌呤核苷

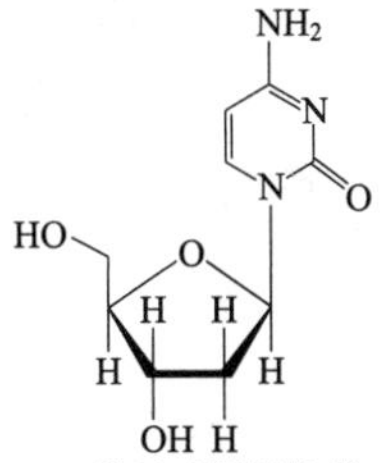

胞嘧啶脱氧核苷 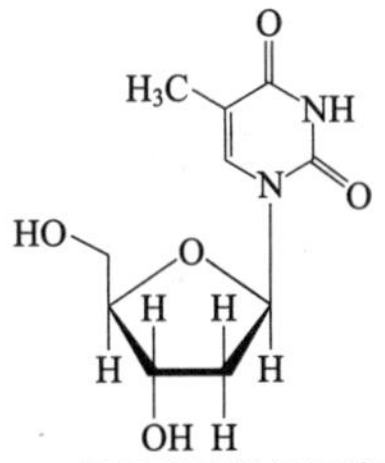　　胸腺嘧啶脱氧核苷 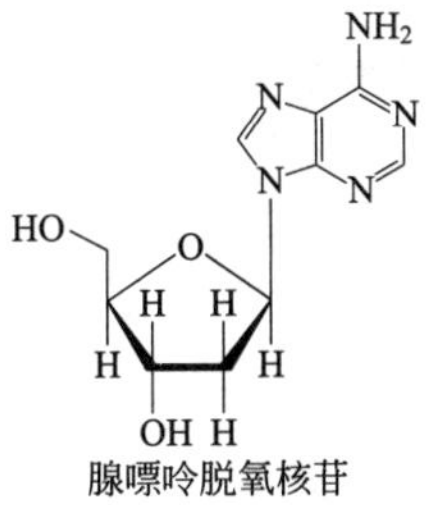　　腺嘌呤脱氧核苷 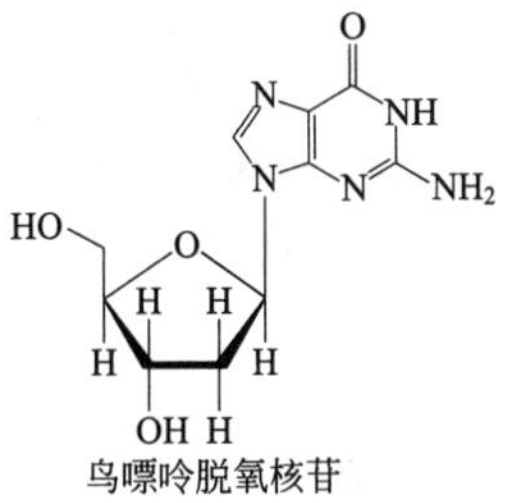　　鸟嘌呤脱氧核苷

## 14.3.3　核苷酸和脱氧核苷酸

核苷酸由核苷和磷酸组成，是核苷分子中的核糖或脱氧核糖的 $3'$ 位或 $5'$ 位的羟基与磷酸脱水所形成的酯，生物体内的核苷酸多为 $5'$-核苷酸。组成 RNA 的核苷酸有胞苷酸、尿苷酸、腺苷酸和鸟苷酸；组成 DNA 的核苷酸有脱氧胞苷酸、脱氧胸苷酸、脱氧腺苷酸和脱氧鸟苷酸，其结构如下：

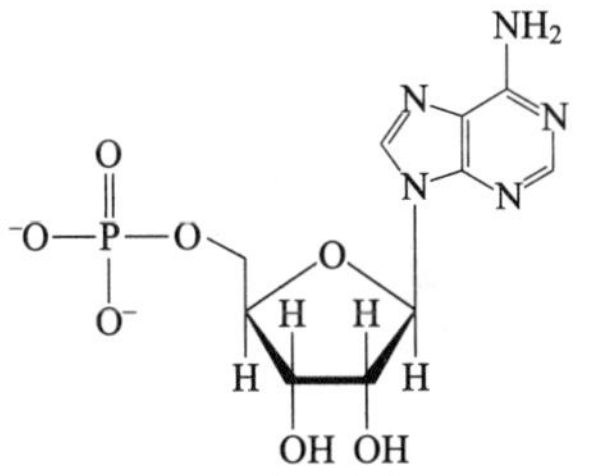

腺苷-5′-磷酸 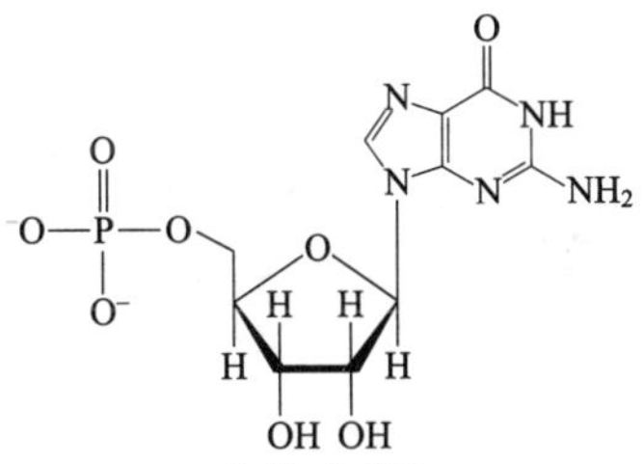　　　　鸟苷-5′-磷酸 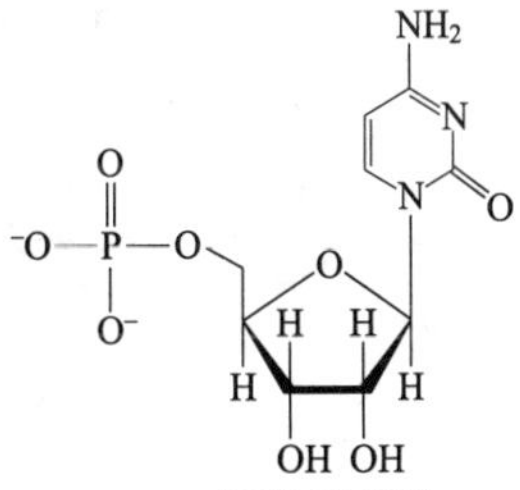　　　　胞苷-5′-磷酸

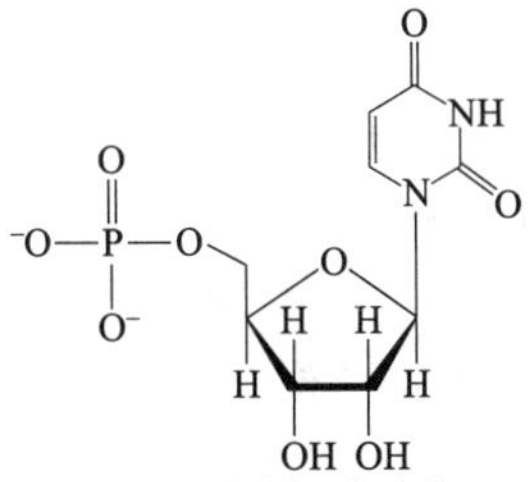

尿苷-5′-磷酸 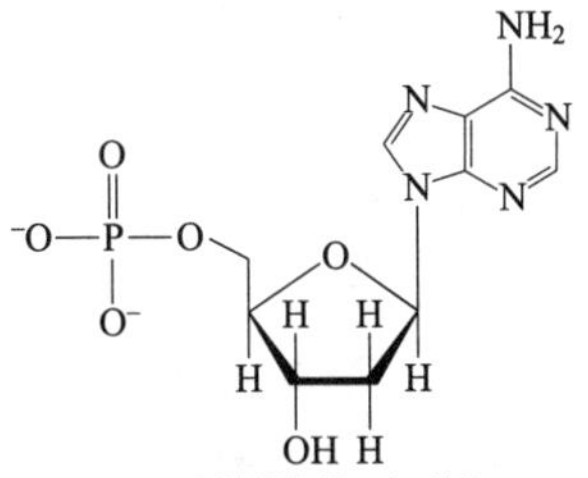　　　　脱氧腺苷-5′-磷酸 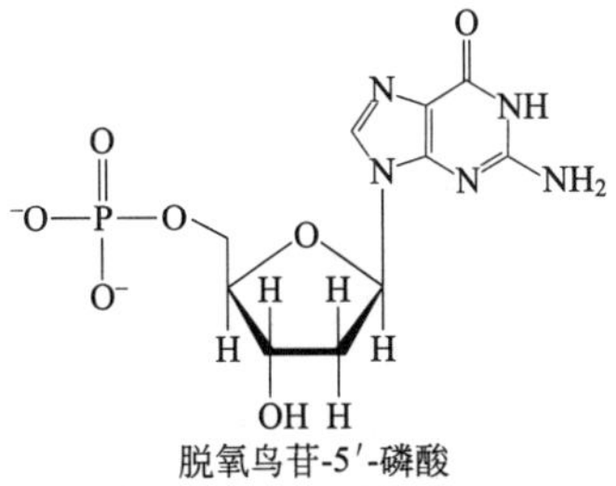　　　　脱氧鸟苷-5′-磷酸

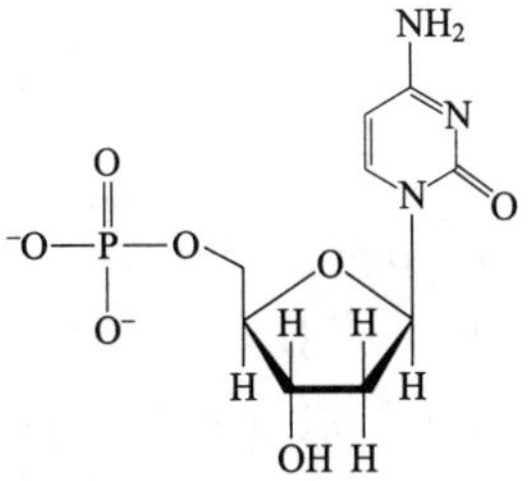

脱氧胞苷-5′-磷酸 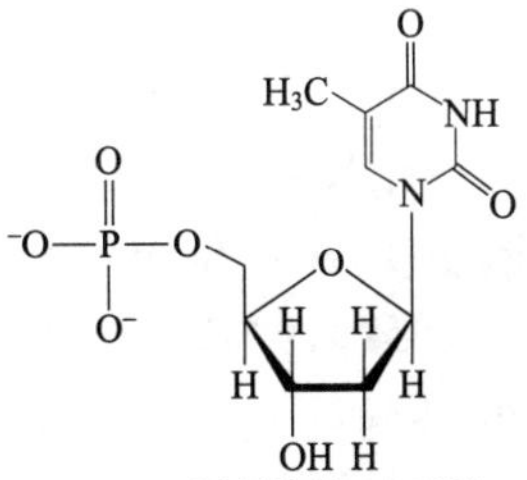　　　　脱氧胸苷-5′-磷酸

### 14. 3. 4　核酸的结构

核酸的一级结构是指核酸分子中各种核苷酸排列的顺序，又称为核苷酸序列或碱基序列。在核酸分子中，各核苷酸之间是通过 $3'$ 和 $5'$-磷酸二酯键连接的，即一个核苷酸的 $3'$-羟基与另一个核苷酸的 $5'$-磷酸基脱水形成的磷酯键连接，形成没有支链的核酸大分子。

核酸的二级结构主要指 DNA 分子的双螺旋结构。关于 DNA 分子结构的研究，早在 20 世纪 40 年代就已经开始，直到 1953 年，Watson J D 和 Crick F H C 才根据前人研究的结果，提出了著名的 DNA 双螺旋结构模型（见图 14-6）。双螺旋结构模型认为，DNA 分子由两条核苷酸链组成，沿着一个共同的轴心以反平行方式盘旋成右手螺旋结构。该结构中，亲水的脱氧戊糖基和磷酸基位于双螺旋外侧，碱基则朝向内侧。一条链的碱基和另一条链的碱基通过氢键结合成对。配对碱基始终是腺嘌呤（A）与胸腺嘧啶（T）配对，鸟嘌呤（G）与胞嘧啶（C）配对，称之为碱基配对规律。

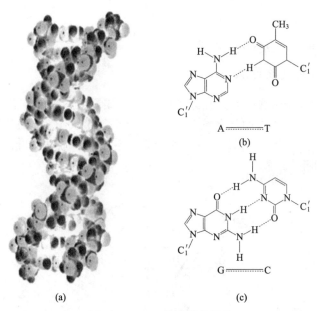

图 14-6　DNA 的双螺旋结构

双螺旋结构中，双螺旋的直径为 2000pm，相邻两个碱基对平面间距 340pm，每 10 对碱基组成一个螺旋周期。碱基间的疏水作用可导致碱基堆积，从而维系双螺旋的纵向稳定，而碱基对间的氢键则维系双螺旋的横向稳定。由碱基互补规律可知，当 DNA 分子中一条多核苷酸链的碱基序列确定后，可推知另一条互补的多核苷酸链的碱基序列。这就决定了 DNA 与生命现象中的各种遗传作用密切相关。在生物领域内，形形色色的遗传信息都由 DNA 中的 A、T、G、C 四个碱基的顺序决定。

DNA 的双螺旋结构是 DNA 分子在生理条件和水溶液中最稳定的结构，称为 B-DNA。此外，人们还发现了 Z-DNA 和 A-DNA。

RNA 在结构上与 DNA 不相同，大多数天然 RNA 以单链形式存在，在单链的许多区域发生自身回折，回折区域内碱基以 A-U 和 G-C 配对。常见的 RNA 结构是在一条分子的一段或几段中有两股互补的排列，而整个分子的双股部分被没有互补排列的单股隔开。所以 RNA 的二级结构一般不如 DNA 分子有规律，如图 14-7 所示的 t-RNA 结构。

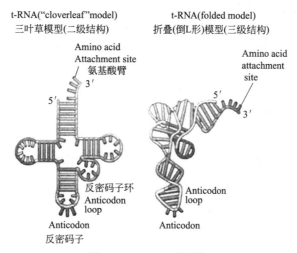

图 14-7 t-RNA 的结构

## 14.3.5 核酸的理化性质

DNA 为白色纤维状固体，RNA 为白色粉末。二者均微溶于水，易溶于稀碱溶液，不溶于乙醇、乙醚和氯仿等有机溶剂，易溶于乙二醇单甲醚，其钠盐在水中的溶解度比较大。

核酸溶液的黏度比较大。DNA 由于分子的不对称性，其黏度比 RNA 更大。

核酸分子是两性化合物，能与金属离子成盐，又能与一些碱性化合物生成复合物。同时，它还能与一些染料结合，可用来帮助观察细胞内核酸成分的各种细微结构。在不同 pH 的溶液中，核酸带有不同的电荷，可在电场中发生迁移，迁移的方向和速率与核酸分子的电荷量、大小和分子的形状有关。

---

**思考题 14-3** 试用化学方法鉴别 RNA 和 DNA。

---

# * 14.4 萜类化合物

萜类化合物（terpenoid）广泛存在于自然界中，如植物香精油中的某些组分及动植物中的某些色素等。萜类化合物的特点是，分子中碳原子的个数是异戊二烯碳原子个数的整数倍（个别例外），这种结构特点称为异戊二烯规则。根据分子中所含异戊二烯骨架的多少，萜类化合物可分为单萜和多萜（见表 14-3）。

表 14-3 萜类化合物的分类

| 类别 | 异戊二烯单位 | 碳原子数 | 类别 | 异戊二烯单位 | 碳原子数 |
|------|------------|---------|------|------------|---------|
| 单萜 | 2 | 10 | 三萜 | 6 | 30 |
| 倍半萜 | 3 | 15 | 四萜 | 8 | 40 |
| 二萜 | 4 | 20 | | | |

## 14.4.1 单萜

单萜（monoterpene）是由两个异戊二烯单位组成的化合物，根据碳架的连接方式分为开链单萜、单环单萜和双环单萜三类。

　　开链单萜是由两个异戊二烯单位组成的开链化合物，其中许多是重要的香料或用作合成香料的原料，少数用于配制日用香精。这类化合物中通常都含有羟基和羰基等官能团。例如：

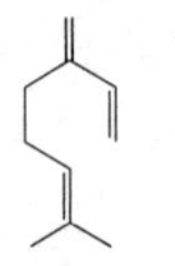

$\beta$-月桂烯 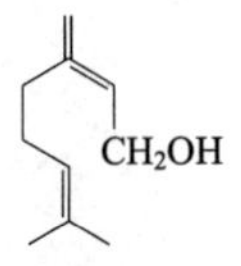　　　　橙花醇　　　　$\alpha$-柠檬醛

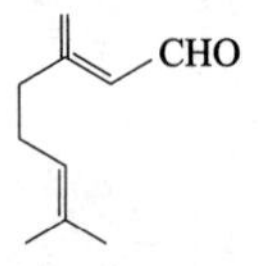

　　单环单萜可以看作二聚异戊二烯的环状结构，这类化合物分子中都含有一个六元碳环。单纯的单环单萜实际上并不存在于自然界，但其衍生物却是重要的萜类。例如：

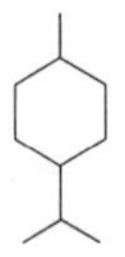

对蓋烷 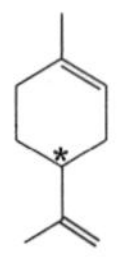　　　　苧烯 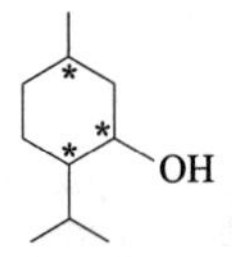　　　　薄荷醇

　　双环单萜是由一个六元环分别和三、四或五元环共用两个或两个以上碳原子组成的，属于桥环化合物。它们广泛分布于植物体中，具有明显的生理效应，在医药、香料工业应用较广。例如：

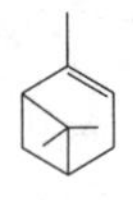

$\alpha$-蒎烯 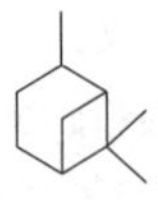　　　　蒎烷 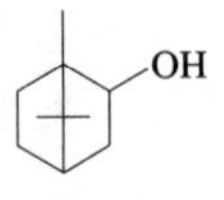　　　　菠醇

## 14.4.2　倍半萜

　　倍半萜（sesquiterpene）是由三个异戊二烯单位组成的化合物，如金合欢醇及山道年都属于倍半萜。其结构如下：

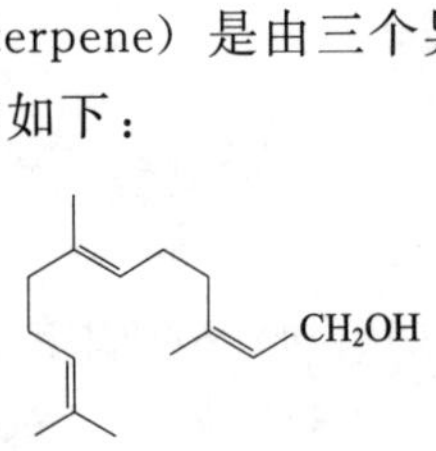

金合欢醇 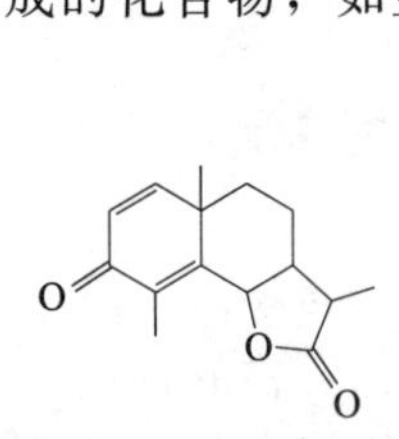　　　　　　　　山道年

## 14.4.3　二萜

　　二萜（diterpene）是由四个异戊二烯单位组成的化合物，广泛分布于动植物界，如叶绿醇、松香酸和维生素 $A_1$ 等。其结构如下：

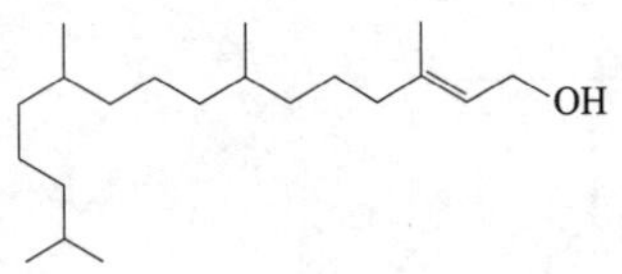

叶绿醇 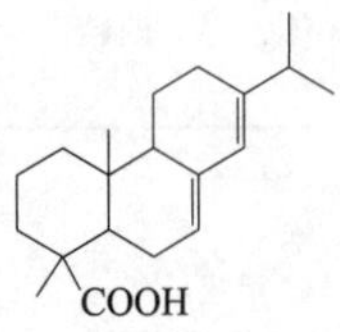　　　　　　松香酸 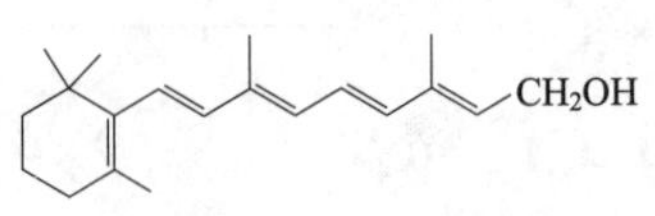　　　　　　维生素$A_1$

## 14.4.4　三萜

三萜（triterpene）是由六个异戊二烯单位组成的化合物，如龙涎香醇和角鲨烯等。其结构如下：

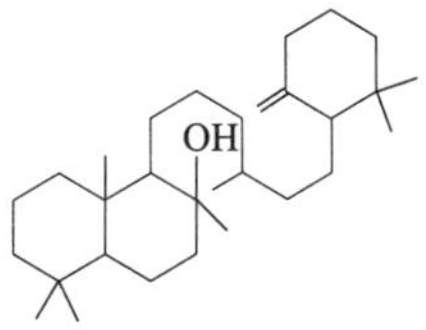

龙涎香醇 　　　　　　　　　　　　角鲨烯

## 14.4.5　四萜

四萜（tetraterpene）是由八个异戊二烯单位组成的化合物，这类化合物分子中都含有较长的 C＝C 共轭体系，往往都具有颜色，也称为多烯色素。四萜在自然界分布很广，如 $\beta$-胡萝卜素、叶黄素、番茄红素和虾青素等。其结构如下：

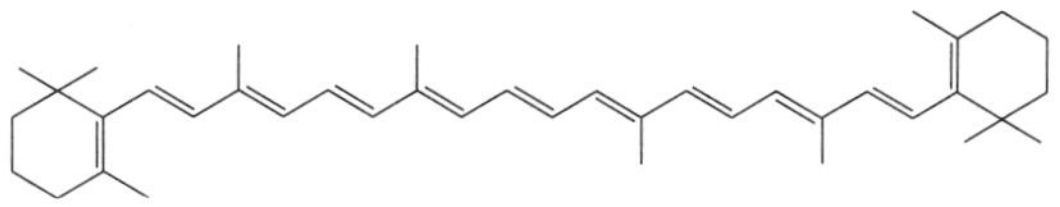

$\beta$-胡萝卜素

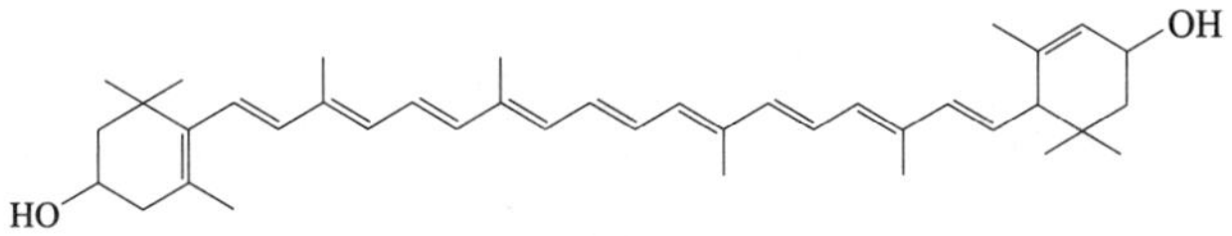

叶黄素

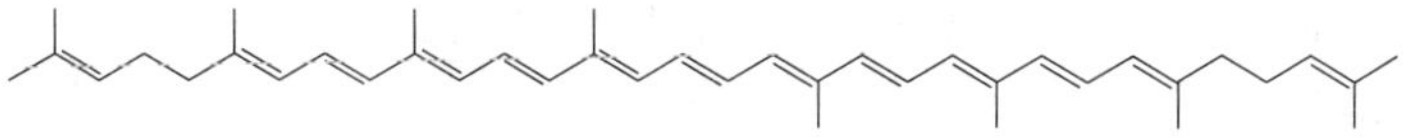

番茄红素

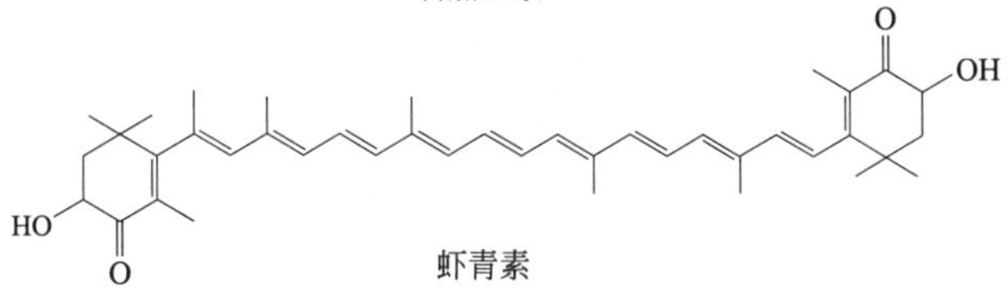

虾青素

## 14.4.6　多萜

多萜（polyterpene）是含有较多异戊二烯单位的化合物。天然橡胶是异戊二烯的高聚物，可以视为多萜类化合物。

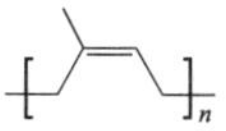

## *14.5　甾类化合物

甾类化合物（steroid）又称为类固醇化合物，是一类广泛存在于动植物体内且具有重要

生理活性的化合物。甾类化合物的结构特点是，都含有环戊烷并氢化菲的骨架，四个环分别以 A、B、C、D 表示。几乎所有这类化合物在 C10 和 C13 处都有一个角甲基，C17 上有不同长度的侧链或取代基。"甾"字很形象地表示了甾类化合物的基本结构和特点，其中"田"表示四个互相稠合的环，"巛"则象征环上的三个取代基。

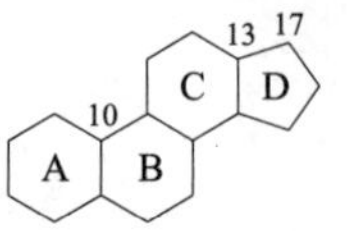

胆甾醇（胆固醇）是最早发现的一个甾类化合物，分子式为 $C_{27}H_{46}O$，为无色或略带黄色结晶，难溶于水，易溶于热乙醚和氯仿等有机溶剂。将胆固醇的氯仿溶液与乙酸酐和浓硫酸作用，呈现红色→紫色→褐色→绿色的系列颜色变化，可作为甾醇化合物的一种化学鉴别方法。胆固醇广泛分布于人体及动物体内，尤其集中在脑和骨髓。胆结石病人的胆石中90％为胆固醇，故而得名。胆固醇的生物功能尚不完全清楚，但人体中胆固醇含量过高可引起动脉硬化，导致冠心病。胆固醇的结构如下：

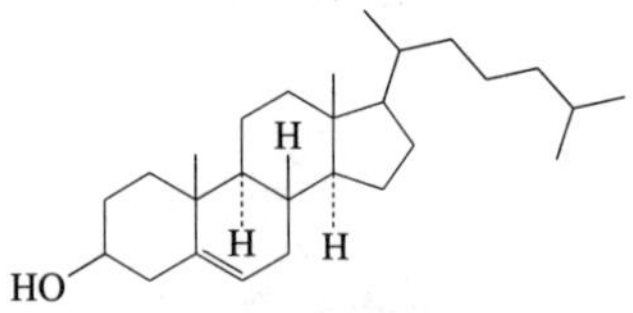

胆固醇

7-脱氢胆固醇也是一种动物甾醇，分子式为 $C_{27}H_{44}O$，与胆固醇的差异是 C7-C8 之间多了一个双键。经紫外照射，B 环在 C9-C10 之间断裂开环，形成维生素 $D_3$，因此常作日光浴是获得维生素 $D_3$ 最简易的方法；麦角甾醇属于植物甾醇，分子式为 $C_{28}H_{44}O$，与 7-脱氢胆固醇的差异是 C17 的侧链上多一个甲基和一个双键。经紫外照射，B 环开环形成维生素 $D_2$。维生素 D 实际上不属于甾类化合物，只是它可以由某些甾类化合物衍生得到。

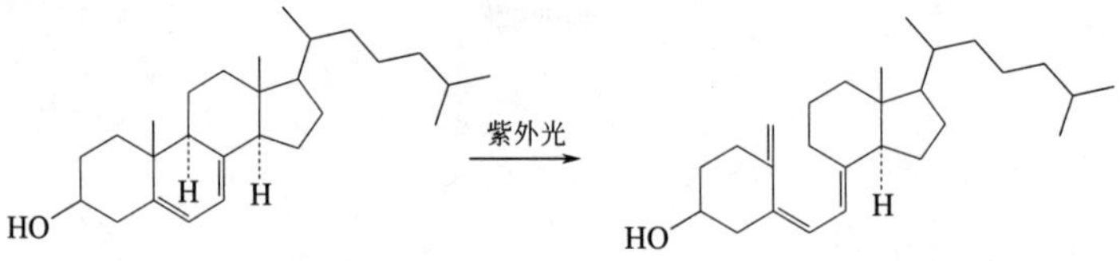

7-脱氢胆固醇　　紫外光　　维生素D₃

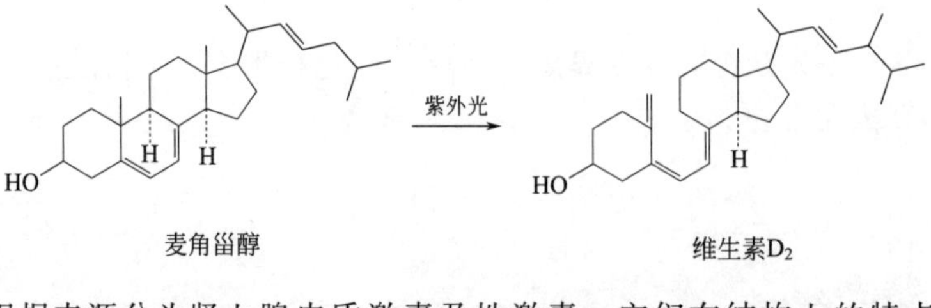

麦角甾醇　　紫外光　　维生素D₂

甾类激素根据来源分为肾上腺皮质激素及性激素，它们在结构上的特点是 C17 上没有长的碳链。肾上腺皮质激素有多种生理功能，其中最重要的是调节无机盐代谢，保持体液中电解质平衡，也可调节糖、脂肪和蛋白质代谢。例如，可的松具有抗炎、抗过敏功效，在医药上用于治疗类风湿关节炎、气喘及皮肤炎症。性激素分为雄性激素和雌性激素两类，为性腺分泌物，有促进动物发育及维持第二性征的作用。它们的生理作用极强，很少量就能产生极大的影响。两者在结构上的差别是，雄甾酮 A 环为脂环，C10 上有一个角甲基；而雌甾酮 A 环为芳环，同时 C10 上无角甲基。

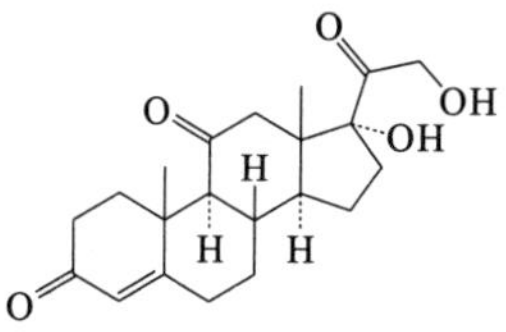

可的松 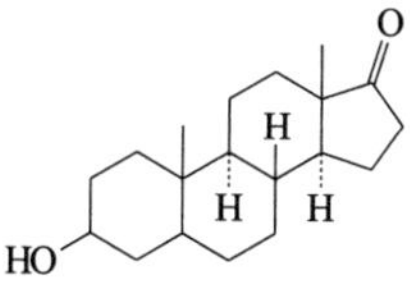　　　　　　雄甾酮 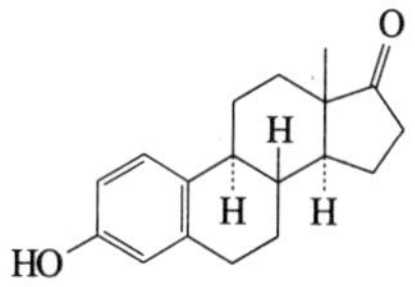　　　　　　雌甾酮

阅读材料

## 结晶牛胰岛素

结晶牛胰岛素（crystallized bovine insulin）是牛的胰岛素结晶。牛胰岛素是牛胰脏中胰岛 $\beta$-细胞所分泌的一种调节糖代谢的蛋白质激素。

早在 1948 年，英国生物化学家桑格就选择了一种分子量小但具有蛋白质全部结构特征的牛胰岛素作为实验的典型材料进行研究，并于 1952 年确定了牛胰岛素的 G 链和 P 链上所有氨基酸的排列次序以及这两个链的结合方式。次年，他宣布破译出由 17 种 51 个氨基酸组成两条多肽链的牛胰岛素的全部结构。这是人类第一次确定一种重要蛋白质分子的全部结构，桑格也因此荣获 1958 年诺贝尔化学奖。但是，有很多国际上的学术权威认为，人工合成胰岛素在短时间内是不可能完成的事情。当桑格第一次阐明胰岛素化学结构的时候，英国《自然》杂志甚至预言："合成胰岛素将是遥远的事情。"

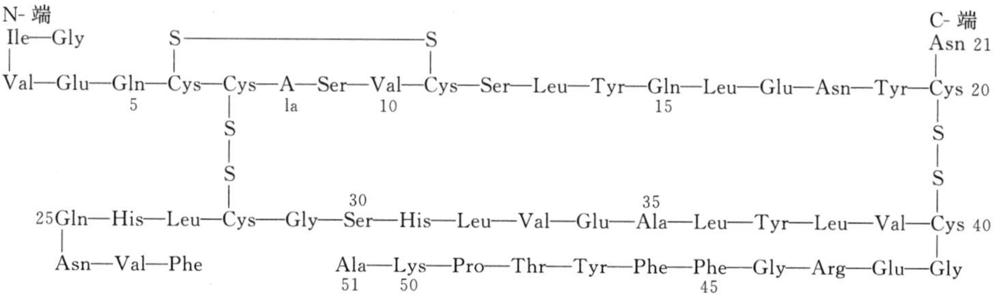

牛胰岛素

从 1958 年开始，中国科学院上海生物化学研究所、中国科学院上海有机化学研究所和北京大学化学系三个单位联合，以钮经义为首，由龚岳亭、邹承鲁、杜雨花、季爱雪、邢其毅、汪猷、徐杰诚等人共同组成一个协作组，在前人对胰岛素结构和肽链合成方法研究的基础上，开始探索用化学方法合成胰岛素。经过周密研究，他们确立了合成牛胰岛素的程序。合成工作是分三步完成的：第一步，先把天然胰岛素拆成两条链，再把它们重新合成为胰岛素，并于 1959 年突破了这一难题，重新合成的胰岛素是与原来活力相同、形状一样的结晶；第二步，在合成了胰岛素的两条链后，用人工合成的 B 链同天然的 A 链相连接，这种牛胰岛素的半合成在 1964 年获得成功；第三步，把经过考验的半合成的 A 链与 B 链相结合，在

1965 年 9 月 17 日完成了结晶牛胰岛素的全合成。

为保证整个实验结果的可重复性，全合成的实验一共重复进行了 4 次，结果每一次的实验都成功得到了与天然胰岛素相同的结晶，在纸色谱与纸电泳谱上与天然胰岛素也处于同一个位置。合成过程中，研究人员向人工合成的牛胰岛素中掺入了放射性 $^{14}C$ 作为示踪原子，与天然牛胰岛素混合到一起，经过多次重新结晶，得到了放射性 $^{14}C$ 分布均匀的牛胰岛素结晶，证明了人工合成的牛胰岛素与天然牛胰岛素完全融为一体，它们是同一种物质。随后，原化学工业部上海医药工业研究所给出了《合成胰岛素惊厥法测定结果》的报告，充分证明人工合成的胰岛素与天然的牛胰岛素具有同等的生物学活力，至此说明整个合成过程获得了圆满的成功。这是世界上第一个人工合成的蛋白质，为人类认识生命、揭开生命奥秘迈出了可喜的一大步。这项成果荣获 1982 年中国自然科学一等奖，并在人才培养、学术交流、产品研发等方面都起到了极其重要的作用。时间虽然过去近 70 年，这项工作留下的精神财富依然激励着后来者。

# 习　题

14-1　命名下列化合物。

(1) $HOOCCH_2\underset{\underset{NH_2}{|}}{C}HCOOH$

(2) $HSCH_2\underset{\underset{NH_2}{|}}{C}HCOOH$

(3) $C_6H_5CH_2\underset{\underset{NH_2}{|}}{C}HCOOH$

(4) 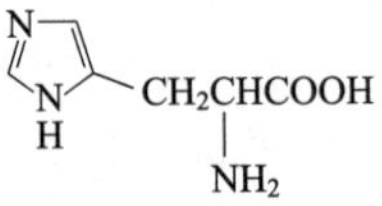 咪唑环—$CH_2\underset{\underset{NH_2}{|}}{C}HCOOH$

(5) 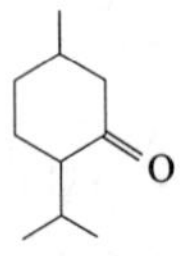 [环己酮结构图]

(6) 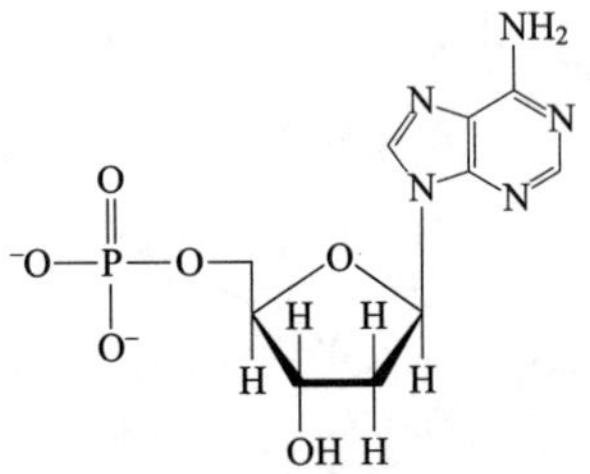 [腺苷磷酸结构图]

14-2　$\alpha$-氨基丁二酸最初是从一种叫天门冬的动物中发现的，所以称为天冬氨酸。已知天冬氨酸的 $pI=2.77$，那么当溶液的 $pH=7.00$ 时，此氨基酸在溶液中主要以什么形式存在？

14-3　若某个氨基酸的等电点为 4.21，那么当溶液的 $pH=7.00$ 时，此氨基酸在电场中向阳极还是向阴极移动，为什么？

14-4　以甘氨酸、丙氨酸、苯丙氨酸组成的三肽中，氨基酸有几种可能的排列方式？并写出它们的结构。

14-5　写出下列氨基酸分别与过量盐酸或过量氢氧化钠水溶液作用的产物。

(1) 脯氨酸　　(2) 丝氨酸　　(3) 酪氨酸　　(4) 天冬氨酸

14-6　用简单的化学方法区别下列各组化合物。

(1) 苹果酸和组氨酸　　　　　(2) 酪氨酸和酪蛋白

(3) 丝氨酸和乳酸　　　　　　(4) $\alpha$-蒎烯、冰片和樟脑

14-7　完成下列化学反应方程式。

(1) $CH_3\underset{\underset{NH_2}{|}}{C}HCOOC_2H_5 + H_2O \xrightarrow{HCl} ?$

(2) $CH_3\underset{\underset{NH_2}{|}}{CH}COOH + CH_3COCl \xrightarrow{HCl} ?$

(3) $CH_3\underset{\underset{NH_2}{|}}{CH}CONHCH\underset{\underset{CH_2CH(CH_3)_2}{|}}{}CONHCH_2COOH + H_2O \xrightarrow{H^+} ?$

(4) 

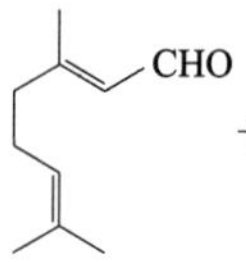

$+ CH_3COCH_3 \xrightarrow{\text{稀 } OH^-} ?$

(5) 

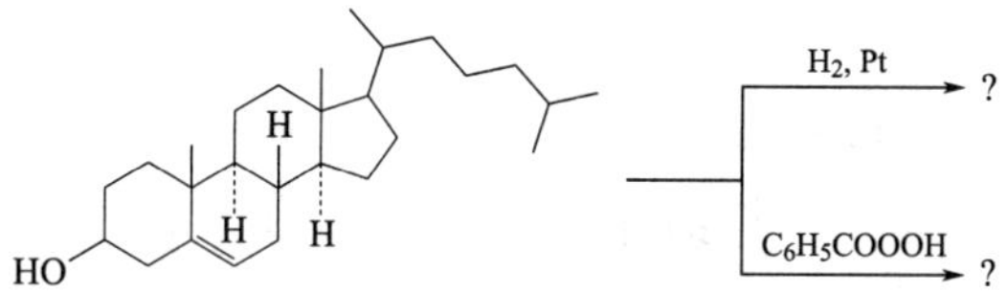

$\xrightarrow{H_2, Pt} ?$

$\xrightarrow{C_6H_5COOOH} ?$

14-8　一个氨基酸衍生物 $C_5H_{10}O_3N_2$(A) 与 NaOH 水溶液共热放出 $NH_3$，并生成 $C_3H_5(NH_2)(COOH)_2$ 的钠盐。若把 A 进行 Hoffmann 降解反应，则生成 $\alpha,\gamma$-二氨基丁酸。推测 A 的结构式，并写出相关的化学反应式。

14-9　某三肽 A 用亚硝酸处理并经部分水解得 $\alpha$-羟基-$\beta$-苯基丙酸和二肽 B。将 B 用酸水解得到两种产物 C 和 D，其中 C 无旋光活性，D 用亚硝酸处理后得到乳酸。若 C 不处在 A 的 N-端和 C-端，请写出 A 的名称和三字母缩写结构。

14-10　某单萜 $C_{10}H_{18}$(A)，经催化加氢生成化合物 $C_{10}H_{22}$(B)。$KMnO_4$ 氧化 A，得到乙酸、丙酮和 4-氧 代戊酸。请推测 A 和 B 的结构，并写出相关的化学反应式。

# 15　糖类

## 学习指导

　　掌握单糖的结构，特别是环状结构，变旋现象和化学性质；还原性与非还原双糖的结构和性质区别；多糖的理化性质。了解多糖的结构。

　　糖类（saccharides）是自然界中分布最广泛的一类有机化合物，主要由绿色植物通过光合作用而产生。各种植物种子的淀粉、根、茎、叶中的纤维素，动物的肝和肌肉中的糖原，蜂蜜和水果中的葡萄糖、果糖、蔗糖等都是糖类。

　　植物通过光合作用，把太阳能贮存于所生成的糖类中：

$$6CO_2 + 6H_2O \xrightleftharpoons[\text{动物呼吸作用}]{\text{植物光合作用}} C_6H_{12}O_6 + 6O_2$$

　　而糖类经过一系列复杂的变化，又释放出能量，成为人类和动物所需能量的主要来源。因此，糖类是一类很重要的有机物。

　　从分子结构和性质上讲，糖类是多羟基醛或多羟基酮以及水解后生成多羟基醛或多羟基酮的一类有机化合物。

　　糖类常根据它的水解情况分为单糖（多羟基醛与多羟基酮）、低聚糖（水解后能生成几个单糖分子，根据水解后生成的单糖分子数可分为二糖、三糖等）、高聚糖（也称多糖，水解后能生成许多单糖分子，如淀粉、纤维素等）。单糖是组成低聚糖和高聚糖的基本单位，研究单糖是研究糖类的基础。因此，在本章中先讨论单糖的结构和性质，然后讨论低聚糖和高聚糖。

## 15.1　单糖

### 15.1.1　单糖的分类

　　根据分子中所含官能团的不同，单糖（monosaccharide）可分为醛糖和酮糖两大类，根据分子中碳原子的数目不同，又可分为丙糖、丁糖、戊糖、己糖、庚糖等，通常把以上两种方法结合来分类，如己醛糖、己酮糖等。例如：

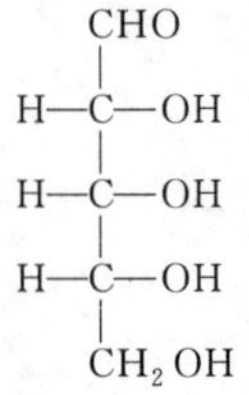

核糖(戊醛糖) 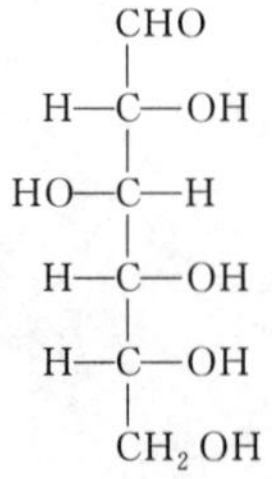　　　　葡萄糖(己醛糖) 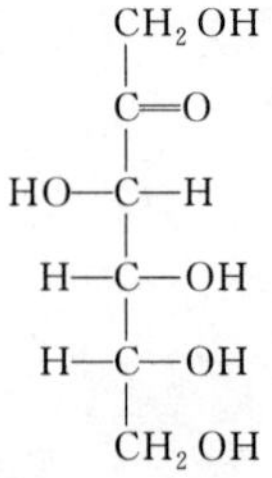　　　　果糖(己酮糖)

## 15.1.2　单糖的构型

除丙酮糖外，单糖分子中都有手性碳原子，因此都有旋光异构体。例如，己醛糖有 4 个手性碳原子，应有 16 个旋光异构体。所以，只测定单糖的化学式是不够的，还必须确定它的立体构型。单糖的构型可用 $R$、$S$ 法标记，但最常用的是 D、L 标记法。1951 年以前人为地规定左、右旋甘油醛用下式表示：

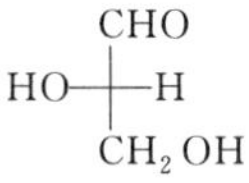

$$
\begin{array}{ccc}
& \mathrm{CHO} & \\
\mathrm{HO}\!-\!\!&\!\!-\!\mathrm{H} & \\
& \mathrm{CH_2OH} &
\end{array}
\qquad\qquad
\begin{array}{ccc}
& \mathrm{CHO} & \\
\mathrm{H}\!-\!\!&\!\!-\!\mathrm{OH} & \\
& \mathrm{CH_2OH} &
\end{array}
$$

L-(−)-甘油醛 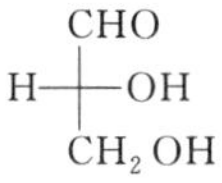　　　　　　　D-(＋)-甘油醛

由 D-甘油醛衍生的一系列化合物为 D 构型，由 L-甘油醛衍生的一系列化合物为 L 构型。甘油醛增长碳链可衍生含更多碳原子的单糖。

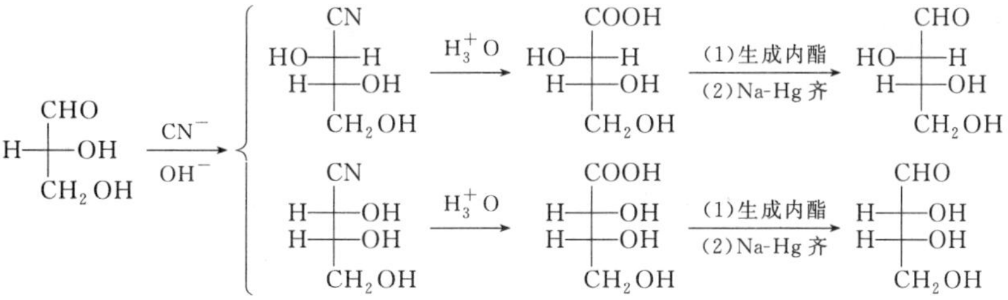

在增长碳链的过程中，甘油醛中决定构型的羟基的位置是不变的，即由 D-甘油醛衍生的一系列单糖最下边的手性碳原子的羟基在右边，由 L-甘油醛衍生的一系列单糖最下边的手性碳原子的羟基在左边。由此可见，在使用 D、L 标记法标记单糖构型时，只考虑距羰基最远的手性碳原子的构型，此手性碳原子上的羟基处于右侧的为 D 构型的糖，处于左侧的为 L 构型的糖。

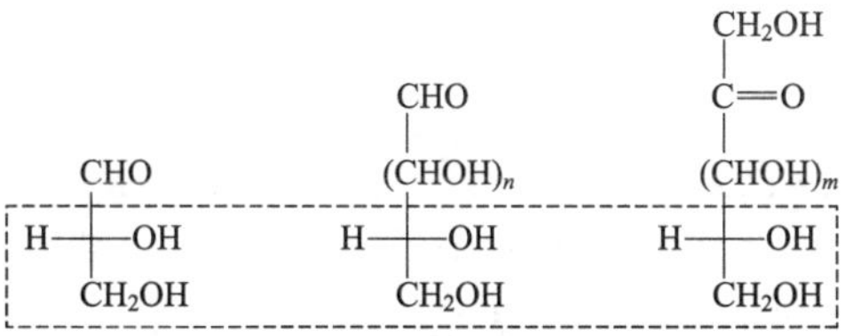

D-甘油醛　　　　　D-某醛糖　　　　　D-某酮糖

为了简便起见，Fischer 投影式可简写如下：在构型式中将所有碳原子都省掉，用"△"代表醛基，用"○"代表末端—$CH_2OH$，用竖直方向的直线表示碳链，用短横线表示羟基。如 D-(＋) 葡萄糖的 Fischer 投影式可用以下三种形式表示：

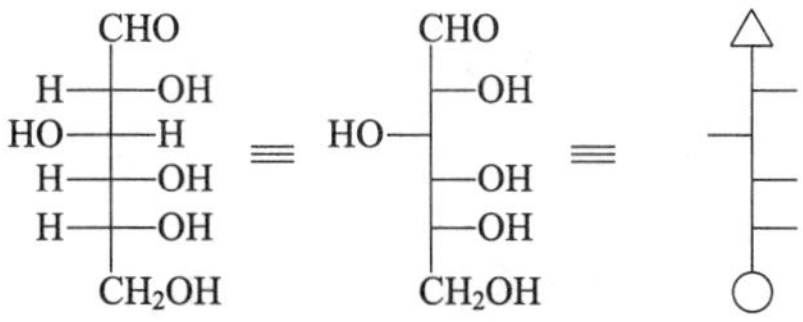

从 D-(＋)-甘油醛衍生出来的 D 型糖，可用图 15-1 表示。从图 15-1 可见，单糖的旋光方向与构型没有必然的联系，旋光方向只能通过实验测定。图 15-1 中各 D 型异构体都各有一个 L 型对映异构体。例如，D-(＋)-葡萄糖的对映体是 L-(−)-葡萄糖。它们的旋光度相等，旋光方向相反。因此在己醛糖的十六个旋光异构体中，有八个是 D 型的，有八个是 L 型的。其中只有 D-(＋)-葡萄糖、D-(＋)-甘露糖和 D-(＋)-半乳糖存在于自然界中，其余均为人工合成。

酮糖比含同数碳原子的醛糖少一个手性碳原子，所以旋光异构体的数目要比相应的醛糖少。己酮糖有三个手性碳原子，应有八个旋光异构体，其中四个为 D 型，四个为 L 型。D-(+)-果糖是自然界分布最广的己酮糖。

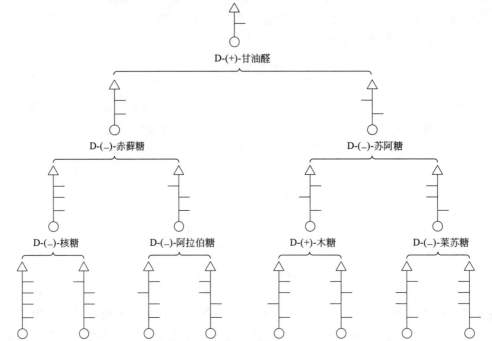

图 15-1　醛糖的 D 型异构体

### 15. 1. 3　单糖的结构

在不同条件下可以得到两种 D-葡萄糖结晶，从乙醇水溶液中结晶出来的 D-葡萄糖 $[\alpha] = +113°$，熔点为 146℃；从吡啶溶液中结晶出来的 D-葡萄糖 $[\alpha]_D = +19°$，熔点为 148~150℃。若将这两种不同的葡萄糖结晶分别溶于水，并立即置于旋光仪下，可观察到它们的比旋光度都逐渐发生变化，前者从 +113° 逐渐降至 +52°，后者从 +19° 逐渐升至 +52°，当两者的比旋光度变至 +52° 后，均不再改变。这种比旋光度自行改变的现象称为变旋现象。

从葡萄糖的开链结构式无法解释其会产生变旋现象。两种 D-葡萄糖结晶的比旋光度不同，必然是由于它们结构上的差异所引起的。现代物理和化学方法已证明，这种差异是由于这两种葡萄糖具有不同的环状结构所致。

（1）单糖的环状结构

醛和醇加成可以形成半缩醛，葡萄糖的开链结构式中既有醛基又有醇羟基，因此分子内可以发生类似醛和醇的加成反应，形成环状半缩醛结构。葡萄糖分子中有五个羟基，到底哪一个羟基与醛基发生了加成呢？实验证明，一般是葡萄糖分子内 C5 上的羟基与醛基加成形成环状的半缩醛，羟基可以从醛基所在平面的两侧向醛基进攻。因此，加成后 C1 就成为一个具有两种构型的新手性碳原子，于是得到两个新的旋光异构体：一个称为 α-D-(+)-葡萄糖，另一个称为 β-D-(+)-葡萄糖。这两种环状异构体通过开链结构相互转化而建立动态平衡。

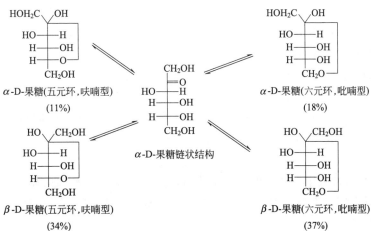

两个环状结构的葡萄糖是一对非对映异构体,它们的区别仅在于 C1 的构型不同,故也称"异头物"。C1 上新形成的半缩醛羟基(苷羟基)与决定构型的碳原子(即距链式结构中醛基最远的手性碳原子,也就是 C5)上的羟基处于同侧的称为 α 型;反之,称为 β 型。简而言之,半缩醛羟基与决定构型的羟基在同侧的为 α 式;反侧为 β 式。因此,α-D-葡萄糖的半缩醛羟基在碳链的右边,β-D-葡萄糖的半缩醛羟基在碳链的左边。在糖的各种环状结构中均有多个羟基,究竟何者是半缩醛羟基?由于它们是分子内加成而形成的,因此,与氧桥的氧相连的碳原子上的羟基必定是半缩醛羟基。

通过以上的环状半缩醛结构可知,变旋现象是由开链的醛式结构与环状的半缩醛结构互变而引起的。从乙醇水溶液中结晶出来的葡萄糖晶体为 α-D-(+)-葡萄糖;从吡啶溶液中结晶出来的葡萄糖晶体为 β-D-(+)-葡萄糖。当把 α-D-(+)-葡萄糖溶于水中,便有少量 α-D-(+)-葡萄糖转化为开链式结构,并且 α-D-(+)-葡萄糖与链式结构之间可以相互转化,但当链式结构转化为环状半缩醛结构时,不仅能生成 α-D-(+)-葡萄糖,也能生成 β-D-(+)-葡萄糖,经过一定时间以后,α 型、β 型和链式三种异构体之间达到平衡,形成一个互变平衡体系,比旋光度也达到一个平衡值而不再变化。若将 β-D-(+)-葡萄糖溶于水,经过一段时间后,也形成如上三种异构体的互变平衡体系。在此互变平衡体系中,α 型约占 37%,β 型约占 63%,而链式结构仅占 0.1%,虽然链式结构极少,但 α 型与 β 型之间的互变必须通过链式才能完成。$113 \times 37\% + 19 \times 63\% \approx 52$,所以,若将以上两种不同的葡萄糖结晶分别溶于水,并置于旋光仪中,则可观察到它们的比旋光度都逐渐变至 +52°。这样就很好地解释了变旋现象。

其他单糖如核糖、脱氧核糖、果糖、甘露糖和半乳糖等也有环状半缩醛结构,故也有变旋现象。例如,D-果糖在自然界以化合态存在时为五元环结构,而果糖结晶则为六元环结构,因此,果糖在水溶液中可能存在五种构型,即酮式、六元环的 α 型和 β 型、五元环的 α 型和 β 型。

（2）Haworth 透视式

上述单糖的环状半缩醛结构是以 Fischer 投影式为基础表示的，不能形象地反映出单糖分子中各原子和基团的空间位置，Haworth 透视式能形象地反映出单糖分子中各原子和基团的空间位置，因此常用其表示单糖的环状半缩醛结构。

下面以 D-(+)-葡萄糖为例，说明 Haworth 透视式的书写步骤：先将碳链放成水平位置，则氢原子和羟基分别在碳链的上面或下面，如 Ⅰ；然后将碳链在水平位置向后弯成六边形，如 Ⅱ；将 C5 上的原子或原子团按箭头所指进行逆时针轮换，使 C5 上的羟基靠近 C1 上的醛基，如 Ⅲ；C5 上的羟基与 C1 上的醛基发生分子内的羟醛缩合反应，形成环状的半缩醛结构，由于羟醛缩合反应后 C1 成为手性碳原子，C1 上新形成的羟基（半缩醛羟基）可在环平面的下面或上面，便形成了 α 和 β 两个异构体，Ⅳ 和 Ⅴ 分别为 α-D-葡萄糖和 β-D-葡萄糖的 Haworth 透视式。

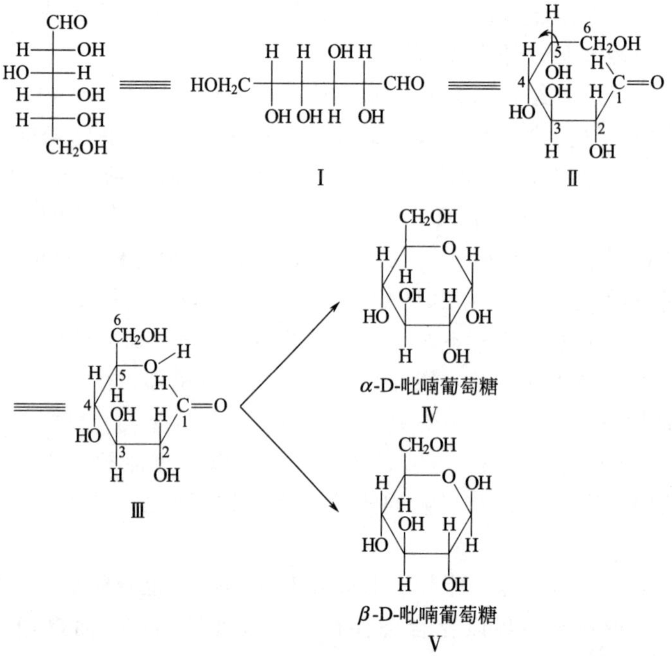

在 Haworth 式中确定单糖的构型时，首先找出半缩醛羟基，以确定环的编号顺序。半缩醛羟基肯定是连接在环中与氧相连的其中一个碳原子上。与半缩醛羟基相连的碳原子其编号肯定是较小的（醛糖中编号为 1，酮糖中编号为 2）。如果环中碳原子的编号按顺时针方向排列，那么编号最大的末端羟甲基在环平面上方的为 D 型，在下方的为 L 型；若环上的碳原子的编号方向按逆时针排列，则刚好相反。不管环上碳原子的编号顺序如何，半缩醛羟基与编号最大的末端羟甲基（某些酮糖的 Haworth 式中有两个羟甲基，要注意判断哪个为末端羟甲基）处于环平面异侧的为 α 型，处于同侧的为 β 型，这种判断构型的方法是由前面方法（半缩醛羟基与决定构型的羟基在同侧的为 α 式，反侧为 β 式）衍生的，判断结果必然是一致的。

在 Haworth 透视式中，成环的碳原子均省略了，环上其他基团的相对位置则以链式结构中的相对位置而定。在链式结构中位于右侧的基团写在环的下方，左侧的基团写在环的上方。

D-果糖的酮基与 C5 上的羟基加成形成五元环，与 C6 上的羟基加成形成六元环，其 Haworth 透视式如下：

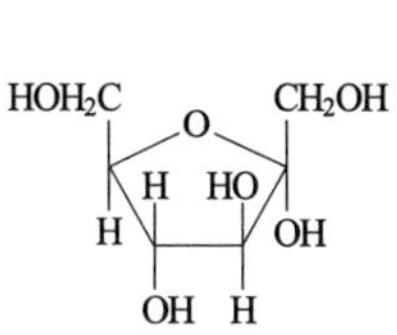

$\alpha$-D-果糖(五元环,呋喃型)　　$\beta$-D-果糖(五元环,呋喃型)　　$\alpha$-D-果糖(六元环,吡喃型)　　$\beta$-D-果糖(六元环,吡喃型)

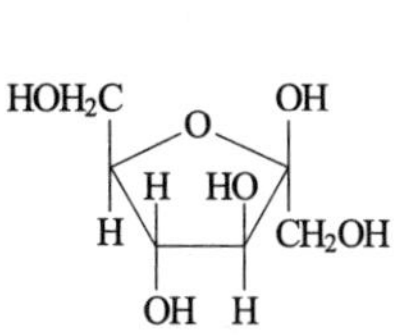

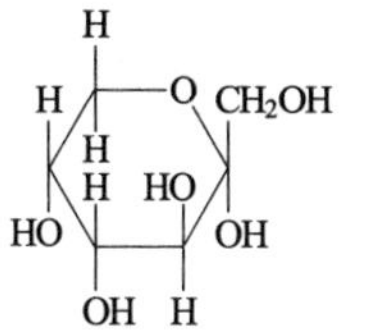

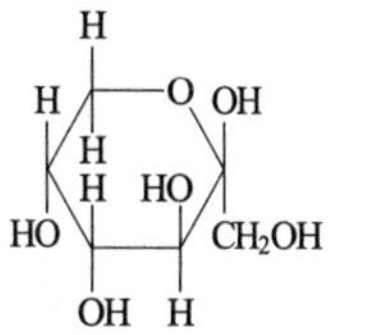

在单糖的环状结构中，五元环与呋喃环相似，六元环与吡喃环相似。因此，五元环单糖又称呋喃型单糖，六元环单糖又称吡喃型单糖。

其他几种单糖的 Haworth 透视式如下：

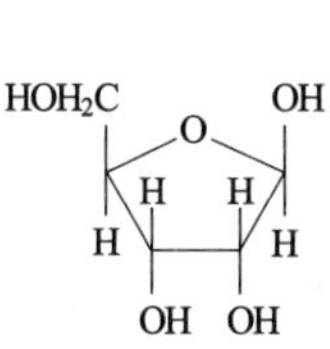

$\beta$-D-(−)-核糖　　$\beta$-D-(−)-2-脱氧核糖　　$\beta$-D-(+)-甘露糖　　$\beta$-D-(+)-半乳糖

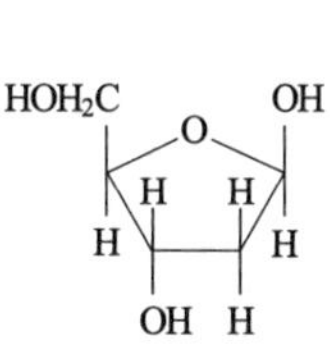

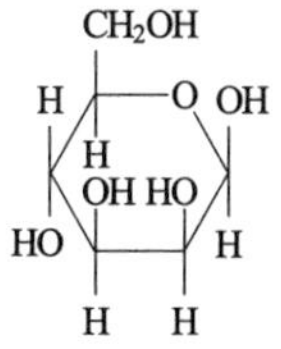

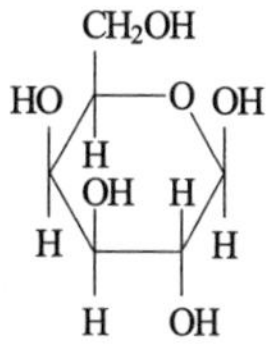

（3）单糖的构象

从近代 X 射线分析等技术对单糖的结构研究来看，以五元环形式存在的糖，例如果糖、核糖等，分子中成环的碳原子和氧原子都处于一个平面内。而以六元环形式存在的糖，例如葡萄糖、半乳糖等，分子中成环的碳原子和氧原子不在一个平面内，其构象与环己烷类似，且椅式构象占绝对优势。在椅式构象中，又以较大基团连在 $e$ 键上的最稳定。

在 $\beta$-D-葡萄糖中，半缩醛羟基处于 $e$ 键上，而在 $\alpha$-D-葡萄糖中，半缩醛羟基处于 $a$ 键上，因此 $\beta$-D-葡萄糖比 $\alpha$-D-葡萄糖稳定。这就是在 D-葡萄糖的变旋混合物中，$\beta$ 式所占比例大于 $\alpha$ 式的原因。

在所有己醛糖的构象中，$\beta$-D-葡萄糖是唯一的所有较大基团都处于 $e$ 键上的糖，这也可能就是葡萄糖在自然界中存在最多的原因之一。

为了书写方便，通常仍较多使用开链式和 Haworth 式来表示单糖的结构。

下面是几种单糖的椅式构象：

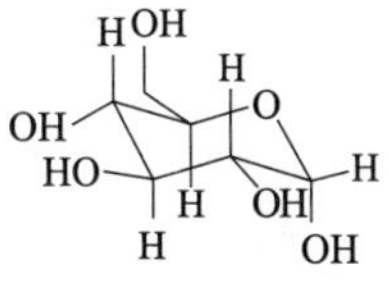

$\alpha$-D-葡萄糖　　$\beta$-D-葡萄糖　　$\beta$-D-甘露糖　　$\beta$-D-半乳糖

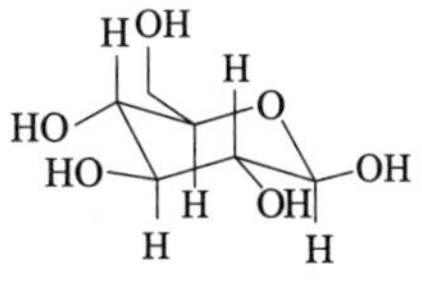

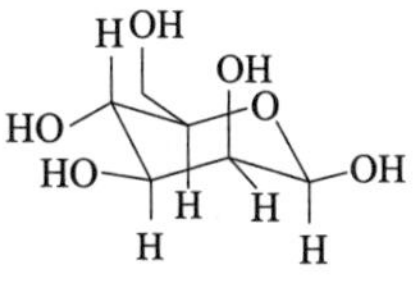

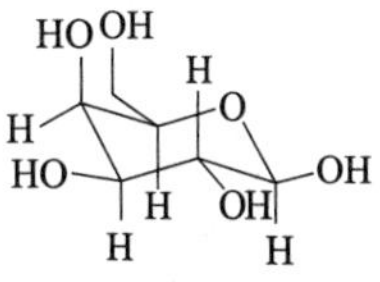

## 15.1.4　单糖的物理性质

单糖都是无色晶体，易溶于水，能形成糖浆，也溶于乙醇，但不溶于乙醚、丙酮、苯等有机溶剂。除丙酮糖外，所有的单糖都具有旋光性，而且有变旋现象。旋光性是鉴定糖的重要标志，几种常见糖的比旋光度见表 15-1。

表 15-1　常见糖的比旋光度

| 名　称 | 纯 α 异构体的比旋光度 | 纯 β 异构体的比旋光度 | 变旋后的平衡值 |
|---|---|---|---|
| D-葡萄糖 | +113° | +19° | +52° |
| D-果糖 | -21° | -113° | -91° |
| D-半乳糖 | +151° | +53° | +84° |
| D-甘露糖 | +30° | -17° | +14° |
| D-乳糖 | +90° | +35° | +55° |
| D-麦芽糖 | +168° | +112° | +136° |
| D-纤维二糖 | +72° | +16° | +35° |

单糖和二糖都具有甜味，"糖"的名称由此而来。不同的糖，甜度各不相同。糖的甜度大小是以蔗糖的甜度为 100 作标准比较而得的相对甜度。果糖的相对甜度为 173，是目前已知甜度最大的糖。常见糖的相对甜度见表 15-2。

表 15-2　常见糖的相对甜度

| 名　称 | 相对甜度 | 名　称 | 相对甜度 |
|---|---|---|---|
| 蔗糖 | 100 | 木糖 | 40 |
| 果糖 | 173 | 麦芽糖 | 32 |
| 转化糖 | 130 | 半乳糖 | 32 |
| 葡萄糖 | 74 | 乳糖 | 16 |

### 15.1.5　单糖的化学性质

单糖的性质是由其分子结构决定的。单糖在水溶液中一般是以链状结构和环状结构的平衡混合物存在，故单糖的性质便由这两种形式的结构所决定。从单糖的链状结构可以看出，单糖中有羟基和羰基两类官能团，其主要化学性质由这两类官能团决定。

羟基是醇的官能团，因此，单糖应具有醇的主要性质，例如，能发生酯化反应、氧化反应和脱水反应等。而羰基是醛或酮的官能团，因此，单糖也应具有醛或酮的主要性质，例如，可以发生羰基双键的亲核加成反应、还原反应、氧化反应等。但是，有机分子是一个整体，由于分子内各基团的相互影响，必然产生一些新的性质。

#### 15.1.5.1　差向异构化

在含有多个手性碳原子的旋光异构体中，若只有一个手性碳原子的构型不同，其他碳原子的构型完全相同，这样的旋光异构体互称为差向异构体。如 D-葡萄糖和 D-甘露糖，二者只有第二位碳原子的构型相反，其他碳原子的构型完全相同，故称为 2-差向异构体。

在稀碱条件下，单糖的 2-差向异构体之间可以通过形成烯醇式中间体而相互转化，这种作用称为差向异构化。例如，用稀碱处理 D-葡萄糖时，将部分转化为 D-果糖和 D-甘露糖，成为三种物质的平衡混合物。

前面的章节已提到过，具有活泼的 α-H 的醛、酮在一定条件下，存在互变异构现象。单糖的 α-H 受羰基和羟基的双重影响变得更为活泼，在碱性溶液中，醛、酮可以与烯醇式结构平衡存在。在烯醇式结构中，C═C 在纸面上，实楔键连接的氢与羟基伸向纸前，虚线连接的羟基伸向纸后，由于烯醇式结构不稳定，C1 或 C2 上的羟基可能变回羰基而形成醛或酮。因此，从烯醇式中间体就可以转化成三种不同的糖。

① 当烯醇式中间体 C1 羟基上的氢按（a）所指转移到 C2 时，则 C2 上的羟基便在右面，得到 D-葡萄糖。

② 当烯醇式中间体 C1 羟基上的氢按（b）所指转移到 C2 上，则 C2 上的羟基便在左

面，得到 D-甘露糖。

③ 当烯醇式中间体 C2 羟基上的氢按（c）所指转移到 C1 上，这样得到的产物便是 D-果糖。

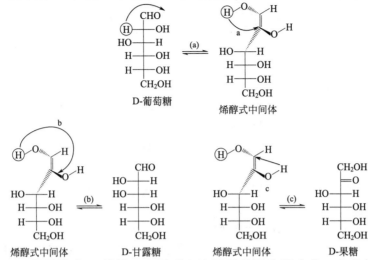

用稀碱处理 D-甘露糖或 D-果糖，也得到上述同样的平衡混合物。生物体物质代谢过程中，在异构化酶的作用下，常常发生葡萄糖和果糖的互相转变。从上述平衡体系可知，任何一种醛糖或酮糖，在稀碱溶液中都能通过烯醇式中间体互变。

葡萄糖可以异构化成为果糖的原理在工业上被用来制备高甜度的果葡糖浆。先利用廉价的谷物淀粉经酶水解成葡萄糖，再经过葡萄糖异构化酶的催化作用，使葡萄糖转化为甜度高的果糖，从而制得含 40％以上果糖的果葡糖浆，俗称人造蜂蜜。

### 15.1.5.2 氧化反应

单糖都能发生氧化作用，氧化产物与试剂的种类及溶液的酸碱度等有关。

（1）在碱性溶液中的氧化

在碱性溶液中无论是醛糖或酮糖都能通过烯醇式中间体而发生异构化。烯醇式和醛基都容易被弱氧化剂如 Tollen 试剂、Fehling 试剂、Benedict 试剂氧化，故酮糖也同样能被这些弱氧化剂氧化。因此，在碱性溶液中，所有的单糖都能被 Fehling 试剂等弱氧化剂氧化。在有机化学和生物化学上，特别把能还原 Fehling 试剂等弱氧化剂的性质，称为还原性。具有还原性的糖称为还原糖，不具有还原性的糖称为非还原糖。单糖都是还原糖。

由于单糖的氧化产物复杂，浓度和反应条件不同，产物也不尽相同。因此，还原糖与 Fehling 试剂等作用不能从反应式计算物质的量。

（2）在酸性溶液中的氧化

单糖在酸性溶液中不产生异构化，醛糖和酮糖的反应便不同，醛糖能被溴水、硝酸等氧化，而酮糖只能被强氧化剂氧化。

① 溴水氧化　醛糖可被溴水氧化生成糖酸并使溴水褪色，酮糖不能被溴水氧化，故可用溴水区别醛糖与酮糖。

$$
\begin{array}{ccc}
\text{CHO} & & \text{COOH} \\
\text{H}-\!\!-\text{OH} & & \text{H}-\!\!-\text{OH} \\
\text{HO}-\!\!-\text{H} & \xrightarrow[\text{H}_2\text{O}]{\text{Br}_2} & \text{HO}-\!\!-\text{H} \\
\text{H}-\!\!-\text{OH} & & \text{H}-\!\!-\text{OH} \\
\text{H}-\!\!-\text{OH} & & \text{H}-\!\!-\text{OH} \\
\text{CH}_2\text{OH} & & \text{CH}_2\text{OH} \\
\text{D-葡萄糖} & & \text{D-葡萄糖酸}
\end{array}
$$

② **硝酸氧化** 稀硝酸是较溴水更强烈的氧化剂，它可使醛糖的醛基和末端羟甲基都氧化成羧基，氧化产物是相应的糖二酸。例如：

$$
\begin{array}{c}
\text{CHO} \\
\text{H——OH} \\
\text{HO——H} \\
\text{H——OH} \\
\text{H——OH} \\
\text{CH}_2\text{OH}
\end{array}
\xrightarrow{\text{HNO}_3}
\begin{array}{c}
\text{COOH} \\
\text{H——OH} \\
\text{HO——H} \\
\text{H——OH} \\
\text{H——OH} \\
\text{COOH}
\end{array}
\qquad
\begin{array}{c}
\text{CHO} \\
\text{H——OH} \\
\text{H——OH} \\
\text{CH}_2\text{OH}
\end{array}
\xrightarrow{\text{HNO}_3}
\begin{array}{c}
\text{COOH} \\
\text{H——OH} \\
\text{H——OH} \\
\text{COOH}
\end{array}
$$

D-葡萄糖　　　　D-葡萄糖二酸　　　　　D-赤藓糖　　　D-酒石酸(内消旋体)

D-葡萄糖二酸有旋光性，D-酒石酸为内消旋体，无旋光性。因此，将醛糖氧化成糖二酸，根据产物是否有旋光性，可以推测原来糖的结构。

酮糖在稀硝酸的作用下同样被氧化，C1—C2 键发生断裂，生成比原来糖少一个碳原子的羧酸。

如果使用强氧化剂氧化，不管是醛糖还是酮糖的碳链都会发生断裂，生成各种小分子的羧酸混合物，产物比较复杂。

生物体内在酶的作用下，有些醛糖如葡萄糖、半乳糖等也可以发生末端羟甲基被氧化（醛基不被氧化），生成糖醛酸。糖醛酸是组成果胶、半纤维素、黏多糖等的重要成分。在土壤微生物的作用下，多糖生成的多糖醛酸类物质是天然的土壤结构改良剂。

$$
\begin{array}{c}
\text{CHO} \\
\text{H——OH} \\
\text{HO——H} \\
\text{H——OH} \\
\text{H——OH} \\
\text{CH}_2\text{OH}
\end{array}
\xrightarrow{\text{酶}}
\begin{array}{c}
\text{CHO} \\
\text{H——OH} \\
\text{HO——H} \\
\text{H——OH} \\
\text{H——OH} \\
\text{COOH}
\end{array}
$$

D-葡萄糖　　　　葡萄糖尾酸

### 15.1.5.3　还原反应

在催化加氢或酶的作用下，羰基可还原成羟基，糖还原生成相应的糖醇。例如，葡萄糖还原生成山梨醇；甘露糖还原后生成甘露醇；果糖还原后生成山梨醇和甘露醇的混合物，因为果糖还原时，C2 成为手性碳原子，所以得到两种化合物。

$$
\begin{array}{c}
\text{CHO} \\
\text{H——OH} \\
\text{HO——H} \\
\text{H——OH} \\
\text{H——OH} \\
\text{CH}_2\text{OH}
\end{array}
\xrightarrow{[\text{H}]}
\begin{array}{c}
\text{CH}_2\text{OH} \\
\text{H——OH} \\
\text{HO——H} \\
\text{H——OH} \\
\text{H——OH} \\
\text{CH}_2\text{OH}
\end{array}
$$

D-葡萄糖　　　　D-山梨醇

$$
\begin{array}{c}
\text{CH}_2\text{OH} \\
\text{O} \\
\text{HO——H} \\
\text{H——OH} \\
\text{H——OH} \\
\text{CH}_2\text{OH}
\end{array}
$$

D-果糖

$$
\begin{array}{c}
\text{CHO} \\
\text{HO——H} \\
\text{HO——H} \\
\text{H——OH} \\
\text{H——OH} \\
\text{CH}_2\text{OH}
\end{array}
\xrightarrow{[\text{H}]}
\begin{array}{c}
\text{CH}_2\text{OH} \\
\text{HO——H} \\
\text{HO——H} \\
\text{H——OH} \\
\text{H——OH} \\
\text{CH}_2\text{OH}
\end{array}
$$

D-甘露糖　　　　D-甘露醇

山梨醇和甘露醇广泛存在于植物体内。李、桃、苹果、樱桃、梨等果实中含有大量的山梨醇；而甘露醇则主要存在于甘露蜜、柿、胡萝卜、葱等中。山梨醇还常用作细菌的培养基及合成维生素 C 的原料。

### 15.1.5.4　成脎反应

羰基化合物都能与一分子苯肼作用生成苯腙，而醛糖或酮糖却能与三分子苯肼作用，生成的产物称为糖脎。单糖与苯肼作用生成糖脎，一般认为经过下述三步反应：首先羰基与一分子苯肼作用生成糖苯腙；然后糖苯腙经互变异构，并发生 1,4-消除反应，形成亚胺酮；然后与两分子苯肼反应生成糖脎。生成的糖脎可通过分子内的氢键形成螯环化合物，从而阻止了 C3 上的羟基继续和苯肼反应。

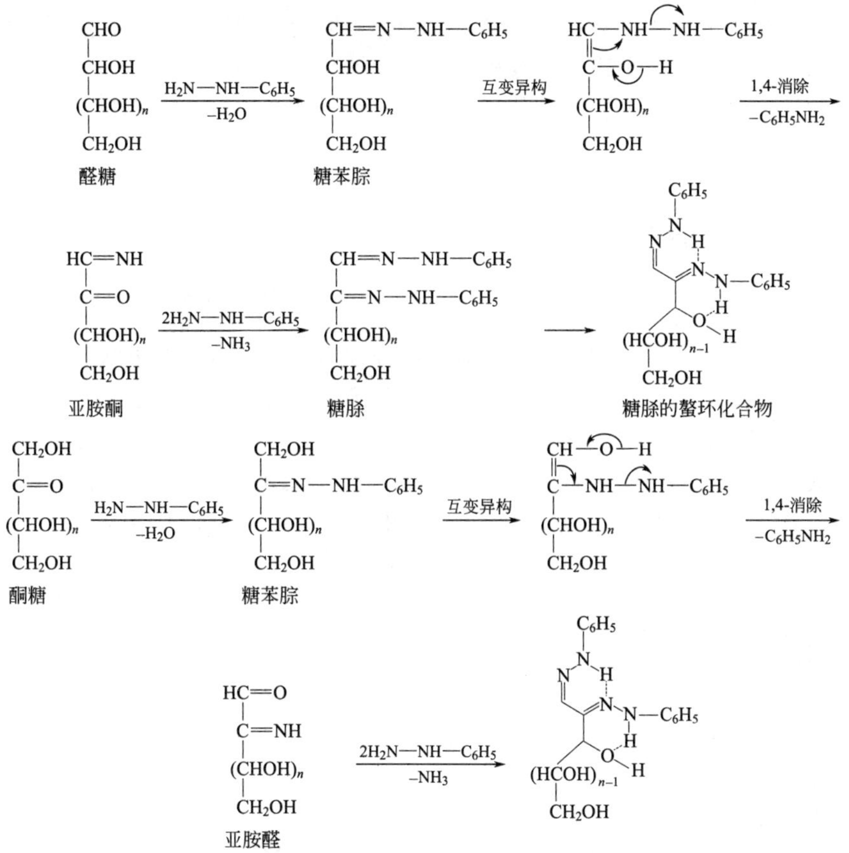

在成脎反应中，无论醛糖或酮糖只有第一、第二个碳原子发生反应，若脎进一步与苯肼发生反应，就需破坏脎的稳定结构，故糖的其他碳原子不再进一步发生上述反应。所以第一、第二个碳原子结构（构型或构造）不同，其他部分相同的单糖与过量苯肼作用形成相同的糖脎。如 D-葡萄糖、D-甘露糖和 D-果糖与过量苯肼作用生成同一种糖脎即 D-葡萄糖脎，只在生成的速率上有些差别。

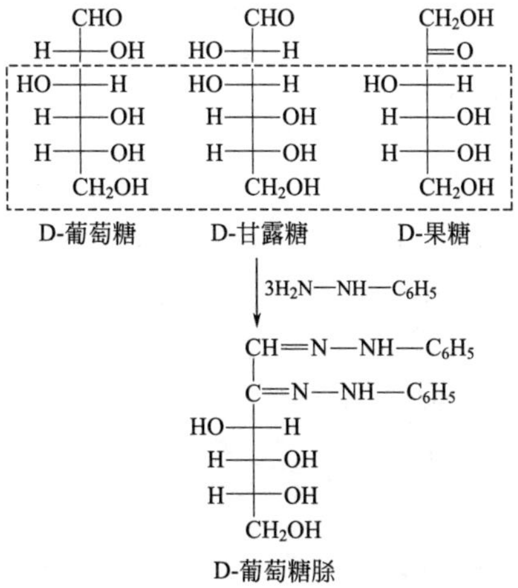

糖脎都是不溶于水的黄色结晶，不同的糖脎结晶形状不同，在反应中生成的速率也不相同，并且各有一定的熔点，所以糖脎可用作糖的定性鉴定。

### 15.1.5.5 成苷反应

单糖环状结构中的半缩醛羟基（苷羟基）较分子内的其他羟基活泼，故可与醇或酚等含羟基的化合物脱水形成缩醛型物质，这种物质称为糖苷，也称配糖物。例如，α-D-葡萄糖的半缩醛羟基与甲醇在干燥的氯化氢的催化作用下脱水，生成α-D-葡萄糖甲苷。

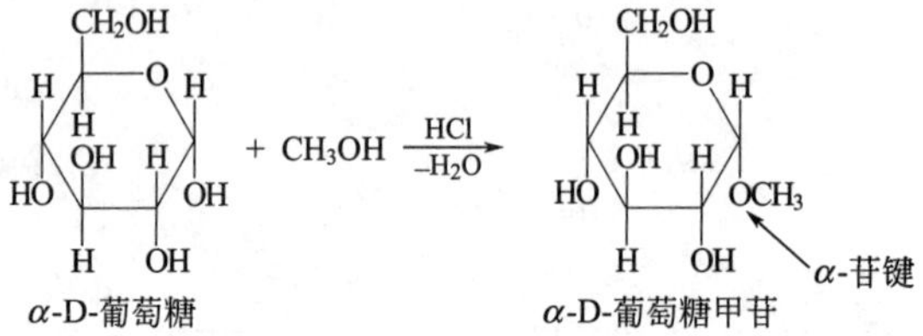
+ $CH_3OH$
HCl
$-H_2O$
α-苷键
α-D-葡萄糖
α-D-葡萄糖甲苷

在糖苷分子中，糖的部分称为糖基，非糖部分称为配基。由α型单糖形成的糖苷称为α-糖苷。由β型单糖形成的糖苷称为β-糖苷。糖苷分子中没有半缩醛羟基，所以糖苷没有变旋现象，不能与 Tollen 试剂、Fehling 试剂、Benedict 试剂作用，也不发生成脎反应。糖苷对碱稳定，在酸或酶催化下可以水解。生物体内有的酶只能水解α-糖苷，有的酶只能水解β-糖苷。例如，α-D-葡萄糖甲苷被麦芽糖酶水解为甲醇和葡萄糖，而不能被苦杏仁酶水解；相反，β-D-葡萄糖甲苷能被苦杏仁酶水解，却不能被麦芽糖酶水解。

糖苷在自然界的分布很广泛，主要存在于植物的根、茎、叶、花和种子里。

### 15.1.5.6 成酯反应

单糖环状结构中所有的羟基都可以酯化。例如，α-D-葡萄糖在氯化锌存在下，与乙酸酐作用生成五乙酸酯。

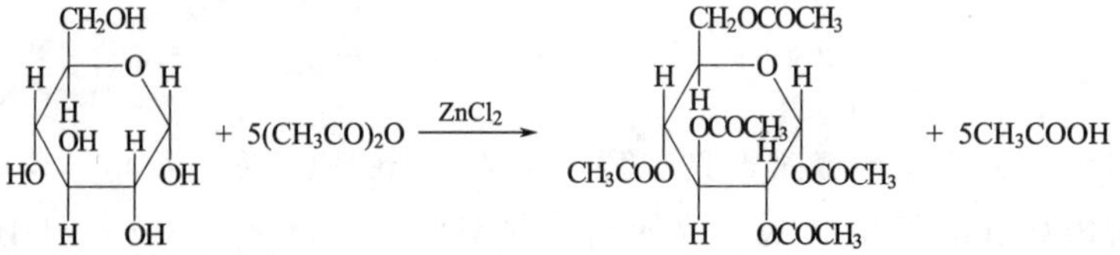
+ $5(CH_3CO)_2O$
$ZnCl_2$
+ $5CH_3COOH$

糖还可以和磷酸形成糖的磷酸酯。生物体内广泛存在着己糖磷酸酯和丙糖磷酸酯。它们的结构如下：

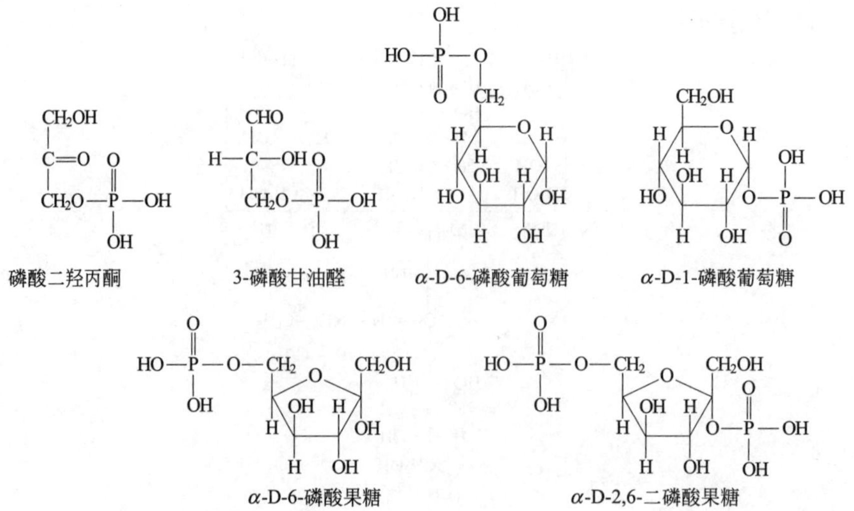
磷酸二羟丙酮
3-磷酸甘油醛
α-D-6-磷酸葡萄糖
α-D-1-磷酸葡萄糖
α-D-6-磷酸果糖
α-D-2,6-二磷酸果糖

这些糖的磷酸酯都是糖代谢过程中的重要中间产物。作物要施磷肥的原因之一，就是为作物提供合成磷酸酯所需的磷。如果缺磷，作物就难以合成磷酸酯，以致作物的光合作用和呼吸作用都不能正常地进行。

#### 15.1.5.7 脱水和呈色反应

在浓酸（如浓盐酸）作用下，单糖可以发生分子内脱水而形成糠醛或糠醛的衍生物。糖的某些显色反应，就是基于这一前提。例如：

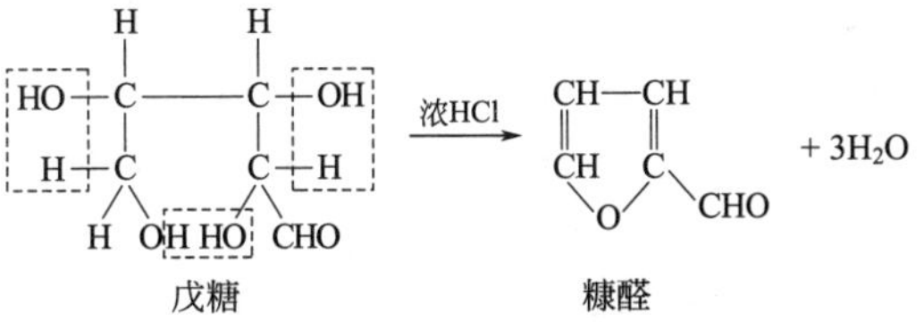

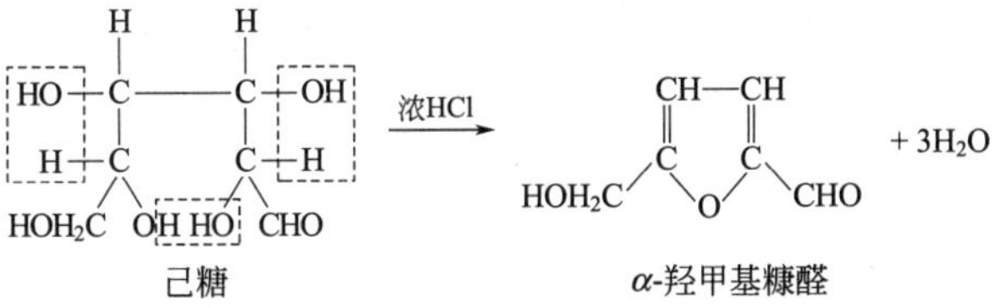

戊糖      糠醛

己糖      α-羟甲基糠醛

糖类能与某些酚类化合物发生呈色反应，就是因为它们在酸的作用下首先生成糠醛或羟甲基糠醛及其衍生物，这些产物继续同酚类化合物发生反应，结果生成了有色的物质。

（1）与 α-萘酚反应

在糖的水溶液中加入 α-萘酚的乙醇溶液（Molisch 试剂），然后沿试管壁小心地注入浓硫酸，不要振动试管，则在两层液面之间就能形成一个紫色环。所有的糖（包括单糖、低聚糖及高聚糖）都具有这种颜色反应，这是鉴别糖类物质常用的方法。这一反应又称为 Molisch 反应。

（2）与间苯二酚反应

酮糖与间苯二酚在浓盐酸存在下加热，能较快生成红色物质，而醛糖在 2min 内不呈色。这是由于酮糖与盐酸共热后，能较快地生成糖醛衍生物。这一反应又称 Селианов（西列凡诺夫）反应。利用这个反应，可以鉴别醛糖和酮糖。

（3）与蒽酮反应

糖类都能与蒽酮的浓硫酸溶液作用生成绿色物质。这个反应可以用来定量测定糖类。

（4）苔黑酚反应

在浓盐酸存在下，戊糖与苔黑酚（5-甲基-1,3-苯二酚）反应，生成蓝绿色物质，此反应可用来区别戊糖和己糖。

### 15.1.6 重要的单糖及其衍生物

#### 15.1.6.1 重要的单糖

（1）D-核糖和 D-2-脱氧核糖

核糖和脱氧核糖是生物体内极为重要的戊糖，常与磷酸及某些杂环化合物结合而存在于蛋白质中。它们是核糖核酸及脱氧核糖核酸的重要组分之一，其链式结构和环状结构表示如下：

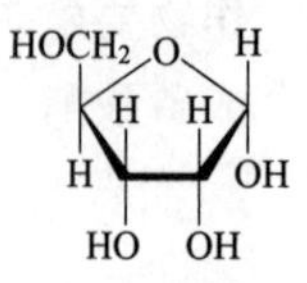

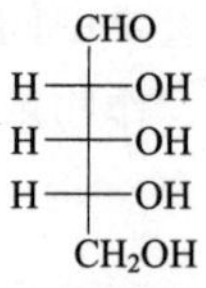

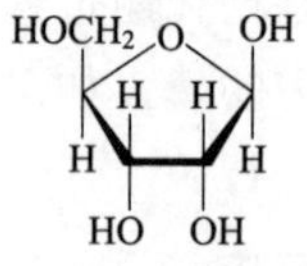

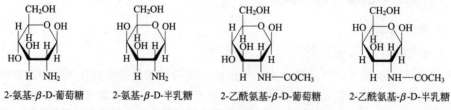

（α-D-核糖　　　D-核糖　　　β-D-核糖

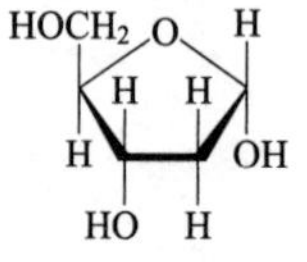

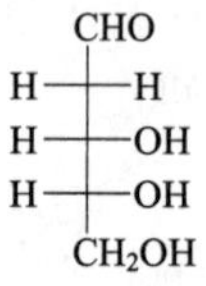

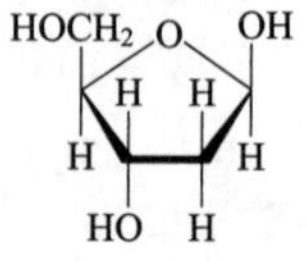

α-D-2-脱氧核糖　　　D-2-脱氧核糖　　　β-D-2-脱氧核糖）

（2）D-葡萄糖

D-葡萄糖是自然界分布最广的己醛糖，由于它是右旋的，所以也称右旋糖。葡萄糖多结合成二糖、多糖或糖苷而存在于生物体内，也有游离的葡萄糖存在。它也存在于动物的血液、淋巴液和脊髓中。

葡萄糖为无色结晶，熔点为146℃，有甜味，易溶于水，微溶于乙醇和丙酮，不溶于乙醚和烃类。

葡萄糖在医药上用作营养剂，并有强心、利尿、解毒等作用；在食品工业中用以制作糖浆、糖果等；在印染工业中用作还原剂。

（3）D-果糖

D-果糖以游离态存在于水果和蜂蜜中，是蔗糖的组成成分。在天然存在的糖中，果糖是最甜的一种。比旋光度 $[\alpha]_D = -92°$，故又称左旋糖。果糖是无色结晶，熔点为102℃（分解），易溶于水，也可溶于乙醇及乙醚。能与氢氧化钙形成难溶于水的化合物 $C_6H_{12}O_6Ca(OH)_2 \cdot H_2O$。工业上用酸或酶水解菊粉来制取果糖。

（4）D-半乳糖

半乳糖是乳糖和棉籽糖的组成部分，也是组成脑髓的重要物质之一。它以多糖的形式存在于许多植物的种子或树胶中，它的衍生物也普遍存在于植物中。例如，半乳糖醛酸是植物黏液的主要成分，由藻类植物浸出的黏液——石花菜胶（即琼脂）主要就是半乳糖醛酸的高聚物。

D-半乳糖是无色结晶，熔点为167℃，有微甜味，能溶于水及乙醇，用于有机合成及医药上。

### 15.1.6.2　氨基糖

自然界存在的氨基糖都是氨基己糖，广泛存在的是 C2 上的羟基被氨基取代的 2-氨基葡萄糖和 2-氨基半乳糖。它们常以结合状态存在于杂多糖中。例如，2-氨基-D-葡萄糖和乙酰氨基-D-葡萄糖是昆虫甲壳质的基本单位；2-乙酰氨基-D-半乳糖是软骨素中所含多糖的基本单位。

2-氨基-β-D-葡萄糖　　　2-氨基-β-D-半乳糖　　　2-乙酰氨基-β-D-葡萄糖　　　2-乙酰氨基-β-D-半乳糖

此外，还有单糖环状结构中的苷羟基被氨或胺取代而生成的含氮糖苷，称为糖基胺。例如：

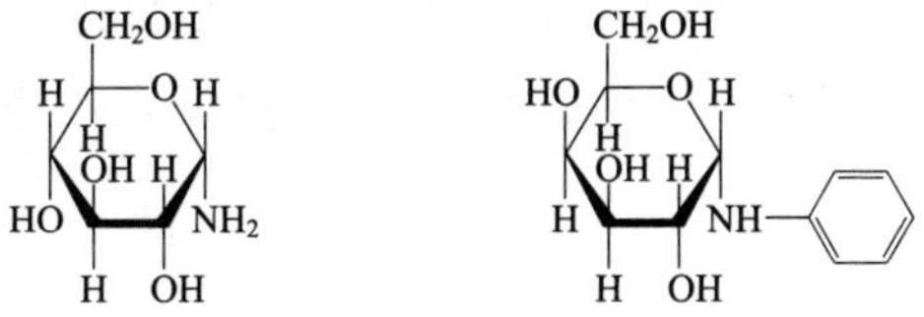

α-D-葡萄糖基胺 　　　　N-苯基-α-D-葡萄糖基胺

### 15.1.6.3　维生素 C

在结构上，维生素 C 可以看作是一个不饱和的糖酸内酯，分子中烯醇式羟基上的氢较易解离，故呈酸性。

由于维生素 C 有防止坏血病的功能，所以在医药上常称为抗坏血酸。维生素 C 容易氧化形成脱氢抗坏血酸，而脱氢抗坏血酸还原又重新变成抗坏血酸。所以在动植物体内氧化过程中具有传递质子和电子的作用。由于它是一种较强的还原剂，故可用作食品的抗氧剂。在工业上它是由葡萄糖成的。

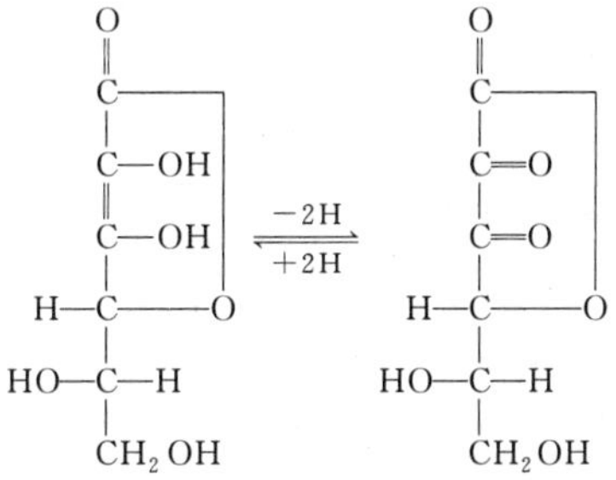

抗坏血酸　　　　　　脱氢抗坏血酸

维生素 C 是白色结晶，易溶于水，为 L 型，比旋光度 $[\alpha]_D = +21°$。它广泛存在于植物体内，尤以新鲜的水果和蔬菜中含量最多。人体本身不能合成维生素 C，必须从食物获得。如果人体缺乏维生素 C，则将引起坏血病。

> **思考题 15-1**　一种己醛糖的碱性水溶液中，存在着哪几种平衡体系？将该溶液与足量的苯肼试剂作用，可得到几种糖脎？

## 15.2　二糖

二糖（disaccharide）也称双糖，是低聚糖中最重要的一类，因为能水解成两个单糖，所以可看作是由两分子单糖失水形成的缩合物（糖苷）。自然界存在的二糖可根据其结构和性质的不同分为还原性二糖和非还原性二糖两类。

### 15.2.1　还原性二糖

由一个单糖分子提供半缩醛羟基与另一个单糖分子的普通羟基（醇羟基）结合成苷。这种二糖还保留了一个游离的半缩醛羟基，其中一个单糖单位可开环形成链式结构，所以它有变旋现象，能够成脎，也有还原性，称为还原性二糖（reducing disaccharide）。比较重要的还原性二糖有以下几种。

（1）麦芽糖

在麦芽糖酶的作用下，水解 1mol 麦芽糖得 2mol D-葡萄糖，但不被苦杏仁酶水解。这一事实说明麦芽糖属 α-D-葡萄糖苷。它是由一分子 α-D-葡萄糖 C1 上的苷羟基与另一分子 α-D-葡萄糖 C4 上的醇羟基失水形成 α-1,4-苷键结合而成的。其结构如下：

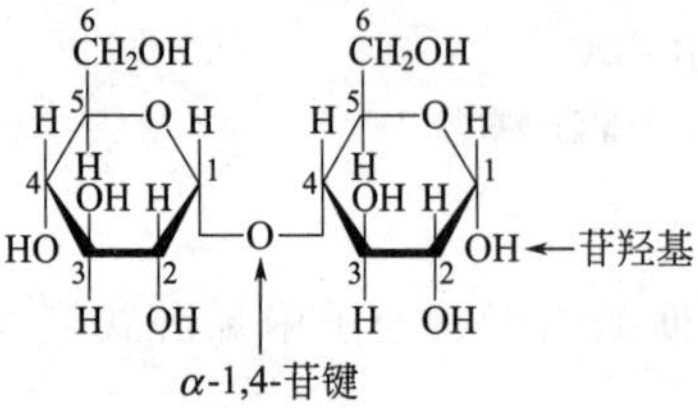


或

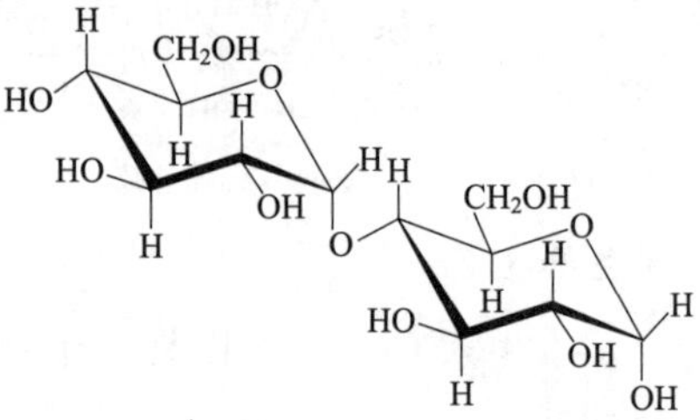

麦芽糖是无色片状结晶，熔点为 102.5℃，易溶于水。因分子结构中还保留一个苷羟基，它在水溶液中仍可以 α、β 两种环状结构和链式结构三种形式存在，所以麦芽糖和葡萄糖等单糖一样，具有还原性。α-麦芽糖的 $[\alpha]_D=+168°$，β-麦芽糖的 $[\alpha]_D=+112°$。

麦芽糖在自然界以游离态存在的很少。在淀粉酶或唾液酶作用下，淀粉水解可以得到麦芽糖。它是饴糖的主要成分，甜度约为蔗糖的 40%，可代替蔗糖制作糖果、糖浆等。

（2）纤维二糖

纤维二糖在苦杏仁酶的作用下，能水解生成两分子 D-葡萄糖，但不被麦芽糖酶水解，因此可以知道纤维二糖是属 β-D-葡萄糖苷，它是由两分子 β-D-葡萄糖通过 β-1,4-苷键相连接而成的二糖。其结构如下：

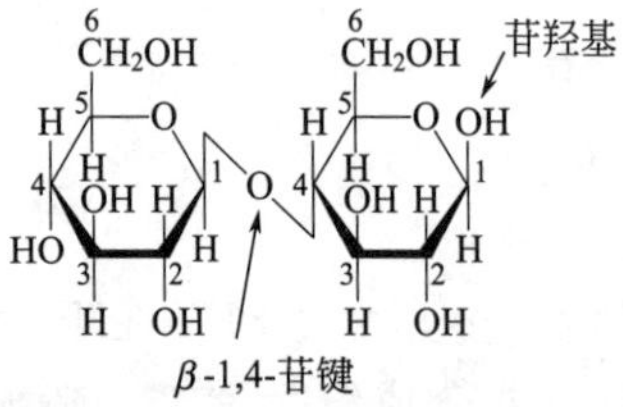


或

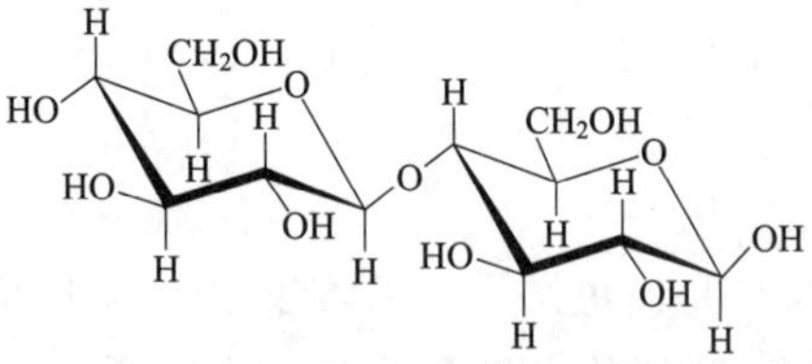

纤维二糖分子结构中也保留着一个苷羟基，所以它在水溶液中有 α、β 两种环状结构和链式结构三种形式存在，同样具有还原性。变旋达到平衡时的 $[\alpha]_D=+35°$。纤维二糖在自然界以结合状态存在，它是纤维素水解的中间产物。

（3）乳糖

乳糖是一分子 β-D-半乳糖与一分子 α-D-葡萄糖以 β-1,4-苷键连接的二糖。分子结构中仍有苷羟基，属于还原性二糖。它能被酸、苦杏仁酶和乳糖酶水解，产生一分子 D-半乳糖和一分子 D-葡萄糖。其结构如下：

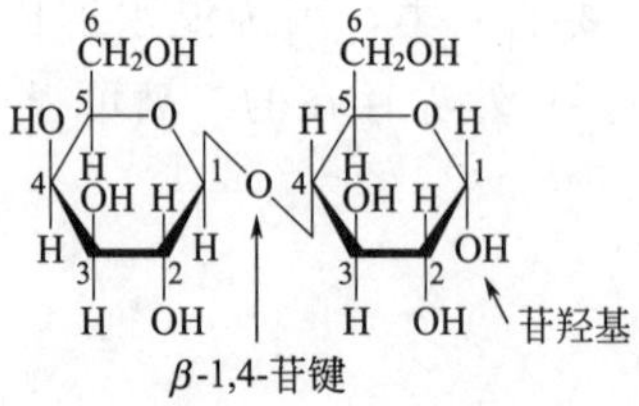


或

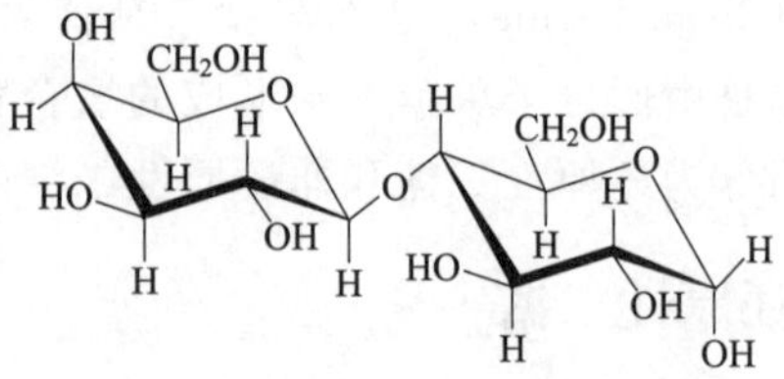

乳糖存在于哺乳动物的乳汁中，人乳中含量为 5%～8%，牛羊乳中含量为 4%～5%。乳糖为白色粉末，熔点为 201.5℃，能溶于水，没有吸湿性，变旋达到平衡时 $[\alpha]_D=+55°$，可用于食品工业和医药工业。

## 15.2.2 非还原性二糖

非还原性二糖（non-reducing disaccharide）由一个单糖分子的半缩醛羟基与另一个单糖

分子的半缩醛羟基结合。这种二糖没有了游离的半缩醛羟基，所以它不能开环形成链式结构，故没有变旋现象，不能够成脎，也没有还原性。下面介绍几种重要的非还原性二糖。

（1）蔗糖

经测定证明，蔗糖是由一分子 $\alpha$-D-葡萄糖 C1 上的苷羟基与一分子 $\beta$-D-果糖 C2 上的苷羟基失去一分子水，通过 1,2-苷键连接而成的二糖。蔗糖分子中没有游离的苷羟基，两个单糖单位均不能开环成链式结构，因此它没有还原性，没有变旋现象和成脎反应。蔗糖的结构如下：

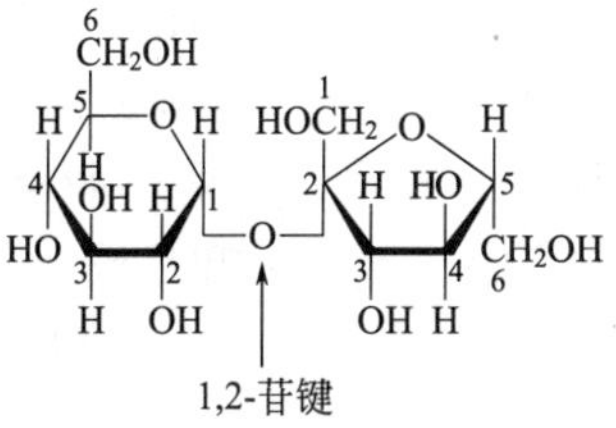

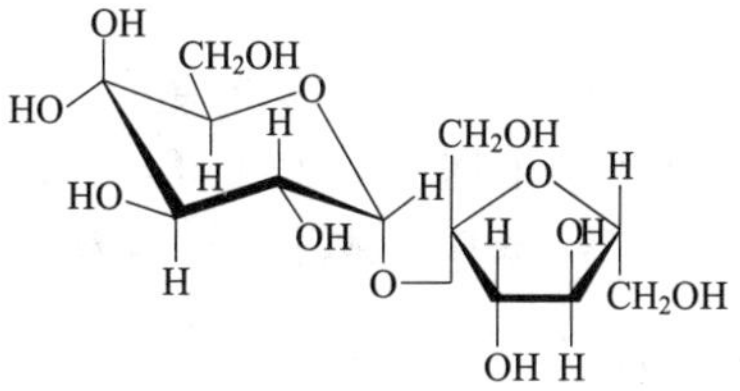

蔗糖是无色结晶，易溶于水。蔗糖的比旋光度 $[\alpha]_D = +66.5°$。在稀酸或蔗糖酶作用下，水解得到葡萄糖和果糖的等量混合物，该混合物的比旋光度为 $-19.8°$。由于在水解过程中，溶液的旋光度由右旋变为左旋，因此通常把蔗糖的水解作用称为转化作用。转化作用所生成的等量葡萄糖与果糖的混合物称为转化糖。因为蜜蜂体内有蔗糖酶，所以在蜜蜂中存在转化糖。蔗糖水解后，因其含有果糖，所以甜度比蔗糖大。

$$\text{蔗糖} + H_2O \xrightarrow{\text{稀酸}} \text{D-葡萄糖} + \text{D-果糖}$$
$$([\alpha]_D = +66.5°) \quad \underbrace{([\alpha]_D = +52°) \; ([\alpha]_D = -92°)}_{[\alpha]_D = -19.8°}$$

蔗糖广泛存在于植物中，在甘蔗茎中含量可高达 26%，甜菜块根中约含 20%。甘蔗和甜菜都是榨取蔗糖的重要原料。日常生活用的食糖，如绵白糖、砂糖、冰糖等，都是晶粒大小不等的蔗糖。蔗糖不仅是一种非常重要的食品和调味品，而且还可用于制柠檬酸、焦糖、转化糖、透明肥皂、药物防腐剂等。

蔗糖是植物体内糖类运输的主要形式，光合作用产生的葡萄糖转化为蔗糖后再向植物各部位运输，到各部位后又迅速地转变为葡萄糖供植物利用，或者变为淀粉贮藏起来。

（2）海藻糖

海藻糖又叫酵母糖，存在于海藻、昆虫和真菌体内。它是由两分子 $\alpha$-D-葡萄糖在 C1 上的两个苷羟基之间脱水，通过 $\alpha$-1,1-苷键结合而成的二糖，其分子结构中不存在游离的苷羟基，所以也是一种非还原性糖。海藻糖是各种昆虫血液中的主要血糖。海藻糖为白色晶体，能溶于水，熔点为 $96.5 \sim 97.5℃$，比旋光度 $[\alpha]_D = +178°$。其结构如下：

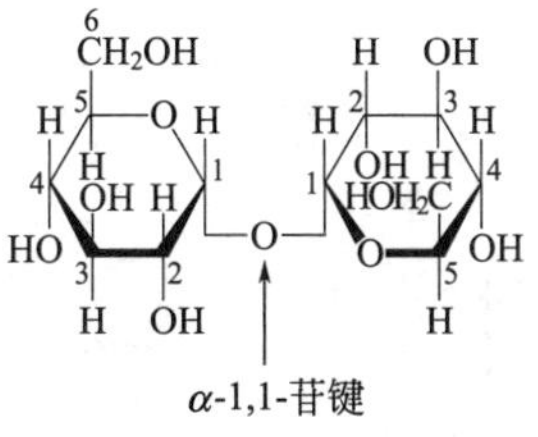

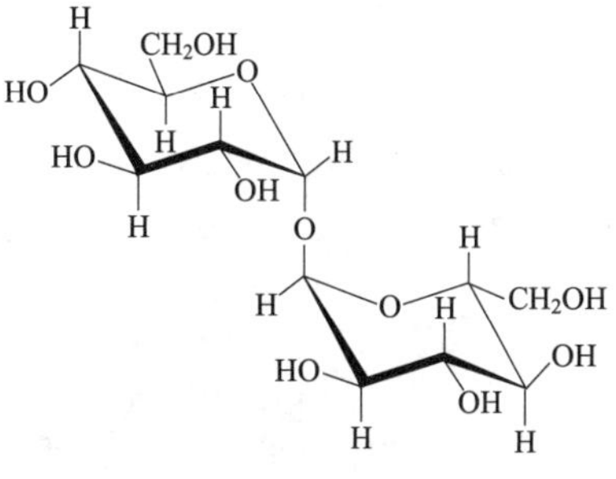

在低聚糖中还有三糖，如棉籽糖、潘糖等。

## 15.3 多糖

多糖（polysaccharide）是一类由许多单糖以苷键相连的天然高分子化合物，它们广泛分布在自然界，结构极为复杂。组成多糖的单糖可以是戊糖、己糖、醛糖和酮糖，也可以是单糖的衍生物，如氨基己糖和半乳糖酸等。组成多糖的单糖数目可以是几百个，有的甚至高达几千个。多糖没有甜味、变旋现象和还原性，亦无成脎反应。多糖按其组成可分为两类：一类称为均多糖（homopolysaccharide），它是由同种单糖构成的，如淀粉和纤维素等；另一类称为杂多糖（heteropolysaccharide），它是由两种或两种以上单糖构成的，如果胶质和黏多糖等。多糖按其生理功能大致可分为两类：一类是作为贮藏物质的，如植物中的淀粉、动物中的糖原；另一类是构成植物的结构物质，如纤维素、半纤维素和果胶质等。

### 15.3.1 均多糖

#### 15.3.1.1 淀粉

淀粉是植物的贮藏物质，广泛存在于植物体的各个部分，特别是在种子及某些块根和块茎中含量较高。例如，稻米含淀粉 62%～82%，小麦含 57%～75%，马铃薯含 12%～14%，玉米含 65%～72%。

（1）淀粉的分子结构

淀粉是由许多个 $\alpha$-D-葡萄糖通过苷键结合成的多糖，可用通式 $(C_6H_{10}O_5)_n$ 表示。淀粉一般是由两种成分组成的：一种是直链淀粉；另一种是支链淀粉。这两种淀粉的结构和理化性质都有差别。两者在淀粉中的比例随植物的品种而异，一般直链淀粉占 10%～30%，支链淀粉占 70%～90%。表 15-3 是几种粮食中直链淀粉和支链淀粉的含量。

表 15-3　几种粮食中直链淀粉和支链淀粉的含量

| 粮食名称 | 直链淀粉含量/% | 支链淀粉含量/% | 粮食名称 | 直链淀粉含量/% | 支链淀粉含量/% |
|---|---|---|---|---|---|
| 小麦 | 24 | 76 | 玉米 | 23 | 77 |
| 稻米 | 17 | 83 | 糯玉米 | 0 | 100 |
| 糯米 | 0 | 100 | | | |

粮食作物种子中的直链淀粉和支链淀粉的含量比例决定着谷物种子的食味品质和出饭率，甚至影响谷物的贮藏与加工。支链淀粉含量高，蒸煮后黏性比较大。粳米中支链淀粉比籼米多，因而米饭黏性强，出饭率低。而籼米蒸煮后，黏性小，米饭干松，膨胀大，出饭率高。糯米几乎全部是支链淀粉，所以饭的黏性最大。

淀粉可用酸水解，也可在淀粉酶作用下水解，其最终产物为 D-葡萄糖，但倒数第二个产物是麦芽糖，可见淀粉是由 $\alpha$-D-葡萄糖以 1,4-苷键结合而成的高分子化合物，也有以 1,6-苷键结合成支链，构成支链淀粉的片断。

直链淀粉是由 100～1000 个（一般为 250～300 个）$\alpha$-D-葡萄糖单位通过 $\alpha$-1,4-苷键连接而成的长链分子，分子量范围在 30000～100000。其结构如下：

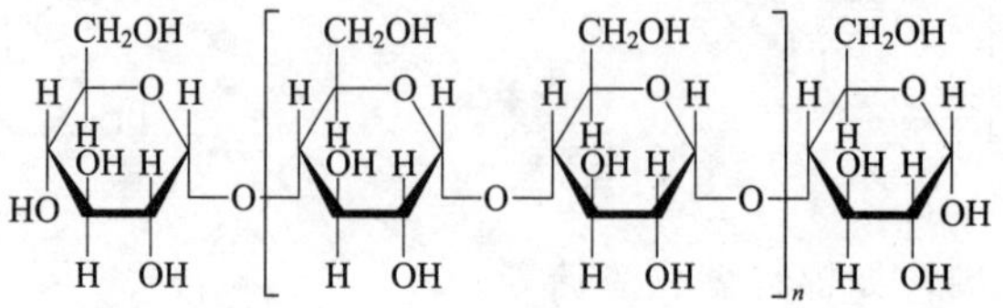

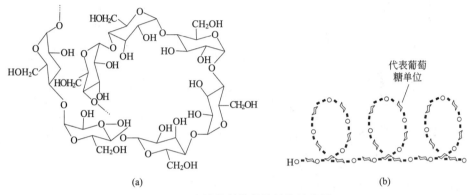

实验证明，直链淀粉不是完全伸直的。由于分子内氢键的作用，使链卷曲盘旋成螺旋状，每卷螺旋一般含有六个葡萄糖单位（见图 15-2）。现已发现直链淀粉能与磷酸、脂肪酸等生成复合物。

图 15-2　直链淀粉的螺旋结构示意图

支链淀粉的分子比直链淀粉大得多。支链淀粉是由 1000 个以上（一般平均 6000 个）$\alpha$-D-葡萄糖单位连接而成的树状大分子，为天然高分子化合物中最大的一种。在支链淀粉分子中的 $\alpha$-D-葡萄糖除通过 $\alpha$-1,4-苷键连接成长链外，还可以通过 $\alpha$-1,6-苷键形成分支的侧链。侧链一般含 20～25 个葡萄糖单位，侧链内部的 $\alpha$-D-葡萄糖单位仍是通过 $\alpha$-1,4-苷键相互连接的。侧链上每隔 6～7 个葡萄糖单位又能再度形成另一支链结构，使支链淀粉形成复杂的树状分支结构的大分子。

支链淀粉中支链数目的多少随淀粉来源不同而异，但至少有 50 个以上。支链淀粉的形状没有一定的规律。

（2）淀粉的理化性质

淀粉是白色无定形粉末，不同来源的淀粉其形状、大小各异。直链淀粉和支链淀粉由于分子量和结构不同，所以性质亦有差异。

① 水溶性　直链淀粉不溶于冷水而易溶解在热水中而不成糊状。这是由于在加热的情

况下，其螺旋状结构散开，易与水形成氢键而均匀地分布在水中成为溶胶，溶胶冻结则形成凝胶，没有黏性，因此含直链淀粉的薯粉和豆粉可制成粉皮和粉丝。

支链淀粉不溶于水，与水共热则膨胀而成糊状，不能形成溶胶。支链淀粉在热水中，其螺旋结构虽然也有所散开，但由于分子中有许多支链彼此纠缠（见图 15-3 和图 15-4），而产生糊化现象，呈现很大的黏性。因此含支链淀粉多的糯米煮后黏性特别大。

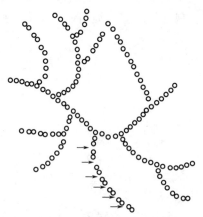

图 15-3　支链淀粉结构示意图
（每个圆圈代表一个葡萄糖单位，∞代表麦芽糖单位，
箭头所指处为可被淀粉酶水解部分）

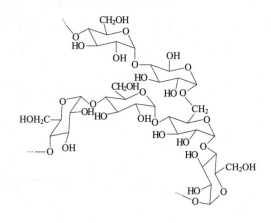

图 15-4　支链淀粉片断

② 呈色反应　直链淀粉遇碘呈深蓝色，支链淀粉遇碘呈紫红色。淀粉与碘的反应很灵敏，常用来检验淀粉。在分析化学中，可溶性淀粉常用作碘量法的指示剂。直链淀粉遇碘呈深蓝色是由于碘分子"钻入"淀粉的螺旋结构的孔道中，在孔道内羟基的作用下，与淀粉形成了有色的配合物。加热时，淀粉的螺旋结构发生变化，与碘形成的配合物随之分解，故深蓝色褪去，冷却后又恢复淀粉的螺旋结构，故又重新显色。

水稻从幼穗分化期开始，在叶鞘中就有淀粉积累，其积累量和叶鞘内含氮量呈明显的反相关。叶鞘中的淀粉是由基部向上积累的，利用淀粉与碘的呈色反应，检查同一部位叶鞘中淀粉积累的高低，可以大致诊断水稻的氮素营养状况。

③ 水解　淀粉可以在酸或酶的作用下水解。淀粉水解是大分子逐步裂解为小分子的过程，这个过程的中间产物总称为糊精。糊精是淀粉部分水解的产物，分子虽然比淀粉小，但仍然是多糖。在水解过程中，糊精分子逐渐变小，根据它们与碘产生不同的颜色可分为蓝糊精、红糊精和无色糊精。无色糊精约含十几个葡萄糖单位，能还原 Fehling 试剂，无色糊精再继续水解则生成麦芽糖。麦芽糖在酸或麦芽糖酶的催化下最后水解生成葡萄糖。淀粉在淀粉酶催化下最后只能生成麦芽糖。淀粉的水解过程可表示如下：

$$淀粉 \rightarrow 蓝糊精 \rightarrow 红糊精 \rightarrow 无色糊精 \rightarrow 麦芽糖 \rightarrow 葡萄糖$$

淀粉酶催化　　　　　　　　　麦芽糖酶催化

糊精能溶于水，水溶液有黏性，可作为固体饮料的载体，还可作黏合剂及纸张、布匹等的上胶剂。

水稻浸种催芽时，主要由淀粉酶催化淀粉水解。如果遇上低温，酶的活性降低，种子中部分淀粉水解成糊精后，分解便处于停滞状态。如果浸水时间过长，种子继续吸水膨胀，糊精等溢出壳外而造成滑壳，妨碍种子呼吸。在烤面包时，部分淀粉就能转化为具有不同味道和特色的糊精。果实在成熟过程中，淀粉在酶的作用下转化为可溶性糖。例如，香蕉果实从绿色变成黄色的时期，淀粉减少，糖分增加，所以成熟的香蕉变甜。苹果、梨和桃等果实成熟过程中也存在类似的现象。

淀粉在酸的作用下水解，最后产物是葡萄糖，可用下式表示：

$$(C_6H_{10}O_5)_n + (n-1)H_2O \xrightarrow{\text{稀酸}} nC_6H_{12}O_6$$

淀粉　　　　　　　　　　　葡萄糖

④ 生成淀粉衍生物　淀粉可以与一些试剂作用生成淀粉衍生物。例如，与乙酸酐作用生成醋酸淀粉；与氯乙酸作用生成羧甲基淀粉；与环氧乙烷作用生成羟乙基淀粉等。

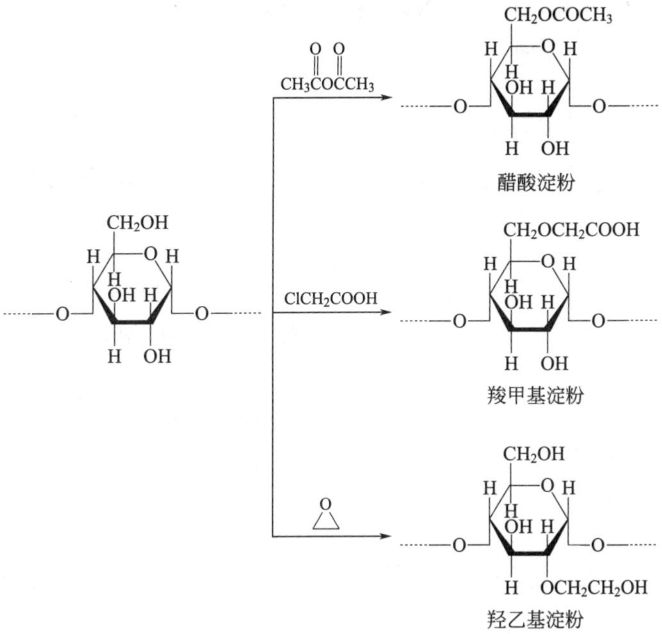

此外，淀粉虽然是由葡萄糖分子结合而成的，但葡萄糖分子相互间是通过苷键连接的，只有在淀粉分子末端的葡萄糖单位上还保留游离的苷羟基，这种苷羟基在分子中所占的比例极小，因此淀粉无还原性。同理，其他多糖也无还原性。淀粉除了作为食物外，还可作为酿造工业的原料、纺织工业的浆剂、造纸工业的填料、药剂的赋形剂和制取葡萄糖等。淀粉在食品工业中用处很多，可用来制造糕点、饼干、糖果和罐头食品。淀粉在食品中可作为增稠剂、胶体生成剂、保湿剂、乳化剂、黏合剂等。

### 15.3.1.2　糖原

糖原是动物体内的贮藏物质，又称动物淀粉。它主要存在于肝和肌肉中，因此有肝糖原和肌糖原之分。糖原在动物体中的功用是调节血液的含糖量，当血液中含糖量低于常态时，糖原就分解为葡萄糖；当血液中含糖量高于常态时，葡萄糖就合成糖原。

糖原也是由许多个 $\alpha$-D-葡萄糖结合而成的，其结构和支链淀粉相似。不过糖原的支链更多、更短，平均隔 3 个葡萄糖单位即可有一个分支，支链的葡萄糖单位也只有 12～18 个，外圈链甚至只有 6～7 个，所以糖原的分子结构比较紧密，整个分子团成球形。它的平均相对分子质量在 $10^6$～$10^7$ 之间。

糖原为白色粉末，能溶于水及三氯乙酸，不溶于乙醇及其他有机溶剂。遇碘显红色，无还原性。糖原也可被淀粉酶水解成糊精和麦芽糖；若用酸水解，最终可得 D-葡萄糖。

### 15.3.1.3 纤维素

（1）纤维素的结构

纤维素分子是由许多 $\beta$-D-葡萄糖通过 $\beta$-1,4-苷键连接而成的一条没有分支的长链。组成纤维素的葡萄糖单位数目随纤维素的来源不同而异，一般在 5000～10000 个之间。一般认为纤维素分子由 8000 个左右的葡萄糖单位构成。纤维素分子的结构表示如下：

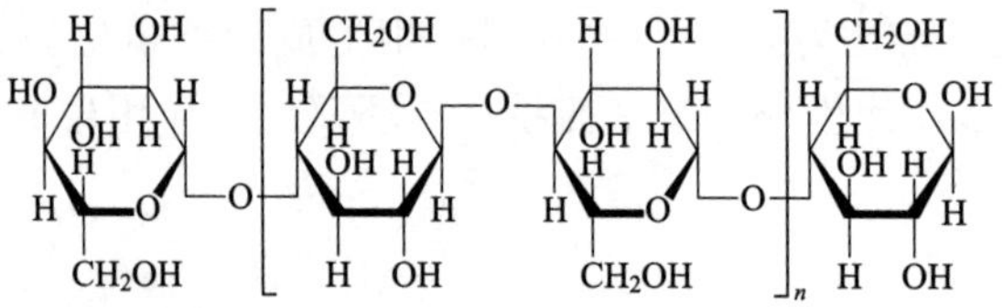

或

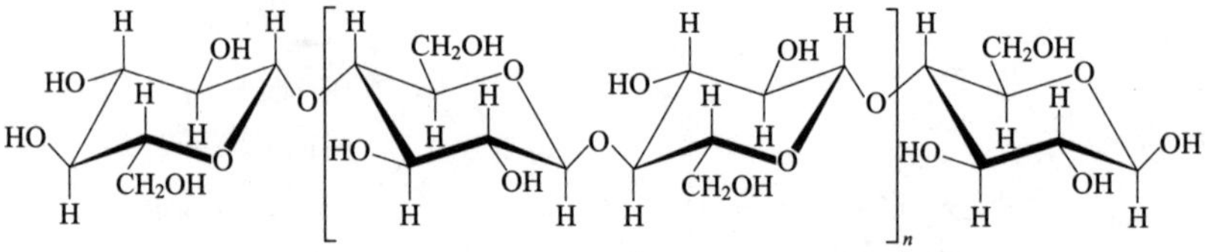

纤维素是自然界分布最广的一种多糖。它是植物体的支撑物质，是细胞壁的主要成分。在自然界中，棉花的纤维含量最高，麻、木材、麦秆以及其他植物的茎秆都含有大量的纤维素（见表 15-4）。

表 15-4　几种植物纤维素的含量

| 名称 | 纤维素含量/% | 名称 | 纤维素含量/% |
| --- | --- | --- | --- |
| 棉花 | 88～98 | 黄麻 | 60～70 |
| 亚麻 | 80～90 | 木材 | 40～50 |
| 苎麻 | 80～85 | 稻草、麦秆 | 40～50 |

纤维素分子在植物细胞壁中构成一种称为微纤维的生物学结构单元，微纤维由一束沿分子长轴平行排列的纤维素分子构成。微纤维呈细丝状，含有 280～800 个纤维素分子，直径为 10～20nm，微纤维束的横切面为椭圆形。微纤维核心的纤维素分子常排列成三维晶格结构，称为纤维素微纤维的微晶区。微纤维核心晶格结构之外的纤维素分子仍大致上处于平行排列的构象，但未形成完善的三维晶格，称为微纤维亚结晶区或称无定形区，一般认为纤维素分子的聚合形式有这两种类型。这两束微纤维有时尚可融合在一起。由于纤维素分子构成的微纤维有强的结晶性质，使纤维素有强的机械强度和化学稳定性。

（2）纤维素的性质

纤维素是白色纤维状固体，无甜味，性质比较稳定。

① 溶解性　纤维素不溶于水，仅能吸水膨胀，也不溶于稀酸、稀碱和一般的有机溶剂，但能溶于硫酸铜的氨溶液、氯化锌的浓溶液、硫氰酸钙的浓溶液等。例如纤维素溶于铜氨溶液的反应：

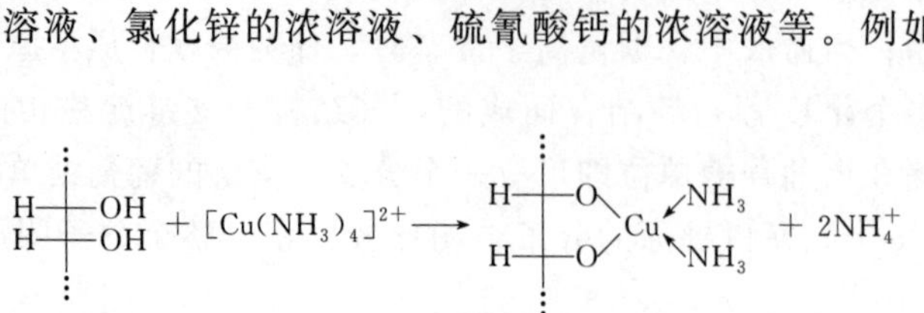

这个铜氨配合物遇酸后即分解，原来的纤维素又沉淀下来。人造丝就是利用这个性质制造的。

② 水解　纤维素可以发生水解，但比淀粉困难，纤维素可以被浓硫酸、浓盐酸或纤维素酶水解。水解过程中也产生一系列纤维素糊精、纤维二糖，最后产物是 D-葡萄糖。

纤维素在人体内虽不能消化，但据医学方面的报道，纤维素能吸收水分子形成纤维素基质，具有分子筛的作用，可延缓营养物质的消化吸收，又有吸附胆酸、固醇类及某些有毒物质的作用。纤维素还具有与阳离子结合的能力，对无机盐平衡、电解质的吸收和重金属的解毒都有重要意义。因此，食用适量的纤维素对人的营养起着均衡的作用，对人体有益。如长期摄入纤维素不足，就会引起疾病，如便秘、肠憩室、结肠癌、肥胖症、冠心病等，所以纤维素也是不可缺少的食物。在反刍动物的消化道内，有分解纤维素的酶，对这类动物来说，纤维素是有营养价值的。

堆肥腐熟过程中，纤维素的水解也是在土壤中某些微生物分泌出的纤维素酶的催化下进行的。

纤维素用途很广，可制成人造丝、人造棉、玻璃纸、火棉胶、赛璐珞制品和电影胶片等。纤维素的衍生物，像 N,N-二乙氨基乙基纤维素（DEAE 纤维素）可用于分离蛋白质和核酸等；羧甲基纤维素（CMC）在纺织、医药、造纸和化妆品工业上都有广泛的用途。

#### 15. 3. 1. 4　甲壳素

甲壳素又称几丁质，存在于虾、蟹及许多昆虫的硬壳上，是这些动物的保护物质。蕈类和地衣的外膜也存在甲壳素。甲壳素是一种含氮的均多糖，其结构单位是 2-乙酰氨基-$\beta$-D-葡萄糖，它们彼此以 $\beta$-1,4-苷键相连接。其结构如下：

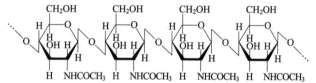

甲壳素与纤维素相似，其分子也是一伸展的直链，但链与链间的氢键多于纤维素，所以甲壳素相对更为坚硬。甲壳素不溶于水、稀酸和有机溶剂，也不溶于铜氨溶液。它的化学性质稳定，但能被强碱破坏，浓强酸能使其水解，水解的最终产物是 2-氨基葡萄糖和乙酸。

> **思考题 15-2**　利用网络查阅文献，找出有关利用虾壳制备甲壳素和壳聚糖的常见方法，并说明其制备原理。

### 15. 3. 2　杂多糖

#### 15. 3. 2. 1　半纤维素

半纤维素为与纤维素共存于植物细胞壁的一类多糖。秸秆、糠麸、花生壳和玉米芯内含有较多的半纤维素。它的分子量比纤维素小，其组成和结构与纤维素完全不同。不同来源的半纤维素成分也各有不同。

半纤维素不溶于水，但能溶于碱，比纤维素易水解。半纤维素能彻底水解，得到某些戊糖、己糖以及某些戊糖和己糖的衍生物等，因此可认为半纤维素是多缩戊糖和多缩己糖及杂多糖的混合物。

多缩戊糖中主要是多缩木糖和多缩阿拉伯糖。多缩戊糖的分子具有直链结构，与纤维素相似，但链比纤维素短得多。例如，多缩木糖中的基本单位为木糖，它通过 $\beta$-1,4-苷键连接成直链。多缩木糖的结构如下：

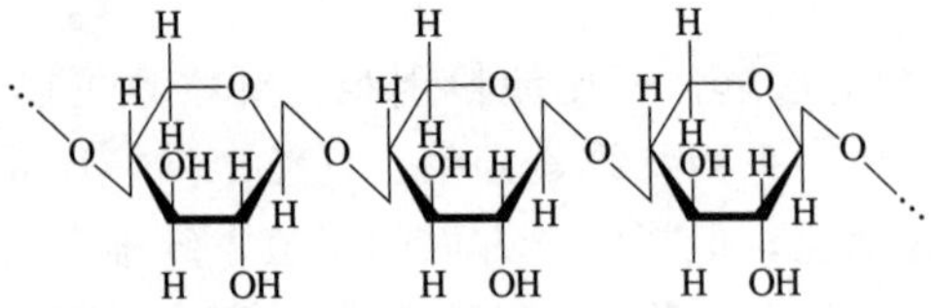

多缩木糖

多缩己糖中主要为多缩甘露糖、多缩半乳糖和多缩半乳糖醛酸。它们也是直链结构，链比纤维素短。例如，多缩甘露糖中的基本单位为甘露糖，也是通过 $\beta$-1,4-苷键连接成直链的。

半纤维素的结构目前尚不清楚，它是高等植物细胞壁中非纤维素也非果胶类物质的多糖。

由于戊糖脱水生成糠醛，因此工业上把含有多缩戊糖的玉米芯、高粱秆、花生壳等农副产品与稀酸混合，在高温、高压下使其水解生成戊糖，再进一步脱水生成重要的工业原料糠醛。

半纤维素在植物体内主要起着骨架物质的作用。在一定的条件下，例如种子发芽时，半纤维素在酶的作用下可以水解生成具有营养作用的单糖。

半纤维素属于膳食纤维素的成分之一。膳食纤维素的存在，在消化机制和预防医学方面具有一定的功用。

### 15.3.2.2　果胶类物质

果胶类物质又称为果胶多糖，是一类成分比较复杂的多糖，其分子结构目前尚不清楚。果胶类物质为植物细胞壁的组成成分，它充塞在植物相邻细胞间，使细胞能黏合在一起，是植物中的一群复杂胶状多聚糖。在果实、种子、根、茎和叶里等都含有果胶类物质，但以水果和蔬菜中含量较多。

根据果胶类物质的结合状况、成分和理化性质，可分为果胶酸、果胶酯酸和原果胶三类。

（1）果胶酸

果胶酸是由多个 D-半乳糖醛酸通过 $\alpha$-1,4-苷键结合而成的没有分支的线型长链高分子化合物。同时，任何具有果胶酸基本结构能呈现胶体性质的聚合体，均可称为果胶酸。果胶酸分子中含有羧基，故能与 $Ca^{2+}$、$Mg^{2+}$ 生成不溶性的果胶酸钙、果胶酸镁沉淀。该反应可用来测定果胶类物质的含量。

果胶酸为白色晶体，可从苹果、柠檬等果皮中提取而得，可用于食品添加剂作果冻增稠剂等。

果胶酸是果胶酯酸和原果胶的构成单位。其结构如下：

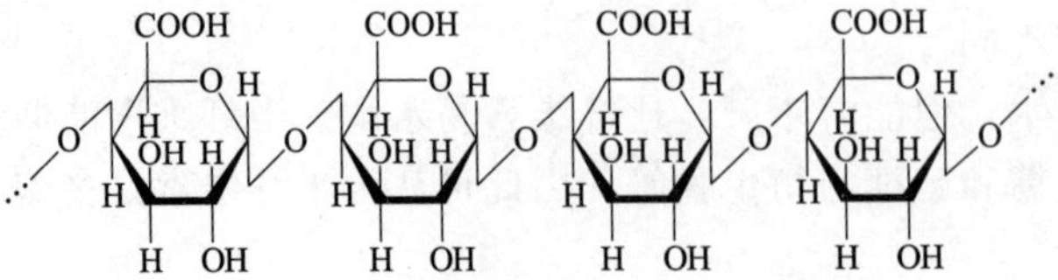

果胶酸

（2）果胶酯酸

果胶酯酸是指含甲氧基比例较大的果胶酸,是果胶类物质中部分半乳糖醛酸被甲酯化的衍生物。现已证实,果胶酯酸是一组以复杂方式连接的多聚鼠李糖、多聚半乳糖醛酸。果胶酯酸的一般结构如图 15-5 所示,它是由 $\alpha$-1,4-苷键连接的 D-吡喃半乳糖尾酸单位组成的骨架链,其中含有少数有序或无序的 $\alpha$-1,2-苷键连接的鼠李糖单位,在鼠李糖富集区也夹杂有半乳糖尾酸单位。

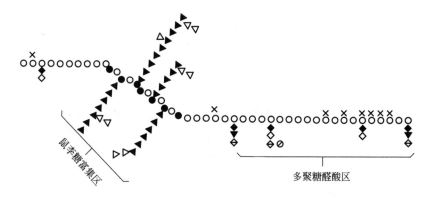

图 15-5  果胶酯酸的结构

○—半乳糖醛酸;✕—甲基酯;◇—葡萄糖醛酸;◈—岩藻糖;
◆—木糖;△—阿拉伯糖;▲—半乳糖;●—鼠李糖;⊘—甲基醚

果胶是指具有各种甲氧基含量的水溶性果胶酯酸。

(3)原果胶

原果胶泛指一切水具水溶性的果胶类物质,其存在于未成熟的水果和植物的茎、叶里,不溶于水。一般认为它是果胶酯酸与纤维素或半纤维素结合而成的高分子化合物。未成熟的水果是坚硬的,这直接与原果胶的存在有关。随着水果的成熟,原果胶在酶的作用下逐步水解为有一定水溶性的果胶酯酸,水果也就由硬变软了。

目前已经证实,果胶类物质主要分为同质多糖和异质多糖两类。前者包括多聚半乳糖醛酸、多聚半乳糖和多聚阿拉伯糖;后者包括多聚阿拉伯糖、多聚半乳糖和多聚鼠李糖醛酸,同时还有一些单糖组分,包括 D-半乳糖、L-阿拉伯糖、D-木糖、L-岩藻糖、D-葡萄糖醛酸以及罕见的 $\alpha$-甲氧基-D-木糖、$\alpha$-甲氧基-L-岩藻糖和 D-芹叶糖。

### 15. 3. 2. 3  琼脂

琼脂又称琼胶,是从石花菜、紫菜等红藻中提取出来的一种混合多糖。其结构是由九个 D-半乳糖分子以 $\beta$-1,3-苷键相连,其还原性端基又以 1,4-苷键与一个 L-半乳糖连接。L-半乳糖的 C6 上是硫酸酯,并且与钙形成盐类。其结构式表示如下:

$$(R为—CH_2—O—SO_2—OCa_{1/2})$$

琼脂为白色或浅褐色,无臭味,不溶于冷水,加水煮沸则溶解成黏液,冷却后即成半透明的凝胶物质,可供食用,也常用作缓泻药,在微生物培养中用作培养基的固化物,也可作为食品凝胶剂和纺织业的浆料。琼脂含有丰富的膳食纤维和蛋白质，具有泻火、润肠、降血压、降血糖作用。

# 习　　题

15-1　写出下列化合物的俗名。

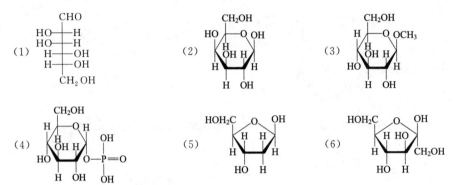

15-2　写出下列化合物的 Haworth 式。

(1) α-L-甘露糖

(2) 2-乙酰氨基-α-D-半乳糖

(3) β-D-核糖

(4) β-D-甘露糖甲苷

15-3　在下列糖中，哪一部分单糖是成苷的？并指出苷键的类型（α 或 β）和位置。

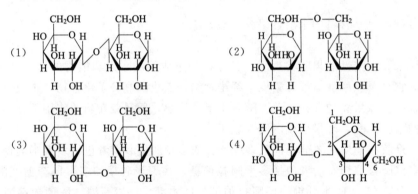

15-4　在下列糖类化合物中，哪些能与 Fehling 试剂反应？

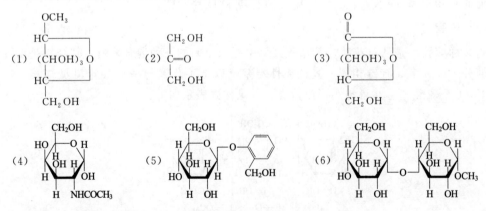

15-5　写出 D-半乳糖与下列物质反应的产物及名称。

(1) 羟胺　　　　(2) 苯肼　　　　(3) 溴水　　　　(4) 硝酸

15-6　写出下列反应的主要产物。

(1) 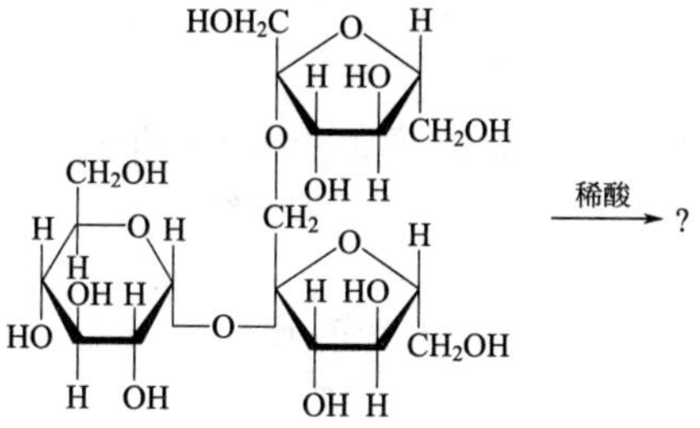 稀酸 → ?

(2) 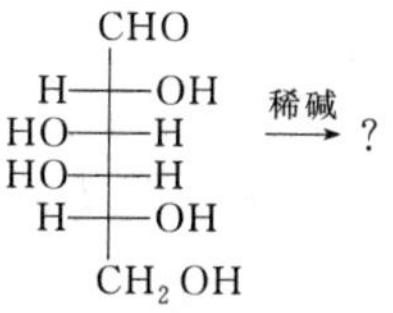 稀碱 → ?

(3) 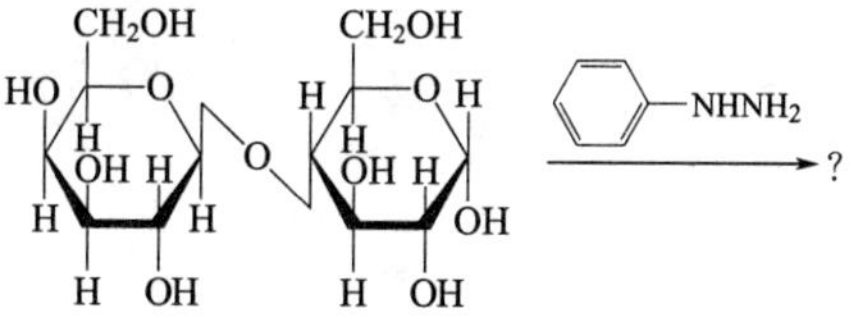 + C₆H₅NHNH₂ → ?

(4) 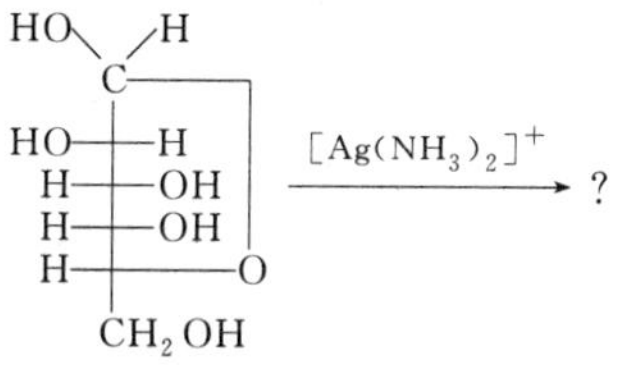 [Ag(NH₃)₂]⁺ → ?

(5) 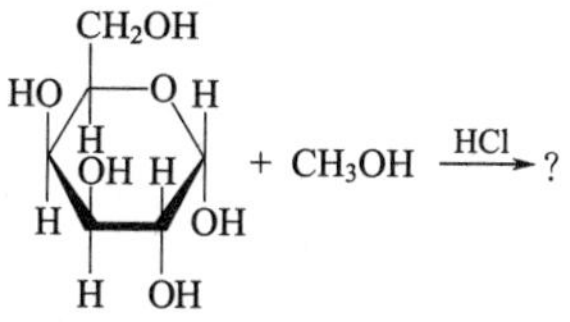 + CH₃OH — HCl → ?

(6) 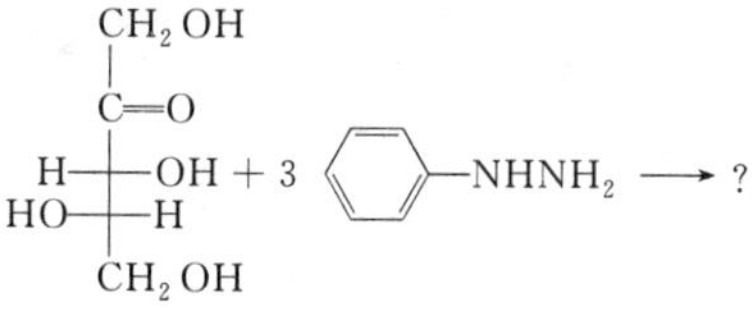 + 3 C₆H₅NHNH₂ → ?

15-7 在三种单糖与过量苯肼作用后生成相同的糖脎，其中一种为 L-葡萄糖，写出其他两个异构体的 Fischer 投影式。

15-8 在 D-戊醛糖和 D-己醛糖中，哪些用硝酸氧化后能得到内消旋的糖二酸？

15-9 D-醛糖 A 和 B 分别与苯肼作用生成同样的糖脎。用硝酸氧化后，A 和 B 生成含有四个碳原子的二酸，A 的氧化产物有旋光性，而 B 的没有旋光性。试写出 A 和 B 的 Fischer 投影式。

15-10 D-戊糖 A 和 B，分子式均为 $C_5H_{10}O_5$，它们与西列凡诺夫试剂反应，B 很快显色，A 则不能。A、B 与苯肼作用生成相同的糖脎，A 用硝酸氧化得到内消旋体。判断并写出 A、B 的 Fischer 投影式。

15-11 D-己醛糖 A 氧化得到旋光的糖二酸 B，将 A 递降为戊醛糖后再氧化得无旋光性的糖二酸 C。与 A 生成相同糖脎的另一个己醛糖 D 氧化后得无旋光性的糖二酸 E。判断并写出 A、B、C、D、E 的 Fischer 投影式。（注：递降即从醛基一端去掉一个碳原子变成低一级的醛糖。）

15-12 下列说法是否恰当？并说明之。

(1) 凡是含有苷羟基的糖类都能够与 Fehling 试剂反应。

(2) 凡是含有苷键的糖都不能与 Fehling 试剂反应。

(3) 凡是单糖都能与 Fehling 试剂反应。

（4）凡是单糖都有旋光性，且有变旋现象。

（5）能够生成相同脎的两种单糖，它们的构型一定相同。

（6）构成淀粉分子的基本单位是 $\alpha$-D-葡萄糖，构成纤维素分子的基本单位是 $\beta$-D-葡萄糖，所以淀粉水解的最终产物只能得到 $\alpha$-D-葡萄糖，纤维素水解的最终产物只能得到 $\beta$-D-葡萄糖。

15-13　下列化合物中，哪些无变旋现象？

（1）麦芽糖　　　　　　　（2）蔗糖　　　　　　　（3）$\beta$-D-葡萄糖甲苷

（4）1,6-二磷酸呋喃果糖　　（5）$\alpha$-D-核糖乙苷　　（6）糖原

（7）$\beta$-L-吡喃阿拉伯糖　　（8）潘糖

15-14　用化学方法区别下列各组化合物。

（1）核糖　果糖　葡萄糖

（2）葡萄糖　2-氨基葡萄糖　$\alpha$-D-葡萄糖甲苷　葡萄糖醛酸

（3）蔗糖　纤维二糖　淀粉　纤维素

（4）D-核糖　D-甘露糖　蔗糖　糖原

# 16 油脂和类脂

## 学习指导

掌握油脂的结构特点和理化性质；了解类脂的结构。

油脂（fat and oil）和类脂（lipoid）是维持人体和动植物正常生命活动的基本物质之一，广泛存在于生物体中。油脂是指猪油、牛油、豆油、桐油、菜油和茶油等动植物油。类脂是构造或理化性质类似油脂的物质，因此称为类脂化合物，主要包括磷脂、蜡、糖脂化合物等。油脂和类脂统称为脂类（lipid），具有难溶于水而易溶于有机溶剂的共同特点，可以利用脂类在非极性有机溶剂中的溶解性把它从生物组织中提取出来。

脂类是构成生物体的重要成分并具有特殊的生理功能，同时也是食品、化工、医药等工业的主要原料。1g 脂肪在体内分解成二氧化碳和水并产生 39kJ 的能量，代谢所提供的能量是蛋白质或糖类的两倍，正常人体每日所需的能量有 $25\% \sim 30\%$ 是由脂肪提供的。动物体内的脂肪除供给能量外，还是许多脂溶性生物活性物质如维生素等的良好载体。体表和脏器周围的脂肪具有保护内脏免受机械损伤的生物功能，皮下脂肪可防止体温散失。类脂是构成生物膜如细胞膜和线粒体膜等的重要物质，具有调节代谢、控制生物生长发育的作用，还与细胞识别、种属特异性和组织免疫等有着密切的关系。

## 16.1 油脂

### 16.1.1 油脂的组成与结构

油脂是油（oil）和脂肪（fat）的总称。通常把在常温下呈液体的称为油，呈固态或半固态的称为脂肪。油脂是由一分子甘油与高级脂肪酸所形成的酯，称为三酰甘油（triacylglycerol），或甘油三酯（triglyceride）。结构通式表示如下：

$$
\begin{array}{l}
\quad\quad\quad\quad O \\
H_2C-O-\overset{\|}{C}-R^1 \\
\quad\quad\quad\quad O \\
HC-O-\overset{\|}{C}-R^2 \\
\quad\quad\quad\quad O \\
H_2C-O-\overset{\|}{C}-R^3
\end{array}
$$

$R^1$、$R^2$、$R^3$ 分别表示三种高级脂肪酸的烃基，烃基可以完全相同。也可不相同。完全相同者称为单三酰甘油（简单三酰甘油）；不同者则称为混三酰甘油（混合三酰甘油）。例如：

$$
\begin{array}{l}
\quad\quad\quad\quad O \\
H_2C-O-\overset{\|}{C}-C_{17}H_{33} \\
\quad\quad\quad\quad O \\
HC-O-\overset{\|}{C}-C_{17}H_{33} \\
\quad\quad\quad\quad O \\
H_2C-O-\overset{\|}{C}-C_{17}H_{33}
\end{array}
\quad\quad\quad
\begin{array}{l}
\quad\quad\quad\quad O \\
H_2C-O-\overset{\|}{C}-C_{17}H_{33} \\
\quad\quad\quad\quad O \\
HC-O-\overset{\|}{C}-C_{15}H_{31} \\
\quad\quad\quad\quad O \\
H_2C-O-\overset{\|}{C}-C_{17}H_{35}
\end{array}
$$

人造油　　　　　　　　　　猪油

人造油中 3 个 R 是油酸烃基，水解后生成 1 分子甘油和 3 分子油酸，为单三酰甘油。猪油中 3 个 R 分别是油酸、软脂酸和硬脂酸烃基，是混三酰甘油。

三酰甘油命名时将脂肪酸名称放在前面，甘油的名称放在后面，叫作某酸甘油酯（或某脂酰甘油）。如果是混三酰甘油，则分别用 $\alpha$、$\alpha'$ 和 $\beta$ 表明脂肪酸的位次。例如：

三硬脂酸甘油酯 　　　　　　 $\alpha$-硬脂酰-$\beta$ 软脂酰-$\alpha'$-油酰甘油

天然油脂是各种混三酰甘油的混合物。此外，还含有少量的磷脂、固醇、色素、维生素、游离脂肪酸、脂肪醇、蜡、醛和酮等。自然界中存在的混三酰甘油都是 L 构型，即在 Fischer 投影式中 C2 上的酰基在甘油基碳链的左侧。

组成油脂的高级脂肪酸种类很多，目前已经发现在油脂中的脂肪酸约 50 多种。常见的高级脂肪酸见表 16-1，它们都具有如下共性。

表 16-1　油脂中常见的脂肪酸

| 习 惯 名 称 | 系 统 名 称 | 结 　 构 　 式 |
|---|---|---|
| 月桂酸 | 十二碳酸 | $CH_3(CH_2)_{10}COOH$ |
| 软脂酸 | 十六碳酸 | $CH_3(CH_2)_{14}COOH$ |
| 硬脂酸 | 十八碳酸 | $CH_3(CH_2)_{16}COOH$ |
| 油酸 | $\Delta^9$-十八碳烯酸 | $CH_3(CH_2)_7CH\!=\!CH(CH_2)_7COOH$ |
| 亚油酸 | $\Delta^{9,12}$-十八碳二烯酸 | $CH_3(CH_2)_4(CH\!=\!CHCH_2)_2(CH_2)_6COOH$ |
| 亚麻酸 | $\Delta^{9,12,15}$-十八碳三烯酸 | $CH_3CH_2(CH\!=\!CHCH_2)_3(CH_2)_6COOH$ |
| 桐油酸 | $\Delta^{9,11,13}$-十八碳三烯酸 | $CH_3(CH_2)_3(CH\!=\!CH)_3(CH_2)_7COOH$ |
| 花生四烯酸 | $\Delta^{5,8,11,14}$-二十碳四烯酸 | $CH_3(CH_2)_4(CH\!=\!CHCH_2)_4(CH_2)_2COOH$ |

① 碳链很长，一般有 14～20 个碳原子，几乎都是偶数；最常见的是 16～18 个碳原子，12 个碳原子以下的饱和脂肪酸多存在于哺乳类动物的乳汁中。

② 饱和脂肪酸中，最普遍的是软脂酸（16 碳）和硬脂酸（18 碳）；不饱和脂肪酸常见的有油酸、亚油酸、亚麻酸和花生四烯酸等。

③ 不饱和脂肪酸的熔点比链长相等的饱和脂肪酸低。

④ 不饱和高级脂肪酸包含有一个或多个 C＝C 双键，其中以 18 碳不饱和脂肪酸为主。不饱和脂肪酸的双键多数位于碳链中间 C9 的位置，双键常用"$\Delta$"表示，把双键的位置写在"$\Delta$"的右上角。

⑤ 几乎所有的不饱和脂肪酸都是顺式构型。

多数脂肪酸在人体内都能合成。亚油酸、亚麻酸在人体内不能自身合成；花生四烯酸虽然能自身合成；但量太少，还必须由食物供给，故三者称为必需脂肪酸（essential fatty acid）。人体从食物中获得这些必需脂肪酸后就能够合成同族的其他不饱和脂肪酸，所以必需脂肪酸对人体的健康是必不可少的。

## 16.1.2　油脂的理化性质

### 16.1.2.1　物理性质

纯净的油脂是无色、无臭、无味的。大多数天然油脂由于溶有维生素和色素的缘故而呈黄色至红色。天然油脂尤其是植物油，都带有些香味或特殊的气味，如芝麻油有香味，而鱼油有令人作呕的臭味。油脂比水轻，相对密度在 0.9～0.95 之间，难溶于水，易溶于有机溶剂，如乙醇、乙醚、石油醚、氯仿、四氯化碳和苯等。

　　油脂的熔点高低取决于所含不饱和脂肪酸的数目，含有不饱和脂肪酸多的油脂有较高的流动性和较低的熔点。这是因为油脂中的不饱和脂肪酸的 C=C 双键大多数是顺式构型，这种构型使脂肪酸的碳链弯曲，分子内羧酸脂肪链之间不能紧密排列，导致三酰甘油分子之间的作用力减弱，熔点降低。植物油中含不饱和脂肪酸的比例较动物脂肪中的大（见表 16-2），因此常温下植物油呈液态，动物脂肪呈固态。油脂是混三酰甘油的混合物，无恒定的熔点和沸点。

表 16-2　常见油脂中脂肪酸的含量和皂化值、碘值

| 油脂名称 | 软脂酸的质量分数/% | 硬脂酸的质量分数/% | 油酸的质量分数/% | 亚油酸的质量分数/% | 皂化值/ (mg·g$^{-1}$) | 碘值/ [g·(100g)$^{-1}$] |
|---|---|---|---|---|---|---|
| 牛油 | 24～32 | 14～32 | 35～48 | 2～4 | 190～200 | 31～47 |
| 猪油 | 28～30 | 12～18 | 41～48 | 6～7 | 190～200 | 46～66 |
| 花生油 | 6～9 | 4～6 | 50～57 | 13～26 | 185～194 | 83～105 |
| 大豆油 | 6～10 | 2～4 | 21～29 | 50～59 | 189～194 | 124～136 |
| 棉籽油 | 19～24 | 1～2 | 23～33 | 40～48 | 191～196 | 103～115 |
| 桐油 |  | 2～6 | 4～16 | 0～1 | 190～197 | 160～180 |
| 蓖麻油 | 0～1 |  | 0～9 | 3～9 | 176～187 | 81～90 |
| 亚麻油 | 4～7 | 2～5 | 9～38 | 3～43 | 189～196 | 170～204 |

### 16.1.2.2　化学性质

（1）水解和皂化

　　三酰甘油在酸、碱或酶（如胰脂酶）的作用下发生水解，生成一分子甘油和三分子脂肪酸。油脂在碱性条件下的水解，则得到甘油和高级脂肪酸的盐类，这种盐类俗称肥皂，故油脂在碱性溶液中的水解又称皂化（saponification）。普通肥皂是各种高级脂肪酸钠盐的混合物。油脂用氢氧化钾皂化所得的高级脂肪酸钾盐质软，叫作软皂。现在广义地把酯的碱性水解称为"皂化"。

$$
\begin{array}{ccc}
\text{CH}_2\text{—O—}\overset{\overset{\text{O}}{\parallel}}{\text{C}}\text{—R}^1 & & \text{CH}_2\text{—OH} \quad \text{R}^1\text{COONa}\\
| & & |\\
\text{CH—O—}\overset{\overset{\text{O}}{\parallel}}{\text{C}}\text{—R}^2 \;+\; 3\text{NaOH} \longrightarrow & \text{CH—OH} \;+\; \text{R}^2\text{COONa}\\
| & & |\\
\text{CH}_2\text{—O—}\overset{\overset{\text{O}}{\parallel}}{\text{C}}\text{—R}^3 & & \text{CH}_2\text{—OH} \quad \text{R}^3\text{COONa}\\
\text{油脂} & & \text{甘油} \quad\; \text{脂肪酸钠}
\end{array}
$$

　　1.0g 油脂完全皂化时所需氢氧化钾的质量（单位为 mg）称为皂化值（saponification number）。根据皂化值的大小，可以判断油脂中所含三酰甘油的平均分子量。皂化值越大，表示油脂中三酰甘油酯的平均分子量越小。两者之间有如下关系：

$$平均分子量 = \frac{3 \times 56 \times 1000}{皂化值}$$

　　皂化值是衡量油脂质量的重要指标之一，天然油脂都有正常的皂化值范围，如果测得某油脂的皂化值低于或高于其正常范围，表明该油脂中含有不能被皂化或者可以与氢氧化钾作用的杂质。常见油脂的皂化值见表 16-2。

（2）加成反应

① 氢化　油脂中不饱和脂肪酸的碳碳双键可催化加氢，转化为饱和程度较高的固态或半固态脂肪。这一过程可使油脂的物理状态发生变化，叫油脂的氢化或硬化。氢化后得的油脂称为硬化油，氢化后的油脂不易被氧化，便于贮存和运输。

② 加碘　油脂的不饱和程度可用碘值来定量衡量。工业上把 100g 油脂所吸收的碘的质量（单位为 g）称为碘值（iodine number）。碘值越大，油脂所含双键的数目越多，油脂的不饱和程度也越大。通常碘不易与碳碳双键直接进行加成，故实际常用氯化碘（ICl）或溴化碘（IBr）在冰醋酸中与油脂的反应来测定。

（3）酸败

油脂在空气中长期放置，逐渐发生变质，产生难闻的气味，这种现象称为酸败（rancidity）。酸败是一个复杂的化学变化过程，受空气中的氧、水分或微生物（酶）的作用，油脂中不饱和脂肪酸的双键被氧化生成过氧化物，这些过氧化物再继续分解或进一步氧化，产生有臭味的低级醛、酮或羧酸。另一方面是由于油脂水解成甘油和游离的脂肪酸，脂肪酸在微生物或酶的作用下发生 $\beta$-氧化，即羧酸中的 $\beta$-碳原子被氧化为羰基，生成 $\beta$-酮酸，$\beta$-酮酸进一步分解生成含碳较少的酮或羧酸所致。光、热或湿气都可以加速油脂的酸败过程。

油脂的酸败可用酸值来表示。即中和 1.0g 油脂中的游离脂肪酸所需的氢氧化钾的质量（单位为 mg）称为油脂的酸值（acid number）。酸值大小也是衡量油脂品质好坏的重要指标之一。酸值越大，说明油脂中脂肪酸的含量越高，油脂的品质越低。为防止酸败，油脂应贮存于密闭容器中，放置于阴凉处，也可适当添加少量抗氧化剂（如维生素 E 等）。

（4）干性

某些油脂如桐油、亚麻油等涂成薄层暴露在空气中，能逐渐形成一层坚韧、有弹性、不透水的薄膜，这种现象称为油脂的干化作用。干化作用的化学本质不十分清楚，一般认为与油脂的不饱和程度以及碳碳双键的共轭效应有关。

碘值是表示油脂不饱和程度的重要数据，故按碘值大小将油脂分为三类。第一类是干性油，结膜快，如桐油、亚麻子油，碘值在 130 以上；第二类是半干性油，结膜慢，如棉籽油，碘值在 100～130 之间；第三类是非干性油，不能结膜，如花生油、蓖麻油，碘值小于 100。

## 16. 1. 3　油脂的利用

目前大量油脂除了消费在肥皂、油漆以及其他非食用的工业产品外，世界上生产的大部分油脂仍继续作为人类的食物而被消费。随着人们生活水平的不断提高，各种植物油消费量不断增加，随之而产生的废弃油脂量也不断增加，造成了严重的环境污染及资源浪费。废弃油脂又被称作"地沟油"、"泔水油"等，由于我国目前还没有建立起废弃油脂进行回收再利用的体制，每天产生的大量废弃油脂只有少量被送往化工厂制成脂肪酸和肥皂，而大量的废弃油脂通过非法渠道进入食品市场，对人民群众的健康安全构成了巨大危害。因此，加快对废弃油脂的综合利用势在必行。

从目前国内现状来看，对废弃油脂的综合利用主要是三种情形：一是进行简单加工提纯，直接作为低档的皮革加脂剂等工业用油脂；二是进行水解制取工业油酸、硬脂酸等；三是对废弃油脂进行醇解制取生物柴油（脂肪酸甲酯），这也是近年来的一个热门研究方向，对我国能源发展有着重要的意义。后两种情形属于油脂的深加工，只有对废弃油脂进行有效的深加工，才能从根本上解决废弃油脂再流入食品市场的问题，真正做到变废为宝。

> **思考题 16-1** 防止油脂酸败有哪些方法？
>
> **思考题 16-2** 怎样鉴别食用油脂的质量？

## 16.2 类脂

类脂（lipoid）是一类天然有机物，大多数不溶于水而溶于有机溶剂。常见的类脂化合物有磷脂、蜡、糖脂化合物等，因其具有类似油脂的性质而得名。类脂曾作为脂肪以外的能溶于脂溶剂的天然化合物的总称来使用，但现在已不作为物质的名称来使用了。类脂化合物是十分重要的生物分子化合物。

### 16.2.1 蜡

蜡（wax）是类脂的一种，存在于许多海生浮游生物中，也是某些动物羽毛、毛皮、植物的叶及果实的保护层。它的主要成分是高级脂肪酸与高级一元醇形成的酯，一般是含 $24 \sim 26$ 个偶数碳原子的脂肪酸和含有 $16 \sim 36$ 个偶数碳原子的脂肪醇形成的酯的混合物。蜡中除高级脂肪酸的高级醇酯外，还含有少量游离脂肪酸、高级醇、酮和烃。蜡根据其来源可分为动物蜡和植物蜡两类。一些重要的蜡列于表 16-3 中。

表 16-3 一些重要的蜡

| 名 称 | 主要成分 | 熔点/℃ | 名 称 | 主要成分 | 熔点/℃ |
| --- | --- | --- | --- | --- | --- |
| 虫蜡 | $C_{25}H_{51}COOC_{26}H_{53}$ | $80 \sim 84$ | 鲸蜡 | $C_{15}H_{31}COOC_{16}H_{33}$ | $42 \sim 45$ |
| 蜂蜡 | $C_{15}H_{31}COOC_{30}H_{61}$ | $62 \sim 65$ | 巴西棕榈蜡 | $C_{25}H_{51}COOC_{30}H_{61}$ | $82 \sim 86$ |

动物蜡有蜂蜡、虫蜡、鲸蜡、羊毛蜡等。虫蜡也叫白蜡，是寄生于女贞树上的白蜡虫的分泌物。白蜡为我国特产，主要产地是四川。其熔点高，硬度大。蜂蜡是由工蜂腹部的蜡腺分泌出来的蜡，是建造蜂窝的主要物质。鲸蜡是从巨头鲸脑部的油中冷却分离得到的。植物蜡有巴西棕榈蜡，存在于巴西棕榈叶中。蜡比油脂硬而脆，稳定性大，不溶于水，溶于乙醚、苯等有机溶剂。在空气中不易变质，难于皂化，在体内不能被脂肪酶所水解，故无营养价值。植物的果实、幼枝和叶的表面常有一层蜡起保护作用，以减少水分蒸腾，避免外伤和传染病。此外，蜡在鸟和动物的表面防水方面起着重要的作用。蜡还可以用来制造蜡纸、软膏、鞋油、上光剂、地板蜡、润滑油等。

蜡和石蜡不能混淆，石蜡是石油中得到的直链烷烃（含有 $26 \sim 30$ 个碳原子）的混合物，虽然它们的物理状态、物理性质相近，但化学性质则完全不同。

### 16.2.2 磷脂

磷脂（phospholipid）是一类含有磷元素的类脂化合物，也称磷脂类、磷脂质，主要存在于脑、神经组织、骨髓、心、肝及肾等器官中，蛋黄、植物种子、胚芽及大豆中也含有丰富的磷脂。它是由两分子脂肪酸和一分子磷酸或取代磷酸与甘油缩合而成的复合类脂。按其结构，可将磷脂分成甘油磷脂（phosphoglyceride）和鞘磷脂（sphingolipid）两类。由甘油构成的磷脂称为甘油磷脂；由神经鞘氨醇构成的磷脂称为鞘磷脂。磷脂是体内最多的脂类，具有重要的生理作用。油料种子中含有丰富的磷脂，见表 16-4。

**表 16-4 几种重要油料种子中的磷脂含量**

| 油料种子 | 磷脂含量/% | 油料种子 | 磷脂含量/% |
|---|---|---|---|
| 大豆 | 1.21～3.30 | 棉籽 | 1.25～1.75 |
| 油菜 | 1.03～1.21 | 向日葵 | 0.61～0.85 |
| 花生仁 | 0.44～0.62 | 蓖麻籽 | 0.25～0.30 |
| 亚麻籽 | 0.44～0.74 | 大麻籽 | 0.86 |

(1) 甘油磷脂

甘油磷脂可以看作磷脂酸的衍生物。甘油分子中的两个羟基被脂肪酸所酯化，磷酸基分别与胆碱、乙醇胺（胆胺）等分子中的醇羟基以磷酸酯键相结合，得到各种甘油磷脂。体内含量较多的甘油磷脂有磷脂酰胆碱（卵磷脂）、磷脂酰乙醇胺（脑磷脂）、磷脂酰丝氨酸、磷脂酰甘油、二磷脂酰甘油（心磷脂）及磷脂酰肌醇等。每一类磷脂因其组成的脂肪酸不同而有若干种，这些磷脂分别对生物体的各部位和各器官起着相应的功能。

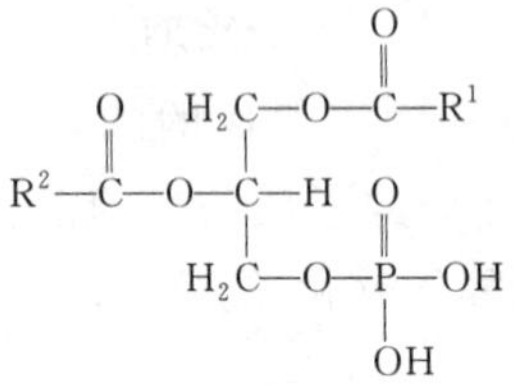

磷酸脂

$HO—CH_2CH_2N(CH_3)_3OH$

胆碱

$HO—CH_2CH_2NH_2$

乙醇胺

磷酸脂结构中 C2 是一个手性碳原子，可形成一对对映体。天然存在的甘油磷脂都属于 *R* 构型。国际纯粹化学和应用化学联合会（IUPAC）和国际生物化学联合会（IUB）的生物化学命名委员会建议采用专门的习惯法给手性甘油磷脂进行编号和命名，命名原则如下：

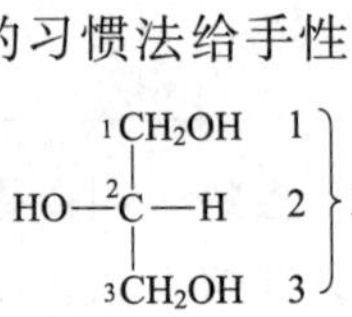


在甘油的 Fischer 投影式中，C2 上的羟基写在碳链的左侧，磷酰基连在碳链 C3 的位置，从上到下碳原子的编号为 1、2 和 3，该编号次序不能颠倒，这种编号称为立体专一编号，用 Sn(stereospecific numbering) 表示，写在化合物名称的前面。例如：

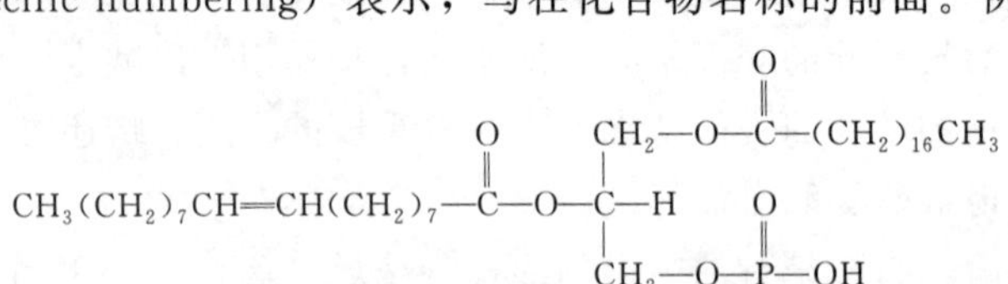

Sn-甘油-1-硬脂酸-2-油酸-3-磷酸脂

(2) 鞘磷脂

鞘磷脂又称神经磷脂，不含甘油的成分，这是鞘磷脂与甘油磷脂最主要的差异。鞘磷脂的主链为鞘氨醇（sphingol）或二氢鞘氨醇，鞘氨醇或二氢鞘氨醇是具有脂肪族长链的氨基二元醇，人体以含十八碳的鞘氨醇为主。鞘氨醇的氨基与脂肪酸以酰胺键结合，所得 *N*-脂酰鞘氨醇称为神经酰胺（ceramide）。神经酰胺 C1 上的烃基与磷酸胆碱（或磷酸乙醇胺）通过磷酸酯键相连接的化合物即为鞘磷脂（sphingolipid）。鞘氨醇、神经酰胺、鞘磷脂的结构如下：

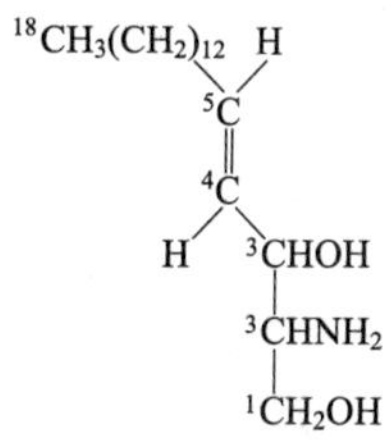

鞘氨醇 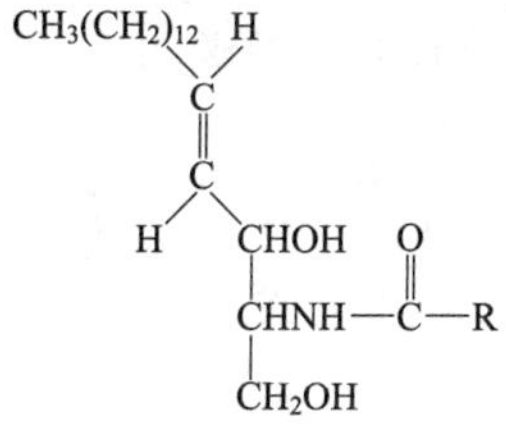　　　　　　　　　神经酰胺 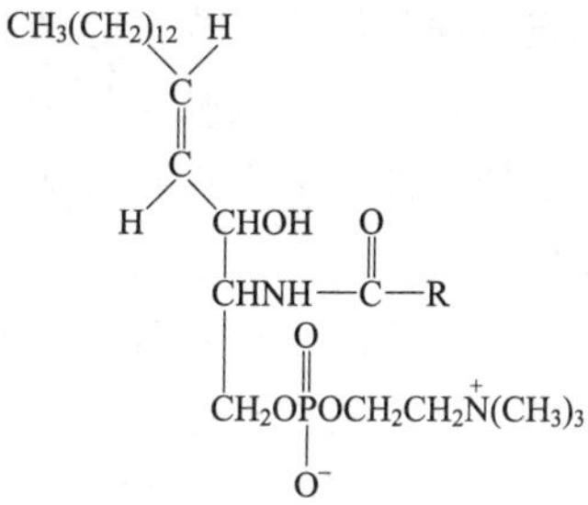　　　　　　　　　鞘磷脂

　　天然鞘磷脂分子中，鞘氨醇残基中的碳碳双键以反式构型存在。在不同组织器官中，鞘磷脂中的脂肪酸种类有所不同，神经组织中以硬脂酸、二十四碳酸和神经酸（15-二十四碳烯酸）为主，而在脾脏和肺组织中则以软脂酸和二十四碳酸为主。

　　鞘磷脂有两条由鞘氨醇残基和脂肪酸残基构成的疏水性长碳氢链，有一个亲水性的磷酸胆碱残基，因此其结构与甘油磷脂类似，具有乳化性质。鞘磷脂是白色结晶，在空气中不易被氧化，不溶于丙酮及乙醚，而溶于热的乙醇。鞘磷脂是构成生物膜的重要成分之一，大量存在于脑和神经组织中，人的红细胞脂质中含 $20\%\sim30\%$ 鞘磷脂。

### 16.2.3　典型化合物

（1）卵磷脂

　　磷脂酰胆碱（phosphatidyl choline，简称 PC），俗名为卵磷脂（lecithin）。卵磷脂和脑磷脂的母体结构都是磷脂酸，即甘油分子中的 3 个羟基有两个与高级脂肪酸形成酯，另一个与磷酸形成酯。卵磷脂属于一种混合物，是存在于动植物组织以及卵黄之中的一组黄褐色的油脂性物质，在脑、神经组织、肝脏、肾上腺及红细胞中含量较多，蛋黄中含量特多（占 $8\%\sim10\%$），所以称为卵磷脂。卵磷脂被誉为与蛋白质、维生素并列的"第三营养素"。卵磷脂不溶于水及丙酮，易溶于乙醚、乙醇及氯仿。卵磷脂是组成细胞膜的重要成分，对细胞活化、生存及生物功能的维持有重要作用。

　　卵磷脂通常以偶极离子形式存在，因为磷酸残基上未酯化的游离羟基（—OH）呈酸性，很容易与胆碱基的氢氧根（OH⁻）发生分子内的酸碱中和反应，形成内盐。内盐结构具有亲水性，而脂肪酸烃基则具有憎水性，因此卵磷脂能降低水的表面张力，具有表面活性，在生物体内能使油脂乳化，有助于油脂的运输、消化和吸收。

　　卵磷脂在酸、碱或酶的催化下可完全水解成甘油、高级脂肪酸、磷酸和胆碱。常见于磷脂酰胆碱中的饱和脂肪酸有硬脂酸和软脂酸，不饱和脂肪酸有油酸、亚油酸、亚麻酸及花生四烯酸等。

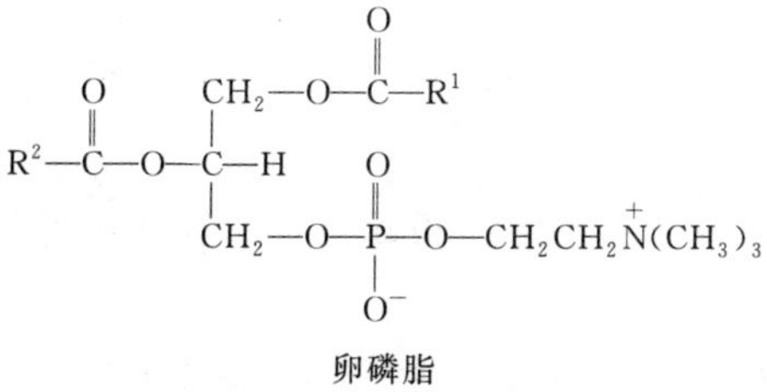

卵磷脂 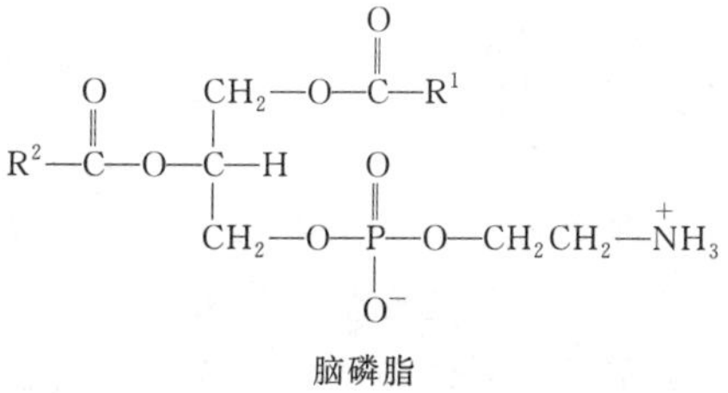　　　　　　　　　　　　　　　脑磷脂

（2）脑磷脂

　　磷脂酰乙醇胺（phosphatidyl ethanolamine，简称 PE），俗名为脑磷脂（cephaline），与

卵磷脂一样其母体结构也是磷脂酸。它是由磷脂酸与乙醇胺的羟基酯化生成的产物，通常与卵磷脂共存，其中以脑组织中含量最多，故又称脑磷脂。

　　脑磷脂的构造和理化性质与磷脂酰胆碱相似，不稳定，易吸收水分，在空气中易氧化成棕黑色。脑磷脂能溶于乙醚，但难溶于丙酮、乙醇，这是与卵磷脂在溶解性方面的不同点。脑磷脂完全水解可得到甘油、脂肪酸、磷酸和乙醇胺。

　　（3）磷脂酰丝氨酸

　　磷脂酰丝氨酸（phosphatidyl serine，简称 PS）又称丝氨酸磷脂，是由磷脂酸的磷酸基与丝氨酸的羟基通过酯键所构成的甘油磷脂。由于 $R^1$ 和 $R^2$ 的各不相同而使磷脂酰丝氨酸实际是一类化合物的总称。磷脂酰丝氨酸是细胞膜的活性物质，尤其在人体的神经系统，是大脑细胞膜的重要组成成分之一，具有改善神经细胞功能，调节神经脉冲的传导，增进大脑记忆的功能，并且能激活多种酶类的代谢和合成。磷脂酰丝氨酸具有双亲性，纯品呈白色或淡黄色松散粉末，能乳化于水。不溶于乙醇、甲醇，易溶于氯仿、乙醚、石油醚。其结构如下：

$$
\begin{array}{c}
\text{CH}_2\text{—O—C—R}^1 \\
\text{R}^2\text{—C—O—C—H} \\
\text{CH}_2\text{—O—P—O—CH}_2\text{CH(}\overset{+}{\text{N}}\text{H}_3\text{)(COO}^-\text{)} \\
\end{array}
$$

磷脂酰丝氨酸

　　（4）磷脂酰肌醇

　　磷脂酰肌醇（phosphatidyl inositol，简称 PI）是磷脂酸与肌醇酯化形成的甘油磷脂，存在于哺乳动物的细胞膜中，在信息传递过程中起调节作用。其结构如下：

磷脂酰肌醇　　　　　　　　　　　　　　　磷脂酰甘油

　　（5）磷脂酰甘油

　　磷脂酰甘油（phosphatidyl glycerol，简称 PG）是磷脂酸与甘油酯化形成的化合物，是一种酸性磷脂，在细菌的细胞膜中含量丰富。

# 人工合成脂类物质——脂肪替代物

　　脂肪替代物是为了克服天然脂肪容易引起肥胖病或心血管疾病而通过人工合成或对其他天然产物经过改造而形成的具有脂类物质口感和组织特性的物质。

　　目前可见到的脂肪替代物包括脂肪替代品和脂肪模拟品两类。脂肪替代品常见的是人工合成物，而脂肪模拟品常为天然非油脂类物质。如蔗糖脂肪酸聚酯和山梨醇聚酯是已经有所应用的脂肪替代品。前者为蔗糖与 6～8 个脂肪酸通过酯基团转移或酯交换而形成的蔗糖酯的混合物，不能为人体提供能量。山梨醇聚酯是山梨醇与脂肪酸形成的三、四及五酯，可提供的热量仅为 $4.2kJ \cdot g^{-1}$，远低于甘油三酯的 $39kJ \cdot g^{-1}$。脂肪模拟品常以天然蛋白或多糖（如植物胶、改性淀粉、某些纤维素等）经加工形成。

最早面世、广泛使用的脂肪替代物是 Simplesse，于 1988 年由 Nutrasweel 公司推出，于 1990 年被公认为安全可食用的。它以牛奶或鸡蛋蛋白质为原料，用特殊加热混合加工法（也称"微结粒"法）制成，蛋白质受热后凝聚，产生胶凝大颗粒，经进一步混合，胶凝变成极细的球形小颗粒，使人们在饮用时的口感是液体，而不是一个个小颗粒，同时提供通常脂肪所特有的油腻和奶油状感。目前，它已广泛用于冷冻甜点、酸奶、奶酪、乳制品、沙拉盖料、蛋黄酱和人造奶油等产品中，但不可用在烹调油或需要焙烤或煎炸的食物中，这是因为高温会使蛋白质凝固，失去其脂肪状口感。Olestra 是一种酷似食用脂肪的人造蔗糖酯，可直接通过人体消化系统，不会被吸收，不会产生热量或胆固醇。其在外观、香味和品质方面均与食用脂肪相似，因此，适合作脂肪替换品，包括在焙烤、煎炸中的应用。

## 习 题

16-1 写出下列化合物的结构式。

    （1）油酸（顺-9-十八碳烯酸）    （2）亚油酸（顺,顺-9,12-十八碳二烯酸）

    （3）硬脂酸    （4）软脂酸    （5）花生四烯酸（顺,顺,顺,顺-5,8,11,14-二十碳四烯酸）

16-2 写出下列化合物的名称。

    （1）三软脂酸甘油酯    （2）卵磷脂    （3）脑磷脂    （4）鞘磷脂

16-3 简述油脂皂化值的定义。如果皂化 2g 某油脂需要消耗 $0.5mol \cdot L^{-1}$ 的氢氧化钾溶液 14mL，则该油脂的皂化值为多少？

16-4 油脂的质量可通过测定哪些数据来判断？

16-5 请根据溶解度的差异，提出分离卵磷脂与脑磷脂的方法。

16-6 在巧克力、冰淇淋等许多高脂肪含量的食品中，以及医药或化妆品中，常用卵磷脂来防止发生油和水分层的现象，这是根据卵磷脂的什么特性？

16-7 一未知结构的高级脂肪酸甘油酯，有旋光活性。将其皂化后再酸化，得到软脂酸及油酸，其摩尔比为 2:1。写出此甘油酯的结构式。

16-8 鲸蜡中的一个主要成分是十六酸十六酯，它可用作肥皂及化妆品中的润滑剂。怎样以三软脂酸甘油酯为唯一的有机原料合成它？

16-9 脑苷脂是神经组织中的一种鞘糖脂。如果将它水解，将得到哪些产物？

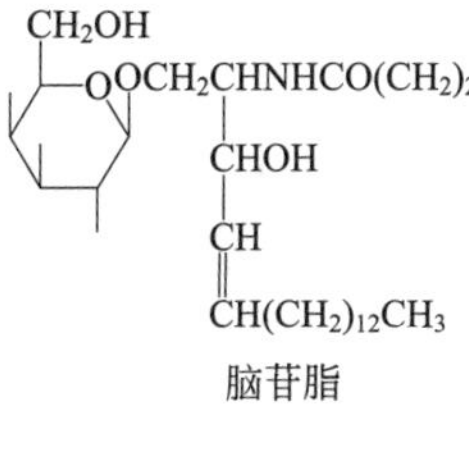

脑苷脂

# 17 有机化合物的波谱知识

在有机化学、生命科学研究领域，结构测定是研究有机化合物的重要组成部分。过去主要依靠化学方法测定有机化合物的结构，对于比较复杂的分子，所需样品用量大，费时、费力。例如，鸦片中吗啡的结构测定，从 1805 年开始，直至 1952 年才彻底完成。

自 20 世纪 50 年代以来，由于科学技术的快速发展，应用近代物理实验技术建立的一系列仪器分析方法，使有机化合物的结构测定方法有了很大的进展，其中紫外光谱（UV）、红外光谱（IR）、核磁共振谱（NMR）和质谱（MS）等使用最广泛。这些方法的特点是只需微量样品就可以准确、快速地获得分析数据，具有样品用量少、测量时间短等优势。这就弥补了化学方法的不足，丰富了鉴定有机化合物的手段，提高了确定结构的水平。

## 17.1 电磁波谱的一般概念

电磁波谱（electromagnetic wave spectrum）的区域范围很广，包括了从波长极短的宇宙射线到波长较长的无线电波，所有这些电磁波在本质上完全相同，只有波长或频率有所差别。按波长可分为几个光谱区，其简略分区见表 17-1。

表 17-1 电磁波与光谱

| 电 磁 波 | 波长[①] | 跃迁类型 | 波谱类型 |
|---|---|---|---|
| γ 射线 | $0.001 \sim 0.01$ nm | 核跃迁 | 穆斯堡尔谱 |
| X 射线 | $0.01 \sim 10$ nm | 内层电子 | X 射线 |
| 真空紫外 | $10 \sim 200$ nm | 外层电子 | 紫外吸收光谱 |
| 近紫外 | $200 \sim 400$ nm | 外层电子 | 紫外吸收光谱 |
| 可见光 | $400 \sim 800$ nm | 外层电子 | 可见光吸收光谱 |
| 近红外 | $0.8 \sim 2.5 \mu m$ | 分子振动 | 红外吸收光谱、拉曼光谱 |
| 中红外 | $2.5 \sim 25 \mu m$ | 分子振动 | 红外吸收光谱、拉曼光谱 |
| 远红外 | $25 \sim 1000 \mu m$ | 分子振动 | 远红外吸收光谱 |
| 微波 | $0.1 \sim 10$ cm | 分子转动、电子自旋 | 微波波谱、顺磁共振 |
| 射频 | $>10$ cm | 核自旋 | 核磁共振光谱 |

① 波长范围的划分不很严格，不同的文献资料中会有所出入。$1\mu m$（微米）$= 10^{-3}$ mm $= 10^{-6}$ m；$1$nm（纳米）$= 10^{-6}$ mm $= 10^{-9}$ m。

所有这些波都具有相同的速度，即 $3 \times 10^{10}$ cm $\cdot$ s$^{-1}$，可用波长、频率或波数来描述，并符合关系式：

$$\nu = \frac{c}{\lambda}$$

式中，$c$ 为光速，其值约为 $3 \times 10^{10}$ cm $\cdot$ s$^{-1}$；$\lambda$ 代表波长，m；$\nu$ 代表频率，是 1s 内波振动的次数，s$^{-1}$ 或 Hz(赫兹)。频率也可用波数（$\sigma$）表示，它是指 1cm 长度内波的数目，其单位为 cm$^{-1}$。

波数（$\sigma$）与波长（$\lambda$）的关系是：

$$\sigma = \frac{1}{\lambda}$$

当有机分子吸收光能后，分子从低能级的状态激发到高能级的激发状态，因而产生光谱。其吸收能量（$E$）高低可以用波长（$\lambda$）或频率（$\nu$）来表示。即

$$E = h\nu = h\,\frac{c}{\lambda}$$

式中，$h$ 为普朗克（Planck）常量，其值为 $6.626 \times 10^{-34}$ J·s；能量 $E$ 的单位为 J(焦)。

分子获得能量后可以增加原子的转动或振动，或激发电子到较高的能级。但它们是量子化的，因此只有光子的能量恰等于两个能级之间的能量差 $\Delta E$ 时才能被吸收，所被吸收能量的大小及强度都与物质分子的结构有关，如果用发射连续波长的电磁波照射物质，并测量该物质对各种波长的吸收程度，就得到反映分子结构特征的吸收光谱图。所以，对某一分子来说，它只能吸收某一特征频率的辐射，从而引起分子转动或振动能级的变化，或使电子激发到较高能级，产生特征的分子光谱。分子的吸收光谱基本上分为 3 类，即转动光谱、振动光谱和电子光谱。

## 17.1.1　转动光谱

在转动光谱（rotation spectrum）中，分子所吸收的光能只引起分子转动能级的变化，即使分子从较低的转动能级激发到较高的转动能级。转动光谱是由彼此分开的谱线所组成的。分子的转动能是分子的重心绕轴旋转时所具有的动能，由于分子转动能级之间的能量差很小，一般为 0.05eV 以下（$1\text{eV} = 1.602 \times 10^{-19}$ J），吸收光子的波长长、频率低，所以转动光谱位于电磁波谱中的长波部分，即在远红外区和微波区域内。根据简单分子的转动光谱可以测定键长和键角，但在有机化学中的用途不大。

## 17.1.2　振动光谱

在振动光谱（vibration spectrum）中，分子所吸收的光能引起振动能级的变化。振动光谱的产生源于分子振动能级的跃迁，振动能级是分子振动而具有的位能和动能。由于振动能级的间距大于转动能级，因此在每一振动能级改变时，还伴有转动能级的变化。谱线密集，显示出转动能级改变的细微结构，吸收峰加宽，称为"转动-振动"吸收带，或"振动"吸收。

分子中振动能级之间的能量要比同一振动能级中转动能级之间的能量大 100 倍左右。它的吸收出现在波长较短、频率较高的红外区域，故分子的转动-振动光谱又称为红外光谱。

## 17.1.3　电子光谱

电子光谱（electronic spectrum）是因分子吸收光子后使电子跃迁到较高能级，产生电子能级的改变而形成的。电子能是分子及原子中的电子具有的位能和动能。电子的动能是电子运动的结果，而电子的位能则起因于电子与原子核及其他电子之间的相互作用。

使电子能级发生变化所需的能量约为使振动能级发生变化所需能量的 10~100 倍，故当电子能级改变时，不可避免地伴随有振动能级和转动能级的变化。所以电子光谱中既包括因价电子跃迁而产生的吸收谱线，也含有振动谱线和转动谱线，也即从一电子能级转变到另一个电子能级时，产生的谱线不是一条，而是无数条，实际上观察到的是一些互相重叠的谱带。

一般是把吸收带中吸收强度最大的波长 $\lambda_{max}$ 作为特征吸收峰的波长标出。由于电子能级跃迁产生的吸收出现在紫外区和可见区，故电子光谱又称为紫外-可见光谱。

## 17.2 紫外光谱

电子光谱的波长范围为 $10 \sim 800nm$。通常所说的紫外光谱是指 $200 \sim 400nm$ 的近紫外光谱。一般的紫外光谱仪可测出近紫外和可见光区域内分子的吸收光谱。

分子通常处于基态，当紫外光通过物质分子且其能量（$E = h\nu$）恰好等于电子低能级（基态 $E_0$）与其高能级（激发态 $E_1$）能量的差值（$\Delta E = E_1 - E_0$）时，紫外光的能量就会转移给分子，使分子中价电子从 $E_0$ 跃迁到 $E_1$ 而产生的吸收光谱叫作紫外吸收光谱（ultraviolet spectrum，简写为 UV）。

由于电子能级（$\Delta E_{电}$）远大于分子的振动能量差（$\Delta E_{振}$）和转动能量差（$\Delta E_{转}$），因此在电子跃迁（electronic transition）的同时，不可避免地伴随振动能级和转动能级的跃迁，故所产生的吸收因附加上振动能级和转动能级的跃迁而变成宽的吸收带。

### 17.2.1 电子跃迁类型

根据在分子中成键电子的种类不同，有机化合物中的价电子可分为 3 种：①形成单键的 $\sigma$ 电子；②形成不饱和键的 $\pi$ 电子；③氧、氮、硫、卤素等杂原子上未成键的 n 电子。

分子中的跃迁方式与化学键的性能有关，当电子发生状态变化即跃迁时，需要吸收不同的能量，即吸收不同波长的光。各种电子能级的能量高低的顺序为：$\sigma < \pi < n < \pi^* < \sigma^*$，电子跃迁共有 4 种类型，即 $\sigma \rightarrow \sigma^*$、$n \rightarrow \sigma^*$、$\pi \rightarrow \pi^*$、$n \rightarrow \pi^*$，各种跃迁所需能量（$\Delta E$）的大小如图 17-1 所示。

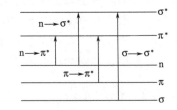

图 17-1　各种跃迁所需能量

各种跃迁所需能量（$\Delta E$）的大小次序为：

$$\sigma \rightarrow \sigma^* > n \rightarrow \sigma^* > \pi \rightarrow \pi^* > n \rightarrow \pi^*$$

（1）$\sigma \rightarrow \sigma^*$ 跃迁

处于成键轨道上的 $\sigma$ 电子吸收光子后被激发跃迁到 $\sigma^*$ 反键轨道，由于 $\sigma$ 电子在基态中能级最低，而 $\sigma^*$ 态是最高能态，故 $\sigma$ 电子跃迁需要很高能量，在一般情况下，仅在 200nm 以下才能观察到，即其吸收位于远紫外区，在一般紫外光谱仪工作范围以外，只能用真空紫外光谱仪才能观察出来。如烷烃的成键电子都是 $\sigma$ 电子，乙烷的最大吸收波长（$\lambda_{max}$）为 135nm。因饱和碳氢化合物在近紫外区是透明的，故可作紫外测量的溶剂。

（2）$n \rightarrow \sigma^*$ 跃迁

分子中处于非键轨道上的 n 电子吸收能量后向 $\sigma^*$ 反键轨道跃迁。当分子中含有下列基团时，如 —$NH_2$、—OH、—SH、—X 等，杂原子上的 n 电子可以向反键轨道跃迁。这种跃迁所需的能量小于 $\sigma \rightarrow \sigma^*$ 跃迁，波长较 $\sigma \rightarrow \sigma^*$ 长，故醇、醚、胺等可能位于近紫外区和远紫外区，如甲胺的紫外吸收（$\lambda_{max}$）为 213nm。

（3）$n \rightarrow \pi^*$ 跃迁

分子中处于非键轨道上的 n 电子吸收光波能量后向 $\pi^*$ 反键轨道跃迁。如含有杂原子的不饱和化合物（如 C=O、C=N）中杂原子上的 n 电子跃迁到 $\pi^*$ 轨道，产生吸收带，光谱学上称为 R 带。这种跃迁所需的能量比 $n \rightarrow \sigma^*$ 跃迁小，一般在近紫外或可见光区有吸收，其特征谱线主要在 $270 \sim 350nm$。例如，醛、酮分子中羰基在 $275 \sim 295nm$ 处有吸收带；甲基乙烯基酮的 n→π* 跃迁紫外吸收峰为 324nm。

（4）π→π* 跃迁

不饱和键中的 π 电子吸收光波能量后跃迁到 π* 反键轨道。由于 π 键的键能较低，故跃迁所需能量较小，对于孤立双键来说，吸收峰大都位于远紫外区末端或 200nm 附近，属于强吸收峰。若分子中有两个或两个以上双键共轭时，π→π* 跃迁能量降低，吸收波长向长波方向移动，在光谱学上称为 K 带。K 带出现的区域为 210～250nm，其特征是摩尔吸收系数大于 10000（或 lgε＞4）。随着共轭链的增长，吸收峰向长波方向移动，并且吸收强度增加。共轭烯烃的 K 带不受溶剂极性的影响，而不饱和醛、酮的 K 带吸收随溶剂极性的增大而向长波递增。

电子跃迁类型与分子结构及其连接的基团有密切的联系，因此可以根据分子结构来预测电子跃迁类型。反之，也可以根据紫外吸收带的波长及电子跃迁的类型来判断化合物分子中可能存在的吸收基团。表 17-2 列出了一些有机化合物的跃迁类型、最大吸收波长和吸收强度等数据。

**表 17-2　某些化合物的电子跃迁类型和吸收带的波长**

| 化合物 | 跃迁类型 | 吸收带波长 $\lambda/nm$ | 摩尔吸光系数 $\varepsilon/(m^2 \cdot mol^{-1})$ | 吸收带 |
|---|---|---|---|---|
| $C_2H_6$ | $\sigma \to \sigma^*$ | 135 | 1000 | |
| $C_6H_{11}SH$ | $n \to \sigma^*$ | 224 | 12.6 | |
| $CH_2{=}CH_2$ | $\pi \to \pi^*$ | 170 | 1500 | |
| $CH{\equiv}CH$ | $\pi \to \pi^*$ | 173 | 600 | |
| $CH_3COCH_3$ | $n \to \sigma^*$ | 189 | 90 | |
| | $n \to \pi^*$ | 280 | 1.5 | R |
| | $\pi \to \pi^*$ | 217 | 2100 | K |
| $CH_2{=}CH{-}CH{=}CH_2$ | $\pi \to \pi^*$ | 210 | 1150 | K |
| $CH_2{=}CH{-}CHO$ | $n \to \pi^*$ | 315 | 1.4 | R |
| | $\pi \to \pi^*$ | 184 | 600 | $E_1$ |
| $C_6H_6$ | | 203 | 80 | $E_2$ |
| | $\pi \to \pi^*$ | 256 | 21.5 | B |
| | | 244 | 1200 | K |
| $C_6H_5CH{=}CH_2$ | $\pi \to \pi^*$ | 282 | 45 | B |
| | | 240 | 1300 | K |
| $C_6H_5COCH_3$ | $n \to \pi^*$ | 278 | 110 | B |
| | | 319 | 5 | R |

## 17.2.2　紫外光谱图

紫外吸收强度遵守朗伯-比尔定律：

$$A = \lg \frac{I_0}{I_1} = \lg \frac{1}{T} = \varepsilon c l$$

式中　$A$——吸光度（absorbance），表示单色光通过试液时被吸收的程度，为入射光强度（$I_0$）与透过光强度（$I_1$）的比值的对数；

　　　$T$——透光率（transmittance），也称透射率，为透过光强度（$I_1$）与入射光强度（$I_0$）的比值；

　　　$l$——光在溶液中经过的距离，一般为吸收池的厚度，cm；

ε——摩尔吸光系数（molar absorptive），它是浓度为 1mol·L$^{-1}$ 的溶液在 1cm 的吸收池中，在一定波长下测得的吸光度 L·cm$^{-1}$·mol$^{-1}$（1L·cm$^{-1}$·mol$^{-1}$＝$10^2$ m$^2$·mol$^{-1}$）。

ε 表示物质对光能的吸收程度，是各种物质在一定波长下的特征常数，因而是鉴定化合物的重要数据，其变化范围从几到 $10^5$ m$^2$·mol$^{-1}$。

紫外光谱图（ultraviolet spectrogram）通常是以波长 λ（单位为 nm）为横坐标，摩尔吸光系数（ε）为纵坐标作图而获得的被测化合物的吸收光谱。当照射光的波长范围处于紫外区时，所得的光谱称为紫外吸收光谱。图 17-2 为丙酮的紫外光谱图。吸收光谱又称吸收曲线，通常把吸收带上最大值对应的波长作为该谱带的最大吸收波长（$λ_{max}$），对应的摩尔吸光系数作为该谱带的吸收强度（$ε_{max}$）；在峰的旁边一个小的曲折称为肩峰；在吸收曲线的波长最短一端，吸收相

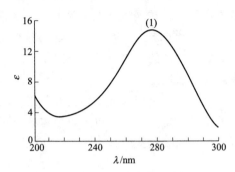

图 17-2　丙酮的紫外光谱图

当大但不成峰形的部分称为末端吸收。整个吸收光谱的位置、强度和形状是鉴定化合物的标志。

例如，从图 17-2 中可以看到，在（1）处有一个吸收峰的最大值，位于波长 280nm 处，用 $λ_{max}$＝280nm 表示；对应的 $ε_{max}$＝15 表示该峰的吸收强度。

在紫外光谱图中常常见到有 R、K、B、E 等字样，这是表示不同的吸收带，分别称为 R 吸收带、K 吸收带、B 吸收带和 E 吸收带。

R 吸收带为 n→π$^*$ 跃迁引起的吸收带，如 —C＝O、—NO$_2$、—C＝N 等，其特点是吸收强度弱，$ε_{max}$＜100（或 lgε＜2），大多数为 15～50，吸收峰波长一般在 200～400nm。

K 吸收带为 π→π$^*$ 跃迁引起的吸收带，如含共轭双键的化合物。该带的特点为吸收峰很强，$ε_{max}$＞10000（或 lgε＞4）。随着共轭双键数目的增加，$λ_{max}$ 向长波方向移动，$ε_{max}$ 也随之增大。

B 吸收带为芳香族化合物的 π→π$^*$ 跃迁引起的特征吸收带，强度较弱，摩尔吸光系数 ε 约为 200，其波长在 230～270nm 之间，中心在 256nm。在非极性溶剂中芳烃的 B 带为一具有精细结构的宽峰，但在极性溶剂中时精细结构消失。

E 吸收带指在封闭的共轭体系（如芳环）中，因 π→π$^*$ 跃迁产生的强度较弱的特征吸收谱带，也可把芳环看成乙烯键和共轭乙烯键 π→π$^*$ 跃迁引起的吸收带。

### 17.2.3　紫外光谱图与分子结构的关系

一般紫外光谱是指波长为 200～400nm 的近紫外区，只有 π→π$^*$ 及 n→π$^*$ 跃迁才有实际意义，也就是说，紫外光谱适用于分子中具有不饱和结构的特别是共轭结构的化合物。π 键各能级间的距离较近，电子容易激发，所以最大吸收峰的波长就增加。表 17-3 列出了一些共轭烯烃的吸收光谱特征。

表 17-3　一些共轭烯烃的吸收光谱特征

| 化 合 物 | π→π$^*$ λ/nm | 摩尔吸光系数 ε/(m$^2$·mol$^{-1}$) |
| --- | --- | --- |
| 乙烯 | 170 | $1.5×10^3$ |
| 1,3-丁二烯 | 217 | $2.1×10^3$ |
| 1,3,5-己三烯 | 256 | $3.5×10^3$ |
| 二甲基辛四烯 | 296 | $5.2×10^3$ |
| 癸五烯 | 335 | $11.8×10^3$ |

从表 17-3 中可以看出，每增加一个共轭双键，吸收波长约增加 40nm，当共轭双键增加至 8 个时，吸收波长将进入可见光区，如胡萝卜色素、番茄色素等呈现颜色。同样，乙烯基与羰基共轭（即 C=C—C=O ），也增加吸收峰的波长，并伴随共轭体系的增长而迅速增加。

分子结构的改变将引起紫外光谱发生显著的变化。若分子中双键位置或基团排列位置不同，它们的最大吸收波长及吸收强度就有一定的差异，如 $\alpha$-紫罗兰酮和 $\beta$-紫罗兰酮分子差别只是环中双键位置不同，但它们的 $\pi \rightarrow \pi^*$ 跃迁吸收波长分别为 227nm 和 299nm。

$\alpha$-紫罗兰酮　　　　　　　　　$\beta$-紫罗兰酮

芳香族化合物都是共轭体系分子，其吸收带一般都在近紫外区，所以特别重要。苯的吸收带有的虽在近紫外区，但吸收强度较低。乙烯基与苯环结合如二苯乙烯，不仅增加了波长，还增强了吸收系数，并且随着乙烯基的增多，吸收波长增加得很快（见图 17-3）。

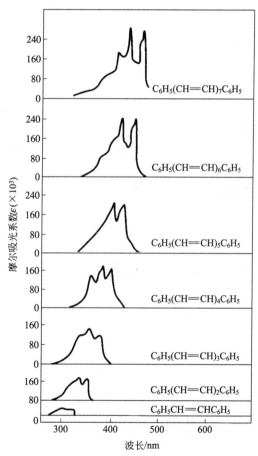

图 17-3　二苯多烯的紫外可见吸收光谱

在共轭链的一端引入含有未共用电子对的基团如—$NH_2$、—$NR_2$、—OH、—OR、—SR、—Cl、—Br、—I 等，可以产生 p-$\pi$ 共轭效应（形成多电子共轭体系），常使化合物的颜色加深（即 $\lambda_{max}$ 向长波方向移动，也称红移），这样的基团叫作助色团。例如，苯环 B 带吸收出现在约 254nm 处，而苯酚的 B 带由于苯环上连有助色团—OH，而红移至 270nm，强度也有所增加。

## 17.2.4　紫外光谱的应用

可见紫外光谱主要揭示共轭体系分子，有时分子中某一部分的结构变化较大，而紫外光谱的改变不大。因此，紫外光谱的应用有很大的局限性。但紫外光谱在推测化合物结构时，也能提供一些重要的信息，如发色官能团，结构中的共轭关系，共轭体系中取代基的位置、种类和数目等，在测定有机化合物的结构中还是起着重要的作用。

（1）推测化合物的结构特征

由于很多化合物在紫外没有吸收或者只有微弱的吸收，且紫外光谱一般比较简单，特征性不强，但是紫外光谱对于判别有机化合物中发色团和助色团的种类、数目及区别饱和与不饱和化合物，测定分子中共轭程度等具有优势。

例如，有一化合物的分子式为 $C_4H_6O$，其构造式可能有 30 多种。如果它的紫外光谱波长 $\lambda_{max}$ 在 230nm 左右，并有较强的吸收强度（$\varepsilon > 5000$），就可以推测它是一个共轭体系分子，也就是一个共轭醛或共轭酮。可能结构如下：

$$CH_3-HC=CH-C\underset{H}{\overset{O}{\big\langle}} \qquad H_2C=CH-C\underset{CH_3}{\overset{O}{\big\langle}} \qquad H_2C=C-C\underset{H}{\overset{O}{\big\langle}} \atop CH_3$$

至于它究竟是这三种结构中的哪一种，还需要进一步用红外、核磁共振谱或化学方法来鉴定。

（2）化合物纯度的检测

如果在已知化合物的紫外光谱中发现其他吸收峰，便可判定有杂质存在。由于紫外光谱法灵敏度很高，容易检验出化合物中所含的微量杂质。例如，检查乙醇中醛的含量时，可在 270～290nm 范围内测定其吸光度，如无醛存在，则没有吸收。又如，环己烷中存在苯时，则在 230～270nm 范围内有吸收带。

（3）异构体的确定

对于顺反异构体来说，一般它的反式异构体的 $\lambda_{max}$ 和 $\varepsilon_{max}$ 大于顺式异构体，如1,2-二苯乙烯。另外还有互变异构体，常见的互变异构体有酮式-烯醇式互变异构体，如乙酰乙酸乙酯的酮式-烯醇式互变异构体。

$$CH_3\underset{}{\overset{O}{C}}-\underset{H}{\overset{H}{C}}-\underset{}{\overset{O}{C}}-OC_2H_5 \rightleftharpoons CH_3\underset{}{\overset{OH}{C}}=CH-\underset{}{\overset{O}{C}}-OC_2H_5$$

在酮式中，两个双键未共轭，$\lambda_{max}=204nm$；而在烯醇式中，双键共轭，吸收波长较长，$\lambda_{max}=243nm$。通过紫外光谱的谱峰强度可知互变异构体的大致含量。不同极性溶剂中，酮式和烯醇式所占比例不同，由图 17-4 可见，乙酰乙酸乙酯在己烷中烯醇式含量高，而在水中烯醇式含量低。

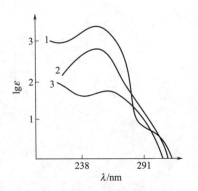

图17-4　乙酰乙酸乙酯的紫外吸收曲线

（溶剂：1—己烷；2—乙醇；3—水）

（4）成分含量测定

紫外光谱在有机化合物含量测定方面的应用比其在化合物定性测定方面具有更大的优越性，方法的灵敏度高，准确性和重现性好，应用非常广泛。只要对近紫外光有吸收或可能有吸收的化合物，均可用紫外分光光度法进行测定。定量分析的方法与可见分光光度法相同。

## 17.3　红外光谱

红外光谱（infrared spectrum）通常是指 $2\sim25\mu m$ 的吸收光谱。在有机化合物的结构鉴定与研究工作中，红外光谱法是一种重要的手段，它可以测定化合物分子结构、鉴定未知物即分析混合物的成分。根据光谱中吸收峰的位置和形状可以推断未知物的化学结构；根据特征吸收峰的强度可以测定混合物中各组分的含量；应用红外光谱可以测定分子的键长、键角，从而推断分子的立体构型，判断化学键的强弱；也可用它确证两个化合物是否相同，确定一个新化合物中某一特殊键或官能团是否存在。

### 17.3.1　分子振动和红外光谱

（1）分子振动（molecular vibration）

由原子组成的分子是在不断地振动着的，多原子分子具有复杂的分子振动形式，分子中原子的振动可以分为两大类。

① 伸缩振动　振动时键长发生变化，但不改变键角的大小，又分为对称伸缩振动和不对称伸缩振动。

② 弯曲振动（或变形振动）　振动时键角发生变化，但键长通常不变，可分为面内弯曲振动和面外弯曲振动（见图 17-5）。

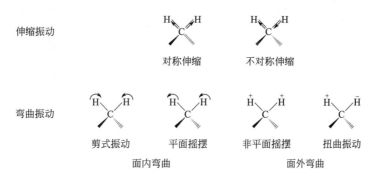

图 17-5　分子振动示意图（＋、－表示与纸面垂直方向）

此外还有骨架振动，是由多原子分子的骨架振动产生，如苯环的骨架振动。

为了便于理解，用经典力学来说明分子的振动。以双原子分子为例，将分子看作是一个简单的谐振子，假设化学键为一个失重的弹簧，根据经典力学原理，简谐振动遵循胡克定律，按近似处理，其振动频率（$\nu$）或波数（$\sigma$）是化学键的键力常数（$k$）与原子质量（$m_1$ 和 $m_2$）的函数。即

$$\nu=\frac{1}{2\pi}\sqrt{\frac{k}{\mu}}\,,\ \sigma=\frac{1}{2\pi c}\sqrt{\frac{k}{\mu}}$$

式中　$\mu$——折合质量，$\mu=\dfrac{m_1 m_2}{m_1+m_2}$，kg；

$k$——化学键的键力常数（相当于弹簧的胡克常数），$N\cdot m^{-1}$。

键力常数是衡量价键性质的一个重要参数，键力常数与化学键的键能成正比，对于质量相近的基团，键力常数有以下规律：

$$叁键＞双键＞单键$$

由上述公式可知，分子的折合质量越小，振动频率越高；化学键力常数越大，即键强度越大，振动频率越高。分子的振动频率有如下规律。

① 因 $k_{C≡C}＞k_{C=C}＞k_{C-C}$，所以红外频率 $\nu_{C≡C}＞\nu_{C=C}＞\nu_{C-C}$。

② 与碳原子成键的其他原子，随相对原子质量的增大，折合质量也增大，则红外波数减少。

③ 与氢原子相连的化学键的折合质量都小，红外吸收在高波数区，如 C—H 伸缩振动位于约 $3000cm^{-1}$，O—H 伸缩振动在 $3600～3000cm^{-1}$，N—H 伸缩振动在约 $3300cm^{-1}$。

④ 弯曲振动比伸缩振动容易，弯曲振动的 $k$ 均较小，故弯曲振动吸收在低波数区，如 C—H 伸缩振动在约 $3000cm^{-1}$，而弯曲振动吸收位于约 $1340cm^{-1}$。

（2）红外光谱图

图 17-6 为甲苯的红外光谱图。图中横坐标为吸收光的频率，通常用波数 $\sigma$（单位为 $cm^{-1}$）表示，以表示吸收峰的位置，波长越短，波数就越大。用透光率 $T$ 为纵坐标表示吸收强度。吸收越多，透光率 $T$ 就越小。因分子振动所需能量范围在中红外区，故波数范围一般为 $4000～400cm^{-1}$。

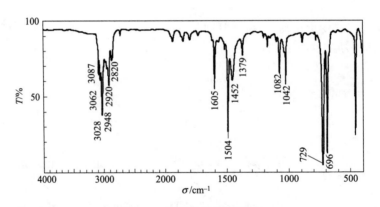

图 17-6　甲苯的红外光谱图

从甲苯的谱图中可以看到，苯环的 C—H 伸缩振动在 $3100～3000cm^{-1}$ 区，C—H 面外弯曲振动为 $729cm^{-1}$、$696cm^{-1}$；$CH_3$ 的 C—H 伸缩振动在 $3000～2800cm^{-1}$ 区，其面内弯曲振动为 $1379cm^{-1}$；苯环的 C=C 伸缩振动（又称骨架振动）在 $1600～1450cm^{-1}$ 区，共四个吸收峰。

红外光谱的吸收强度可用于定量分析，也是化合物定性分析的重要依据。用于定量分析时，吸收强度在一定浓度范围内符合朗伯-比尔定律；用于定性分析时，根据其摩尔吸光系数可区分吸收强度级别，如表 17-4 所示。

表 17-4　红外吸收强度及其表示符号

| 摩尔吸光系数 $\varepsilon/(m^2 \cdot mol^{-1})$ | 强度 | 符号 | 摩尔吸光系数 $\varepsilon/(m^2 \cdot mol^{-1})$ | 强度 | 符号 |
| --- | --- | --- | --- | --- | --- |
| ＞200 | 很强 | vs | 5～25 | 弱 | w |
| 75～200 | 强 | s | 0～5 | 很弱 | vw |
| 25～75 | 中等 | m | | | |

　　由于红外光谱吸收的强度受狭缝宽度、温度和溶剂等因素的影响，强度不易精确测定，在实际的谱图分析中，往往以羰基等吸收作为最强吸收，其他峰与之比较，作出定性的划分。

　　吸收峰的形状有宽峰、尖锋、肩峰和双峰等类型，如图 17-7 所示。

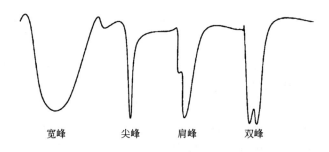

宽峰　　　　尖峰　　　肩峰　　　双峰

图 17-7　红外光谱吸收峰的形状

## 17. 3. 2　有机物官能团的红外光谱

　　（1）饱和烃

　　① 饱和烃（链烃和环烃）的红外甲基和亚甲基的 C—H 伸缩振动出现在 3000～2800cm$^{-1}$ 区，可作烷基存在的依据。

　　② C—H 弯曲振动在 1460cm$^{-1}$ 和 1375cm$^{-1}$ 处有特征吸收，1375cm$^{-1}$ 处吸收峰对识别甲基很有用；异丙基在 1380～1370cm$^{-1}$ 有两个强度相似的双峰。

　　③ C—C 伸缩振动在 1400～700cm$^{-1}$ 区域有弱吸收，吸收峰不明显，对结构分析的价值不大。

　　④ 分子中具有—(CH$_2$)$_n$—链节，当 $n \geqslant 4$ 时，在 720cm$^{-1}$ 有一弱吸收峰。

　　（2）烯烃

　　烯烃的特征吸收主要是 C＝C 伸缩振动、C—H 伸缩振动和 C—H 弯曲振动。烯烃的 C＝C 伸缩振动在 1680～1620cm$^{-1}$，共轭使吸收向低频方向移动，当烯烃的结构对称时，就不会出现此吸收峰；C—H 伸缩振动在 3100～3025cm$^{-1}$ 处。

　　（3）炔烃

　　炔烃的特征吸收主要是 C≡C 伸缩振动。乙炔由于分子对称，没有 C≡C 伸缩振动。端基炔的 C≡C 伸缩振动吸收一般出现在 2200～2100cm$^{-1}$ 处；端基炔的 C—H 伸缩振动位于 3310～3200cm$^{-1}$ 处，峰形尖锐，吸收强度中等。

　　（4）芳香烃

　　芳香烃的特征吸收主要为苯环上的 C—H 伸缩振动、C—H 弯曲振动及环骨架的 C＝C 伸缩振动。

　　① C—H 伸缩振动也在 3100～3000cm$^{-1}$ 区，与烯烃一样，特征性不强。

　　② C＝C 骨架振动在 1620～1450cm$^{-1}$ 区域，一般有 1600cm$^{-1}$、1585cm$^{-1}$、1500cm$^{-1}$、1450cm$^{-1}$ 四条谱带，这是判断苯环存在的主要依据。

　　③ C—H 弯曲振动出现在 900～650cm$^{-1}$ 处，吸收较强，是识别苯环上取代基位置和数目的重要特征峰（见表 17-5）。

表 17-5　取代苯的 C—H 面外弯曲振动吸收峰位置

| 取 代 类 型 | | C—H 面外弯曲振动吸收峰位置/ cm$^{-1}$ |
| --- | --- | --- |
| 苯 | | 670 |
| 取代苯 | 单取代 | 710~690 和 770~730 |
| | 邻二取代 | 770~735 |
| | 间二取代 | 710~690 和 810~750 |
| | 对二取代 | 810~750 和 850~810 |

（5）醇、酚和醚

醇和酚类化合物都具有羟基，其特征吸收为 O—H 和 C—O 伸缩振动。

① 游离的 O—H 伸缩振动吸收峰一般在 3640~3610cm$^{-1}$ 区，峰形尖锐，无干扰；若分子间形成氢键，在 3500~3200cm$^{-1}$ 区出现宽而强的吸收峰；

② C—O 伸缩振动在 1200~1000cm$^{-1}$ 处有强吸收，不同醇的 C—O 伸缩振动频率不同，伯醇为 1050cm$^{-1}$，仲醇为 1100cm$^{-1}$，叔醇为 1150cm$^{-1}$，酚为 1230cm$^{-1}$，峰形一般较宽。

醚的特征吸收峰是 C—O—C 不对称伸缩振动，出现在 1150~1060cm$^{-1}$ 处，强度大。醚与醇最明显的区别是醚在 3640~3200cm$^{-1}$ 区域无吸收峰。

（6）醛和酮

醛、酮结构的共同特点是含有羰基（ C=O ），其红外吸收出现在 1900~1650cm$^{-1}$，是个强峰，特征明显。醛和酮的吸收位置差不多，但醛在 2820~2720cm$^{-1}$ 处有两个中等强度的吸收峰，而酮没有，极易识别。

此外，羧酸、酸酐、酯、醌类、酰卤、酰胺等化合物中均含有羰基，因此在它们的红外光谱中都有 C=O 伸缩振动吸收峰，位置各有差异，全落在 1850~1650cm$^{-1}$ 区域内。

（7）酰胺和胺

酰胺的特征吸收峰有三种，即 C=O 伸缩振动、N—H 伸缩振动和 N—H 弯曲振动。

① 受氨基影响，C=O 伸缩振动吸收峰向低波数移动。伯酰胺的羰基伸缩振动吸收峰位于 1690~1650cm$^{-1}$ 区；仲酰胺吸收峰在 1680~1655cm$^{-1}$ 区；叔酰胺吸收峰在 1670~1630cm$^{-1}$ 区。

② N—H 伸缩振动位于 3500~3100cm$^{-1}$，游离伯酰胺位于 3520cm$^{-1}$ 和 3400cm$^{-1}$，而氢键缔合 N—H 伸缩振动位于 3350cm$^{-1}$ 和 3180cm$^{-1}$，均呈双峰；仲酰胺 N—H 伸缩振动位于 3440cm$^{-1}$，氢键缔合 N—H 伸缩振动位于 3100cm$^{-1}$，均呈单峰。

③ 伯酰胺 N—H 弯曲振动吸收峰位于 1640~1600cm$^{-1}$；仲酰胺在 1550~1530cm$^{-1}$，强度大，特征明显；叔胺无此吸收峰。

胺的 N—H 伸缩振动位于 3500~3300cm$^{-1}$，游离和缔合的氨基吸收峰的位置不同。在该区域中出现峰的数目与氨基氮原子连接的氢原子数目有关，其规律如酰胺。脂肪胺的 C—N 伸缩振动位于 1230~1030cm$^{-1}$；芳香胺在 1380~1250cm$^{-1}$ 区域。

在基础有机化学中只要求学会认识比较显著的吸收光谱。一些重要基团的特征频率见表 17-6 和红外光谱中的八个重要区段见表 17-7。

表 17-6　一些重要基团的特征频率

| 吸收峰 | 键 伸 缩 振 动 | 波数/cm$^{-1}$ | 波长/$\mu$m |
| --- | --- | --- | --- |
| Y—H 伸缩振动吸收峰 | O—H | 3650~3100 | 2.74~3.23 |
| | N—H | 3550~3100 | 2.82~3.23 |
| | ≡C—H | 3310~3200 | 3.01~3.02 |

续表

| 吸收峰 | 键 伸 缩 振 动 | 波数/cm$^{-1}$ | 波长/$\mu$m |
|---|---|---|---|
| Y—H 伸缩振动吸收峰 | =C—H | 3100～3025 | 3.24～3.31 |
| | Ar—H | 3080～3020 | 3.03 |
| | —C—H | 2960～2870 | 3.38～3.49 |
| X=Y 伸缩振动吸收峰 | C=O[①] | 1850～1650 | 5.40～6.05 |
| | C=NR[①] | 1690～1590 | 5.92～6.29 |
| | C=C[①] | 1680～1600 | 5.95～6.25 |
| | N=N | 1630～1570 | 6.13～6.35 |
| | N=O | 1600～1500 | 6.25～6.50 |
| | ⬡ | 1600～1450（四个谱带） | 6.25～6.90 |
| X≡Y 伸缩振动吸收峰 | C≡N | 2260～2240 | 4.42～4.46 |
| | RC≡CR | 2260～2190 | 4.43～4.57 |
| | RC≡CH | 2150～2100 | 4.67～4.76 |

① 这三种双键与芳环共轭时波数约降低 30cm$^{-1}$。

**表 17-7 红外光谱中的八个重要区段**

| 波数/cm$^{-1}$ | 波长/$\mu$m | 键的振动类型 |
|---|---|---|
| 3650～2500 | 2.74～3.64 | O—H、N—H（伸缩振动） |
| 3300～3000 | 3.03～3.33 | C—H（≡C—H 、=C—H 、Ar—H） |
| 3000～2700 | 3.33～3.70 | C—H（—CH$_3$、—CH$_2$、—C—H 、—CHO）（伸缩振动） |
| 3270～2100 | 4.04～4.76 | C≡C、C≡N（伸缩振动） |
| 1870～1650 | 5.35～6.06 | C=O（醛、酮、羧酸、酸酐、酯、酰胺）（伸缩振动） |
| 1690～1590 | 5.92～6.29 | C=C（脂肪族及芳香族）、C=N（伸缩振动） |
| 1475～1300 | 6.80～7.69 | —C—H（面内弯曲振动） |
| 1000～670 | 10.0～14.8 | C=C—H 、Ar—H（面外弯曲振动） |

在用光谱推断化合物的结构时，通常首先要根据分子式计算该化合物的不饱和度（U）。不饱和度的计算公式为：

$$U=\frac{2n_4+n_3-n_1}{2}$$

式中，$n_1$、$n_3$、$n_4$ 分别表示一价原子（如氢和卤素）、三价原子（如氮和磷）和四价原子（如碳和硅）的数目。开链饱和化合物的 $U$ 值为 0，一个硝基、一个双键或一个环的 $U$ 值为 1，一个叁键的 $U$ 值为 2，一个苯环的 $U$ 值为 4，依次类推。

【例 17-1】 某化合物分子式为 $C_7H_8$，它的红外光谱图如图 17-8 所示，确定这个化合物的结构。

根据分子式求得不饱和度 $U=4$，说明它可能是一个芳烃。

3028cm$^{-1}$ 和 1605cm$^{-1}$、1504cm$^{-1}$、1452cm$^{-1}$ 处这些峰说明苯环存在，其中 3028cm$^{-1}$ 处吸收峰为苯环上 C—H 伸缩振动，后三个峰为苯环碳骨架振动产生的吸收峰。2948～2820cm$^{-1}$ 处的吸收峰是烷基 C—H 伸缩振动，在 1379cm$^{-1}$ 处出现了甲基的特征峰，696cm$^{-1}$、729cm$^{-1}$ 处吸收峰为苯环上 C—H 面外弯曲振动，说明苯环为单取代。因此，可确证该化合物为甲苯。

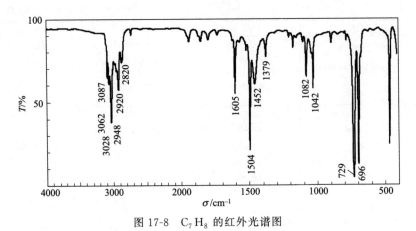

图 17-8　$C_7H_8$ 的红外光谱图

**【例 17-2】**　某化合物分子为 $C_8H_7N$，它的红外光谱图如图 17-9 所示，确定这个化合物的结构。

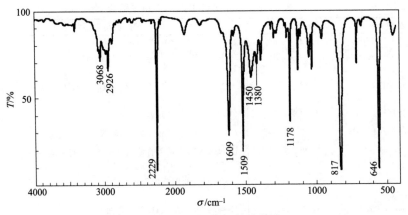

图 17-9　$C_8H_7N$ 的红外光谱图

　　根据分子式求得不饱和度 $U=6$，说明它可能含苯环及两个双键或一个叁键。

　　从 3068cm$^{-1}$ 处的 $=$C—H 伸缩振动吸收，1609cm$^{-1}$ 和 1509cm$^{-1}$ 处的苯环碳骨架振动，可确定该分子中有苯环，817cm$^{-1}$ 处苯环 $=$C—H 面外弯曲振动，说明苯环发生了对位二取代。2926cm$^{-1}$ 和 1450cm$^{-1}$ 和 1380cm$^{-1}$ 处的吸收峰说明有甲基或亚甲基。1380cm$^{-1}$ 处则为甲基的对称弯曲振动，说明含甲基。由于该分子中含有氮，结合 2229cm$^{-1}$ 处的强吸收，可推断该吸收为 C$\equiv$N （因吸收的波数值较小，故应为共轭 C$\equiv$N）。

　　综上所述，可推测该未知物为对甲基苯甲腈：

$$H_3C\!-\!\!\left\langle\!\!\bigcirc\!\!\right\rangle\!\!-\!CN$$

## 17.4　核磁共振谱

　　核磁共振（nuclear magnetic resonance，NMR）与紫外、红外吸收光谱一样，都是微观粒子吸收电磁波后在不同能级上的跃迁。对未知物来说，红外吸收光谱揭示了分子中官能团的种类，确定了化合物所属类型，核磁共振谱则给出了分子中各种氢原子、碳原子的数目以及所处的化学环境等信息，有助于指出是什么化合物，因此已成为现阶段测定有机化合物结构不可缺少的重要工具。

具有奇数原子序数或奇数原子质量（或两者都有）的原子核，也即核自旋量子数（$I$）不等于零的原子核，如 $^1$H、$^{13}$C、$^{15}$N、$^{17}$O、$^{19}$F、$^{31}$P、$^{35}$Cl、$^{37}$Cl 等，在磁场作用下均可发生核磁共振现象，最有使用价值的只有氢谱和碳谱。$^1$H 和 $^{13}$C 的核自旋量子数（$I$）都等于 1/2，氢谱就是 $^1$H 的核磁共振谱，常用 $^1$H-NMR 表示；碳谱就是 $^{13}$C 的核磁共振谱，常用 $^{13}$C-NMR 表示。这里仅对氢核磁共振谱作一些初步的介绍。

### 17.4.1　核磁共振的基本知识

（1）核磁共振的基本原理

核磁共振研究的对象是具有磁矩的原子核。原子核是带正电荷的粒子，能够自旋的原子核（$I \neq 0$）会产生磁场，形成磁矩。如将 $I = 1/2$ 的 $^1$H 核放在外加磁场中，它的核磁矩在外加磁场中就有两种自旋状态，即与外加磁场平行或反平行，分别用自旋量子数 $m_1 = +1/2$ 和 $m_2 = -1/2$ 表示。如图 17-10 表示质子的自旋与回旋，自旋产生的磁矩方向可用右手定则确定。

质子在磁场中的两个取向相当于两个能级，$m_1 = +1/2$ 取向是顺磁场排列，代表低能态；而 $m_2 = -1/2$ 则是反磁场排列，代表高能态。也就是说，在外加磁场的作用下，把两个本来简单的能级分裂开来，使一个能级降低，而另一个能级升高（见图 17-11）。两个能级之差 $\Delta E$ 为：

$$\Delta E = E_{-1/2} - E_{+1/2} = h\nu = \gamma \frac{h}{2\pi} B_0$$

式中，$\nu$ 为电磁波辐射频率；$\gamma$ 为磁旋比，对于相同的核，它是一个常数；$h$ 为普朗克常数；$B_0$ 为外加磁场强度。

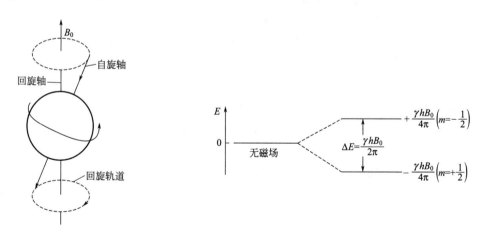

图 17-10　$^1$H 核的自旋与回旋　　　　图 17-11　$^1$H 核在外磁场 $B_0$ 中的磁能级图

根据上式，实现核磁共振的方式有两种。

① 保持外磁场强度不变，改变电磁波辐射频率，称为扫频。

② 保持电磁波辐射频率（射频）不变，改变外磁场强度，称为扫场。

两种方式的核磁共振仪得到的谱图相同。大多数核磁共振仪采用扫场方式。

（2）核磁共振谱图

图 17-12 是对叔丁基甲苯的氢核磁共振谱，图的右边是高磁场、低频率，图的左边是低磁场、高频率。图中横坐标表示吸收峰的位置，用化学位移表示，纵坐标表示吸收峰的强度。信号的强度与氢原子的数目有关，一个峰的面积越大，则表示所含的氢原子的数目越多，它与质子的数目成正比。各吸收峰的面积可用积分线的高度来表示，峰面积越大，积分线高度就越高。例如，对叔丁基甲苯三组峰的积分线高度之比为 $3.8:2.9:8.8=4:3:9$，正是对叔丁基甲苯分子中苯环上氢原子、甲基和叔丁基上的质子数之比。

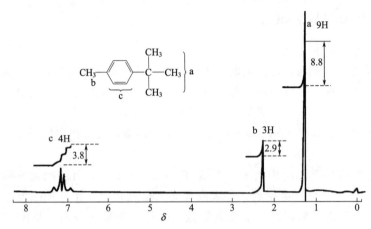

图 17-12　对叔丁基甲苯的氢核磁共振谱图

## 17.4.2　化学位移

对相同的核来说，$\gamma$ 为常数。但一个有机化合物分子中的氢核（质子）与裸露的质子不同，它周围还有电子（即处于不同的化学环境），不同类型的质子周围的电子云密度不一样。在电子的影响下，分子中氢核与裸露的质子的共振信号的位置不同。分子中各组质子由于化学环境不同，而在不同的磁场中产生共振吸收的现象称为化学位移（chemical shift），常用 $\delta$ 表示。

在外加磁场的作用下，核外电子会在垂直于外磁场的平面上绕核旋转，形成电子环流，同时产生对抗外磁场的感应磁场。感应磁场的方向与外磁场相反，在一定程度上减弱了外磁场对磁场的作用。于是，质子实际所感受到的磁感应强度要比 $B_0$ 小。核外电子对核的这种作用称为屏蔽效应。所以，核外电子云密度越大，屏蔽效应也越大，即在更高的磁场发生共振。

因为化学位移数值较小，质子的化学位移只有所用磁场的百万分之几，所以很难测出其精确数值。为了表示方便，通常用相对值来表示化学位移，即以一标准物质（如四甲基硅烷，TMS）的共振峰为原点，令其化学位移为零，其他质子的化学位移与其对照，取其相对值。

$$\delta = \frac{\nu_{样} - \nu_{TMS}}{\nu_0} \times 10^6$$

式中，$\delta$ 为化学位移，$10^{-6}$；$\nu_0$ 为仪器电磁波辐射频率；$\nu_{样}$、$\nu_{TMS}$ 分别为样品、TMS 吸收峰的频率。

化学位移值的大小直接反映了分子的结构特征。质子核外的电子云密度大，受屏蔽作用的影响，吸收峰从左向右移动，即由低场区向高场区移动，具有较低的化学位移值；质子周围的电子云密度减少,即质子去屏蔽后,吸收峰从右向左移动,即由高场区向低场区移动,具有较高的化学位移值。一般有机化合物中质子的化学位移均在四甲基硅烷的左边。各种质子的化学位移($\delta$)值范围见表 17-8。

表 17-8    各种质子的化学位移

| 质子的化学环境 | $\delta$ 值/$10^{-6}$ | 质子的化学环境 | $\delta$ 值/$10^{-6}$ |
|---|---|---|---|
| H—C—R | 0.9~1.8 | H—C—NR$_2$ | 2.2~2.9 |
| H—C—C=C | 1.9~2.6 | H—C—Cl | 3.1~4.1 |
| H—C—Ar | 2.3~2.8 | H—C—O | 3.3~3.7 |
| H—C=C— | 4.6~6.5 | H—O—R | 0.5~5.0 |
| H—C≡C— | 2.5 | H—O—Ar | 6~8 |
| H—Ar | 6.5~8.5 | H—O—C=O | 10~13 |
| O=C—H | 9.0~10 | H—C—C=O | 2.1~2.5 |

## 17.4.3　自旋偶合与自旋裂分

在前面讨论化学位移时,仅仅考虑了质子所处的化学环境,而忽略了分子中邻近质子间的相互作用。例如,1-硝基丙烷的高分辨率 [1]H-NMR 谱如图 17-13 所示,在 $\delta = 4.35 \times 10^{-6}$、$2.04 \times 10^{-6}$ 和 $1.12 \times 10^{-6}$ 处出现了三组峰,三者的峰面积之比为 2:2:3,从化学位移理论不难判断它们分别对应于 $H_c$、$H_b$ 和 $H_a$ 三种质子。其中 c 为三重峰,b 为六重峰,a 为三重峰,这些峰的分裂现象是由于分子中邻近磁性核之间的相互作用引起的。这种核间的相互作用称为自旋偶合(spin coupling),由自旋偶合引起谱线增多的现象叫作自旋裂分(spin spliting)。自旋偶合作用不影响磁核的化学位移,但对共振峰的形状会产生重大影响,使谱图变得复杂,但又为结构分析提供更多的信息。

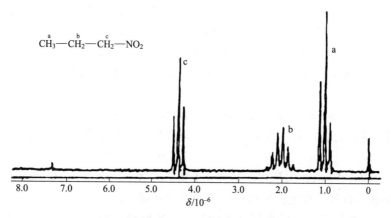

图 17-13　1-硝基丙烷的 [1]H-NMR 谱

自旋偶合使核磁共振谱中信号分裂为多重峰，峰的数目等于 $n+1$，$n$ 是邻近 H 的数目。如某亚甲基显示四重峰，说明它有 3 个相邻的氢（$CH_3$）；甲基显示三重峰，说明它有两个相邻的氢（$CH_2$）。

一般情况下，NMR 吸收峰的裂分遵循以下规律。

① 等性质子间不会偶合产生裂分。例如，甲基上的 3 个质子，彼此互不作用，当甲基的邻近碳（或杂原子）上不连接 H 时，甲基只形成 1 个单峰，如 $CH_3-CO-$、$CH_3-O-$ 等。

② 自旋偶合的邻近氢原子相同时才适用 $n+1$ 规则。

例如，$CH_3CHCl_2$ 中 $CH_3$ 的共振峰是 $1+1=2$ 重峰，因为它的邻近基团 $CHCl_2$ 上只有 1 个 H；$-CHCl_2$ 的共振峰为 $3+1=4$ 重峰，因为它的邻近基团 $CH_3$ 上有 3 个 H。化合物 $(CH_3)_2CHCl$ 中 6 个甲基 H 同样只有双重峰，而 $-CHCl$ 受 6 个甲基 H 影响，裂分成 $6+1=7$ 重峰。

③ 如果自旋偶合的邻近 H 原子不相同时，裂分的数目为 $(n+1)(n'+1)(n''+1)$。例如，化合物 $Cl_2CH-CH_2-CHBr_2$ 中两端两个基团 $Cl_2CH$ 和 $CHBr_2$ 中的 H 并不相同，因而其 $-CH_2-$ 的吸收峰应裂分成 $(1+1)\times(1+1)=4$ 重峰。又如，化合物 $ClCH_2-CH_2-CHBr_2$ 中间 $-CH_2-$ 的吸收峰则为 $(2+1)\times(1+1)=6$ 重峰。

④ 活泼质子（如 $CH_3CH_2OH$ 中的 OH 质子）一般为一个尖锋，这是因为 OH 质子间能快速交换，使 $CH_3$ 与 OH 之间的偶合平均化。

⑤ 各裂分小峰相对强度之比与二项式 $(a+b)^n$ 展开的系数相同，并大体按峰的中心左右对称分布。如二重峰（$n=1$）的强度比为 $1:1$；三重峰（$n=2$）的强度比为 $1:2:1$；四重峰（$n=3$）的强度比为 $1:3:3:1$；依次类推。

### 17.4.4　核磁共振谱的应用

通过核磁共振谱可以得到与化合物分子结构相关的信息，如从化学位移可以判断各组磁性核的类型，在氢谱中可以判断烷基氢、烯氢、芳氢、羟基氢、胺基氢、醛基氢等；通过分析偶合常数和峰形可以判断各组磁性核的化学环境及与其相连的基团的归属；通过积分高度或峰面积可以测定各组氢核的相对数量；通过双共振技术（如 NOE 效应）可判断两组磁核的空间相对距离等。

解析一张核磁共振氢谱图可以得出有机化合物分子结构的如下信息：

① 由吸收峰的数目可以知道有几种类型的氢；

② 从积分曲线高度比，可算出各组信号的相对峰面积，可知各种类型氢的数目比（目前一些仪器已经直接在谱图上给出每一组峰面积的非整数值）；

③ 根据 $n+1$ 规则，从吸收峰的裂分数目可知邻近氢原子的数目；

④ 从吸收峰的化学位移值、偶合常数及峰形，根据它们与化学结构的关系，推出可能的结构单位；

⑤ 从裂分峰的外形或偶合常数可知哪种类型的氢是相邻的。

【例 17-3】　某化合物的分子为 $C_6H_{10}O_3$，其核磁共振氢谱见图 17-14，试确定该化合物的结构式。

根据分子式求得不饱和度 $U=2$，说明分子中可能含 $C=O$、$C=C$ 或一个 $C\equiv C$。

① 谱图中化学位移 5 以上无吸收峰，表明不存在烯氢。

② 除 TMS 吸收峰外，从低场到高场共有 4 组吸收峰，积分高度比为 $2:2:3:3$，因

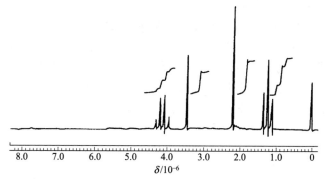

图 17-14 $C_6H_{10}O_3$ 的 $^1$H-NMR 谱

分子中有 10 个氢，故各吸收峰分别相当于 $CH_2$、$CH_2$、$CH_3$ 和 $CH_3$。

③ 从化学位移（$10^{-6}$）和峰的裂分数：$\delta 4.1$（四重峰，$CH_2$）、$\delta 3.5$（单峰，$CH_2$）、$\delta 2.2$（单峰，$CH_3$）、$\delta 1.2$（三重峰，$CH_3$）。可推测，$\delta 4.1$ 与 $\delta 1.2$ 相互偶合，且与强吸电子基团相连，表明分子中存在乙酯基（$-COOCH_2CH_3$）；$\delta 3.5$ 与 $\delta 2.2$ 为单峰，均不与其他质子相连，根据化学位移 $\delta 2.2$ 应与吸电子的羰基相连，即 $CH_3CO-$。

综上所述，分子中有以下结构单元：$CH_3CO-$、$-COOCH_2CH_3$、$-CH_2-$。所以，该化合物的结构式为 $CH_3COCH_2COOCH_2CH_3$。

【例 17-4】 某化合物的分子式为 $C_7H_{16}O_3$，其核磁共振氢谱见图 17-15，试确定该化合物的结构式。

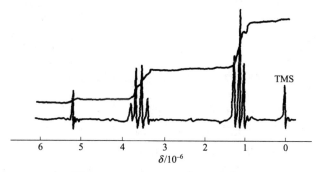

图 17-15 $C_7H_{16}O_3$ 的 $^1$H-NMR 谱

根据分子式求得不饱和度 $U=0$，说明这是一个饱和的化合物。

① 从低场到高场共有 3 组吸收峰，积分高度比为 $1:6:9$，因分子中有 16 个氢，故各吸收峰分别相当于 H、6H、9H。

② 从化学位移（$10^{-6}$）和峰的裂分数：$\delta 5.2$（单峰，CH）、$\delta 3.6$（四重峰，$3CH_2$）、$\delta 1.2$（三重峰，$3CH_3$），可推测，$\delta 3.6$ 与 $\delta 1.2$ 相互偶合，且与强吸电子基团相连，表明分子中存在乙氧基（$OCH_2CH_3$）。根据分子式，可知分子中应有 $(CH_3CH_2O)_3$。

所以，该化合物的结构式为 $(CH_3CH_2O)_3CH$。

## 17.5 质谱

质谱法（mass spectrum，MS）是在高真空系统中测定样品的分子离子及碎片离子质量，以确定样品分子量及分子结构的方法。它是近年来发展起来的一种快速、简捷、精确地测定分子量的方法，高分辨率质谱仪只需几微克样品就可以精确地测定有机化合物的分子量和分子式。质谱还可以给出分子结构方面的某些信息，如将色谱仪与质谱仪联合使用（色谱-质谱联用仪），能对有机混合物样品实现微量或超微量的快速分析，可测出混合物的组成及各组分的分子量和分子结构。质谱技术的应用已扩大到蛋白质、多糖、DNA 等生物大分子以及一些合成聚合物分子量的分析测试等领域，是有机化学及生命科学工作者了解有机分子结构有力的工具之一。

### 17.5.1　质谱的基本原理

　　图 17-16 是双聚焦质谱计的简化示意图。有机化合物样品在高真空条件下受热气化，气化了的分子在离子源内受到高能量电子束的轰击时，化合物分子失去一个外层电子而变成分子离子 $M^{+\bullet}$（"＋"表示正离子，"·"表示未成对的单电子）。

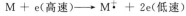

$$M + e(\text{高速}) \longrightarrow M^{+\bullet} + 2e(\text{低速})$$

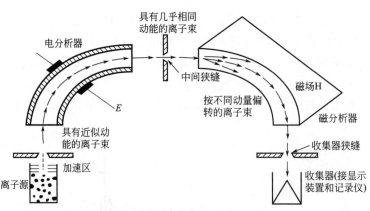

图 17-16　双聚焦质谱计的简化示意图

　　多数分子离子是不稳定的，在高能电子束的作用下，分子离子将进一步发生断裂，生成许多不同的碎片，这些碎片也带正电荷。各种正离子的质量与其所带的电荷之比（质荷比，$m/z$）是不同的，在电场和磁场的作用下，可按 $m/z$ 的大小分离得到质谱。分子离子的质量即为该化合物的分子量。分析各种不同的碎片种类、质量和强度，结合化合物化学键的断裂规律，可以推断化合物的分子结构。

### 17.5.2　质谱的表示方法

　　由质谱仪获得的各种不同正离子的品种和相对数量的记录数据叫质谱。

　　质谱图是记录正离子质荷比及峰的强度的图谱。通常见到的质谱图是由直线代替信号峰的条图（又称棒图），其横坐标是 $m/z$，纵坐标表示各离子峰的强度（丰度），各信号峰代表相应质荷比的离子，峰的高度与离子数量成比例。人为地把强度最大的峰规定为基峰或标准峰（100%），其他的峰则是相对于基峰的百分比。图 17-17 是甲苯的质谱图。

### 17.5.3　质谱图的解析

　　在一张质谱图上可以看到许多离子峰，这些峰包括以下几种类型：分子离子峰、碎片离

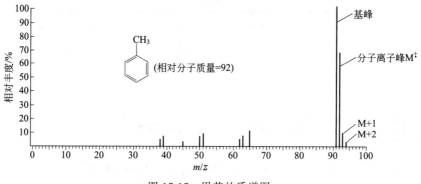

图 17-17　甲苯的质谱图

子峰、同位素离子峰、亚稳离子峰、多电荷离子峰等。识别这些峰的位置和强度与化合物分子结构的关系有利于解析质谱图。

（1）分子离子峰

分子离子峰位于质谱中 $m/z$ 最高的一端，故分子离子峰 $m/z$ 的值就是样品的分子量。在解析质谱图时，确定分子离子峰是非常重要的。分子离子峰的强度与样品的结构有关，但是质谱图中 $m/z$ 最大值的信号峰不一定是分子离子峰。

（2）碎片离子峰

分子离子在电子流轰击下进一步裂解生成碎片，碎片离子的相对丰度与化合物的分子结构密切相关，一般情况下几个主要的碎片离子峰就可以代表分子的主要结构。因此，掌握各种类型有机物的裂解方式对确定分子结构非常重要。

① $\alpha$-裂解　表示由自由基中心诱发的裂解，正电荷中心不发生移位，即带正电荷的官能团与相连的 $\alpha$-碳原子之间的均裂，含 n 电子和 $\pi$ 电子的化合物易发生 $\alpha$-裂解。例如：

$$R-\overset{\overset{O}{\|}}{C}-R^1 \xrightarrow{-e} R-\overset{\overset{\overset{+}{\cdot}\cdot}{\|}}{C}-R^1 \longrightarrow R\cdot + \overset{\overset{O^+}{\|}}{C}-R^1$$

② $i$-异裂　表示正电荷中心诱发的裂解，同时正电荷位置发生转移。例如：

$$R-\overset{\overset{O}{\|}}{C}-R^1 \xrightarrow{-e} R-\overset{\overset{\overset{+}{\cdot}\cdot}{\|}}{C}-R^1 \longrightarrow R^+ + \overset{\overset{O^{\cdot}}{\|}}{C}-R^1$$

③ $\beta$-裂解　表示带正电荷官能团的 $C_\alpha$—$C_\beta$ 的均裂。烷基芳烃、烯烃及含有杂原子的化合物易发生 $\beta$-裂解。例如：

$$CH_3CH_2NHCH_3 \xrightarrow{-e} CH_3 \underset{\beta}{\frown} CH_2 \underset{\alpha}{\overset{+}{N}H}-CH_3 \longrightarrow CH_3^{\cdot} + CH_2=\overset{+}{N}H-CH_3$$

（3）同位素离子峰

在有机化合物的分析鉴定方面，同位素丰度的分析有着非常重要的作用。有机化合物一般由 C、H、O、N、S、Cl、Br 等元素组成，这些元素都有稳定的同位素。同位素离子由元素存在天然同位素引起。表 17-9 列出了有机化合物中常见元素的同位素的丰度。由质谱图中的同位素离子峰，即比分子离子峰的 $m/z$ 大一个或两个单位的峰，如 M+1 或 M+2 峰，可以了解被测物的元素组成及有关的结构信息。

**表 17-9　一些同位素的天然丰度**

| 重同位素 | $^2H$ | $^{13}C$ | $^{15}N$ | $^{17}O$ | $^{18}O$ | $^{29}Si$ | $^{30}Si$ | $^{33}S$ | $^{34}S$ | $^{37}Cl$ | $^{81}Br$ |
|---|---|---|---|---|---|---|---|---|---|---|---|
| 丰度/% | 0.015 | 1.11 | 0.37 | 0.04 | 0 | 5.06 | 3.36 | 0.79 | 4.43 | 31.99 | 97.28 |

 阅读材料

## 生物大分子三维结构的测定

2002 年诺贝尔化学奖授予美国科学家约翰.B.芬恩（John B. Fenn）、日本科学家田中耕一（Koichi Tanaka）和瑞士科学家库尔特·维特里希（Kurt Wuthrich），以表彰他们发明了质谱分析法测定生物大分子和用核磁共振技术测定溶液中三维结构的新方法。

约翰.B.芬恩 1917 年生于纽约，1940 年获美国耶鲁大学化学博士学位，1967～1987 年任该校教授，现为美国弗吉尼亚联邦大学教授。

田中耕一 1959 年生于日本富山市，1983 年获日本东北大学学士学位，现就职于日本京都市岛津公司制作所，任研究与开发工程师，分析测量事业部生命科学商务中心、生命科学研究所主任。

库尔特·维特里希 1938 年生于瑞士阿尔贝格，1964 年获瑞士巴塞尔大学无机化学博士学位，从 1980 年起任瑞士苏黎世联邦高等理工学校的分子生物物理学教授，还任美国加利福尼亚州拉霍亚市斯克里普斯研究所客座教授。

质谱技术是物质分子结构鉴定的有力工具，常用来鉴定有机化合物结构。质谱技术能否用于生物大分子结构鉴定的关键在于如何将蛋白质等生物大分子不失去结构和形状地转化到气相中。现在有两种技术克服了这一技术难点，其中 Fenn 对成团的生物大分子施加强电场，田中耕一则用激光轰击成团的大分子，这两种方法——电喷雾电离技术（electro spray ionization，ESI）和软激光解析（soft laser desorption，SLD）法都成功地使生物大分子相互完全地分离同时也被电离。这为质谱技术可广泛用于生物大分子结构鉴定奠定了基础。

核磁共振技术和质谱技术一样，是物质分子结构鉴定的强有力工具，在有机化合物结构鉴定中发挥着巨大作用。当 NMR 用于生物大分子测定时，NMR 谱图上成千个峰，无法确定哪个峰属于哪个原子。库尔特·维特里希发明了序贯分配（sequential assignment）法，即通过系统地分配蛋白质分子中某些固定点，可以确定这些固定点的距离，从而计算出蛋白质的三维结构，解决了这一难题。

## 习　题

17-1　下列化合物对近紫外光能产生哪些电子跃迁？在紫外光谱中有何吸收带？

(1) $CH_3—CH=CH—CHO$

(2) $CH_3—CH=CH—OCH_3$

(3) $CH_3CH_2CH_2CH_2NH_2$

(4) $C_6H_5—CH=CH—CHO$

17-2　用红外光谱可鉴别下列哪几对化合物？并说明理由。

(1) $CH_3CH_2CH_2OH$ 与 $CH_3CH_2NHCH_3$

(2) $CH_3COCH_3$ 与 $CH_3CH_2CHO$

(3)　$CH_3—CH\!\!=\!\!CH—CHO$ 与 $CH_3—C\!\!\equiv\!\!C—CH_2OH$

(4)　$CH_3—CH\!\!=\!\!CH_2$ 与 $CH_3—C\!\!\equiv\!\!CH$

17-3　图 17-18 和图 17-19 分别是苯甲醇和对甲氧基苯乙炔的红外光谱图，试识别各图的主要吸收峰。

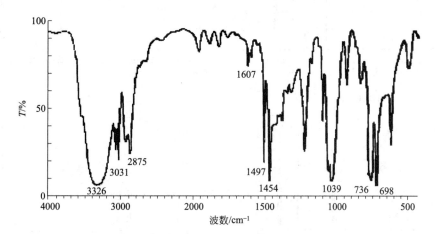

图 17-18　苯甲醇的 IR 图

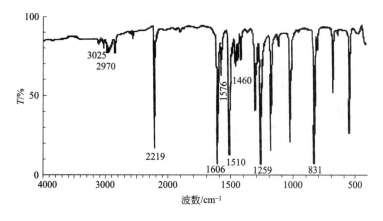

图 17-19　对甲氧基苯乙炔的 IR 图

17-4　下列化合物的 $^1$H-NMR 谱图如图 17-20(a)～(h)。溶剂均为 $CDCl_3$，仪器 60MHz，标准 TMS，试推测各化合物的结构。

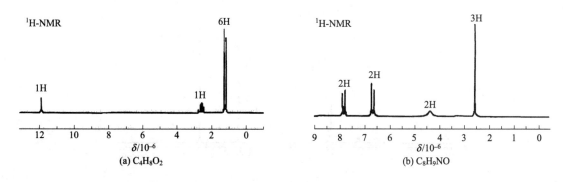

图 17-20

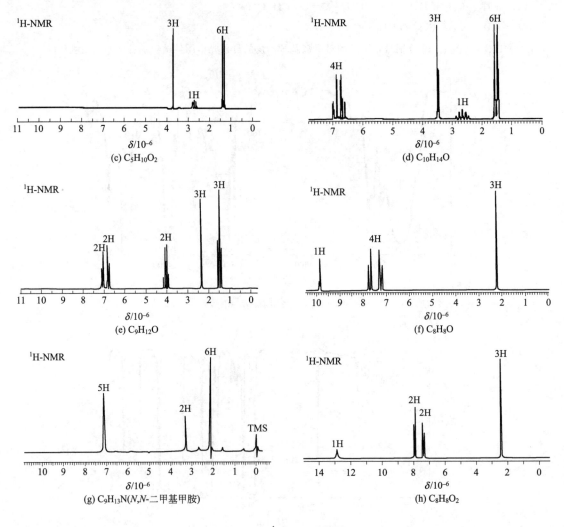

图 17-20 ¹H-NMR 谱图

17-5 化合物 A，分子式为 $C_9H_{10}O_2$，图 17-21 和图 17-22 分别是它的核磁共振氢谱和红外光谱，试写出 A 的结构式。

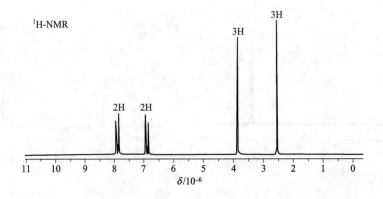

图 17-21 化合物 A 的 ¹H-NMR 图 （60MHz）

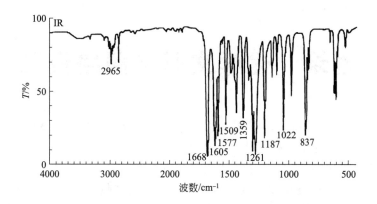

图 17-22　化合物 A 的 IR 图

17-6　某化合物的分子式为 $C_5H_9ON$，红外光谱中 $2200cm^{-1}$ 处有一中等强度的尖峰，核磁共振氢谱（300MHz）如图 17-23 所示，试推测化合物的结构式。

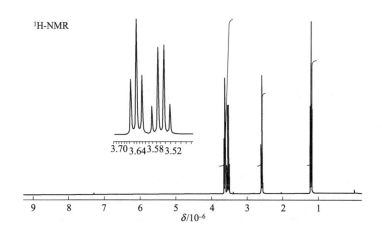

图 17-23　未知物 $C_5H_9ON$ 的 $^1H\text{-NMR}$ 图

17-7　从以下数据推测化合物的结构。

化合物 A：化学式 $C_3H_7I$，$\delta$ 值 4.1(1H) 多重峰，1.9(6H) 两重峰。

化合物 B：化学式 $C_2H_4Br_2$，$\delta$ 值 5.9(1H) 四重峰，2.7(3H) 两重峰。

化合物 C：化学式 $C_3H_6Cl_2$，$\delta$ 值 3.8(4H) 三重峰，2.2(2H) 多重峰。

化合物 D：化学式 $C_8H_{12}O_4$，$\delta$ 值 6.8(1H) 单峰，4.3(2H) 四重峰，1.3(3H) 三重峰。

17-8　化合物 $C_7H_{12}O_{13}$ 的紫外光谱在 280nm 处有弱吸收峰；红外光谱 $1715cm^{-1}$ 和 $1735cm^{-1}$ 处有强吸收峰；$^1H\text{-NMR}$ 谱有五个吸收峰，$\delta$ 值分别为 3.85(3H，单峰)、2.75(2H，三重峰)、2.60(2H，三重峰)、2.48(2H，四重峰)、1.05(3H，三重峰)。试推测该化合物的结构式。

17-9　从 $^1H\text{-NMR}$ 数据推测分子式为 $C_4H_8O_3$ 的异构体的结构式。

$\delta/10^{-6}$：A　1.3(3H, t)，3.6(2H, q)，4.15(2H, s)，12.1(1H, s)；

　　　　　B　1.29(3H, d)，2.35(2H, d)，4.15(1H, 六重峰)，在重水存在下测定；

　　　　　C　3.15(3H, s)，3.8(2H, s)，4.05(2H, s)。

（括号中，s 表示单峰，d 表示双重峰，t 表示三重峰，q 表示四重峰）

# 附录　化学文献与网络资源

1. 化学文献

化学文献（chemical literature）是人们从事生产和科学实验的记录和总结，是人类知识的集合；它既是前人对化学贡献的结晶，也为化学工作者进行化学研究提供了很好的基础和参考。化学文献主要包括期刊、专利、书籍、文献索引刊物以及网络上的各种文献。随着科学的发展，化学文献的种类和数量越来越多，如何查阅文献是进行化学研究的敲门砖。同时，查阅文献也是化学工作者进行自学，跟踪相关科学动态和发展趋势，开展科研的必备能力。下面简单介绍一些著名的、影响较大的与有机化学有关的化学文献。

（1）原始性期刊（original periodical）

期刊是定期出版的刊物，有些化学期刊涉及化学内容非常广泛，有些期刊的内容非常专一，只涉及化学中一个领域的一个方面。

研究论文第一次刊载在原始期刊上，称之为一次文献。论文格式有：题目、作者姓名、单位、摘要、前言、实验部分、实验结果与讨论和参考文献。摘要是所写论文的简单总结；前言是讨论研究工作的历史背景、研究基础以及理论根据；实验部分是具体实验步骤；实验结果与讨论主要是分析实验结果，提出自己的看法和结论等；参考文献一项列出所引用的文献的作者姓名、中文期刊的全称或外文期刊的缩写、年、卷以及页码。

① 国内期刊

国内与有机化学相关的影响较大的原始性期刊既有中文出版的《有机化学》、《化学学报》等，也有在国际上有重要影响力的英文期刊。具体如下所述。

（ⅰ）CCS Chemistry（CCS 化学）：中国化学会独立创办的第一本国际期刊，广泛收录化学各领域的高质量原创科技论文，主要为研究论文（research articles）、通讯（communications）、综述（review），影响因子值（impact factor）约 9.4。

（ⅱ）Organic Chemistry Frontiers（有机化学前沿）：由中国化学会、中国科学院有机化学研究所与英国皇家化学会合作创办，致力于发表有机化学领域的高质量研究成果，主要为研究论文、综述、案例报告（case report）等，影响因子值约 4.6。

（ⅲ）Science China Chemistry（中国科学：化学）：中国科学院主管、中国科学院和国家自然科学基金委员会共同主办的综合性化学学术期刊，报道化学及与其他学科交叉领域的具有重要意义和创新性的科研成果，主要为研究论文、通讯、综述、亮点（highlights）、观点（perspectives）、专题文章（feature articles）等，影响因子值约 10.4。

（ⅳ）Chinese Chemical Letters（中国化学快报）：由中国科协主管、中国化学会和中国医学科学院/北京协和医学院药物研究所联合主办的化学综合性学术期刊，主要发表研究论文和迷你综述（mini-reviews），影响因子值约 9.1。

② 国际期刊

与有机化学相关的原始性期刊的国外著名出版社如下所述。

a. 美国化学学会（American Chemical Society，ACS）　美国化学学会出版 30 多种期刊，内容涵盖非常广泛，其中与有机化学相关的影响较大的原始性期刊如下。

（ⅰ）美国化学会志（The Journal of American Chemical Society，J. Am. Chem. Soc）：包括通讯或快报和研究论文，是化学期刊中最富权威的杂志之一。影响因子值约 9.0。

（ⅱ）有机化学快报（Organic Letters，Org. Lett.）：主要报道有机化学方面的最新研究进展；文章类型为快报，短小精悍，讲究时效性，影响因子值约为 5.2。

（ⅲ）有机化学（The Journal of Organic Chemistry，J. Org. Chem.）：主要报道有机化学和生物有机化学方面的内容，包括通讯、简述（Note）和研究论文三种形式的文章，影响因子值约 4.0。

b. John Wiley 出版社　John Wiley 出版社出版的电子期刊有 360 多种，其学科范围以科学、技术与医学为主，学术质量很高。其中与有机化学相关的影响较大的原始性期刊有：

（ⅰ）德国应用化学（Angewandte Chemie International Edition，Angew. Chem. Inter. Ed.）：主要发表化学领域所取得的研究成果，包括 reviews、highlights 和 communication 几种类型，影响因子约 11.8。

（ⅱ）欧洲化学（Chemistry-A European Journal）：主要报道与化学相关的研究成果，包括 concept 和 full paper 两种形式的文章，影响因子值约 5.3。

c. Elsevier Science 出版公司　荷兰 Elsevier 公司是著名的学术期刊出版商，出版的学术期刊的数量和种类非常多，其中与有机化学相关的期刊有：

（ⅰ）四面体（Tetrahedron），主要刊登有机化学各方面的最新实验与理论研究论文，影响因子值约 3.0。

（ⅱ）四面体通讯（Tetrahedron Letters，Tetrahedron Lett.），主要刊登有机化学相关的通讯、先进概念、技术、结构、方法等文章，影响因子约 2.6。

d. 英国皇家化学学会（RSC）出版的期刊

（ⅰ）化学通讯（Chemical Communications，Chem. Commun.），主要发表化学领域取得的研究成果，有 reviews 和 communications 几种类型，影响因子值约为 5.7。

（ⅱ）有机化学与生物有机化学（Organic & Biomolecular Chemistry），一般报道有机化学、生物有机化学等的合成、动力学、光谱和分析等方面的内容，影响因子约 1.9。

e. 自然（Nature）和科学（Science）

（ⅰ）《自然》由英国 MacMillan 出版，刊登原始科研成果的权威性期刊。内容偏重于生命科学，主要刊登生物学、化学、天文、物理等方面的原始科研成果的综述和简讯。

（ⅱ）《科学》由美国科学发展研究促进协会出版，报道自然科学各学科原始性研究论文的第一流权威性期刊，引文率极高。

（2）综述性期刊（chemical reviews periodical）

综述是某方面的专家通过查阅大量原始性的一级科研文献资料，经过分析，总结某方面的研究现状，也可在文章中提出自己的见解。这种文章称为三级科技文献，与有机化学相关的主要著名综述性期刊有：

① 化学研究报道（Accounts of Chemical Research）　报道各化学领域的最新科研进展，文章形式为 review，影响因子值约为 21.8。

② 德国应用化学国际版（Angewandte Chemie International Edition）

③ 化学综述（Chemical Reviews）　报道各化学领域的专题及发展近况的评述，内容涉及化学学科各个领域，影响因子值约 33.0。

（3）丛书（series chemical books）

丛书是某出版社或主编出版的某一学科的一系列书籍，它反映某一学科的新进展。

① 综述性丛书　每套有若干册，每册内容由多篇综述论文组成，与有机化学有关的列举如下：

a. 有机反应（Organic Reaction）

b. 有机化学进展（Progress in Organic Chemistry）

c. 立体化学进展（Progress in Stereochemistry）

第一卷出版于 1942 年，每隔 1～2 年出版一卷。每卷讨论几个反应，有关反应机理、反应条件、使用范围及反应实例等均做了详细的讨论。

② 合成用丛书　合成是有机化学的重要组成部分之一，在合成反应方面常用的丛书有：

a. 有机合成（Organic Synthesis）　1921 年开始出版，每年出一卷，每十卷出一个合订本。有机合成所推荐的合成方法均经专家试验证实，可以作为模型用于新化合物的合成。

b. 有机化合物的合成方法（Theilheimer，Synthesis Methods of Organic Chemistry）1946 年开始出版，每年出一卷，报道有机化合物新的合成方法，已知合成方法的改进等。

（4）贝尔斯坦有机化学大全（Beilstein Handbuch der Organischen Chemie）

贝尔斯坦有机化学大全，从期刊、会议论文集以及专利等方面收集有确定结构的有机化合物的最新资料进行汇编，是一套重要的工具书。贝尔斯坦有机化学大全是由留学德国的俄国人贝尔斯坦（Beilstein F K）所编，创刊于 1881 年。大全收集所有已知结构的有机化合物的资料，每一个化合物有一条条目，包括：化合物名称、分子式、构造与构型、存在与分离、制备与纯化、分子结构与能量参数、物理性质、化学性质、鉴别与分析以及盐与加合物。

大全所有资料都经过严格审查，并附有文献出处，所有文献的缩写名称列在每卷或每卷的第一分册的开头，为配合大全的使用，专门编辑德英贝尔斯坦字典（Beilstein Dictionary German-English）。大全文章简洁，德文的化合物名称与英文类似，因此借助字典，即使不太懂德文也可看懂。

贝尔斯坦有机化学大全是对有机化学工作者非常重要的工具书。该大全有网络版，能查到很多相同的或相似的有机反应。

（5）美国化学文摘（Chemical Abstracts）

美国化学文摘（CA）是一类文摘索引期刊，属于二次文献，能指导如何找到所需要的资料。它是举世公认的收录内容广泛、索引齐备的化学情报检索工具。因此自誉为打开化学化工文献宝库的钥匙。掌握查阅文献的方法，很重要的一方面就是掌握美国化学文摘（CA）的使用方法。熟练 CA 的使用是掌握查阅文献的关键。

美国化学文摘自 1907 年创刊以来从未间断，它已收录了 1300 万条文摘，包括 1650 万种化学物质。除传统的印刷出版物外，CA 还有光盘版，并可进行联机检索。文摘内容分为五大部 80 个类目：1～20 类目为生物化学；21～34 类目为有机化学；35～46 类目为高分子化学；47～64 类目为应用化学与化工；65～80 类目为物理化学、无机化学与分析化学。

2. 网络资源（internet sources）

目前，所有知名的化学数据库都有网络版的电子资源与传统的印刷出版物相对映。网络的普及，极大地方便了信息获取和普及。学会利用网络检索，能极大地提高文献查阅的效率。网络检索和查阅方法有专门的书籍详细介绍，专业水平的检索经过培训，在此只简单介绍一些著名的数据库的网络电子资源。

（1）国内数据库

① 万方数据库

万方数据库主页：http：//www. shwangfangdata. com，它是以中国科技信息所（万方数据集团公司）全部信息服务资源为依托建立起来的。是一个以科技信息为主，以 Internet 为网络平台的大型科技、商务信息服务系统。目前，万方数据资源系统提供期刊、学位论文、会议论文、外文文献、专利、数字化期刊、标准、成果等多个主题版块，并通过统一平台实现了跨库检索服务。

② 中国期刊网

中国期刊网主页：http：//www. chinaqking. com，在许多情报机构和科研院校设有"镜像"站点。在部分高校图书馆里设有中国期刊网全文镜像站，可在相应的校园网上使用。

③ 中国科学院数据应用环境

中国科学院数据应用环境主页：http：//www. csdb. cn，它包括专业库和非专业库两大类。专业数据库有：中国自然资源、中国能源、天文资源信息、环境及地理资料、化学化工资源信息、中医及中药资源信息、材料资源信息等。非专业数据库有：科技专家、科普博览、科技文献、科技书目。

④ 中国科学院国家科学图书馆

中国科学院国家科学图书馆主页：http：//www. las. ac. cn，它是具有多种功能的全国最大综合性科技图书馆和自然科学情报中心，文献数据库服务就是其中之一。

⑤ 中国知网

中国知网主页：http：//www. cnki. net，它包括学术期刊、博士学位论文、优秀硕士学位论文、工具书、重要会议论文、年鉴、专著、报纸、专刊、标准、科技成果、知识元、哈佛商业评论数据库、古籍等；还可与德国 Springer 公司期刊库等外文资源统一检索。

（2）国际数据库 International Science Databases

① 美国化学学会

美国化学学会（American Chemical Society，ACS）现已成为世界上最多的科技协会之一，它一直致力于为全球化学研究机构、企业及个人提供文献资讯和服务。

美国化学会的主页 http：//www. acs. org，进入主页后，可以发现有关的新闻和最新的科研成果报道，影响较大的文章也会优先在主页上报道。

② John Wiley 出版社

John Wiley 出版社的主页：http：//onlinelibrary. wiley. com。可以进行高级检索和普通检索。高级检索可选择的字段有篇名、作者、作者机构、文摘、关键词、资助机构和全文检索。普通检索可按分科分类浏览。主页中有按字母顺序的 11 个学科，点击 chemistry 进入化学类主页，上面有按各学科分类的按英文字母排序的分析化学、生物化学、化工、化学等13 类，每一个可以进行刊名、卷期、目次和内容的浏览。

③ Elseiver Science 出版公司

Elseiver Science 出版公司，从 1997 年开始，推出名为 Science Direct 的电子期刊计划，将该公司的全部印刷版期刊转换成电子版，并使用基于浏览器开发的检索系统 Science Server。这项计划还包括了对用户的本地服务措施 Science Direct Onsite（SDOS）。从 2001 年开始，"中国高等教育文献保障体系"（http：//rsc. calis. edu. cn/main/default. asp）项目的 9个中国高等学校图书馆和国家图书馆、科学院图书馆联合清华大学和上海交通大学建立了

SDOS 服务器，提供 Elseiver 电子期刊的服务。

④ 英国皇家化学会

英国皇家化学会（Royal Society Chemistry，RSC）的主页：http://www.rsc.org。"中国高等教育文献保障体系"的国内服务器为 http://rsc.calis.edu.cn/main/default.asp。

⑤ 科学引文索引网络版 Science Citation Index(SCI)Web of Science

美国科技信息研究所出版的科学引文索引（Science Citation Index，SCI），历来被公认为世界范围内最权威的科学技术文献的索引工具，能够提供科学技术领域最重要的研究成果。

它对世界上 3300 多种各学科著名科学及技术期刊上的论文进行收录，是检索某作者的论文被其他论文引用情况的一种重要索引。学术论文被 SCI 收录或被别人引用次数，被公认为评价该论文学术水平高低的一个指标，这种评价体系已被世界上许多大学采用。

（3）专利网站 Web of Patent

现今科学技术发展更新非常迅速，专利文献有极为重要的作用。当今每一项新的发明创造或技术改进，通常都首先反映在专利文献上，而且每件专利都是第一手资料。调查表明，全世界每年科技出版物中约 25％为专利文献。绝大部分的发明曾以专利文献形式发表，而且其中 80％不再以任何形式发表。科研机构和企业在组织研发、生产和销售等工作时，都要充分的收集查阅专利文献。知识产权保护的核心就是专利保护。

专利文献内容新颖、报道迅速、内容广泛详尽、实用性强。专利文献的内容有题录部分、正文部分、附图部分。题录部分包括发明名称、作者、作者机构、地址、申请日期、分类号、专利号、摘要等。

在此，介绍一些常用的专利网站。专利网站的内容一般都是免费的。

① 中文专利网站

a. 中华人民共和国国家知识产权局：www.sipo.gov.cn

b. 中国专利信息网：www.patent.com.cn

c. 中国知识产权网：www.cnipr.com

② 国际专利网站

a. 欧洲专利局：http://worldwide.espacenet.com　从 1998 年中旬开始，可以检索欧洲专利组织任何成员国、欧洲专利局和世界知识产权组织（WIPO）近两年的全部专利的题录数据。收录了 EPO 成员国数据库（可检索成员国近两年的专利申请）、EP 数据库（可检索近两年欧洲专利局公开的专利文献）和 WO 数据库（可检索近两年 WIPO 公开的 WO 专利文献）。检索成员国两年以前的专利文献必须使用世界专利检索（Search in Worldwide Patent）。

b. 美国专利局：http://www.uspto.gov　美国专利网站是美国专利商标局建立的政府性官方网站。其收录范围包括授权数据库和公开专利申请两个数据库，可提供 1975 年至今的专利文献全文。

c. 日本专利局：http://www.jpo.go.jp　日本专利数据库提供 1976 年以来公开的日本专利英文文摘及题录数据，以及 1980 年以来公开的日本专利的扉页。由于专利申请翻译需要一定时间，因此，专利申请公开 6 个月后，英文数据才能获得。

d. 世界知识产权组织数字图书馆（IPDL）：http://ipdl.wipo.int　世界知识产权组织数字图书馆由世界知识产权组织国际局于 1998 年建立。从 1997 年 1 月 1 日开始收录专利合作条约（Patent Cooperation Treaty，PCT）的专利申请公开的扉页信息，包括题录、文摘附图等，并利用欧洲专利局的 esp@cenet 网站提供专利说明书全文的扫描图形。

e. Derwent 专利索引网站：http：//science. thomsonreuters. com。Derwent 专利索引（Derwent Innovations Index，DII）是将 Derwent（德温特）的世界专利索引（Derwent World Patents Indes，WPI）与专利引文索引（Patents Citation Index，PCI）加以整合，是世界上国际专利信息收录最全面的数据库之一。该数据库从 1963 年开始收录，每周 40 多个国家、地区和专利组织发布的 25000 条专利和来自于 6 个重要专利版权组织的 45000 专利引用信息都被收录到数据库中。

（4）Beilstein CrossFire

Beilstein CrossFire 是世界上关于有机化学的数据库，收录了 1779～1959 年 Beilstein Handbook 的正篇到第四补篇的全部内容和 1960 年以来的原始文献数据及 175 种期刊，收录了九百万多个化合物和九百万多个反应。主要数据的索引分为 3 部分：化学物质部分收集了结构信息及相关的事实和参考文献，包括理化数据和生物活性数据；反应部分提供化学物质制备的详细的资料，研究人员可以用反应式检索特定的反应路径；文献部分包括引用、文献标题和文摘。化学物质部分和反应部分的条目与文献部分有超链接。

利用 Beilstein CrossFire 可以全面了解化学研究的最新进展；为合成路线设计提供新思路；可以全面了解相关化合物的吸收、代谢、分布、毒理等各种信息和性质；可以获得相关化合物的谱图和仪器分析信息；可以全面了解天然产物的分离、提取方法和仪器分析信息及相关的性质。

（5）美国化学文摘（CA）网络版 SciFinder Scholar

SciFinder Scholar 是美国化学学会所属的化学文摘服务社出版的化学资料电子数据库学术版。它是世界上最大、最全面的化学和科学信息数据库。它涉及学科领域最广、收集文献类型最全，提供检索途径最大，是最为庞大的一部著名的世界性检索工具。它摘录了 98% 的化学化工文献。

SciFinder Scholar 还整合了 Medline 医学数据库、欧洲和美国等 30 多家专利机构的全文专利资料以及 1907 年以来化学文摘的所有内容，堪称全世界最大的化学信息库。可以通过网络直接查看 1907 年以来所有期刊文献和专利的摘要，以及四千万个化合物的物质记录。

# 参 考 文 献

[1] 邢其毅等.基础有机化学.4版.北京：北京大学出版社，2017.

[2] 徐寿昌.有机化学.2版.北京：高等教育出版社，2014.

[3] 汪小兰.有机化学.5版.北京：高等教育出版社，2017.

[4] 姚映钦.有机化学.3版.武汉：武汉理工大学出版社，2011.

[5] 朱红军.有机化学.北京：化学工业出版社，2008.

[6] 郭灿城.有机化学.2版.北京：科学出版社，2006.

[7] 斐文.高等有机化学.杭州：浙江大学出版社，2006.

[8] 王积涛，王永梅，张宝申，等.有机化学.3版.天津：南开大学出版社，2009.

[9] 胡宏纹.有机化学.5版.北京：高等教育出版社，2021.

[10] 冯骏材，丁景范，吴琳，等.有机化学习题精解.2版.北京：科学出版社，2009.

[11] 裴伟伟，裴坚.基础有机化学（第4版）习题解析.北京：北京大学出版社，2018.

[12] K. Peter C. Vollhardt，Neil E. Schore. 有机化学结构与功能（原著第八版）.戴立信，席振峰，罗三中，等译.北京：化学工业出版社，2020.

[13] 高鸿宾.有机化学.2版.北京：化学工业出版社，2013.

[14] 尚振海.有机反应中的电子效应.北京：高等教育出版社，1992.

[15] 大连理工大学有机化学教研室，姜文凤，高占先.有机化学学习指导.2版.北京：高等教育出版社，2017.

[16] 赵建庄.有机化学.北京：中国林业出版社，2015.

[17] 颜朝国.有机化学.北京：化学工业出版社，2009.

[18] 蒋硕健，丁有骏，李明谦.有机化学.2版.北京：北京大学出版社，2016.

[19] 宋光泉.新编有机化学.北京：中国农业出版社，2021.

[20] 傅建熙.有机化学.4版.北京：高等教育出版社，2018.

[21] 陈睿，宋光泉.新编有机化学解题指南.北京：中国农业出版社，2017.

[22] 大连理工大学有机化学教研室，高占先.有机化学.3版.北京：高等教育出版社，2018.

[23] 曾昭琼.有机化学.4版.北京：高等教育出版社，2004.

[24] 陈宏博.有机化学.3版.大连：大连理工大学出版社，2013.

[25] 吕以仙.有机化学.7版.北京：人民卫生出版社，2008.

[26] 邓芹英，刘岚，邓敏慧.波谱分析教程.2版.北京：科学出版社，2007.

[27] 徐伟亮.有机化学.3版.北京：科学出版社，2015.

[28] 朱淮武.有机分子结构波谱解析.北京：化学工业出版社，2005.

[29] 宋兆成，李秋荣.有机化学.2版.哈尔滨：哈尔滨工业大学出版社，2006.

[30] 付建龙，李红.有机化学.2版.北京：化学工业出版社，2018.

[31] 王玉枝，宦双燕，张正奇.分析化学.4版.北京：科学出版社，2023.

[32] 赵瑶兴，孙祥玉.有机分子结构光谱鉴定.北京：科学出版社，2010.

[33] 余向春.化学文献及查阅方法.5版.北京：科学出版社，2019.

[34] 王荣民.化学化工信息及网络资源的检索与利用.5版.北京：化学工业出版社，2021.

[35] 缕强.化学信息学导论.北京：高等教育出版社，2001.

[36] ［美］L. G. Wade，J. W. Simek. 有机化学.9版.王梅，姜文凤，蒋景阳，等改编.北京：高等教育出版社，2019.

[37] 周莹.有机化学.长沙：中南大学出版社，2006.

[38] John McMurry. Fundamentals of Organic Chemistry. 7th ed. Cengage Learning，2011.

[39] Robert Thornton Morrison，Robert Neilson Boyd，Saibal Kanti Bhattacharjee. Organic Chemistry. 7th ed. Pearson Education India，2010.

[40] Marc Loudon，Jim Parise. Organic Chemistry. 7th ed. W. H. Freeman，2021.

[41] Francis A. Carey，Robert M. Giuliano. Organic Chemistry. 9th ed. McGraw-Hill Education，2013.

[42] T. W. Graham Solomons. Fundamentals of Organic Chemistry. 5th ed. New York：John Wiley & Sons，1998.

[43] 天津大学有机化学教研室，赵温涛，郑艳，王光伟，等.有机化学.6版.北京：高等教育出版社，2019.

［44］ 王于方，付炎，吴一兵，等．天然药物化学史话：20 世纪最伟大的天然有机化学家——Robert Burns Woodward ［J］．中草药，2017，48（8）：1484-1498.

［45］ J. I. Seeman. R. B. Woodward：A Larger - than - Life Chemistry Rock Star ［J］．Angewandte Chemie，2017，129 （34）：10362-10379.

［46］ Biegasiewicz K. F.，Griffiths J. R.，Savage G. P.，et al. Cubane：50 years later ［J］．Chemical Reviews，2015，115（14）：6719-6745.

［47］ Karpushenkava L. S.，Kabo G. J.，Bazyleva A. B. Structure，frequencies of normal vibrations，thermodynamic properties，and strain energies of the cage hydrocarbons $C_nH_n$ in the ideal-gas state ［J］．Journal of Molecular Structure：Theochem，2009，913（1-3）：43-49.

［48］ Wei Y.，Shi M. Lu's ［3＋2］cycloaddition of allenes with electrophiles：discovery，development and synthetic application ［J］．Organic Chemistry Frontiers，2017，4（9）：1876-1890.

［49］ 苏瀛鹏，冯亚威，曹林丹，等．三苯基膦催化下联烯丁酸酯与橙酮的陆氏 ［3＋2］环化反应研究：制备螺 ［1-苯并呋喃-3-酮-2，5′-环戊烯］类化合物 ［J］．有机化学，2019，39（5）：1333-1343.

［50］ 朱兰．沙利度胺的故事 ［J］．中国食品药品监管，2019（9）：110-113.

［51］ ［美］K. 彼得 C. 福尔哈特，尼尔 E. 肖尔．有机化学：结构与功能（原著第四版）［M］．戴立信，席振峰，王梅祥，等译．北京：化学工业出版社，2006.

［52］ Wang Z. X.，Tu Y.，Frohn M.，et al. An efficient catalytic asymmetric epoxidation method ［J］．Journal of the American Chemical Society，1997，119（46）：11224-11235.

［53］ 王继刚，朱永平，徐承超，等．青蒿素的研究历程与价值 ［J］．新发传染病电子杂志，2019，4（4）：193-195.

［54］ 屠呦呦．希望中医药更好地护佑人类健康 ［J］．新湘评论，2015（22）：44-45.

［55］ 王梦，田晓俊，陈必强，等．生物燃料乙醇产业未来发展的新模式 ［J］．中国工程科学，2020，22（2）：47-54.

［56］ 杨中志，解静聪，徐俊明．木质纤维生物质制乙醇产业化现状与开发建议 ［J］．中外能源，2021，26（10）：18-30.

［57］ 任东明，窦克军．生物燃料乙醇产业国内发展现状与国际经验及相关建议 ［J］．中国能源，2018，40（6）：5-9.

［58］ 韩广甸，金善炜，吴毓林．黄鸣龙——我国有机化学的一位先驱 ［J］．化学进展，2012，24（7）：1229-1235.

［59］ 韩广甸，马兆扬．黄鸣龙还原法 ［J］．有机化学，2009，29（7）：1001-1017.

［60］ 洪敏．第七讲抗菌药物（二）［J］．中国社区医师，1987，（9）：1-4.

［61］ 攀登科学高峰 探索生命奥秘——人工合成牛胰岛素 ［J］．北京大学学报：自然科学版（专题报道：弘扬科学家精神），2022，58，1153-1156.